Henry Mintzberg
Managen

Henry Mintzberg

MANAGEN

**Aus dem Amerikanischen
von Nikolas Bertheau**

Die amerikanische Originalausgabe »Managen« erschien 2009
bei Berrett-Koehler Publishers, San Francisco, USA. All rights reserved.

Sonderausgabe für Jokers der unter der ISBN 978-3-86936-105-5
erschienenen Originalausgabe.

Bibliografische Information der Deutschen Nationalbibliothek

Die Deutsche Nationalbibliothek verzeichnet diese Publikation in der
Deutschen Nationalbibliografie; detaillierte bibliografische Daten
sind im Internet über http://dnb.d-nb.de abrufbar.

ISBN 978-3-86936-313-4

2. Auflage 2011

Lektorat: Anke Schild, Hamburg
Umschlaggestaltung: Martin Zech Design, Bremen | www.martinzech.de
Satz und Layout: Das Herstellungsbüro, Hamburg | www.buch-herstellungsbuero.de
Druck und Bindung: Salzland Druck, Staßfurt

www.gabal-verlag.de
www.twitter.com/gabalbuecher
www.facebook.com/Gabalbuecher

Inhalt

Vorwort   7

An den Leser   9

1. Managen – vorwärts marsch!   13

2. Die Dynamik des Managens   33

3. Ein Managementmodell   64

4. Die unzähligen Formen des Managens   130

5. Die Dilemmata des Managens   205

6. Erfolgreich managen   251

Anhang

Acht Managementtage   305

Bibliografie   360

Register   381

Über den Autor   389

Für alle,
die klug und umsichtig managen,
ganz besonders für Saša

Vorwort

In meinem 1973 erschienenen Buch *The Nature of Managerial Work*, das sich auf meine Doktorarbeit stützt, untersuche ich eine Woche im Arbeitsleben von fünf CEOs. Wie ich im Vorwort erkläre, habe ich mich als Kind stets gefragt, was mein Vater, der Leiter eines kleinen Produktionsunternehmens, wohl im Büro so tat. Das eine oder andere fand ich heraus, aber das reichte mir nicht.

Drei Jahrzehnte nach diesem Buch beschloss ich, das Thema noch einmal aufzugreifen und zu ergründen, was meine Frau, die eine leitende Position in der Telekommunikationsbranche bekleidet, im Büro so tut. Nicht dass ich erwartete, der Alltag des Managers hätte sich verändert; ich bin es, der sich verändert hat – zumindest hoffe ich das. (Wer beide Bücher liest, wird beurteilen können, was ich im Laufe der Jahre hinzugelernt habe.)

Diesmal beruht mein Buch auf jeweils einem Arbeitstag, den ich mit 29 Managern aus ganz unterschiedlichen Bereichen verbracht habe. Ich habe also zunächst diesen 29 Führungskräften (ihre Namen finden Sie ein paar Seiten weiter) zu danken, die mich an ihrem Arbeitsalltag teilnehmen ließen, sodass ich dort »Mäuschen spielen« konnte. Diese Erfahrungen bilden die Basis für das gesamte Buch.

Darüber hinaus haben noch viele andere Menschen zur Entstehung dieses Buches beigetragen. Meine persönliche Assistentin während der letzten zehn Jahre, Santa Balanca-Rodrigues, hat sich dabei immer wieder selbst übertroffen. Sie musste buchstäblich rund um die Uhr arbeiten, damit das Manuskript noch rechtzeitig zum Verlag kam. Ich fühle mich ihr für ihre Unterstützung als Freundin und kluge und umsichtige Ratgeberin sowie für ihren unmittelbaren Beitrag zum Manuskript zutiefst verpflichtet.

Gui Azevedo, mein genialer wissenschaftlicher Mitarbeiter, hat mir auf vielerlei Weise geholfen (nicht zuletzt bei der Darstellung des Managementmodells in Kapitel 3: »Du sagst Ebenen dazu, warum stellst du sie also nicht als Ebenen dar?« Auf die Idee war ich nicht gekommen!). Als ihn dann der Amazonas rief, leistete Nathalie Tremblay bei der Manuskriptbearbeitung großartige Arbeit.

Die zwei verzwicktesten Kapitel (4 und 6) habe ich den Teilnehmern unseres Doktorandenkolloquiums vorgestellt, die dann viele hilfreiche Ideen dazu beigesteuert haben. Besonders erwähnen will ich Brian King, dem ich zahlreiche kluge Kommentare zu verdanken habe. Jacinthe Tremblay half mir bei den Dilemmata des Managens in Kapitel 5.

Ich hatte das Glück, auch bei diesem Buch wieder mit Menschen zusammenarbeiten zu können, die sich noch auf die alte Kunst des Publizierens verstehen: mit echtem Interesse und tiefem Respekt vor dem Inhalt ihrer Bücher und den Gedanken ihrer Autoren. Steve Piersanti, der mit Berrett-Koehler in den Vereinigten Staaten ein ganz besonderes Unternehmen auf die Beine stellte, und Richard Stagg, der bei Pearson in Großbritannien ein hochkompetentes Team von Trade-Marketing-Experten leitet, haben mir beide wertvolle Tipps gegeben, besonders solche, die das Buch näher an den Leser heranbringen. Autoren lieben Worte, sonst würden sie nicht schreiben. Das Problem ist nur, dass sie ihre eigenen Worte mehr lieben als alles andere. Aber irgendwann begriff ich die Botschaft *ihrer* Worte und das war für das Buch die Rettung.

Beide Verlage haben das Buch auch an diverse Kritiker geschickt, die mir ebenfalls sehr nützliche Hinweise gaben. Besonders erwähnen möchte ich Charlie Dorris, Jeff Kulick, Stefan Tengblad und Linda Hill. Wieder einmal haben Michael Bass und sein Team hervorragende Arbeit geleistet; mein ausdrücklicher Dank geht an Laura Larson, die das Buch Korrektur gelesen hat.

Zu guter Letzt ein herzliches Dankeschön an die Managerin meines Lebens. Saša, die von all diesen Dingen viel mehr versteht als ich, war mir ein ständiger Quell scharfsinniger Kommentare und hat mich auf vielfältige Weise unterstützt.

An den Leser

Dieses Buch wendet sich an alle diejenigen, die sich im weitesten Sinne für die Praxis des Managens interessieren – an Manager, an Menschen, die beruflich mit Managern (mit ihrem Recruiting, ihrer Bewertung und Entwicklung etc.) zu tun haben, und überhaupt an Leser, die das Phänomen des Managens besser verstehen möchten, unter anderem an Studenten, Lehrer und Schüler. Jeder hat seine speziellen Bedürfnisse, erlauben Sie mir deshalb ein paar einführende Worte.

Sie werden feststellen, **dass ich wichtige Kernaussagen im Buch fett gesetzt habe;** sie liefern eine Art laufende Zusammenfassung der wichtigsten Punkte. (Die einzelnen Kapitel enthalten weder Einleitung noch Zusammenfassung; aus meiner Sicht leisten die in den Text eingebetteten Sätze dasselbe auf mindestens so elegante Weise.) Wenn Sie zu den im zweiten Kapitel beschriebenen viel beschäftigten Managern gehören oder aus anderen Gründen knapp bei Zeit sind, können Sie anhand dieser Sätze dem Argumentationsfaden folgen, bis Sie zu den Punkten gelangen, die für Sie besonders wichtig sind.

Die ersten beiden Kapitel des Buches sind die kürzesten und pointiertesten: Sie geben den Ton vor. Die nächsten beiden sind länger und detaillierter, weil sie sich mit dem Wesen des Managens auseinandersetzen, und das ist nicht leicht zu fassen. Die letzten bewegen sich, was ihre Länge betrifft, im Mittelfeld, sie sind konkreter und mitunter unterhaltsamer – zumindest für mich als Autor und hoffentlich auch für Sie als Leser. An dieser Stelle nun eine knappe Übersicht über die einzelnen Kapitel:

Kapitel 1: Managen – vorwärts marsch! Hier gebe ich eine Einführung und stelle meine Sicht des Managens vor. Ich schlage vor, Sie lesen es ganz.

Kapitel 2: Die Dynamik des Managens   Dieses Kapitel sollte leicht zu lesen sein – gegebenenfalls können Sie es auch überfliegen. Vielleicht konzentrieren Sie sich besonders auf den letzten Abschnitt zu den »Auswirkungen des Internets« (S. 54 ff.).

Kapitel 3: Ein Managementmodell   Dieses Kapitel ist etwas komplexer; hier lege ich das Wesentliche dessen dar, was ich unter »Managen« verstehe. Einen guten Eindruck vermitteln die fett gedruckten Sätze, ohne dass ich einen bestimmten Abschnitt besonders hervorheben möchte. Nach meinem Verständnis handelt es sich um ein Modell, dessen Komponenten sich nicht aus dem Gesamtgebilde herauslösen lassen. Für diejenigen unter den Lesern, die sich noch nicht so lange mit dem Thema Managen beschäftigen, sind die Kapitel 2 und 3 vermutlich besonders lesenswert.

Kapitel 4: Die unzähligen Formen des Managens   Dieses Kapitel war für mich das schwierigste, möglicherweise ist es das auch für den Leser – schon angesichts der Vielzahl unterschiedlicher Arten des Managens. Der vorletzte Abschnitt zu den »Haltungen und Schwerpunkten des Managens« (S. 175 ff.) fasst die Ideen des Kapitels zusammen. Die eine oder andere These dieses Kapitels – beispielsweise dazu, dass vermeintliche Schlüsselfaktoren wie Unternehmenskultur und persönlicher Stil nicht erklären, *was Manager tun* (S. 136 ff. und 160 ff.) – könnte von besonderem Interesse für diejenigen sein, die sich theoretisch-wissenschaftlich oder in der Praxis mit Managemententwicklung beschäftigen.

Kapitel 5: Die Dilemmata des Managens   Dieses Kapitel zu schreiben, hat mir besonders großes Vergnügen bereitet, und ich nehme an, dass es Ihnen bei der Lektüre ähnlich gehen wird – vor allem, wenn Sie Manager sind und mit diesen Dingen täglich zu tun haben. Es ist das Kapitel mit dem größten Praxisbezug; Manager, und insbesondere solche, die an die Existenz irgendwelcher Wundermittel glauben, sollten es aufmerksam lesen.

Kapitel 6: Erfolgreich managen   Große Teile dieses Kapitels sollten leicht und unterhaltsam zu lesen sein, besonders der Anfang über den »zwangsläufig unvollkommenen Manager« (S. 253 ff.) und das Ende über die Kunst, »natürlich zu managen« (S. 298 ff.), sowie die

Diskussion zum Thema »Wo ist unser gesunder Menschenverstand geblieben?« (S. 289ff.). Wer sich auf das Coaching von Managern spezialisiert hat, ist vielleicht besonders an dem Abschnitt »Auswahl, Bewertung und Entwicklung erfolgreicher Manager« (S. 281ff.) interessiert.

Anhang   Hier beschreibe ich jeweils einen Tag im Leben von acht der im Buch vorgestellten Manager. Eine vollständige Wiedergabe aller 29 Beobachtungstage mitsamt meinen konzeptionellen Interpretationen finden Sie im Internet unter www.mintzberg-managing.com.

1. Managen – vorwärts marsch!

Wir wissen mehr über das Denken, die Gewohnheiten
und die intimsten Geheimnisse der Ureinwohner Neuguineas
als über die Bewohner der Chefetage im Unilever House.
ROY LEWIS UND ROSEMARY STEWART (1958: 17)

Obwohl diese Worte mehr als ein halbes Jahrhundert alt sind, sind sie noch immer gültig. Dennoch ist es nicht allzu schwer, herauszufinden, was Manager[1] tun. Beobachten Sie einen Orchesterdirigenten, und zwar nicht während einer Aufführung, sondern in der Probe, um den Mythos vom Manager hoch oben auf seinem Thron zu durchbrechen. Setzen Sie sich dazu, wenn sich der Generaldirektor eines Hightech-Unternehmens an der Erörterung eines neuen Projekts beteiligt. Machen Sie einen Rundgang mit dem Leiter eines Flüchtlingslagers, während dieser aufmerksam nach Anzeichen bevorstehender Gewalt Ausschau hält.

Das Problem ist nicht, festzustellen, was ein Manager tut, sondern wie dieses Tun zu deuten ist. Welchen Reim bilden wir uns auf das breite Spektrum von Beschäftigungen, aus denen sich die Managertätigkeit zusammensetzt?

Vor über fünfzig Jahren hat Peter Drucker (1954) das Thema Management aufs Tapet gebracht. Dann wurde es allerdings durch das Thema Führung wieder verdrängt. Heute ertrinken wir in Geschichten von den großen Erfolgen und noch größeren Niederlagen der großen

---

1 Anm. d. Übers.: Der engl. Begriff »manager« ist weiter gefasst als das eingedeutschte Wort »Manager«. In der Terminologie des Autors sind auch der Dirigent und die Oberschwester »Manager«.

Führungspersönlichkeiten. Aber wir wissen herzlich wenig über die simplen Alltagsprobleme eines gewöhnlichen Managers.

Dieses Buch handelt schlicht und einfach vom Managen. Ebenso schlicht ist sein Titel, *Managen²*, der zum Ausdruck bringen soll, dass das Buch diese fundamentale Tätigkeit in ihrer ganzen Vielfalt elementar und umfassend beschreiben will. Wir betrachten die Charakteristika, die Inhalte und die zahlreichen Erscheinungsformen dieses Berufs und sprechen über die Dilemmata, mit denen sich ein Manager auseinandersetzen muss. Meine Intention liegt auf der Hand. Managen ist eine Tätigkeit, die jeden angeht, der davon betroffen ist, und das ist in unserer durchorganisierten Welt so gut wie jeder von uns. Wir müssen die Prinzipien des Managens besser verstehen, damit sich auch die Praxis verbessert.

Und die Praxis des Managens erscheint so manchem verwirrend, selbst einigen Managern. Deshalb soll dieses Buch die wesentlichen Zusammenhänge auf der Grundlage anschaulicher Beispiele verständlich machen. Es beschäftigt sich mit Fragen wie:

- Sind Manager zu sehr mit dem Managen beschäftigt, um sich grundsätzliche Gedanken über das Management zu machen?
- Sind Führungskräfte wirklich wichtiger als Manager?
- Warum wird häufig so hektisch gemanagt? Und macht das Internet die Situation besser oder schlechter?
- Wird die Bedeutung des Managementstils allgemein überschätzt?
- Wie können Manager damit umgehen, dass ihre Tätigkeit sie von dem entfremdet, was sie managen?
- Wo ist der gesunde Menschenverstand geblieben?
- Wie kann ein Manager selbstsicher bleiben, ohne arrogant zu werden? Wie verhindert er, dass sein Erfolg in Misserfolg umschlägt?
- Sollten nur »Manager« managen?

---

2 Der engl. Titel *Managing* entstand in Anlehnung an Studs Terkels Buch *Working* aus dem Jahr 1974, in dem viele verschiedene Menschen von ihrer Arbeit berichten.

Was ist aus der Managertätigkeit geworden?

Mit diesem Thema begann mein beruflicher Werdegang: Für meine Doktorarbeit beobachtete ich fünf Firmenchefs eine Woche lang bei ihrem Tun. Das Resultat war ein Buch mit dem Titel *The Nature of Managerial Work* (1973) und der Aufsatz »The Manager's Job – Folklore and Fact« (1975). Beide stießen auf ein recht großes Echo und zogen einen Strom von Folgestudien nach sich.[3]

Aber dieser Strom versiegte irgendwann und heute finden wir erstaunlich wenige systematische Untersuchungen zur Tätigkeit des Managens. Viele Bücher heißen »Management«, aber nur ein geringer Teil ihres Inhalts handelt tatsächlich vom Managen. (Brunsson 2007: 7; Hales 1999: 339)[4] Zu den fachlich besten Büchern in diesem Bereich gehören vermutlich *Leadership – What Effective Managers Really Do and How they Do it* von Leonard Sayles (1979), *The General Managers* von John Kotter (1982), *Becoming a Master Manager* von Robert Quinn u.a. (1990) und *Becoming a Manager* von Linda Hill (1992). Beachten Sie die Erscheinungsdaten.

Infolgedessen hat sich unser Verständnis vom Managen nicht wei-

---

3 Mir wurde berichtet, dass nach Veröffentlichung des Aufsatzes in der *Harvard Business Review* mehr Nachdrucke geordert wurden als für jeden anderen Artikel, der jemals in dieser Zeitschrift erschienen ist. Auf einige der Folgestudien gehe ich in Kapitel 2 ein.

4 Einer meiner Studenten, Farzad Khan, suchte in den dreizehn wichtigsten wissenschaftlichen und den fünf wichtigsten praxisorientierten Zeitschriften der Jahrgänge 1995 bis 2004 nach Artikelüberschriften und -zusammenfassungen, in denen das Wort »*Manager*« vorkam. Dann untersuchte er, wie viele dieser Artikel von der Tätigkeit des Managens handelten: 27 von 669 Artikeln in den wissenschaftlichen und in 53 von 793 in den praxisorientierten Zeitschriften (der größte Anteil, aber mit 37 von 400 immer noch weniger als ein Zehntel, fand sich in der *Harvard Business Review*). Im *Academy of Management Journal* waren es drei von 74, im *Administrative Science Quarterly* einer von 25 und in der *Sloan Management Review* zwei von 150 Artikeln. In einem Aufsatz unter dem Titel »What Managers Do – A Critical Review« präsentierte Hales im Jahr 1986 eine Tabelle mit den »wichtigsten Quellen zur Tätigkeit des Managens«. Darin fanden sich 26 Studien, von denen drei in den Achtziger-, sieben in den Siebziger- und weitere sieben in den Sechzigerjahren erschienen waren; am stärksten waren mit neun Studien die Fünfzigerjahre vertreten. Eine wichtige Ausnahme bilden die Arbeiten von Tengblad (2000, 2002, 2003, 2004, 2006).

terentwickelt. Im Jahr 1916 veröffentlichte der französische Industrielle Henri Fayol sein Buch *Allgemeine und industrielle Verwaltung*
(deutsche Übersetzung 1929), in dem er Managen als »Planen, Organisieren, Befehlen, Koordinieren und Lenken« beschreibt. Acht Jahre
später druckte eine Montrealer Zeitung die Arbeitsplatzbeschreibung
des neuen Generaldirektors der Stadt ab: »zuständig für die Planung,
Organisation, Leitung und Überwachung aller städtischen Aktivitäten« (Lalonde 1977: 1). Das ist auch heute noch die vorherrschende
Auffassung.

Seit Jahren stelle ich aktiven Managern die Frage: »Was geschah
an dem Tag, an dem Sie Manager wurden?« Die Reaktion ist fast immer dieselbe: verwirrte Blicke, dann Achselzucken und schließlich
Kommentare wie: »Nichts.« Offensichtlich ist das etwas, was sich jeder selbst erschließen muss, ähnlich wie Sex und ebenso wie dieser
anfänglich eher mit frustrierenden Erfahrungen verbunden. Gestern
hat man noch Flöte gespielt oder sich als Chirurg betätigt; heute muss
man andere managen, die diese Dinge tun. Plötzlich ist alles anders.
Und man ist auf sich allein gestellt. »Die neuen Manager lernten durch
Erfahrung, was es heißt, Manager zu sein.« (Hill 2003: 9)

Ich werde mich also in diesem Buch einmal mehr der Tätigkeit des
Managens widmen und dabei einige meiner früheren Thesen erneut
vortragen (Kapitel 2), andere modifizieren (Kapitel 3 und 4) und darüber hinaus neue Thesen aufstellen (Kapitel 5 und 6).

Einige ernüchternde Tatsachen

■ Von Alan Whelan, Salesmanager für »Global Computing and
Electronics« bei BT in Großbritannien, hätte man vielleicht erwartet, dass er seinen Tag mit Kundengesprächen zubringt – oder
zumindest damit, seine Mitarbeiter beim Verkauf anzuleiten und
zu unterstützen. An jenem Tag, als ich ihn begleitete, betätigte sich
Alan zwar gewissermaßen als Verkäufer, aber firmenintern: Ein
Manager im eigenen Unternehmen zögerte, einen von Whelans
wichtigsten Verträgen zu unterzeichnen. Was tat Alan Whelan?
Plante, organisierte, befahl, koordinierte oder überwachte er?

■ »Topmanager« denken langfristig, kümmern sich um das »große Ganze«; »nachrangige« Führungskräfte beschäftigen sich mit

den kurzfristigeren, unmittelbareren Dingen. Warum also kümmerte sich Gordon Irwin, Front Country Manager im Banff-Nationalpark, so intensiv um die ökologischen Folgen einer Parkplatzerweiterung neben einem Skihügel, während sich Norman Inkster, Superintendent der gesamten Royal Canadian Mounted Police (RCMP), daheim in Ottawa die Fernsehnachrichten vom Vorabend ansah, um seinen Minister auf diffizile Journalistenfragen auf der bevorstehenden Pressekonferenz vorzubereiten?

■ Und warum saß Jacques Benz, Generaldirektor des Pariser Hightechunternehmens GSI, in einer Besprechung zu einem Kundenprojekt? Schließlich war er ein hochrangiger Manager. Sollte er nicht stattdessen in seinem Büro wegweisende Strategien entwerfen? Der geschäftsführende Direktor von Greenpeace International, Paul Gilding, versuchte ebendies und war davon ziemlich frustriert. Wer machte es richtig?

■ Fabienne Lavoie, Oberschwester einer prä- und postoperativen Chirurgieabteilung eines Montrealer Krankenhauses, arbeitete von 7.20 Uhr bis 18.45 Uhr in einem Tempo, das mir den Atem verschlug. So genügten ihr fünf Minuten, um mit einem Chirurgen über einen Verband zu sprechen, die Krankenhauskarte eines Patienten einzulesen, Termine zu verlegen, mit einer Kollegin von der Rezeption zu sprechen, einen fiebernden Patienten zu untersuchen, wegen der Besetzung einer freien Stelle zu telefonieren, eine Medikation zu besprechen und sich mit dem Verwandten eines Patienten zu unterhalten. Muss Managen immer so hektisch sein?

■ Und wie steht es mit der berühmten Metapher, der zufolge ein Manager einem Orchesterdirigenten gleicht, der in seiner Herrlichkeit die Gewähr dafür bietet, dass seine Musiker gemeinsam die schönste Musik hervorbringen können? Bramwell Tovey vom Winnipeg Symphony Orchestra stieg von seinem Podest herab, um über seine Tätigkeit zu sprechen. »Das Anstrengende«, erklärte er, »sind die Proben«, nicht die Aufführungen. Erstere haben wenig mit Herrlichkeit zu tun. Und wie steht es mit der Lenkungsfunktion? »Ich muss mich dem Komponisten unterordnen«, meinte er. Ist es also wirklich Sache des Dirigenten, das

Orchester zu »dirigieren« – seine berühmte Führungsrolle wahrzunehmen? »Wir sprechen nie über unsere Positionen«, war die Antwort. So viel zu dieser Metapher.

29 Tage Management

Ich könnte so fortfahren, es ist nur die Spitze des sprichwörtlichen Eisbergs. Insgesamt 29 Manager habe ich jeweils einen Tag begleitet: Ich habe sie beobachtet, interviewt, mir ihre Kalender und Termine der aktuellen Woche oder des aktuellen Monats angeschaut. Und diese 29 Tage bilden die Grundlage für dieses Buch.

Wie Tabelle 1.1 zeigt, kamen diese Manager aus Wirtschaft und öffentlichem Dienst, aus dem Gesundheitswesen sowie aus dem sozialen und kulturellen Bereich (Nichtregierungsorganisationen, gemeinnützige Organisationen etc.)[5], aus Unternehmen und Institutionen unterschiedlichster Art, vom Bankensektor über die Polizei, die Filmproduktion, die Flugzeugherstellung und den Einzelhandel bis zur Telekommunikation. Manche dieser Organisationen waren klein, andere riesig; die Zahl der Mitarbeiter reichte von 18 bis 800 000. Diese Manager vertraten alle Hierarchieebenen von den sogenannten Topmanagern über das mittlere Management bis zum unteren Management. Manche arbeiteten in Großstädten wie London, Paris, Amsterdam oder Montreal; andere in abgelegeneren Orten wie Ngara in Tansania, New Minas in Neuschottland oder dem Banff-Nationalpark im Westen Kanadas. Manche beobachtete ich isoliert, andere in Gruppen, wie beispielsweise – an drei aufeinanderfolgenden Tagen – die drei einander unterstellten Manager der kanadischen Parks.

Jeden Tag hielt ich meine Beobachtungen fest und interpretierte sie anschließend im konzeptionellen Kontext. Ich ließ jeden für sich selbst sprechen. Und das taten sie fürwahr – beispielsweise darüber, dass alte Methoden wie das »Management by Exception« sehr aktuell sein können, dass die Manager von Greenpeace auf den Erhalt ihrer Organisation mindestens ebenso viel Aufmerksamkeit verwenden

---

5 Die Zuordnung ist dabei nicht immer eindeutig; einige der Manager hätten auch einer anderen Rubrik zugeordnet werden können. Die Ärzte ohne Grenzen etwa hätten man auch dem Gesundheitswesen subsumieren können.

Tabelle 1.1: Die 29 besuchten Manager

	Wirtschaft	Öffentlicher Dienst/ Verwaltung	Gesundheitswesen	Soziale und kulturelle Organisationen
Oberes Management	**John Cleghorn** CEO, Royal Bank of Canada **Jacques Benz** Generaldirektor, GSI (Paris) **Carol Haslam** Geschäftsführerin, Hawkshead Ltd. (Filmgesellschaft, London) **Max Mintzberg** Kopräsident, The Telephone Booth (Montreal)	**John Tate** Stellvertretender kanadischer Justizminister **Norman Inkster** Commissioner der Royal Canadian Mounted Police (RCMP)	**Sir Duncan Nichol** CEO, National Health Service of England (NHS) **»Marc«** Krankenhausdirektor (Quebec)	**Paul Gilding** Geschäftsführer, Greenpeace International (Amsterdam) **Dr. Rony Brauman** Präsident, Ärzte ohne Grenzen (Paris) **Catherine Joint-Dieterle** Chefkonservatorin am Musée de la mode et du costume (Paris) **Bramwell Tovey** Dirigent, Winnipeg Symphony Orchestra
Mittleres Management	**Brian Adams** Direktor, Global Express, Canadair (Bombardier, Montreal) **Alan Whelan** Verkaufsleiter, Global Computing and Electronics, BT (London)	**Glen Rivard** General Counsel für Familien- und Jugendrecht beim kanadischen Justizministerium **Doug Ward** Programmdirektor, CBC Radio, Ottawa **Allen Burchill** Kommandeur der Division »H«, RCMP (Halifax) **Sandy Davis** Regional Director-General, Parks Canada (Calgary) **Charlie Zinkan** Superintendent, Banff National Park (Alberta)	**Peter Coe** Bezirksdirektor, NHS (North Hertfordshire) **Ann Sheen** Pflegedienstleiterin, Reading Hospitals, NHS	**Paul Hohnen** Direktor für Gifthandel, Wald, wirtschaftliche und politische Einheiten, Greenpeace International (Amsterdam) **Abbas Gullet** Leiter einer Subdelegation, Internationales Rotes Kreuz (Ngara, Tansania)
Unteres Management		**Gordon Irwin** Front Country Manager, Banff National Park (Alberta) **Ralph Humble** Kommandant der Abteilung New Minas, RCMP (Neuschottland)	**Dr. Michael Thick** Chirurg für Lebertransplantationen, St. Mary's Hospital, NHS (London) **Dr. Stewart Webb** Klinischer Direktor (Geriatrie), St. Charles Hospital, NHS (London) **Fabienne Lavoie** Oberschwester, Station 4 NW, Jewish General Hospital (Montreal)	**Stephen Omollo** Manager, Flüchtlingslager Benaco und Lukole, Internationales Rotes Kreuz (Ngara, Tansania)

wie auf den Erhalt der Umwelt oder dass staatliche Realpolitik sich mitunter draußen vor Ort abspielt, wo Bären auf Touristen treffen. Ich erfuhr auch, wie unterschiedlich die Umgebungen sein können, in denen Management stattfindet: Einmal hielt ich mich verzweifelt auf einem Motorrad fest, das in einem unglaublichen Tempo von einer Pressekonferenz zur nächsten durch Paris raste, ein andermal saß ich allein in einer Konzerthalle mit 2222 Samtstühlen und schaute einem Dirigenten bei der Orchesterprobe zu; einmal aß ich in einem Restaurant zu Mittag, das von einem geschäftstüchtigen Flüchtling in einem afrikanischen Lager gegründet worden war, ein andermal fror ich in der Greenpeace-Cafeteria in Amsterdam; oder wir spazierten durch eine unberührte Parklandschaft und diskutierten über »Bärenstaus« (verursacht durch Autofahrer, die anhalten, um Bären zu bestaunen, die bis zum Straßenrand getrottet kommen). All dies, versichere ich Ihnen, bietet eine wundervolle Kulisse, um über die Tätigkeit des Managens und über das Leben überhaupt nachzudenken – denn Ersteres spielt in so viele Bereiche des Letzteren hinein.

Ein einziger Tag ist kein langer Zeitraum. Aber es ist erstaunlich, was die direkte und simple Beobachtung der Abläufe, ganz ohne Tagesordnungspunkte, bringen kann. Wie Yogi Berra, der weise alte Mann des amerikanischen Baseballs, es formulierte: »Allein durch Zuschauen kann man eine Menge erfahren.« Nehmen Sie 29 Tage zusammen und Sie haben recht viel Anschauungsmaterial zur Praxis des Managens.

Auf diese 29 Tage komme ich immer wieder zurück, sei es zur Illustration, sei es zur Beschreibung konkreter Abläufe oder in Form von theoretischen Überlegungen. Acht dieser Beschreibungen sind im Anhang vollständig wiedergegeben, um die Basis dieses Buches zu präsentieren. Die Beschreibungen und Interpretationen aller 29 Tage lassen sich zudem in englischer Sprache auf meiner Website (www.mintzberg-managing.com) nachlesen. Um Ihnen einen Vorgeschmack zu geben, zitiere ich hier die Titel von einigen der Artikel, die Sie auf der Website finden und die im letzten Kapitel des Buches eine Rolle spielen:

- »Managen in Extremsituationen« – über den politischen Druck, dem die Manager der kanadischen Parks ausgesetzt sind
- »Aufwärts, abwärts, einwärts und auswärts managen« – über die Auswirkungen der Hierarchieebenen auf fünf Manager des

britischen National Health Service (NHS), vom CEO bis zu zwei
Oberärzten

- »Hart verhandeln und weich führen« – über die Unterschiede
zwischen äußerem und innerem Management beim Führen einer
Filmproduktionsgesellschaft
- »Das Yin und Yang des Managens« – zwei CEOs in Paris, aber
Welten auseinander: Modemuseum und Ärzte ohne Grenzen
- »Managen nach dem Ausnahmeprinzip« – über zwei Rotkreuz-
manager in einem Flüchtlingslager in Tansania, die ein »Manage-
ment by Exception« der ganz besonderen Art betreiben

Bevor wir fortfahren, sollen drei weitere Mythen benannt werden,
die uns daran hindern, die wahre Natur des Managens zu erkennen:
dass sich zwischen Managen und Führen eine klare Trennlinie ziehen
lasse, dass Managen eine Wissenschaft oder zumindest eine Profession
sei und dass Manager – wie wir alle – in Zeiten großer Veränderungen
leben.

Führung zwischen Management und Gemeinwohl

Es ist Mode geworden, zwischen Führungspersönlichkeiten beziehungsweise Leadern und Managern zu unterscheiden. (Zaleznik 1977,
2004; Kotter 1990a, 1990b) Die einen tun die richtigen Dinge und entwickeln Konzepte zum Umgang mit Veränderungen; die anderen machen Dinge richtig und meistern Komplexität. Sagen Sie mir also, wer
in den zuvor beschriebenen Beispielen die Führungspersönlichkeiten
und wer die Manager sind. War Alan Whelan bei BT ausschließlich
managend tätig, hat Bramwell Tovey auf dem Podest lediglich »leitende« Funktion gehabt? Was war Jacques Benz in jener Projektbespre-
chung bei GSI? Tat er die richtigen Dinge oder machte er die Dinge
richtig?

Ehrlich gesagt verstehe ich nicht, was diese Unterscheidung für den
Berufsalltag in einem Unternehmen oder einer Institution bedeuten
soll. Natürlich können wir auf der theoretischen Ebene zwischen Führen und Managen unterscheiden. Aber gelingt uns das auch in der
Praxis? Und sollten wir das überhaupt versuchen?

Wie würde es Ihnen gefallen, von jemandem gemanagt zu werden,
der nicht führt? Das kann furchtbar entmutigend sein. Und warum

sollten Sie den Wunsch verspüren, von jemandem geführt zu werden, der nicht managt? Das wird leicht sehr unverbindlich: Wie weiß eine solche Führungskraft, was sich tatsächlich abspielt?[6] Um mit Jim March zu sprechen: »Zum Führen gehört das Klempnerhandwerk ebenso wie die Dichtkunst.« (2004: 173)

Zu den 29 Menschen, die ich bei ihrer Arbeit beobachtet habe, gehört auch John Cleghorn, Chairman der Royal Bank of Canada, der dafür bekannt war, dass er schon mal auf dem Weg zum Flughafen im Büro anrief, um einen schadhaften Geldautomaten zu melden. Diese Bank hatte Tausende solcher Geräte. Gefiel sich John im Mikromanagement? Vielleicht wollte er ein Exempel statuieren, um seinen Mitarbeitern zu bedeuten, dass sie ihre Augen stets für solche Dinge offen halten sollten.

Was uns in Wahrheit besorgter stimmen sollte, ist das Phänomen des »Makroleadings« – wenn hochrangige Führungskräfte versuchen, ihre Organisationen per Fernsteuerung und mit Augen nur für »das große Ganze« zu führen. Es ist Mode geworden, von einem **Übermaß an Management** und einem **Mangel an Führung** zu sprechen. Ich glaube, es verhält sich eher umgekehrt. Wir haben **zu viel Führung und zu wenig Management**.

Konosuke Matsushita, Gründer des gleichnamigen Unternehmens, erklärt: »Mein Job sind die großen und die kleinen Dinge. Was auf der mittleren Ebene geregelt werden muss, lässt sich delegieren.« Mit anderen Worten: **Führung kann Management nicht einfach delegieren; anstatt zwischen Managern und Leadern zu unterscheiden, sollten wir im Manager die Führungspersönlichkeit erkennen und Führung als gut praktiziertes Management begreifen.**

Ob in den Gefilden der Wissenschaft oder in den Zeitungsspalten – es ist viel leichter, über die Ruhmestaten von Führungspersönlichkeiten zu räsonieren, als sich mit der Realität des Managens auseinanderzusetzen. Das geht vordergründig zulasten des Managements, lässt aber auch die Führungspraxis nicht ungeschoren. **Je mehr wir uns mit Führung beschäftigen, desto weniger scheinen wir davon zu bekommen.** Und wirklich, je eifriger wir Seminare und Vorträge zum Thema Führung bu-

---

6 »Leader gehören ihrem Typ nach häufig zur Kategorie der ›Wiedergeborenen‹, die sich als von ihrer Umwelt getrennt wahrnehmen. Sie wirken zwar in einer Institution, aber sie gehören nie wirklich dazu.« (Zaleznik 2004: 79)

chen, desto stärker wächst die Hybris. Führungsqualitäten lassen sich nicht verabreichen, sondern nur erarbeiten. Indem wir das Führen vom Managen abtrennen, verwandeln wir einen kollektiven Prozess in einen individuellen. Ungeachtet aller Betonung des Teamgedankens ist Führung auf das Individuum konzentriert: Wann immer wir jemanden zum Leader erheben, stufen wir andere zu Gefolgsleuten herab. Der Teamgeist, der so wichtig ist für kooperative Anstrengungen in Unternehmen und anderen Organisationen, kommt dabei zu kurz. Was wir fördern sollten, ist also nicht isolierte Führung, sondern das Kollektiv der Akteure, also Management inklusive Leadership. **Das Anliegen dieses Buches ist es, dem Management seinen angemessenen Stellenwert zurückzugeben und zu zeigen, dass Management und Führung die zwei Bestandteile dessen sind, was man als Communityship (Kollektivprinzip) bezeichnen könnte.**

Die Praxis des Managens

Nach vielen Jahren der Suche nach diesen heiligen Gralen ist es an der Zeit, einzugestehen, dass Management weder eine Wissenschaft noch ein Beruf im klassischen Sinne ist; es ist eine praktische, situationsgebundene Tätigkeit, die vorrangig von der Erfahrung lebt.[7]

Mit Sicherheit keine Wissenschaft Bei der Wissenschaft geht es um die Erweiterung unseres systematischen Wissens auf dem Wege der Forschung. Das ist wohl kaum der Zweck des Managements, das vielmehr darauf abzielt, die Arbeit von Organisationen zu ermöglichen und zu erleichtern. Management ist auch keine angewandte Wissenschaft, denn das wäre immer noch Wissenschaft. Dennoch *wendet* Management Wissenschaft *an*: Manager müssen alles Wissen nutzen, dessen sie habhaft werden. Und sicherlich machen sie von wissenschaftlich fundierten Analyseinstrumenten Gebrauch (wobei es dann eher um wissenschaftliche Belege als um wissenschaftliche Entdeckungen geht).

Erfolgreiches Managen ist jedoch eher eine Frage der Kunst beziehungsweise des Handwerks. Kunst erzeugt »Einsichten« und »Visio-

---

7 Die nächsten Absätze folgen größtenteils meinem Buch *Managers not MBAs*.

nen« auf der Grundlage der Intuition.[8] (Peter Drucker schrieb im Jahr 1954: »Die Tage des ›intuitiven‹ Managers sind gezählt« [S. 93]. Gut ein halbes Jahrhundert später zählen wir noch immer.) Und Handwerk bedeutet Lernen aus der Erfahrung – *Learning by Doing*.

Die Tätigkeit des Managens spielt sich also, wie Abbildung 1.1 zeigt, im Dreieck zwischen Kunst, Handwerk und der Anwendung von Wissenschaft ab. Die Kunst sorgt für die Ideen und die Integration, das Handwerk schafft die Verbindungen und schöpft dabei aus konkreten Erfahrungen und die Wissenschaft erzeugt vermittels systematischer Analyse des verfügbaren Wissens die notwendige Ordnung.[9]

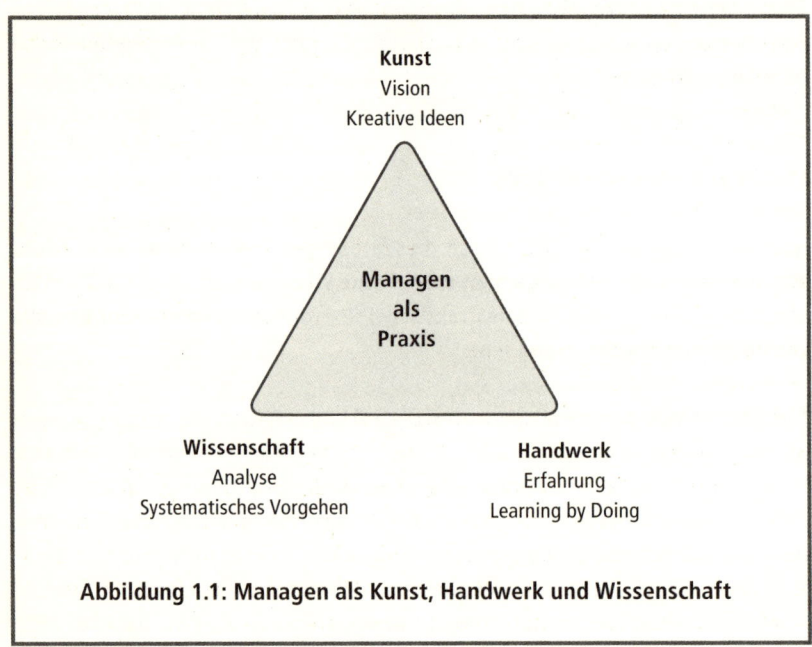

Abbildung 1.1: Managen als Kunst, Handwerk und Wissenschaft

---

8 »Kunst ist die Übertragung eines Musters, einer ganzheitlichen Vision, auf viele separate Teile, um auf diese Weise eine Repräsentation dieser Vision zu schaffen; Kunst schafft Ordnung im Chaos.« (Boettinger 1975: 54; siehe auch Vail 1989)

9 Ich meine hier »Wissenschaft« im populären Sinne, nicht als praktizierte Disziplin, die wiederum Kunst und Handwerk umfasst.

Ein Großteil der planbaren Aufgaben kann von den jeweiligen Fach-kräften erledigt werden; die Manager brauchen sich nicht darum zu kümmern. Der Manager muss sich vielmehr mit den mühsamen Din-gen auseinandersetzen – den kniffligen Problemen, den komplizier-ten Zusammenhängen. Das ist der Grund, warum die Tätigkeit des Managens nicht so leicht zu fassen ist, sodass zu ihrer Beschreibung häufig Begriffe wie »Erfahrung«, »Intuition«, »Urteilsvermögen« und »Weisheit« herangezogen werden. **Kombinieren Sie eine gehörige Por-tion Handwerk mit einer Prise Kunst und etwas wissenschaftlicher Praxis, und Sie erhalten einen Job, der in erster Linie ein *praktischer* ist.** Es gibt keine »beste Methode« des Managens; diese hängt jeweils von der Situation ab.

Und auch kein Beruf im klassischen Sinne Auch für Ingenieursarbeit wurde gezeigt, dass sie weder eine Wissenschaft noch eine angewand-te Wissenschaft, sondern eine eigenständige praktische Tätigkeit ist. (Lewin 1979) Aber sie nutzt die Wissenschaft, um Prozesse festzu-schreiben und zu überprüfen. Bei Ingenieuren kann man von einem gelernten Beruf sprechen, denn die entsprechenden Kenntnisse und Fähigkeit lassen sich lehren und lernen – vor der Ausübung der Tätig-keit. Eine Brücke ist eine Brücke, Stahl ist Stahl, auch wenn seine Ver-wendung an die jeweilige Situation angepasst werden muss. Ähnliches lässt sich über die Medizin sagen. Aber eben nicht über das Manage-ment:

> Viele medizinische Fähigkeiten, wie sie für die Diagnose und Be-handlung benötigt werden, setzen voraus, dass sich Krankheiten in einzelne Teilprobleme zerlegen lassen, die in vergleichbarer Form bei vielen Patienten vorkommen und sich mehr oder we-niger mit Standardverfahren behandeln lassen. … Im Gegensatz dazu gehört zur Managertätigkeit der Umgang mit Problemen, die kaum etwas mit anderen Teilen der Institution zu tun haben und charakteristisch für dieses Unternehmen, diesen Markt oder diese Branche sind und sich nicht einfach auf ein Standardpro-blem zurückführen lassen, das sich mit einer Standardtechnik lösen lässt. (Whitley 1995: 92; siehe auch 1989)

Beim Managen hingegen gibt es kaum Bereiche, für die verlässliche festgelegte Verfahrensweisen existieren, die auf ihre Wirksamkeit hin überprüft wurden. Darum meint Hill, dass jemand erst »als Manager handeln muss, um zu erkennen, was ein Manager tut« (2003: 45).

Seit Frederick Taylors erstmals 1911 erschienenem Werk *The Principles of Scientific Management* suchen wir im Bereich der Wissenschaften und der Berufe nach dem heiligen Gral des Managements. Diese Suche spiegelt sich nach wie vor in Phrasen wie »strategische Planung« oder »Shareholder-Value« wider. Von Zeit zu Zeit versagen die einfachen Antworten, wodurch die Illusion eines Fortschritts entsteht, während die Probleme de facto weiter vor sich hin schwelen.

Der Ingenieur- und der Arztberuf beruhen auf kodifiziertem Wissen, das nach feststehenden Regeln zu erlernen ist. Deshalb kann der erfahrene Ingenieur oder Arzt den Laien fast immer übertrumpfen. Nicht so im Management. Die wenigsten von uns würden einem intuitiv vorgehenden Ingenieur oder Arzt ohne formale Ausbildung Vertrauen schenken, aber wir vertrauen allen möglichen Managern, die keinen einzigen Tag ihres Lebens in einem Managementkurs verbracht haben (und begegnen vielen mit Misstrauen, die zwei Jahre darauf verwandt haben).[10]

Zur Tätigkeit des Managens existiert so einiges an *implizitem* Wissen. Aber *implizit* heißt zugleich schwer zugänglich, und das ist auch der Grund, warum es in der Praxis erworben werden muss: durch Ausbildung, Mentoren und eigene Erfahrung. Solches Wissen entwickelt sich überdies kontextgebunden – in der jeweils gegebenen Situation –, mit der Folge, dass das Gelernte nicht einfach von einer Managertätigkeit auf die nächste übertragen werden kann, weder innerhalb eines Unternehmens noch unternehmens- oder branchenübergreifend. (Könnte Bramwell Tovey die Bank leiten oder Fabienne Lavoie das Orchester dirigieren?) Sicher, es gibt Manager, die das können, weil sie es verstehen, sich das für einen neuen Kontext notwendige Wissen anzueignen. Aber auf jeden, dem das gelungen ist, kommen Ungezählte, die dabei gescheitert sind.

Wer einen Beruf erlernt oder sich akademisch qualifiziert hat, verfügt über ein souveränes Wissen. Der Patient argumentiert nicht mit dem Chirurgen und der Chirurg nicht mit dem Molekularbiologen.

---

10 Warum Management kein Lehrberuf ist und auch in Zukunft nicht sein wird, erläutere ich ausführlich in meinem Buch *Managers not MBAs* (Mintzberg 2004b). Vgl. auch Whitley (1989) und Brunsson (2007: Kapitel 4).

Jeder kennt sich in seinem Spezialgebiet am besten aus. Aber Manager, die meinen, sie hätten das erforderliche Fachwissen, geraten in Konflikt mit ihrer Aufgabe, denn die besteht im Wesentlichen im Vermitteln. **Der Manager, wie ich ihn definiere, ist zuständig für eine gesamte Organisation oder einen klar umrissenen Teil davon** (den ich in Ermangelung eines besseren Begriffs als »Einheit« bezeichnen will). Oder mit einem Bonmot aus den Zwanzigerjahren, das Mary Parker Follett zugeschrieben wird: Der Manager *lässt* arbeiten – und zwar sowohl diejenigen in seiner Einheit, die ihm unmittelbar unterstellt sind, als auch andere in deren Umfeld, gegenüber denen er keine formale Weisungsbefugnis hat. Manager müssen viel wissen – besonders über ihre speziellen Umfeldbedingungen –, und sie müssen auf der Grundlage dieses Wissens Entscheidungen treffen. Aber besonders in großen Organisationen und überall dort, wo es um geistige Arbeit geht, gilt: **Der Manager muss anderen helfen, das Beste aus sich herauszuholen, damit *sie* ihr Wissen mehren, bessere Entscheidungen treffen und effektiver handeln.**

Vor einiger Zeit wurde ich gefragt, ob es denn nicht etwas Professionelles an sich habe, wenn ein Manager seine Tätigkeit vorbildlich und verantwortungsvoll ausführe. Dass ein Manager sich so verhält, ist sicherlich wichtig, aber wir dürfen nicht Wahrnehmung von Verantwortung mit der Ausübung eines gelernten Berufes verwechseln. Wir wollen stattdessen **in der Tätigkeit des Managens eine *Berufung* sehen, die durch den Versuch, daraus einen Beruf im traditionellen Sinne oder eine Wissenschaft zu machen, konterkariert wird.**

Managen in Zeiten überraschend geringen Wandels

Dieses Buch basiert auf Untersuchungen aus den letzten siebzig Jahren. Meine eigenen 29 Beobachtungstage fanden in den Neunzigerjahren statt. Heutzutage ist so etwas für Bücher untypisch – Bücher haben in höchstem Maße aktuell zu sein.

Lassen Sie es uns andersherum betrachten. Allzu viel Aktualität kann hinderlich sein. Wir riskieren, uns von der Gegenwart gefangen nehmen zu lassen und uns auf Geschichten zu konzentrieren, die wir »kennen«. Eine gewisse zeitliche Distanz kann durchaus von Vorteil sein. Und spielen Daten wirklich eine so große Rolle? Erschienen Ihnen die oben zitierten Beispiele als veraltet? Ist jener Tag im Arbeitsleben eines Verkaufsleiters – und sei es im Hochtechnologiebereich –

oder einer Oberschwester heute so überholt, dass wir nichts mehr damit anfangen können? [11]

Hören Sie sich einen beliebigen Vortrag zum Thema Management an. Vermutlich beginnt er mit der These, wir lebten »in Zeiten großer Veränderungen«. Wenn Sie das hören, sollten Sie einmal an sich herunterschauen und einen Blick auf Ihre Kleidung werfen. Wenn Sie dort Knöpfe sehen, könnten Sie sich fragen: Wenn wir denn tatsächlich in Zeiten großer Veränderungen leben, wie kommt es, dass wir uns noch immer des guten alten Knopfes bedienen? Wie kommt es, dass wir noch immer Autos mit Viertakt-Verbrennungsmotoren fahren? Verwendete nicht bereits Fords legendäres Model T einen solchen?

Warum haben Sie diese Knöpfe nicht bemerkt, als Sie sich heute Morgen ankleideten, und jene alte Technik nicht, als Sie zur Arbeit fuhren und im Autoradio einem Feature über das Leben in Zeiten des beschleunigten Wandels lauschten? Schließlich haben Sie, nachdem Sie an Ihrem Arbeitsplatz angelangt waren, sehr wohl mitbekommen, dass Windows für sein Betriebssystem ein weiteres Update herausgebracht hat. **Tatsache ist: Wir nehmen nur wahr, was sich verändert. Und die meisten Dinge bleiben unverändert.** Bei den Informationstechnologien tut sich was – wir alle kriegen das mit; desgleichen neuerdings in der Wirtschaft. Wie steht es mit der Managertätigkeit?

---

11 Im Jahr 2005 abonnierte ein Kollege von mir die *Harvard Business Review*. Als Dankeschön erhielt er ein Gratisbuch mit dem Titel *Leadership Insights*, das diverse Zeitschriftenartikel versammelte. Der erste Artikel stammte von mir selbst und war dreißig Jahre alt (Mintzberg 1975b). Wo wir schon bei den Fußnoten sind: Manch einer zeigte sich verstört darüber, dass unter den von mir beobachteten 29 Managern keine Amerikaner waren. Autoren von Managementbüchern sind nicht dazu verpflichtet, sich auf amerikanische Manager zu fokussieren – dennoch tun die meisten es. Spielt es wirklich eine so große Rolle, ob Bramwell Tovey in Winnipeg oder in Wisconsin dirigierte? (In Kapitel 4 werde ich darlegen, wie gering der Einfluss der Nationalität auf die Art des Managens ist.) Vielleicht werden es einige Wirtschaftstheoretiker ganz wohltuend und amerikanische Leser aufschlussreich finden, zur Abwechslung einmal über Manager in anderen Teilen der Welt zu lesen. Ein Probeleser dieses Buches, ein ehemaliger US-amerikanischer CEO, meinte, das Alter des verwendeten Materials und die Abwesenheit von Amerikanern würden viele Leser dazu verleiten, das Buch ungelesen beiseitezulegen. Mögen sie es tun. Wer glaubt, Management müsse zwangsläufig aktuell und amerikanisch sein, kann mit diesem Buch wohl eh wenig anfangen.

Die Tätigkeit des Managens heute und gestern   »Bei allem Mode-hype um ›Leadership‹ ist das, was praktiziert wird, in Wahrheit Ma-nagement, und dessen grundlegende Charakteristika haben sich nicht verändert.« (Hales 2001: 54) Mit der Zeit verändern sich zwar die The-men, mit denen Manager zu tun haben, aber nicht die Praxis selbst. Die Tätigkeit bleibt dieselbe. Wir kaufen ständig neues Benzin und von Zeit zu Zeit ein neues Hemd; das heißt nicht, dass sich die Auto-motoren oder die Hemdenknöpfe ändern. Bei der ganzen Aufregung um allgegenwärtige Veränderungen bleiben ein paar Grundaspekte des menschlichen Lebens stabil – und was gibt es Grundlegenderes als Managen und Führen? (Wenn Sie das bezweifeln, holen Sie sich aus der Videothek einen alten Film, in dem es um Führung geht.)

Schon bei meinen früheren Untersuchungen (die in der Veröffent-lichung im Jahr 1973 mündeten) überraschte mich der Umstand, wie wenig sich das beobachtete Verhalten von dem früherer Zeiten un-terschied. Die benötigten Informationen mögen andere gewesen sein, aber die Methode, wie die Manager sie beschafften – durch Zuhören –, war so gut wie unverändert geblieben. Die Entscheidungen betrafen möglicherweise die neueste Technologie, aber für die Entscheidungs-findung selbst spielte diese Technologie kaum eine Rolle.

Hat sich das in der Zwischenzeit gewandelt? Auf den ersten Blick könnte man diesen Eindruck gewinnen, aber die Faktenlage spricht eine andere Sprache.[12] Wäre Management eine Wissenschaft oder ein gelernter Beruf, könnte es sich verändern. (Die medizinische Praxis ändert sich ständig.) Aber Management ist weder das eine noch das andere. Von vorübergehenden und zumeist kontraproduktiven Ma-rotten abgesehen, fristet das Management sein bewährtes Dasein. Die neuen Informationstechnologien und insbesondere die E-Mail – ein Phänomen, das mehr als alle anderen unseren Alltag zu verän-dern scheint – verstärken womöglich eher noch die allbekannten

---

12 Stefan Tengblad beispielsweise, wohl einer der aktivsten Theoretiker auf dem Gebiet der Managertätigkeit, kommt in einer seiner Untersuchungen zu dem Schluss: »Die Tätigkeit des Managers scheint ein vergleichsweise stabiles und evolutionäres Phänomen zu sein. ... Die vielen verblüffenden Ähnlichkeiten zwischen dem Arbeitsverhalten schwedischer CEOs in den Vierzigerjahren und dem in den Neunzigerjahren unterstreicht, welche wichtige Rolle Traditionen im Vergleich zu modernen Technologien oder Managementmoden für die Bestim-mung des Wo, Wann, Wie und Warum ihrer Tätigkeit spielen. (2000: 38)

Charakteristika der Managertätigkeit (wie wir in Kapitel 2 sehen werden).

Eine Vielzahl von Jahrgängen

Ich habe also Beispiele, Belege, Konzepte und Zitate für dieses Buch danach ausgewählt, wie hilfreich sie mir erschienen, und dabei nicht aufs Alter geschaut. Ich hoffe sogar, dass Sie mit mir der Meinung sein werden, dass gerade die alten Zitate in diesem Kapitel zu den besten gehören. Sie haben aus gutem Grund überdauert; wie edler Wein sind sie mit den Jahren noch gereift.

Mein Buch von 1973 beschreibt die Tätigkeit des Managers auf zweierlei Weise: zum einen anhand ihrer Charakteristika – ihres Arbeitstempos, der vielen Unterbrechungen, der Bedeutung der Kommunikation und der Handlungsorientierung und so weiter – und zum anderen anhand ihrer Inhalte in Form der unterschiedlichen Rollen, die Manager einnehmen – von der Galionsfigur bis zum Krisenmanager.

Die Beschreibung der Charakteristika erschien mir nach wie vor sehr gelungen, und so zitiere ich in Kapitel 2 (»Die Dynamik des Managens«) ausführlich aus jenem Buch. Auch in der Folge ist mir kaum etwas begegnet, was meine damaligen Schlussfolgerungen infrage gestellt hätte; im Gegenteil, ich kann mittlerweile zahlreiche zusätzliche Belege für meine Thesen anführen.

Kapitel 3, das vom Inhalt der Managertätigkeit – was Manager wirklich *tun* – handelt, geht nun einen anderen Weg als jenes Buch. Denn nach seinem Erscheinen wurde mir bewusst, dass es wie so viele andere Bücher zum selben Thema lediglich mögliche Rollen des Managers aufzählte, ohne jedoch seine Tätigkeit schlüssig zu beschreiben. Also entwickelte ich in den Neunzigerjahren ein »Managementmodell« (erstmals in Mintzberg 1994b), das die Tätigkeit des Managens auf drei Ebenen beschreibt: Informationen, Menschen und Handeln. Dieses Modell diente mir als Grundlage für die Interpretation meiner Beobachtungen an besagten 29 Tagen, und ich nutze es zur Illustration des Materials von Kapitel 3.

Die letzten drei Kapitel, die auf den ersten dreien aufbauen, sind neu und vollkommen aktuell – was meine Gedanken, nicht was das Management betrifft. (Ich hätte sie bereits in mein Buch von 1973 aufnehmen können, hätte ich damals schon so weit gedacht. Ich bin derjenige, der sich verändert hat.)

Kapitel 4 handelt von den »unzähligen Formen des Managements«. Als ich untersuchte, wie diverse Faktoren wie beispielsweise die nationale Kultur, die Hierarchieebene oder der individuelle Stil die Praxis des Managens beeinflussen, verspürte ich in mir eine wachsende Unzufriedenheit. Irgendetwas fühlte sich falsch an: In meinen Untersuchungen spiegelte sich nicht die faszinierende Vielfalt wider, die ich während der 29 Tage beobachtet hatte. Ich ging diese Tage also noch einmal durch und stellte fest, dass kaum einer der Faktoren – nicht einmal der persönliche Stil – an allen Tagen eine Rolle spielte. Ausschlaggebend war vielmehr eine Kombination von Faktoren. Ich beschließe dieses Kapitel folglich mit der Beschreibung verschiedener Haltungen oder Schwerpunkte, die Manager einnehmen können – Aufrechterhaltung des Arbeitsflusses, aus der Mitte heraus managen, die Verbindung zum äußeren Umfeld herstellen –, sowie verschiedener Formen eines Managements ohne Manager.

Im fünften Kapitel komme ich dann zu den »Dilemmata des Managens« – Konflikten, mit denen Manager sich beschäftigen müssen, weil sie sich nicht aus der Welt schaffen lassen, wie das Oberflächlichkeitssyndrom, das Distanzierungsdilemma oder das Delegierungsdilemma. Die Arbeit an diesem Kapitel hat mir viel Spaß gemacht, und ich hoffe, dass es Ihnen bei der Lektüre ähnlich gehen wird.

Im letzten Kapitel habe ich mich dann mit der Frage des erfolgreichen Managens auseinandergesetzt. Viele Autoren stürzen sich mutig auf dieses Thema – wobei sie mit Vorliebe auf »Leadership« setzen, nur um sich alsbald in tausend Banalitäten zu verstricken. Ängstlich machte ich mich ans Werk, aber zu meiner großen Überraschung wurde daraus ein stolzer Ritt. Dieses Kapitel fragt danach, warum jeder Manager, dem gewöhnlichen Sterblichen gleich, seine Fehler macht, aber dennoch viele von ihnen erfolgreich sind. Ich beziehe mich dabei auf Studien über glückliche und unglückliche Familien und übertrage die Erkenntnisse auf glücklich oder unglücklich gemanagte Einheiten. Dabei komme ich zu dem Schluss, dass ein Manager, der erfolgreich sein will, nicht so sehr Wundertaten vollbringen als vielmehr normal und klar im Kopf sein, mit anderen Worten, über einen gesunden Menschenverstand verfügen sollte.

Wie dieses Eröffnungskapitel hoffentlich verdeutlicht, habe ich dieses Buch nicht geschrieben, um konventionelles Wissen erneut zu bestätigen – der *Managerial Correctness* zu huldigen –, sondern um neue Perspektiven zu eröffnen und das Thema Management aus einem anderen Blickwinkel anzugehen. Es ist nicht mein Ziel, Ihnen ein bestimmtes Wissen zu vermitteln; vielmehr soll die Lektüre Sie anregen, Ihre Fantasie spielen zu lassen und Fragen zu stellen. Manager sind nur so gut wie ihre Fähigkeit, sich eigenständig mit Situationen und Problemen auseinanderzusetzen. Auf die Gefahr hin, dass ich mich wiederhole: Es ist ein Job der Paradoxe, der Dilemmata und der Rätsel, für die es keine Lösung gibt. Das einzig verlässliche Ergebnis jeder Managementformel ist ihre Unzulänglichkeit (diese »Formel« inbegriffen).

Schauen wir sie uns also an: die Freuden, Pflichten und Qualen der alten und neuen Praxis des Managens.

2. Die Dynamik des Managens

Ich will es nicht gut – ich will es Dienstag.

Werfen Sie einen Blick auf die verbreiteten Vorstellungen vom Manager – vom Dirigenten auf seinem Podest oder vom CEO hinter seinem Schreibtisch, wie er in den Cartoons des *New Yorker* erscheint – und Sie erhalten einen Eindruck von dem Job: wohlgeordnet und höchst kontrolliert. Beobachten Sie Manager bei der Arbeit und Sie finden vermutlich etwas ganz anderes: ein hektisches Tempo, viele Unterbrechungen, mehr Reagieren als Initiieren. Dieses Kapitel beschreibt diese und verwandte *Charakteristika* des Managens: wie Manager arbeiten, mit wem, unter welchem Druck und so weiter – die nicht wegzudenkende Dynamik des Jobs.

Wie bereits erwähnt, habe ich diese Charakteristika erstmals in meinem Buch von 1973 beschrieben. Für all diejenigen, die selbst als Manager arbeiten oder schon einmal einen Manager beobachtet haben, waren sie nicht besonders überraschend. Dennoch löste die Beschreibung bei den meisten etwas aus, vor allem bei den Managern selbst – vielleicht weil sie unsere Lieblingsmythen zur Praxis des Managens infrage stellte. Immer wieder, wenn ich meine Schlussfolgerungen vor Managern präsentiere, lautet eine verbreitete Reaktion: »Es tut mir gut, was Sie sagen! Während ich immer dachte, dass die anderen Manager planen, organisieren, koordinieren, lenken und kontrollieren, werde ich ständig unterbrochen, springe von einem Thema zum nächsten und versuche, das Chaos irgendwie in Grenzen zu halten.«[1]

---

1 Eine Managerin hielt in einer Seminararbeit (nicht an meiner Universität) fest: »Ich empfand Mintzbergs Artikel als wohltuend und anregend. Trotz meiner

Wissen ist nicht dasselbe wie wissen. Warum sollte etwas, was den Managern bereits bekannt war, solche Reaktionen auslösen? Meine Erklärung lautet, dass Menschen Dinge auf unterschiedliche Weise »wissen« können. Manches wissen wir bewusst, explizit; wir können es verbalisieren, weil wir beispielsweise schon so häufig davon gelesen oder gehört haben. Anderes wissen wir intuitiv, implizit, weil unsere Erfahrung es uns sagt. Natürlich funktionieren wir am besten, wenn beide Arten des Wissens einander verstärken. Was die Tätigkeit des Managens betrifft, so widersprechen sie sich jedoch häufig, sodass die Manager einerseits mit dem Mythos des Planers, Organisators und so weiter leben, während ihre alltägliche Realität ganz anders aussieht. **Wollen wir also die Praxis des Managens entscheidend verbessern, müssen wir die Wirklichkeit und das Bild, das wir uns von ihr machen, miteinander in Einklang bringen.** Das ist das Anliegen dieses Kapitels.

Die Charakteristika einst und jetzt

In diesem Kapitel komme ich ausführlich auf die Ergebnisse meines früheren Buches zu sprechen, weil sie in der Folgezeit fast ausnahmslos von weiteren Untersuchungen bestätigt wurden. In einer zehn Jahre später durchgeführten Parallelstudie mit vier hochrangigen Führungskräften beispielsweise, von denen drei aus denselben Branchen stammten wie die Kandidaten in meiner Studie, berichten Kurke und Aldrich von einem »erstaunlichen Grad an Übereinstimmung« und bezeichnen die ursprünglichen Ergebnisse als »überraschend robust« (1983: 977).[2] Ich werde später einige dieser Studien zitieren und auch die 29 Beobachtungstage zur Illustration dieser Charakteristika heranziehen. Die Charakteristika sind die folgenden:

---

diversen Titel wie Vizepräsidentin, Herstellungsleiterin, Verkaufsleiterin und Mutter war ich mir niemals sicher, dass ich wirklich als Managerin handelte. Ich hatte einfach nie das Gefühl, dass ich plante, organisierte, koordinierte oder irgendetwas großartig kontrollierte! Wenn Mintzbergs Definitionen und Beobachtungen zutreffen, dann bin ich tatsächlich eine Managerin.«

2 Siehe auch Hales (1986, 2001), Hannaway (1989: 51, 61), Boisot und Liang (1992) sowie Morris u.a. (1982). Tengblad (2006) bestätigt die meisten Charakteristika, aber nicht alle.

- Das unbarmherzige Tempo des Managens
- Die kurze Dauer und die Vielfalt der einzelnen Tätigkeiten
- Die Fragmentierung und Diskontinuität des Jobs
- Die Handlungsorientierung
- Die Vorliebe für informelle und mündliche Kommunikationsformen
- Die laterale Natur des Jobs (mit Kollegen und Partnern)
- Die eher verdeckt als offen erfolgende Lenkung und Kontrolle

Wie im letzten Kapitel gesagt wurde, hat sich der grundlegende Prozess des Managens kaum verändert, und dies gilt vielleicht erst recht für die Charakteristika. Gegen Ende dieses Kapitels werde ich auf eine Entwicklung eingehen, die eigentlich sehr folgenreich sein sollte – die neuen Informationstechnologien (IT) und insbesondere die E-Mail. Ich bin zu dem Schluss gekommen, dass diese Technologien das Managen kaum verändert haben, vielmehr haben sie die seit Langem bestehenden Charakteristika eher noch verstärkt – häufig bis ins Extrem.

Ich werde an gegebener Stelle auf einige mit diesen Charakteristika zusammenhängende Dilemmata hinweisen, um dann in Kapitel 5 genauer auf sie einzugehen.

MYTHOS:
Der Manager ist ein überlegter, systematischer Planer.

Wir pflegen diese stereotype Vorstellung vom Manager, der an seinem Schreibtisch sitzt, sich großartige Gedanken macht, weitreichende Entscheidungen trifft und vor allem systematisch die Zukunft plant. Zu dem Thema gibt es eine Menge Anschauungsmaterial, aber nichts davon stützt dieses Bild.

FAKT:
Wie Untersuchungen immer wieder ergeben, arbeitet der Manager (a) in einem gnadenlosen Tempo, sind seine Tätigkeiten (b) in der Regel durch Kürze, Vielfalt, Fragmentierung und Diskontinuität gekennzeichnet und geht er (c) streng handlungsorientiert vor.

Das Arbeitstempo des Managens   Die Berichte von der Hektik der Managertätigkeit sprechen eine einheitliche Sprache, vom Vorarbeiter, der für jede Tätigkeit im Schnitt 48 Sekunden hat (Guest 1956: 478), über den mittleren Manager, der nur alle zwei Tage einmal eine halbe Stunde oder länger ohne Unterbrechung arbeiten kann, bis zum CEO, von dessen Aktivitäten fünfzig Prozent nicht länger als neun Minuten dauern (Mintzberg 1973: 33). »Über vierzig Studien aus den Fünfzigerjahren zur Managertätigkeit zeigen, dass ›Führungskräfte ständig vom einen zum anderen springen‹.« (McCall, Lombardo und Morrison 1988: 55)

In meiner ersten Studie gab ich zu Protokoll, dass das von mir beobachtete Arbeitstempo des CEO gnadenlos war. Er war von morgens bis abends damit beschäftigt, Anrufe entgegenzunehmen und Post zu bearbeiten. Kaffee- und Mittagspausen standen unweigerlich im Dienst der Arbeit und die allgegenwärtigen Mitarbeiter usurpierten jeden freien Augenblick. Wie einer meinte: **Managen heißt »Nervkram ohne Ende«.**

In seiner Studie über Manager fasst John Kotter (1982a) die Anforderungen dieses Jobs insgesamt als »eine besonders stressige Situation und ein sehr schwieriges Zeitmanagementproblem« in einem »hektischen Hochdruckumfeld« zusammen. Ein Manager formulierte es so:

> Ich fühle mich schuldig, weil ich nicht die Dinge tue, die zu tun mir Coachs, Trainer und entsprechende Bücher nahelegen. Wenn ich aus einer dieser Sitzungen komme oder nachdem ich die neueste Managementabhandlung gelesen habe, bin ich gewillt, die Anregungen umzusetzen. Dann erreicht mich der erste Anruf eines erbosten Kunden oder ein neues Projekt duldet keinen Aufschub und ich gerate wieder ins alte Gleis. Zum Zeitmanagement fehlt mir die Zeit. (Barry, Cramton und Carroll 1997: 26f.)

Eine Organisation zu managen, ist die reinste Strapaze. Morris u.a. beispielsweise fanden heraus, dass die meisten Schulleiter ihre Tage »im Sprint« verbringen. (1982: 689) Die Quantität der zu erledigenden Arbeit ist beträchtlich, und dennoch scheinen die Manager nicht in der Lage zu sein, sich aus Situationen zurückzuziehen; sie können nicht aufhören, sich den Kopf über offene Fragen zu zerbrechen.

Warum setzen sich Manager einer solchen Hektik und einem solchen Pensum aus? Ein Grund dafür muss in der Unbestimmtheit des

Jobs liegen. Jeder Manager ist für den Erfolg seiner Einheit verantwortlich, aber es gibt keine konkreten Meilensteine, die es ihm gestatten würden, innezuhalten und zu sagen: »Das wäre geschafft.« Der Ingenieur vollendet den Entwurf einer Brücke an einem bestimmten Tag; der Anwalt gewinnt oder verliert einen Prozess in einem genau definierten Augenblick. Der Manager hingegen muss stets weitermachen; er kann sich eines Erfolgs niemals sicher sein und muss ständig damit rechnen, dass der Laden im nächsten Augenblick über ihm zusammenbricht. (Vgl. Hill 2003: 50) **Beim Managen handelt es sich um einen Job, der einen unentwegt beschäftigt: Der Manager kann seine Arbeit niemals auf sich beruhen lassen, kann sich niemals, auch nicht für einen Augenblick, zufrieden zurücklehnen, weil gerade nichts zu tun wäre.**

Fragmentierung und Unterbrechungen   Für die meisten Tätigkeiten in der Gesellschaft bedarf es der Spezialisierung und der Konzentration. Ingenieure und Programmierer verbringen Monate mit der Konstruktion eines Gerätes oder mit der Entwicklung einer Software; Verkäufer können sich ihr Leben lang auf den Verkauf einer bestimmten Produktkategorie konzentrieren. Manager können nicht mit einer solchen Bündelung ihrer Anstrengungen rechnen.

Die Suche nach sich wiederholenden Mustern in der Managertätigkeit erbrachte wenig, abgesehen von Perioden, in denen die Kostenplanung oder dergleichen im Vordergrund stand. Eine Studie über Universitätspräsidenten (Cohen und March 1974: 148) ergab, dass diese dazu neigten, Verwaltungsaufgaben zu Beginn eines Tages oder einer Woche zu erledigen, um sich anschließend vermehrt externen und politischen Aufgaben zu widmen, was keine große Offenbarung darstellt. Interessanter war da schon ein Kommentar von Lee Iacocca zu seinem Job als CEO: »Bei Chrysler wäre ich an manchen Tagen wohl gar nicht erst aufgestanden, hätte ich gewusst, was im Tagesverlauf auf mich zukommen würde.« (Iacocca, Taylor und Bellis, 1988) Ein überraschendes Resultat meiner eigenen ersten Untersuchung war, dass CEOs Besprechungen und Gespräche nur selten nach einem festen Zeitplan durchführten. Im Durchschnitt fanden dreizehn von vierzehn Begegnungen spontan statt.

Die Arbeit des Managers ist in hohem Maße fragmentiert, gekennzeichnet durch zahlreiche Unterbrechungen. Jemand ruft wegen eines Feuers in einer Anlage an; anschließend werden ein paar E-Mails gelesen; ein Assistent kommt, um von der Beschwerde mehrerer Kunden zu berichten; ein Mitarbeiter, der in den Ruhestand geht, wird feierlich verabschiedet; noch einmal E-Mails; und schon bald geht es zu einer Besprechung über ein abzugebendes Angebot für einen Großauftrag. Und immer so weiter. Was dabei am meisten überrascht: **Die wichtigen Tätigkeiten werden offenbar nach dem Zufallsprinzip immer wieder von unbedeutenderen Dingen unterbrochen; der Manager muss also in der Lage sein, sich häufig und rasch gedanklich umzustellen.**

Die meisten Manager hatten auch mal längere Besprechungen, wobei meine Studien ergaben, dass auch diese gern abgekürzt wurden.[3] Typischerweise waren die Besprechungen eingerahmt von vielen kürzeren Arbeitsabschnitten – raschen Telefonaten, kurzen Phasen der Schreibtischarbeit, spontanen Gesprächen im Büro, Kurzbesuchen innerhalb des Gebäudes und so weiter.

Carlson stellte in seiner Studie über schwedische Geschäftsführer in den Vierzigerjahren fest, dass sie im Schnitt maximal alle drei Tage einmal 23 Minuten lang nicht unterbrochen wurden: »Sie wussten lediglich, dass sie kaum die Zeit hatten, um mit einer neuen Tätigkeit zu beginnen oder in Ruhe eine Zigarette zu rauchen, bis sie wieder von einem Besucher oder einem Telefonanruf unterbrochen wurden.« (1951: 73f.) Würde Carlson, abgesehen von der Zigarette, heute zu einem anderen Ergebnis kommen?

Zwei Studien (Horne und Lupton 1965; Stewart u. a. 1994) kommen zu dem Schluss, dass die Managertätigkeit auf den unteren Hierarchieebenen stärker fragmentiert ist als auf den höheren, was sich mit Guests Ergebnis deckt, wonach Vorarbeiter im Durchschnitt 48 Sekunden für jede Tätigkeit zur Verfügung haben. Etwas Ähnliches beobachtete ich an dem Tag, den ich mit der Oberschwester auf der Krankenhausstation verbrachte. Bei zwei anderen Linienmanagern, die ich in meiner späteren Studie beobachtete – dem Front Country Manager vom Banff-Nationalpark und dem Detachment Commander von der Royal Canadian Mounted Police –, zeigte sich dieses Phänomen hingegen nicht so deutlich, dafür aber bei mehreren CEOs wie beispielsweise dem Präsidenten von Ärzte ohne Grenzen und der Generaldirek-

---

3 Doktor (1990), der koreanische und japanische Manager untersuchte, und Tengblad (2003, 2006), der CEOs unter die Lupe nahm, dokumentieren längere Besprechungsdauern, wobei Tengblad eine andere Art von Fragmentierung ermittelt hat: in Form von häufigen Reisen dieser Manager.

torin der Londoner Filmgesellschaft. Der am stärksten fragmentierte Tagesablauf, dessen Zeuge ich wurde, war vermutlich der eines Miteigentümers einer Kette von Telefonläden. Ich zählte 120 einzelne Aktivitäten, darunter die folgende Sequenz:

- Um 9.28 Uhr spricht Max Mintzberg unmittelbar vor der Tür mit Lorne über ein Lötproblem bei einigen Telefongeräten und wendet sich dann wieder Traci, seiner Sekretärin, zu, um den Papierberg auf seinem Schreibtisch weiter abzuarbeiten. In diesem Augenblick kommt Pierre vorbei, und Max bittet ihn, einen bestimmten Plan vorerst nicht weiterzuverfolgen; fünfzehn Sekunden später ist er mit einem »Fahren wir fort!« wieder bei Traci. Dann steckt Monique, die Rechnungen bearbeitet, den Kopf zur Tür herein, um die Erledigung einer früheren Bitte zu vermelden, und wenige Sekunden später ist wieder Traci an der Reihe. Anna, die sich um Kunden- und Filialservice kümmert, schaut herein, um freudestrahlend zu verkünden, dass sie ein Problem gelöst habe. Mittlerweile ist es 9.35 Uhr – sieben Minuten sind vergangen! (In einer Besprechung später am Tage meinte der Controller des Unternehmens zu Max: »Lass mich einen Notizblock holen. Du bombardierst mich mit so vielen Dingen, ich muss mir das aufschreiben!«)

Carlson kam in seiner ersten Studie (1951) zu dem Ergebnis, dass Manager sich vor Unterbrechungen schützen können, indem sie ihren Sekretärinnen mehr Aufgaben übertragen und generell bereit sind, mehr Arbeit zu delegieren. Er warf jedoch zusätzlich die wichtige Frage auf: Sind Kürze, Vielfalt und Fragmentierung dem Manager aufgezwungen oder wählt er sich dieses Arbeitsmuster aus freien Stücken? Meine Antwort lautet zweimal Ja.

Die fünf CEOs meiner früheren Studie wurden, soweit zu erkennen war, von ihren Sekretärinnen nach allen Regel der Kunst abgeschirmt, und es gab auch keinen Grund anzunehmen, dass ihnen das Delegieren besonders schwerfiel. Der Anschein sprach sogar dafür, dass sie von Zeit zu Zeit Unterbrechungen suchten und sich selbst freie Zeit verweigerten. Häufig waren sie es – und nicht die anderen Beteiligten –, die den Besprechungen oder Telefongesprächen ein Ende setzten, und häufig unterbrachen sie selbst ihre ruhige Schreibtischarbeit, um ein Telefongespräch einzuschieben oder jemanden zu sich zu rufen. Ein von mir beobachteter CEO stellte seinen Tisch so, dass er auf einen langen Korridor blicken konnte. Die Tür stand üblicherweise offen und seine Mitarbeiter wurden regelmäßig vorstellig.[4]

Warum diese Vorliebe für Unterbrechungen? **In gewissem Ausmaß tolerieren Manager Unterbrechungen, weil sie damit den ungehinderten Zufluss aktueller Informationen sicherstellen.** Außerdem gewöhnen sie sich möglicherweise so sehr an die Vielfalt ihrer Tätigkeit, dass sich ohne Abwechslung rasch ein Gefühl der Langeweile einstellt.

Wesentlicher ist jedoch: **Manager werden durch ihr Arbeitspensum konditioniert. Sie entwickeln ein feines Gespür für die *Opportunitätskosten* ihrer eigenen Zeit – für den Nutzen, der ihnen entgeht, wenn sie sich ausschließlich auf eine Sache konzentrieren und nichts anderes an sich heranlassen.** Zudem sind sie sich fortwährend der Vielzahl der Verpflichtungen bewusst, die ihr Job mit sich bringt – der Post, die nicht liegen bleiben kann, der Anrufe, die entgegengenommen werden müssen, der Besprechungen, die nicht ohne sie stattfinden können. Managen, schreibt Leonard Sayles in seiner Studie über amerikanische mittlere Manager, ist wie »›Hausmeistern‹ … wenn die Hähne fast immer tropfen und der Staub, kaum dass er weggewischt wurde, sich erneut sammelt« (1979: 13).

Mit anderen Worten: **Was auch immer ein Manager tut – er wird geplagt von dem, was er tun *sollte* und was er tun *muss*.** Nachdem britische Fußballfans sich bei einer Begegnung auf dem Kontinent ungebührlich aufgeführt hatten, erklärte der Chef des britischen Fußballverbands: »In diesem Job hat man ständig Sorgen!« Die Art des Jobs begünstigt bestimmte Persönlichkeitsmerkmale: die Bereitschaft, sich mit Arbeit zu überhäufen, Dinge auf die Schnelle zu erledigen, Zeitvergeudung zu vermeiden, nur an Besprechungen teilzunehmen, deren Wert auf der Hand liegt, sich nirgends mehr zu engagieren, als unbedingt erforderlich. **Oberflächlichkeit gehört zu den Berufsrisiken des Managers,** zumindest im Vergleich zu der Fachtätigkeit, mit der sich die Betreffenden beschäftigten, bevor sie Manager wurden. **Wer erfolgreich managen will, muss seine Oberflächlichkeit hegen und fördern.**

Es heißt, ein Experte sei jemand, der über immer weniger Dinge immer mehr weiß, bis er am Ende alles über nichts weiß. Der Mana-

---

4 González und Mark: »Unsere Daten bestätigen frühere Untersuchungen, wonach die Betreffenden sich ebenso häufig selbst unterbrechen, wie sie unterbrochen werden.« (2004: 119)

ger hat das gegenteilige Problem: Er weiß immer weniger über immer mehr, bis er am Ende über alles nichts mehr weiß. Wir werden auf dieses Oberflächlichkeitssyndrom und andere mit den Charakteristika der Managertätigkeit zusammenhängende Dilemmata in Kapitel 5 zurückkommen.

Handlungsorientierung **Manager lieben die Aktion – Aktivitäten, die Bewegung und Veränderung erzeugen, konkreten Nutzen bringen, gegenwartsbezogen sind und Routinen überschreiten.** Die wenigsten Manager verbringen viel Zeit mit abstrakten Überlegungen; die meisten ziehen es vor, sich auf das Konkrete zu konzentrieren. Auch Planung im großen Stil ist in diesem Job eher selten; in der Regel haben konkrete Probleme Priorität. Das gilt auch für die Zeitplanung: »Erwarten Sie von einem viel beschäftigten Manager nicht die Zusage, eine Angelegenheit beispielsweise ›bis nächste Woche‹ oder auch nur ›bis nächsten Freitag‹ zu erledigen. Für solch vage Termine sind im Kalender keine Plätze vorgesehen. Vereinbaren Sie lieber einen konkreten Zeitpunkt wie beispielsweise ›Freitag, 16.15 Uhr‹ – dann wird es eintragen und zu gegebener Zeit berücksichtigt.« (Carlson 1951: 71)

Meine frühere Studie ergab, dass die Bearbeitung der Post als lästige Pflicht empfunden wurde. Warum? Weil sich wenig davon mit konkreten Handlungen verbinden ließ. Außerdem war die Post damals langsam. Mit der E-Mail hat sich das sicherlich geändert – heute ist es auch im Bereich der Korrespondenz möglich, sofort zu »handeln«. Aber wie wir gegen Ende dieses Kapitels sehen werden, ist dieser Eindruck in mancher Hinsicht irreführend.

Manager haben ein Faible für aktuelle Informationen. Diese haben häufig oberste Priorität, rechtfertigen die Unterbrechung von Sitzungen, die Verschiebung von Terminen und hektische Spontanreaktionen. Natürlich sind aktuelle Informationen häufig weniger verlässlich als Informationen, die gesichtet, analysiert und mit ähnlichen Daten verglichen wurden. Aber Manager sind häufig bereit, diesen Preis zu zahlen, um Informationen so früh wie möglich zu erhalten.

Wie aber planen Manager, die dermaßen aufs Handeln fixiert sind? Snyder und Glueck (1980: 76) bezweifeln meine Schlussfolgerung von 1973, dass Manager nicht planen, und verweisen auf Ergebnisse ihrer Studie, wonach Manager vorausplanen und bewusst Aktivitäten miteinander in Beziehung setzen. Natürlich tun sie das. Alle Manager planen, wie wir alle planen. Aber das macht aus Managern noch lange nicht die systematischen Planer, als die sie in vielen traditionellen Managementbüchern dargestellt werden: Menschen, die ihre Tür verschließen und sich großartige Gedanken machen. Hier lohnt es, Leonard Sayles ausführlich zu Wort kommen zu lassen:

> Wir ziehen es vor, Planung und Entscheidungsfindung nicht als gesonderte Aktivitäten eines Managers aufzufassen. Sie sind dermaßen in das Interaktionsmuster integriert, dass es eine falsche Abstraktion wäre, sie herauszulösen. Ein gutes Beispiel ist Dean Achesons Beschreibung der aus seiner Sicht naiven Erwartungen des damals neuen Außenministers John Foster Dulles:»Er sagte mir, dass er nicht so arbeiten würde, wie ich es getan hätte, sondern sich frei machen würde von dem, was er als personelle und administrative Probleme bezeichnete, um mehr Zeit zum Nachdenken zu haben … Ich war neugierig, wie das ausgehen würde …« Später in demselben Essay kommentierte Acheson:»Diese fixe Vorstellung von der Führungskraft als Gelehrter im Sinne von Emersons ›American Scholar‹, umgeben von Abgüssen der rodinschen Statue ›Der Denker‹ und völlig versunken in die eigenen Gedanken … erschien mir unnatürlich. So viel Aufwand und Pathos setzt das Denken wahrhaftig nicht voraus.« (1964: 208f.)

Die wirkliche Planung in den Unternehmen erfolgt größtenteils in den Köpfen ihrer Manager, und zwar implizit im Rahmen ihrer täglichen Arbeit, nicht in einem abstrakten Prozess in der Abgeschiedenheit einer Bergklause oder in Form eines Stapels von Formularen, die es auszufüllen gilt. Das bedeutet, dass die Pläne im Wesentlichen als Absichten in ihren Köpfen existieren – als Nebenprodukt des Tagesbetriebs gewissermaßen. Das wirft natürlich die große Frage auf: Wie können Manager strategisch denken, damit sie das »große Ganze« sehen und die langen Zeiträume überblicken? Auch darüber werden wir in Kapitel 5 sprechen. Um diesen Punkt abzuschließen, sei noch vermerkt: Dass sich Manager bestimmte Handlungsmuster zu eigen machen, scheint in der Natur der Sache zu liegen. Das Umfeld funktioniert nach dem Reiz-Reaktions-Modell und fördert die Neigung zum Handeln. **Der Druck und die Zwänge des Manageralltags lassen kaum Platz für den nachdenklichen Planer, ganz gleich, was die klassische Literatur zu diesem Thema behauptet. Dieser Job erzeugt anpassungsfähige Informationsmanipulatoren mit einer Vorliebe für lebensnahe, konkrete Situationen.**

Gemäß dem klassischen Bild vom Manager, der an seinem Schreibtisch thront, bezieht dieser seine wichtigen Informationen aus einem umfassenden, formalisierten Managementinformationssystem (MIS). Aber das hat noch niemals gestimmt, weder vor der Ära des Computers noch in der heutigen Zeit des Internets.

▌**FAKT:**
▌**Manager favorisieren häufig informelle Kommunikationsmedien,**
▌**besonders die mündlichen wie das Telefon und die persönliche**
▌**Begegnung, aber auch E-Mails.**

Hier sind zwei überraschende Befunde aus früheren Studien zur Managertätigkeit, das erste von Carlson über die schwedischen Geschäftsführer:

> Die einzigen Klagen aus den Reihen der CEOs [über das System der internen Berichterstattung] betrafen den Umstand, dass die Berichte immer zahlreicher und immer dicker wurden, sodass es am Ende unmöglich wurde, sie alle zu lesen … Diese Berichte … sind Teil jenes Papierballasts auf dem Tisch und in der Aktentasche des CEO, der für so viel mentale Agonie verantwortlich ist. (1951: 89)

Diese Studie stammt aus einer Zeit, als der Computer noch in den Kinderschuhen steckte. Denken Sie nur daran, welchen Umfang die Berichte heute haben!

Das zweite ist ein Kommentar aus einer Studie über die MIS-Manager selbst:

> Mintzberg kam zu dem Ergebnis, dass CEOs auf institutionalisierte Informationssysteme wenig geben. Die hier, zehn Jahr später, vorgetragenen Resultate zeugen von einem ähnlichen Phänomen bei den MIS-Managern. Sie machten nur selten Gebrauch von computergestützten Informationssystemen. … Wie die Schusterkinder, die ohne Schuhe herumlaufen, scheinen die

MIS-Manager zu den Letzten zu gehören, die von der von ihnen bereitgestellten Technologie unmittelbaren Nutzen ziehen. (Ives und Olson 1981: 57)

Mündliche Kommunikation   Meine frühere Studie sowie weitere Untersuchungen ergaben, dass das Managen zu 60 bis 90 Prozent mündlich erfolgt. Ein von mir beobachteter CEO schaute auf die erste nicht-elektronische Post, die er in der ganzen Woche erhalten hatte – eine Kostenaufstellung –, und legte sie mit der Bemerkung beiseite: »Ich schaue mir solche Dinge nie an.« Nicht viel anders verhält es sich mit der ausgehenden Post, wie die Aussage eines anderen CEO verdeutlicht: »Ich verfasse nicht gern Memos, wie Sie sich vorstellen können. Die persönliche Begegnung ist mir lieber.« Ein weiterer Manager erklärte: »Ich versuche, so wenig Briefe zu schreiben wie möglich. Im Sprechen bin ich viel besser als im Schreiben.[5] (Die E-Mail hat daran sicher etwas geändert. Wir sprechen hier über *informelle* Informationen, und die E-Mail hat in der Tat häufig informellen Charakter; so schreibt sie sich beispielsweise viel schneller als ein konventioneller Brief – von möglichen Anhängen einmal abgesehen.)

Der Manager muss im Unterschied zu anderen Beschäftigten nicht das Telefon weglegen, die Besprechung verlassen oder das E-Mail-Programm schließen, um sich wieder der Arbeit zuzuwenden. Diese Kontakte *sind* die Arbeit. Die typische Tätigkeit einer Einheit oder eines Unternehmens – die Herstellung einer Ware, deren Verkauf, selbst das Verfassen einer Studie oder eines Berichts – ist im Normalfall nicht Aufgabe des jeweiligen Managers. Die Produktivität des Managers bemisst sich im Wesentlichen nach den Informationen, die er mündlich oder per E-Mail weiterreicht. Wie Jeanne Liedtka von der Darden School (in einer Besprechung, bei der ich zugegen war) meinte: »Das gesprochene Wort ist die Technologie des Führens.«

---

5 Als ich einmal mit einer Gruppe von Managern arbeitete, wurde ich gebeten, einige Worte an ihre Ehefrauen zu richten, die sich in einem Nachbarraum trafen. Ich sprach über die Charakteristika der Managertätigkeit und erntete auch hier Kopfnicken. Eine der Frauen kam anschließend zu mir und sagt: »Mein Mann liest [zu Hause] niemals die Post. Er fragt: ›Was ist heute gekommen, Liebling?‹ Ich hielt ihn schon für einen Analphabeten!«

Weiche Informationen   Die von mir beobachteten Manager scheinen eine Vorliebe für sogenannte weiche Informationen zu haben. **Klatsch, Hörensagen und Spekulation bilden einen wichtigen Teil der Informationen eines Managers.** Warum? Der Grund scheint in der Aktualität zu liegen; die Gerüchte von heute sind möglicherweise die Fakten von morgen. Der Manager, der dem ihm zugetragenen Gerücht, wonach der größte Kunde des Unternehmens mit der Konkurrenz anbandelt, kein Gehör schenkt, könnte davon im nächsten Quartalsbericht in Form von dramatisch gesunkenen Umsätzen lesen. Aber dann ist es zu spät.[6] Wie ein Manager es formulierte: »Ich wäre in Schwierigkeiten, wenn der Bilanzbericht Informationen enthielte, die mir neu wären.« (Zit. in: Brunsson 2007: 17) Genau vor dieser Schwierigkeit standen in jüngerer Zeit viele Manager …

Richard Neustadt hat untersucht, wie sich die amerikanischen Präsidenten Franklin D. Roosevelt, Truman und Eisenhower Informationen verschafften:

> Es sind nicht Informationen der allgemeinen Sorte, die einem Präsidenten helfen, seine persönlichen Risiken zu ermessen; keine Zusammenfassungen und Übersichten. Erst die vielen konkreten Details, die sich in seinem Kopf zu einem Bild zusammenfügen, gewähren ihm Einblick in die Gesamtproblematik der Fragen, mit denen er sich konfrontiert sieht. Zu diesem Zweck muss er seinen Radius so groß wie möglich machen, damit ihm nicht das Geringste entgeht, weder Informationen noch Meinungen oder Gerüchte, die mit seinen Interessen und seiner Rolle als Präsident in irgendeiner Beziehung stehen. Er muss Direktor seines eigenen Nachrichtendienstes werden. (1990: 153 f.)

Formelle Informationen sind verlässlich und definitiv – im optimalen Fall enthalten sie belastbare Zahlen und unmissverständliche Berichte. Informelle Informationen sind mitunter reicher, aber eben weniger verlässlich. Das Telefon bietet den Vorteil, über den Klang der Stimme

---

6 Hannaway (1989: 73 f.) erwähnt weitere Vorteile mündlicher Informationsvermittlung: »Der Manager weiß mit Bestimmtheit, dass seine Botschaft angekommen ist«; das Risiko für den Manager ist geringer, denn »es existieren keine eindeutigen Protokolle«, und »es kostet weniger Mühe«.

Rückschlüsse ziehen zu können, zudem besteht die Möglichkeit der Sofortreaktion. In Besprechungen kommen Mimik, Gesten und andere Körpersignale zur Geltung. Deren Bedeutung dürfen wir niemals unterschätzen. Die E-Mail bietet diese Vorteile nicht, aber dafür ist sie viel schneller als konventionelle Post und ermöglicht auf diese Weise mehr Interaktion.[7]

Persönlicher Zugang   Im Rahmen des von uns angebotenen International Masters Program in Practicing Management (www.impm.org) bilden die Teilnehmer Zweiergruppen und besuchen sich dann gegenseitig für jeweils eine Woche an ihrem Arbeitsplatz. Von Zeit zu Zeit berichten Manager, die auf diese Weise ins Ausland gelangten und die dortige Sprache nicht verstanden, wie viel sie dabei lernten, weil sie gezwungen waren, sich auf die anderen Aspekte der Kommunikation zu konzentrieren. Ein anderer Fall: Ich erfuhr von einer Beschäftigten im Schweizer Büro eines US-Unternehmens, die in der Zentrale für Unwillen sorgte, weil sie in ihren E-Mails ständig das eine oder andere »verlangte«. Erst als sie die Zentrale persönlich besuchte, klärte sich die Sache auf: Sie hatte den englischen Ausdruck »to demand« mit dem französischen »demander« gleichgesetzt, was so viel heißt wie »bitten«.

Das führt zu einer wichtigen Frage: Wer in unmittelbarer Nähe zu seinem Vorgesetzten arbeitet, kann aufgrund des persönlichen Kontaktes erfolgreicher kommunizieren und ist infolgedessen besser informiert als Kollegen, die nicht vor Ort sind. **Wir können zur globalisierten Welt stehen, wie wir wollen, aber die meisten Organisationen – und dazu gehören auch die großen multinationalen Unternehmen – bleiben in ihren Hauptquartieren eher lokal.**

Natürlich kann sich ein Manager jederzeit ins Flugzeug setzen und andere Standorte besuchen, um sich persönlich ein Bild von den örtlichen Verhältnissen zu machen. Tengblad (2002: 549) vermerkt, dass die von ihm betrachteten schwedischen CEOs internationaler Unter-

---

7 Meines Erachtens wird dieser Aspekt jedoch meist überbetont. Ich persönlich habe es aufgegeben, E-Mails zu etwas anderem als zu simplen Terminabsprachen zu verwenden. Meistens bringt ein Telefongespräch mehr als ein halbes Dutzend E-Mails, weil man dabei viel besser auf die Bedürfnisse des jeweils anderen eingehen kann.

nehmen »ungeachtet der Entwicklung schnellerer Kommunikations-
formen« vorrangig diesen Weg wählten. Aber das erfordert Zeit (wie
Tengblad hinzufügt), besonders im Vergleich zu einer simplen E-Mail.
Die Versuchung, zu Hause zu bleiben und sich mit der elektronischen
Kommunikation zu begnügen, ist also dennoch groß.

Die wahren Datenbanken Wir wollen noch über zwei weitere
Schwierigkeiten reden. Die erste betrifft den Umstand, dass die von
Managern bevorzugte Art der Information vorzugsweise in den Köpfen gespeichert ist. Nur was schriftlich festgehalten wurde, lässt sich
elektronisch abspeichern. Aber das erfordert Zeit und Manager sind
bekanntlich viel beschäftigte Menschen. Selbst in ihren E-Mails scheinen sie die kurze Antwort der ausführlichen Darlegung vorzuziehen.
**Die strategischen Datenbanken der Organisationen befinden sich mindestens
so häufig in den Köpfen ihrer Manager wie in den Dateien ihrer Computer.**
   Das bringt uns zur zweiten Schwierigkeit. Die ausführliche Nutzung
solcher Informationen durch die Manager erklärt, warum sie nur so
ungern Aufgaben delegieren. Sie können nicht einfach ein Dossier einem anderen in die Hand drücken, sondern müssen sich vielmehr die
Zeit nehmen und »ihr Gedächtnis ausschütten« – sie müssen dem Betreffenden erzählen, was sie zu dem Thema wissen. Aber das erfordert
unter Umständen so viel Zeit, dass es einfacher ist, die Aufgabe selbst
zu erledigen. Und so gerät ein Manager aufgrund seines eigenen Infor-
mationssystems in ein »Delegierungsdilemma« – entweder überhäuft
er sich selbst mit Arbeit, oder er delegiert Aufgaben an andere, ohne sie
angemessen einzuweisen. Auf dieses Dilemma werden wir in Kapitel 5
zurückkommen.

> **MYTHOS:**
> **Beim Managen geht es um hierarchische Beziehungen zwischen
> einem »Vorgesetzten« und seinen »Untergebenen«.**

Diese Behauptung überzeugt niemanden so richtig – jeder weiß, dass
ein Großteil der Managertätigkeit außerhalb der Hierarchien beziehungsweise hierarchieübergreifend erfolgt. Dass wir dennoch häufig
von »Vorgesetzten« und »Untergebenen« sprechen, hat sicherlich
ebenso etwas zu bedeuten wie unsere Besessenheit von »Führung«,
die Allgegenwärtigkeit der Bezeichnung »Topmanagement« oder das
notorische Organigramm. Wie Burns bereits im Jahr 1957 in einer

Bemerkung formulierte, deren Tragweite wir noch gar nicht richtig verstanden haben: »Die verbreitete Vorstellung vom Management als einer Arbeitshierarchie entlang den Linien des Organigramms kann gefährlich in die Irre führen. Management funktioniert nicht so, dass Informationen durch eine Folge von Filtern aufwärts- und Entscheidungen und Anweisungen durch eine Folge von Verstärkern abwärtsfließen.« (S. 60)

> **FAKT:**
> **Beim Managen geht es ebenso um laterale Beziehungen unter Kollegen und Partnern wie um hierarchische Beziehungen.**

Die Managementliteratur hat die Bedeutung lateraler Beziehungen für den Manager lange unterschätzt und unterschätzt sie noch immer.[8] Wie zahlreiche Studien zeigen, verbringen Manager generell einen großen Teil ihrer Kontaktzeit – häufig die Hälfte oder mehr – mit den unterschiedlichsten Menschen außerhalb ihrer Einheit: mit Kunden, Zulieferern, Partnern und Behörden, mit anderen Stakeholdern sowie Kollegen in ihren jeweiligen Organisationen, zu denen kein formelles Abhängigkeitsverhältnis besteht.

Abbildung 2.1 (auf Seite 49) zeigt, wie sich die mündlichen und schriftlichen Kontakte der CEOs meiner früheren Studie aufgliedern. Ich habe festgestellt, dass diese CEOs extensive Netzwerke aus »Informanten« aufgebaut hatten, die ihnen die unterschiedlichsten Berichte lieferten und sie über die neuesten Ereignisse und Chancen unterrichteten. Zusätzlich unterhielten sie Kontakte zu vielen Experten (Beratern, Juristen, Versicherern und so weiter), die sie fachlich berieten. Vertreter der Handelsorganisationen hielten sie über Branchenereignisse auf dem Laufenden: über die Gewerkschaftspräsenz beim Kon-

---

8 Eine frühe und bahnbrechende Ausnahme ist Leonard Sayles' Buch *Managerial Behavior* (1964), das den »Manager als Teilnehmer externer Workflows« identifiziert, womit zugleich eine der drei wesentlichen Managertätigkeiten benannt wird (die anderen beiden sind der »Manager als Führungskraft« und der »Manager als Überwacher«). Sayles kategorisiert diese Beziehungen danach, ob sie den Handel, den Arbeitsfluss, den Kundendienst, die Werbung, das Auditing, die Stabilisierung oder die Initiative betreffen.

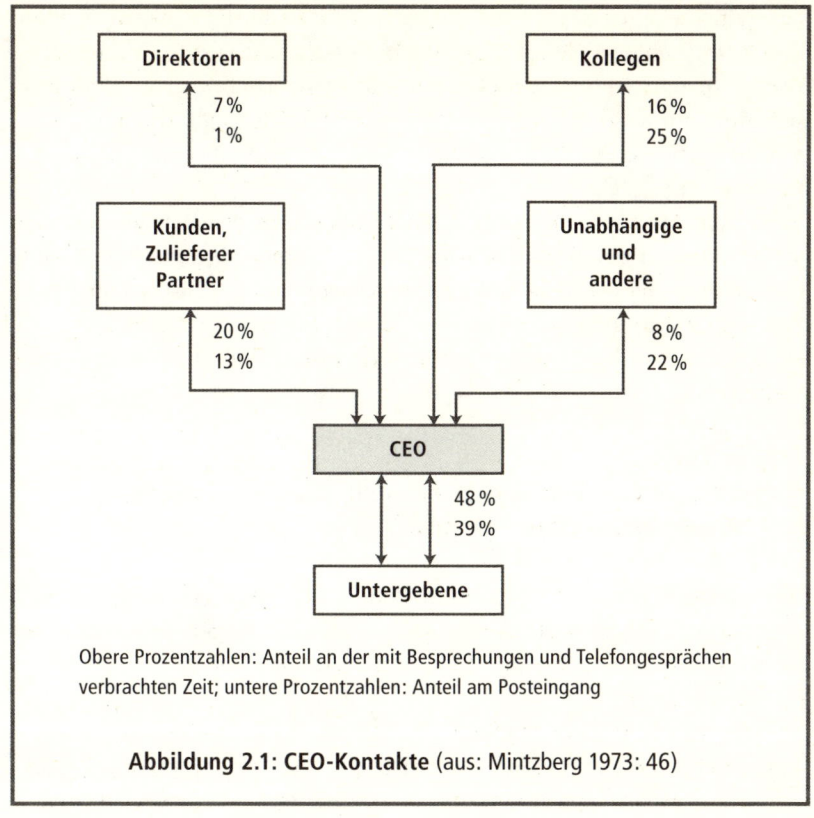

Obere Prozentzahlen: Anteil an der mit Besprechungen und Telefongesprächen verbrachten Zeit; untere Prozentzahlen: Anteil am Posteingang

Abbildung 2.1: CEO-Kontakte (aus: Mintzberg 1973: 46)

kurrenzunternehmen, den Stand geplanter Gesetzgebungsverfahren, die Beförderung eines Kollegen. Und aufgrund ihrer persönlichen Reputation und derjenigen ihrer Organisationen wurden diesen CEOs unaufgefordert Informationen und Ideen zugespielt – der Vorschlag für ein Geschäft, der Kommentar zu einem Produkt, die Reaktion auf eine Werbekampagne.

Von der obersten Führungsriege wird ein solches Verhalten sicherlich auch erwartet. Studien zum unteren und mittleren Management haben ergeben, dass die Kontakte auf diesen Ebenen nicht minder breit und vielseitig sind. Das gilt beispielsweise auch für zahlreiche Manager aus meiner späteren Studie – wie beispielsweise für Brian Adams von Bombardier, der laterales Management par excellence betreibt. Er trägt eine große Verantwortung, hat jedoch kaum formale Autorität über seine Geschäftspartner, bei denen es sich in erster Linie um Zulieferer handelt, die Flugzeugteile beisteuern. Auch Charlie Zinkan, der den Banff-Nationalpark leitet, vermittelt zwischen diversen Interessen – vor allem zwischen Unternehmern und Umweltschützern – und muss sich mit ihnen, so gut es geht, arrangieren. (Die Tage, die ich jeweils mit ihnen beiden verbracht habe, sind im Anhang in voller Länge dokumentiert.)

Wir könnten somit die Position des Managers als den Hals des Stundenglases charakterisieren, als den Schnittpunkt zwischen einem Netzwerk äußerer Kontakte und der Einheit, die es zu managen gilt. Der Manager erhält von innen wie von außen diverse Informationen und Anfragen, die er sichtet, absorbiert und sowohl nach innen wie auch nach außen weiterleitet.

MYTHOS:
Manager üben eine strenge Kontrolle aus – über ihre Zeit, ihre Aktivitäten, ihre Einheiten.

Der Orchesterdirigent auf seinem Podest, der mit dem Taktstock wedelt, ist eine verbreitete Metapher für den Manager. Peter Drucker schreibt in seinem Klassiker *The Practice of Management:*

> Eine Analogie [zum Manager] liefert der Dirigent eines Symphonieorchesters, durch dessen Einsatz, Vision und Führungskraft die einzelnen Instrumentalparts, die für sich allein genommen nur »Lärm« sind, zum lebendigen Ganzen der Musik zusammenwachsen. Aber dem Dirigenten liegt die Partitur des Komponisten vor; er ist nur Interpret. Der Manager ist Komponist und Dirigent in einer Person. (1954: 341 f.)

Drucker verbrachte sicherlich viel Zeit damit, Manager zu interviewen, aber (soweit ich weiß) nicht damit, sie einen ganzen Tag lang bei der Arbeit zu beobachten. Sune Carlson hingegen tat dies, und seine Metapher für das, was er sah, fällt ganz anders aus:

> Vor dieser Studie stellte ich mir den CEO stets als einen Orchesterdirigenten hoch oben auf seinem Podest vor. Jetzt bin ich in gewisser Hinsicht geneigt, in ihm die Marionette zu sehen, an deren Strippen Hunderte von Leuten ziehen, um sie zu zwingen, sich so oder anders zu verhalten. (1951: 52)

Diese beiden Zitate trage ich – in Verbindung mit einem dritten – häufig Managern vor, um sie zu fragen, welches davon ihre Arbeit am besten beschreibt. Sie müssen allerdings ihr Votum immer unmittelbar nach dem Vorlesen des einzelnen Zitates abgeben, wobei ich ihnen gestatte, ihr Votum jedes Mal zu ändern. Für welches dieser beiden Zitate hätten Sie sich entschieden? Für das erste? Für das zweite? Für beide? Für keines?

Der Orchesterdirigent bekommt in der Regel einige Stimmen, wenn auch nicht allzu viele (die Teilnehmer schöpfen Verdacht), und auch die Marionette geht nicht leer aus. Dann lese ich das dritte Zitat vor, das von Leonard Sayles stammt und den Orchesterdirigenten wieder aufgreift, allerdings nicht so, wie Drucker ihn sah:

> Der Manager ist wie der Dirigent eines Symphonieorchesters, der bestrebt ist, eine wohlklingende Aufführung zu gewährleisten, in der die Beiträge der einzelnen Instrumente koordiniert und sequenziert, in ein Muster gebracht und im Tempo aufeinander abgestimmt werden, während die Orchestermitglieder diverse individuelle Schwierigkeiten meistern, Bühnenarbeiter Notenständer bereitstellen, Hitze und Kälte dem Publikum und den Instrumenten zu schaffen machen und die Sponsoren des Konzerts auf widersinnigen Programmänderungen bestehen. (1964: 162)

Alle Hände gehen hoch!

> **FAKT:**
> Der Manager ist weder Dirigent noch Marionette: Kontrolle, soweit sie überhaupt möglich ist, vollzieht sich eher verdeckt als offen, indem bestimmte Verpflichtungen definiert werden, an die der Manager sich später halten muss, und solche, die seine Mitarbeiter zu beachten haben.

Wenn die Managertätigkeit wie das Dirigieren eines Orchesters ist, wovon ich mir anlässlich meines Tages mit Bramwell Tovey vom Winnipeg Symphony Orchestra (siehe Anhang) eine Vorstellung machen konnte, dann zielt der Vergleich nicht auf das prächtige Bild von der Aufführung, bei der alles einstudiert ist und jeder sein bestes Verhalten zeigt, das Publikum inbegriffen. Es ist vielmehr die Probe, bei der tausend Dinge schiefgehen können und rasch korrigiert werden müssen.

In meiner früheren Studie fand ich heraus, dass der typische CEO knapp ein Drittel (32 Prozent) seiner mündlichen Kontakte (Besprechungen und Telefonate) selbst initiierte und auf drei empfangene Postsendungen nur eine (26 Prozent) selbst hinausschickte, wobei es sich fast sämtlich um Antworten handelte. (Vergleichbare Daten für den E-Mail-Verkehr habe ich nicht gefunden.) Der Inhalt jener Besprechungen und Telefongespräche erschien gleichfalls eher passiv als aktiv (42 Prozent im Vergleich zu 31 Prozent, der Rest war nicht eindeutig zuordenbar) – passiv wäre beispielsweise die Teilnahme an einer Zeremonie, aktiv die Aushandlung eines Vertrags. In seiner Studie über US-Präsidenten kommt Neustadt zu dem Schluss:

> Wie ein Präsident seine Zeit nutzt, auf welche Objekte er seine persönliche Aufmerksamkeit verteilt, wird von Dingen bestimmt, die kurzfristig anstehen: von der Rede, die zu halten er zugesagt hat, dem Dokument, das nur er unterschreiben kann, den Ruhepausen und Übungen, die seine Ärzte ihm verschrieben haben. … Die Prioritäten eines Präsidenten richten sich nicht nach der relativen Bedeutung der Aufgabe, sondern nach der relativen Notwendigkeit, dass er sie tut. Er beschäftigt sich zuerst mit den Dingen, die von ihm als Nächstes verlangt werden. Deadlines bestimmen seinen persönlichen Terminkalender. (1960: 155)

Aber ist das schon die gesamte Wahrheit? Bedeutet der Befund, dass viele der Besprechungen, an denen Manager teilnehmen, von anderen angesetzt werden, dass Manager mehr Post erhalten, als sie versenden, dass sie mitunter von Anfragen überhäuft und zum Sklaven ihrer Terminkalender werden – bedeutet dies alles, dass sie Marionetten sind und keine Kontrolle über ihre eigenen Angelegenheiten haben? Ganz und gar nicht. Die Häufigkeit der Anfragen beispielsweise taugt möglicherweise als gutes Maß für den Status, den ein Manager erworben hat, während die Quantität der ohne sein Zutun empfangenen Informationen belegt, dass es ihm gelungen ist, funktionierende Kommunikationskanäle aufzubauen.[9]

---

9 Hannaway beschreibt es als durchaus vorteilhaft, wenn der Manager auf Anfragen anderer reagiert, statt selbst initiativ zu werden – beispielsweise sind die fraglichen Aufgaben »bereits in gewissem Umfang aufbereitet, sodass sie klarer

■ Wer mich völlig überraschte, war Marc, der Klinikchef, der sich insbesondere dem externen Druck einer kostenbewussten Regierung sowie dem internen Druck einer anspruchsvollen Ärzteschaft gegenübersah. Die Anforderungen und Zwänge im Umfeld eines Krankenhauses können sehr intensiv sein. Ich empfand diesen Tag wie einen »Belagerungszustand«. Aber Marc wehrte sich und nutzte jedes denkbare Manöver, um die Kontrolle zurückzugewinnen. Auch unter den übrigen 28 Managern erwiesen sich diejenigen, die besonders stark unter Druck standen, als besonders aktiv und tatkräftig. (In Kapitel 5 werden wir über Peter Coe vom britischen National Health Service und seine Methode des »Managens aus der Mitte heraus« sprechen.)

Erfolgreiche Manager scheinen also weder Dirigenten noch Marionetten zu sein – sie üben trotz der Zwänge, unter denen sie stehen, selbst Kontrolle aus.[10] Wie gelingt ihnen das? In meiner früheren Studie kam ich zu dem Ergebnis, dass sie insbesondere von zwei Arten von Freiheit Gebrauch machen. Sie treffen ein paar anfängliche Entscheidungen, aus denen sich viele ihrer späteren Entscheidungen ableiten, indem sie beispielsweise ein Projekt initiieren, das später ihre Zeit in Anspruch nimmt. Und sie nutzen Aktivitäten, denen sie sich nicht entziehen können, für ihre eigenen Zwecke, indem sie beispielsweise auf einer zeremoniellen Veranstaltung für ihre Organisation werben. Mit ande-

---

bestimmt sind und schneller bearbeitet werden können«, als wenn der Manager selbst Aktionen anstoßen würde; und dass »es leichter ist, auf Anfragen zu reagieren, als in einer dynamischen und widersprüchlichen Welt Prioritäten und Wahrscheinlichkeiten zu sortieren« (1989: 55). Siehe auch einen frühen Artikel von Tom Peters (1979) über die »traurigen Fakten und Silberstreifen« der Führungstätigkeit.

10 In ihrer Studie über Bürgermeister identifizieren Kotter und Lawrence (1974: 49–60) vier Grundeinstellungen: »sich durchwursteln« mit wenig Kontrolle als das eine Extrem, »rationale Planung« mit viel Kontrolle als das andere Extrem sowie zwei Zwischenformen. Acht Manager wurden als Durchwurstler beschrieben, keiner als rational, und zwölf als Zwischenformen. Siehe auch Bowman und Bussard (1991), die Stewarts Ergebnis, dass »Terminkalender proaktive und reaktive Manager diskriminieren« (1979a: 82), infrage stellen und stattdessen zu einer ähnlichen wie der hier präsentierten Schlussfolgerung kommen.

ren Worten: Manager schaffen sich ihre eigenen Verpflichtungen und nutzen andere zu ihrem Vorteil.[11]

Vielleicht ist es das, was den erfolgreichen Manager am deutlichsten vom erfolglosen unterscheidet. **Der erfolgreiche Manager scheint nicht derjenige mit den größten Freiheitsgraden zu sein, sondern derjenige, der die vorhandenen Freiheitsgrade zu seinem Vorteil zu nutzen versteht** (ein Argument, das ich in Kapitel 4 weiterentwickeln und auf das ich in Kapitel 6 zurückkommen werde). Mit anderen Worten: Diese Menschen *machen* nicht nur ihren Job; sie *gestalten* ihn. Alle Manager erscheinen als Marionetten. Manche entscheiden selbst, wer die Strippen wie ziehen wird, und nutzen anschließend jeden Schritt, zu dem sie sich gezwungen sehen, zu ihrem eigenen Vorteil. Andere, denen dieses Talent nicht gegeben ist, werden von diesem anspruchsvollen Job überwältigt.[12]

Die Auswirkungen des Internets

In der jüngeren Zeit gab es eine offensichtliche Veränderung, von der man annehmen könnte, dass sie großen Einfluss auf alle diese Cha-

---

11 Pitner und Ogawa (1981) kamen in einer Studie über Schulleiter zu einem ähnlichen Schluss: Danach bedienen sie sich (a) der Strategie der Überzeugung, indem sie andere von etwas überzeugen, selbst wenn die Situation sie unter Druck setzt, (b) der Strategie des Timings oder des »Opportunismus«, indem sie beispielsweise spüren, wann die Situation »reif für eine Veränderung« ist, und (c) der Strategie des Ablenkungsmanövers, indem sie beispielsweise Probleme aufbauen, um die Aufmerksamkeit von anderen Fragen und Problemen abzulenken. In Bezug auf die Kontrolle der Tätigkeit sind die Aussagen der Autoren widersprüchlich. Zwar stellen sie fest, dass die Schulleiter 58 Prozent der Zeit, die sie mit mündlichen Kontakten verbrachten, selbst initiierten (S. 53), dass aber »die Themen, mit denen sie sich beschäftigten, zu einem großen Teil durch den soziokulturellen Kontext bestimmt wurden«. »Während sie oberflächlich betrachtet einen Großteil ihrer Arbeit kontrollierten, erwiesen sie sich bei näherer Betrachtung als bloße Vehikel für die Umsetzung von Interessen ihres Umfelds.« Dennoch hatten diese Manager »ihre eigenen Ideen« und »steuerten ihre Institutionen mittels der oben genannten Strategien tatsächlich in eine selbst gewählte Richtung«. (S. 58)

12 Eine detaillierte Erörterung der Anforderungen, Zwänge und Wahlmöglichkeiten in der Managertätigkeit findet sich bei Stewart (1982a).

rakteristika des Managens hat: das Internet, besonders die E-Mail, ein neues Kommunikationsmedium, das die Geschwindigkeit und den Umfang der Informationsübermittlung dramatisch gesteigert hat. Waren die Folgen für die Managertätigkeit ähnlich dramatisch?

In Anbetracht der Myriaden von E-Mails, die durch die Welt geistern, und der Allgegenwärtigkeit des BlackBerrys könnte man tatsächlich auf so eine Idee kommen. Aber die Frage ist, ob das die Tätigkeit des Managements grundlegend verändert hat. Und zu diesem wichtigen Thema gibt es bisher nur wenig Datenmaterial – was an sich schon ein interessanter Befund ist.[13] Ich werde auf das zurückgreifen, was mir zur Verfügung steht, und auch Studien außerhalb des Managementbereichs heranziehen, aber meine Kommentare haben zwangsläufig eine spekulative Komponente.

Meine Antwort lautet: Ja und nein. Nein, weil das Internet möglicherweise nur die seit Langem bestehenden Charakteristika der Managertätigkeit noch verstärkt, wie in diesem Kapitel bereits erwähnt. Und ja, weil es einen Teil der Managementpraxis obsolet machen könnte.

Das Internet mit allen Vor- und Nachteilen   Die Vorteile des Internets liegen auf der Hand und sind beträchtlich. Manager können mit Mitarbeitern auf der ganzen Welt auf zuvor unvorstellbare Weise in Kontakt bleiben. Sie können große Informationsmengen mühelos vielen Mitarbeitern zugänglich machen. Das Internet ermöglicht es ihnen, ihr Informationsnetz auszubauen und ihre Geschäfte problemlos im globalen Maßstab zu führen.[14]

---

13 Eine Ausnahme bildet Tengblad (2000), der feststellte, dass »90 Prozent der Gesamtarbeitszeit der von ihm untersuchten schwedischen CEOs für Besprechungen, Lesen, Schreiben und Telefongespräche genutzt wurden«. E-Mails machten weniger als eine halbe Stunde täglich aus, wenngleich die Schwankungen hier groß waren. Insbesondere widmeten jüngere CEOs ihr doppelt so viel Zeit (S. 20–23), was vermuten lässt, dass sich die Zahlen inzwischen verändert haben.

14 Das könnte sich letztlich demokratisierend auf die Unternehmen auswirken. Sproull und Kiesler (1986: 1510) bezeichnen diesen Effekt als »Statusnivellierung«, wenngleich er möglicherweise auch gegenteilig ausfallen kann, wenn Informationen »weder universell noch gleichförmig« (Boase und Wellman 2006: 3) zugänglich werden.

Ich brauche mich bei diesen Vorteilen nicht aufzuhalten; wir alle sind mit ihnen vertraut. Aber welche Folgen hat das Internet auf die Managertätigkeit selbst?

Besser informierte Manager können rascher kommunizieren und beweglichere, konkurrenzfähigere Organisationen entwickeln – solange sie die Kontrollhoheit über diese Veränderungen behalten. Manchen gelingt es, die Pferde im Zaum zu halten und ein gemessenes Tempo zu wahren; andere lassen sich möglicherweise zu rascheren und weniger überlegten Schritten hinreißen – sie tun häufiger, was von ihnen verlangt wird, und denken selbst weniger nach. Ich fürchte, dass die Zahl der Letzteren eher zunehmen wird.

Die Medien und ihre Botschaften Das Internet bietet zahlreiche Möglichkeiten; ich werde mich hier vorwiegend auf die E-Mails konzentrieren, weil sie sich am unmittelbarsten auf die Managertätigkeit auszuwirken scheinen. (Natürlich versenden Manager wie alle anderen auch mit einem Mausklick große Dokumente. Aber viele dieser Dokumente werden von Spezialisten vorbereitet, die vermutlich auch viele der von Managern benötigten Internetrecherchen durchführen. Aber nur wenige Manager kommen heute ohne das Instrument der E-Mail aus.)

Zunächst einmal gilt es festzuhalten, dass dieses neue Medium »dünn« bleibt. **Wie der konventionelle Brief bleibt die E-Mail auf die Aussagekraft des geschriebenen Wortes beschränkt:** Der Empfänger bekommt keine Stimme zu hören, keine Gesten zu sehen und keine Anwesenheit zu spüren – selbst die Bereitstellung von Bildern ist mitunter aufwendig. Die E-Mail erweist sich so möglicherweise als Faktor, der »die Fähigkeit des Nutzers zu emotionalen, nuancierten und komplexen Interaktionen« einschränkt (Boase und Wellman 2006). Für die Managertätigkeit spielen diese Aspekte aber eine ebenso große Rolle wie der eigentliche Inhalt der Botschaften.

Die Gefahr der E-Mails liegt darin, dass sie dem Manager den Eindruck vermitteln, im Kontakt mit anderen Menschen zu stehen, während der einzig reale Kontakt derjenige zur Tastatur ist. Das kann ein altbekanntes Problem der Managertätigkeit verstärken: Eine schillernde neue Technologie vermittelt dem Manager die Illusion, die Situation im Griff zu haben. Premierministerin Margaret Thatcher wurde von einigen ihrer Militärs der Versuch vorgeworfen, den Falklandkrieg mittels Telex aus London zu kontrollieren. Stellen Sie sich vor, sie hätte schon E-Mails schreiben können. Der Chef einer wichtigen kanadischen Behörde verfügte über die Möglichkeit des E-Mail-Verkehrs. Er erzählte mir, dass er sich jeden Morgen mit seinen Mitarbeitern per E-Mail verständigte. Ich war um sein Management besorgt. Die Geschwindigkeit von E-Mails ist eine feine Sache, solange der Manager sich nicht einbildet, die Situation zu verstehen, nur weil ein paar Buchstaben über seinen Bildschirm flimmern.

Am Telefon kann man den anderen unterbrechen, grummeln oder von einem Punkt zum andern springen; in Besprechungen kann man zustimmend nicken oder gelangweilt abwinken. Erfolgreiche Manager nehmen solche Signale wahr. Bei einer E-Mail weiß ich nicht, wie der andere reagiert, bevor nicht die Rückantwort eintrifft, und auch dann weiß ich nicht, ob die Worte sorgfältig gewählt oder in Eile hingeschrieben wurden. Vergleichen Sie dies mit der mündlichen Kommunikation, bei der sich die Gefühle schwer verbergen lassen.[15]

Bringt das Internet nun für den Manager mehr und bessere Kontakte zur Welt? Denken Sie einmal darüber nach – noch wissen wir die Antwort nicht. Aber die Frage sollten wir uns zumindest stellen.

---

15 In einem Laborexperiment stellten Kiesler u.a. fest, dass »computervermittelte Kommunikationstechniken die Aufmerksamkeit vornehmlich auf die Botschaft lenkten«, während sie »zwischenmenschliche Informationen nur schlecht vermittelten«. Tatsächlich »haben diese Technologien keine gut entwickelte soziale Etikette. Sie lassen sich deshalb mit einer verringerten Aufmerksamkeit für andere, weniger zwischenmenschlichem Feedback und einer Entpersönlichung des Kommunikationsumfelds assoziieren.« (1985: 77) Das sind wohl kaum Eigenschaften, die im Management wünschenswert sind. Boase und Wellman führten diese Argumente weiter aus, indem sie erklärten: »Die Geschwindigkeit der Internetverbindungen ... ermuntert unter Umständen zu einer unüberlegten Beschleunigung des zwischenmenschlichen Austausches.« (2006: 2) In konventionellen Briefen ist der Absender eher bereit, sich Zeit zu nehmen, Entwürfe zu ändern oder sogar darauf zu verzichten, einen fertigen Brief abzuschicken. Einerseits wirkt der Rhythmus der E-Mail – ihre Häufung, ihr Volumen, der Anreiz, sie zu verschicken und den E-Mail-Reigen am Laufen zu halten – gegen ihre wohlüberlegte Nutzung. Andererseits, so Sproull und Kiesler, kann die damit verbundene »Hemmungslosigkeit« den Ideenfluss fördern, wie auch die »Statusnivellierung« durch die E-Mail zu einer Verbreiterung des Informationszugangs führt (1986: 1510). Siehe auch Beaudry und Pinsonneault (2005) zu den emotionalen und anderen Auswirkungen der Informationstechnologie auf die Menschen.

Ist das globale Dorf eine Gemeinschaft? Marshall McLuhan (1962) schrieb bekanntlich über das von den neuen Informationstechnologien geschaffene »globale Dorf«. Aber was für ein Dorf ist das?

Im konventionellen Dorf sprechen wir auf dem Markt mit unserem Nachbarn. Das ist der Kern der Gemeinschaft. Im globalen Dorf schicken wir per Mausklick eine Botschaft an jemanden am anderen Ende der Welt, dem wir möglicherweise noch niemals persönlich begegnet sind. Wie die meisten Liebesaffären im Internet bleiben auch solche Beziehungen häufig auf Dauer »unkonkret«. Tatsächlich haben Kiesler u. a. festgestellt, dass »Menschen, die über Computer kommunizieren, einander weniger wohlwollend beurteilen als Menschen, die von Angesicht zu Angesicht miteinander sprechen« (1985: 78). Das lässt sich über jene elektronischen Liebesaffären freilich nicht sagen, sodass es wohl zutreffender ist, wenn wir behaupten, dass diese losgelösten Formen der Kommunikation dazu tendieren, unsere Eindrücke von anderen Menschen, in welche Richtung auch immer, zu verstärken. Die Kommunizierenden haben keine solide Grundlage, um den anderen beurteilen zu können.

Aber gerade die Einschätzung anderer Menschen ist für die Managertätigkeit von zentraler Bedeutung. Auch Unternehmen sind Gemeinschaften, die von der Robustheit ihrer Beziehungen abhängen. Vertrauen und Achtung sind unerlässlich. Wir müssen also in Bezug auf dieses globale Dorf vorsichtig sein und dürfen seine Netzwerke nicht mit Gemeinschaft verwechseln. **Möglicherweise fördert das Internet die Netzwerke, während es die Gemeinschaften schwächt – innerhalb der Unternehmen ebenso wie zwischen ihnen.**[16] Boase und Wellman (2006) spre-

---

16 Dazu gibt es widersprüchliche Daten, zumindest aus der Gesamtgesellschaft. Hampton und Wellman (in: Barney 2004: 39) stellen fest, dass die Bewohner einer Stadt, welche verkabelt waren (aufgrund von Verfügbarkeit und nicht unbedingt aus freier Entscheidung), »häufigeren und intensiveren Kontakt mit ihren Nachbarn pflegten als ihre nicht verkabelten Mitbürger«. Sie schlossen daraus, dass die neuen Kommunikationstechnologien »möglicherweise ebenso viel Potenzial haben, uns mit unseren Gemeinschaften und Orten stärker zu verbinden, wie uns von ihnen zu befreien« (zit. nach: Barney 2004: 39). Im Gegensatz dazu kommen Boase und Wellman zu dem Resultat, dass »der gegenwärtige Stand der Internetforschung darauf hindeutet, dass das Internet nicht zu einem massenhaften Aufblühen neuer Beziehungen geführt hat«; die Menschen kommunizieren vorrangig mit Menschen, die sie schon kennen, und wenn sie andere

chen von einem »vernetzten Individualismus«, wonach »die Menschen zu räumlich weiter gestreuten und lockerer geknüpften privaten Netzwerken gehören«. Ihr Bezugspunkt ist die Gesellschaft insgesamt, aber das könnte auch eine Erklärung für die Zunahme egozentrischer, heroischer Führungsstile sein, die in der heutigen Unternehmenswelt so viel Unheil anrichten.

Wir wollen jetzt die möglichen unmittelbaren Auswirkungen des Internets auf die Charakteristika des Managens betrachten, die wir in diesem Kapitel besprochen haben.

Das Tempo und die Zwänge Ein Umstand, auf den in dieser Diskussion immer wieder angespielt wurde, ist sicher: **E-Mails fördern das Tempo und die Zwänge des Managens, außerdem vermutlich auch die Unterbrechungen.**

Natürlich kontrollieren viele Menschen ihren E-Mail-Eingang eher sporadisch. Aber gerade der Manager mit seiner Vorliebe für Sofortinformationen neigt dazu, häufiger mal kurz hineinzuschauen und den Computer anzulassen, um auf das akustische »Sie haben Post!« reagieren zu können. Ist auch noch der BlackBerry griffbereit – die Verbindungsschnur zum globalen Dorf –, dann sind den Unterbrechungen keine Grenzen gesetzt. Ich habe mal von einer Besprechung gehört, die mit E-Mail vom Sonntagabend 22.30 Uhr für Montagmorgen 8.30 Uhr angesetzt wurde.[17]

Als die amerikanischen und britischen Verleger dieses Buches eine Rohfassung dieses Kapitels noch ohne diesen Abschnitt lasen, mailten mir beide, dass ich das Internet ansprechen müsse, das die Manager schier zur Verzweiflung treibe. Steve Piersanti von Berrett-Koehler schrieb am 21. Juni 2005: »Die Manager werden häufiger denn je unterbrochen, wobei diese Unterbrechungen heute in Form von E-Mails daherkommen.« Ein anderer CEO erklärte in einem Zeitungsinter-

---

online kennenlernen, »entwickeln sich daraus häufig Offline-Bekanntschaften« (2004: 9).

17 González und Mark stellten fest, dass Manager (wie auch Analysten und Softwareprogrammierer) im IT-Bereich durchschnittlich rund drei Minuten mit einer Tätigkeit verbringen, bevor sie sich einer anderen zuwenden oder unterbrochen werden, während der Durchschnitt bei den E-Mails unter zweieinhalb Minuten am Stück lag. (2004: 166)

view: »Es gibt kein Entrinnen. Man kann sich nirgends zurückziehen, um in Ruhe nachzudenken.« (Robert Brown von CAE, zit. in: Moore 2006) Natürlich *kann* ein jeder gehen, wohin er will, um sich seinen Gedanken hinzugeben – sofern er denn *will*.

Handlungsorientierung Die Handlungsorientierung von Managern wird durch E-Mails in keiner Weise beeinträchtigt. Im Gegenteil: **Die E-Mail, die physisch kaum Aktivität erfordert (stellen Sie sich den Manager vor seinem Monitor vor), verstärkt die Handlungsorientierung der Managertätigkeit noch.** Offenbar ist in all diesen – elektronischen ebenso wie menschlichen – Gehirnen mit all ihren herumschwirrenden Elektronen genug Feuer und Schwefel.

Die Vorliebe für mündliche Kommunikationsformen Natürlich kann mehr Zeit im Internet weniger Zeit für anderes bedeuten, wozu dann vermutlich auch die mündliche Kommunikation gehört. Schließlich hat der Tag nur 24 Stunden. Aber ein paar dieser Stunden wurden zuvor dem Schlaf und der Familie gewidmet, und so haben wir zu fragen, ob nicht diese möglicherweise unter den Folgen des Internets zu leiden haben. Mit anderen Worten: Verstärkt das Internet möglicherweise lediglich den Druck eines ohnehin schon von Zwängen bestimmten Jobs? Versuchen sich allzu viele Manager als Supermann und Alleskönner?[18]

Auch hier fehlen die belastbaren Daten, sodass wir uns mit Mutmaßungen begnügen müssen. Die Kommunikation erfolgt jedenfalls nicht mehr im selben Umfang auf mündlichem Wege, möglicherweise wird sie hektischer und oberflächlicher. Und das führt leicht zu mehr Konformität – einfach, um mit dem Pensum fertig zu werden.

---

18 Ermutigend und entmutigend zugleich ist in dieser Beziehung Tengblads »überraschendes« Ergebnis, dass die von ihm untersuchten schwedischen CEOs »trotz der Existenz immer schnellerer Kommunikationsmittel immer mehr Zeit mit Reisen verbringen« (2002: 549), was allerdings zum Teil damit zusammenhängen könnte, dass er sie mit den Managern der Carlson-Studie verglich, deren Unternehmen weniger international ausgerichtet waren. Der Wunsch nach persönlichen Begegnungen war also nach wie vor groß – ging das aber vielleicht auf Kosten der Zeit für die Familie?

Die laterale Natur der Managertätigkeit Die Mitarbeiter, die dem Manager berichten, sind gezählt und vergleichsweise konstant im Vergleich zum potenziell unbegrenzten Netz von Menschen außerhalb der Einheit. **Dieses neue Medium erleichtert es dem Manager also, neue Kontakte zu knüpfen und bestehende aufrechtzuerhalten, wobei vermutlich die externen Netzwerke auf Kosten der internen Kommunikation weiter ausgebaut werden.**[19]

Schwächt dies womöglich die starke Bindung eines Managers zu seinen Mitarbeitern, die er andernfalls hätte? Angesichts der begrenzten Zeit, die dem Manager zur Verfügung steht, liegt der Gedanke nahe. (Denken Sie an die Krisen so vieler Banken in den Jahren 2008/2009.) Die Zeit vor dem Computerbildschirm ist Zeit, die nicht für unmittelbare Gespräche auf den Fluren zur Verfügung steht. Vielleicht wird der Kontakt zum Nachbarbüro jetzt sogar über den Computer gepflegt, wie bei jenem kanadischen Beamten.[20]

Kontrolle Zum Schluss kommt vielleicht die interessanteste Frage von allen: Verstärkt oder vermindert das Internet die Kontrolle der Manager über ihre eigene Tätigkeit? Das hängt ganz offensichtlich vom Manager ab: Wie die meisten Technologien lässt sich das Internet in beide Richtungen nutzen. Ich kann mich davon hypnotisieren lassen. Dann managt es mich. Oder ich verstehe die damit verbundenen Möglichkeiten und Gefahren und manage es meinerseits. Ich habe diesen Teil des Buches geschrieben, um Mut zum Letzteren zu machen.

Dennoch gibt es Effekte, denen sich niemand entziehen kann. Denken Sie an die Möglichkeiten, über E-Mails Kontakte zu knüpfen oder über das Internet Informationen zu beschaffen und weiterzugeben. Und denken Sie an die Zwänge und das Tempo der Managertätigkeit, die Notwendigkeit, zu reagieren, das nagende Gefühl, das Geschehen nicht unter Kontrolle zu haben. **Könnte es sein, dass das Internet**

---

19 Tengblad (2002) schreibt: Infolge ihrer Reisetätigkeit beziehungsweise des Internets »wurde der Draht zu den eigenen Büros dünner« (S. 559), was zu einer stärkeren Abhängigkeit von »indirekten Formen der Lenkung und Kontrolle« (S. 560) führte.

20 Siehe Granovetters (1973) klassischen Artikel über »die Stärke der schwachen Bindungen« – wie schwache Bindungen innerhalb der Gemeinschaft möglicherweise mit starken Bindungen außerhalb derselben einhergehen und umgekehrt.

nur scheinbar zusätzliche Lenkungs- und Kontrollmöglichkeiten bereitstellt, in Wahrheit aber den Managern die Kontrolle entreißt? Könnte es sein, dass aus den vermeintlichen Dirigenten Marionetten werden?

Langfristige Auswirkungen   Pinsonneault und Kraemer (1997) fanden in ihrer Studie über 155 Stadtverwaltungen etwas Interessantes heraus: Die elektronische Kommunikation verstärkt eine bestehende Tendenz einer Organisation entweder in Richtung Zentralisierung oder aber in Richtung Dezentralisierung. Könnte dasselbe für die Charakteristika der Managertätigkeit gelten? Wenn wir alles bisher Gesagte zusammenfassen, so ergibt sich daraus: **Das Internet verändert die Praxis des Managens nicht grundsätzlich; vielmehr verstärkt es die Charakteristika, die wir seit Jahrzehnten beobachten.** Die Veränderungen betreffen also nur den Grad, aber nicht die Art und Richtung.

Aber der Teufel steckt wie so häufig im Detail. Graduelle Veränderungen können große Wirkung zeigen, die schließlich zu Veränderungen der Grundstruktur führen. **Das Internet und die damit verbundene Beschleunigung versetzen so manchen Manager in Hektik, was mehr Oberflächlichkeit und Konformität zur Folge hat.** In Indien beobachtete ich Manager eines Hightechunternehmens, die an einem internationalen Programm mitarbeiteten und mit völliger Hilflosigkeit reagierten, als ihre E-Mail-Verbindung für mehrere Tage ausfiel. Waren sie unfähig, ihre Managertätigkeit fortzusetzen, weil sie plötzlich isoliert waren? Oder war ihnen das Managen längst verloren gegangen? Vielleicht hat der perfekt vernetzte Manager das Gefühl für die wirklich wichtigen Dinge verloren, während diese Überaktivität die Praxis des Managements selbst zerstört.

Das ganz normale Chaos

Wir haben in diesem Kapitel einen Blick auf die unverändert gültigen Charakteristika des Managens geworfen: Tempo, Sprunghaftigkeit, Vielfalt und Fragmentierung, die Unterbrechungen, die Handlungsorientierung, der überwiegend mündliche Informationsaustausch, die überwiegend laterale Natur der Kommunikation und das diffizile Problem, Kontrolle auszuüben, ohne wirklich die Kontrolle zu haben.

Sind das alles Anzeichen für ein schlechtes Management? Keineswegs. Was wir hier vor uns haben, ist normales, unvermeidliches Management. »Auf die Frage, was ein Manager tut, reagierten die neuen Manager mit einer Beschreibung des Stresses, der die neue Position für sie bedeutet. Management schien eine Welt der Konfusion, der Überlastung, der Zweifel und der Konflikte zu sein. Was sie vor allem überraschte, war, mit wie viel Arbeit und Hektik das Managerdasein unweigerlich verbunden war.« (Hill 2003: 50) Manche diese Manager spekulierten darauf, dass der Druck mit der Zeit nachlassen werde. »Sobald ich mich in den Job reingefunden habe, oder sollte ich sagen, falls …, wird sich schon alles fügen. Dann werde ich die Situation koordinieren und kontrollieren.« (S. 51) Zu schön, um wahr zu sein. Das gelingt nicht einmal denen, die es bis an die sogenannte Spitze, die von Kotter beschriebene »temporeiche Hochdruckumgebung« des Geschäftsführers schaffen.

Aber diese Charakteristika sind nur innerhalb gewisser Grenzen normal. Werden diese überschritten, hört Management auf zu funktionieren. Das Internet kann dies ebenso bewirken wie die Charakteristika selbst. Wir alle kennen übermäßig hektische Manager. Was heute normal erscheint, wird morgen zum Risikofaktor.

Managen, selbst normales Managen, ist kein einfacher Job. Ein Kommentar in der *New York Times* (Andrews 1976) zu meiner Studie verwendete zwei Ausdrücke, die das Wesen dieser Problematik nach meinem Dafürhalten gut wiedergeben: »kalkuliertes Chaos« und »kontrollierte Unordnung«. Sie bezeichnen das, was erfolgreiches Managen auszeichnet – verglichen mit dem »verwirrenden Chaos« des »naiven Managers« (Sayles 1979: 19). Damit wollen wir uns nun dem Inhalt des Managens – was Manager tatsächlich tun – zuwenden und die Beschäftigung mit der Frage, wie Manager mit diesem Druck und diesen Zwängen klarkommen können, auf Kapitel 5 verschieben.

3. Ein Managementmodell

Ein gute Theorie ist eine, die so lange trägt,
bis man eine bessere hat.
DONALD O. HEBB (1969)

Auf der Suche nach einer besseren Theorie wenden wir uns von den Charakteristika der Managertätigkeit ab und ihren Inhalten zu: Was ist es, was der Manager wirklich tut, und wie tut er es?

Wir beginnen mit den Gurus, von denen die meisten sich auf die einzelnen Komponenten des Managements konzentrieren und weniger das Managen in seiner Gesamtheit sehen, und mit den Theoretikern, die das Ganze als eine Liste isolierter Teile betrachten. Dieses Kapitel stellt ein integratives Managementmodell vor, das die Teile innerhalb des Ganzen positioniert, indem es die Managertätigkeit auf drei Ebenen verortet: der Informationsebene, der zwischenmenschlichen Ebene und der Aktionsebene, jeweils sowohl innerhalb als auch außerhalb der gemanagten Einheit. Ein abschließender Abschnitt beschreibt den vielseitigen Job des Managens als dynamisches Gleichgewicht.

Eine Rolle zur Zeit managen   Wenn Sie einer jener berühmten »Managementgurus« werden wollen, sollten Sie sich auf ausschließlich einen Aspekt des Managens konzentrieren. Henri Fayol verstand Management als Lenkung und Kontrolle, während Tom Peters das Handeln in den Vordergrund stellt: »›Nicht denken, sondern handeln‹, lautet meine Devise.« (1990) Michael Porter setzt Managen hingegen mit Denken, insbesondere dem analytischen Denken, gleich: »Ich bevorzuge für die Strategieentwicklung den analytischen Ansatz«, schrieb er in *The Economist.* (1987: 21) Andere wie Warren Bennis haben sich unter Managern damit einen Namen gemacht, dass sie den Führungs-aspekt des Managens hervorhoben, während Herbert Simon dafür bekannt ist, dass er die Entscheidungsprozesse in den Vordergrund rückt. (Ganz in diesem Sinne schmückte sich die *Harvard Business Review* auf dem Titelblatt lange Zeit mit dem Schriftzug »Die Zeitschrift für Entscheider«.[1])

Sie alle irren, weil sie alle recht haben: **Beim Managen geht es nicht um eine dieser Tätigkeiten, sondern um alle gleichzeitig: um Lenkung und Kontrolle, Handeln, Denken, Führen, Entscheiden und vieles mehr.** Fehlt eine dieser Rollen, handelt es sich nicht mehr um Managen im umfassenden Sinne. Indem sich besagte Gurus auf eine dieser Rollen kaprizieren und die anderen vernachlässigen, schränken sie unsere Wahrnehmung der Managertätigkeit ein, anstatt unseren Blick zu weiten.

Listen ohne Ende Wenn wir die Gurus einmal beiseitelassen und uns der weniger populären wissenschaftlichen Literatur zuwenden, finden wir dieses Problem durchaus bestätigt: Dort herrscht nämlich kein Mangel an Listen mit Rollen, die ein Manager im Rahmen seiner Tätigkeit auszufüllen hat. Die gute Nachricht ist, dass dabei ein umfassenderes Bild entsteht; die schlechte, dass der Job hier lediglich in seine Komponenten zerlegt wird, ohne dass diese anschließend wieder zusammengesetzt würden.

Für eine dieser Listen bin ich selbst verantwortlich. Im Kapitel »The Manager's Working Roles« meines 1973 erschienenen Buches präsentiere ich ein »Modell« – wie mir später bewusst wurde, handelte es sich dabei lediglich um eine weitere Liste, auch wenn sie, siehe Abbildung 3.1 (auf Seite 66), einige Pfeile enthält.[2] Während also die

---

1 *The magazine of decision makers.* Das war von Juli 1967 bis Juni 1981. Davor waren es »mitdenkende Geschäftsleute« *(thoughtful businessmen),* unmittelbar danach »mitdenkende Manager« *(thoughtful managers).*

2 Ich kann mich also nicht beschweren, wenn Hales meine Behauptung, die empirischen Untersuchungen der Managertätigkeit zeichnen ein »interessantes Bild, das von Fayols klassischer Sichtweise ähnlich weit entfernt ist wie ein kubistisches Werk von einem Renaissancegemälde« (1975: 50), umdreht und die Analogie als »bedauerlicherweise zutreffend« bezeichnet, »weil das Bild des Autors einer Ansammlung geometrischer Formen gleicht, die nicht immer zueinander passen« (1986: 105).

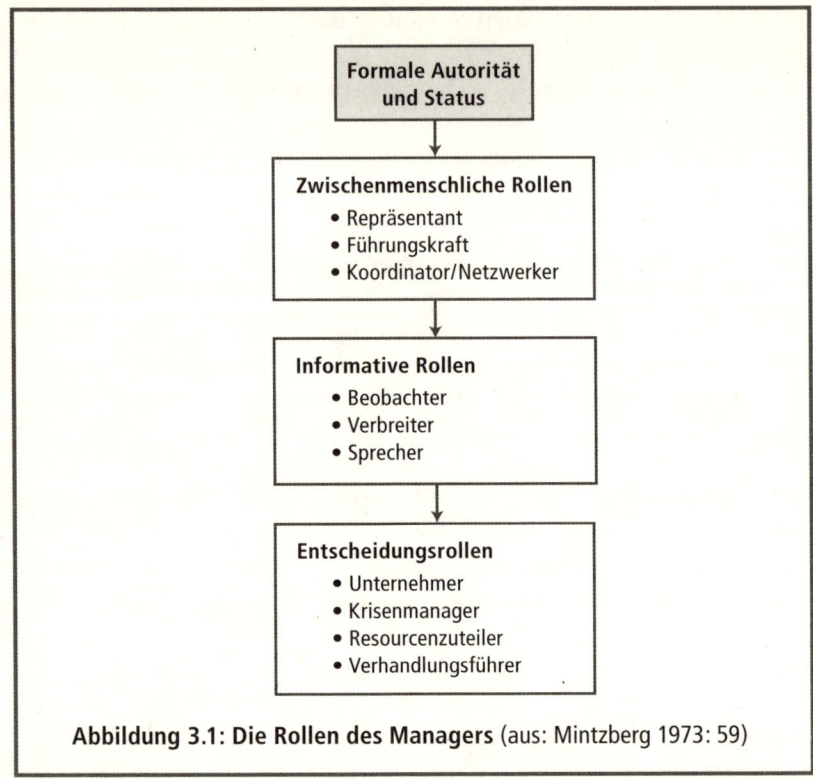

Abbildung 3.1: Die Rollen des Managers (aus: Mintzberg 1973: 59)

Manager meine Beschreibung der Charakteristika ihrer Tätigkeit gut aufnahmen, konnten sie (anders als der eine oder andere Theoretiker) mit meiner Liste ebenso wenig anfangen wie mit den anderen Listen. Wie ein Manager meinte: »Die Beschreibungen sind leblos, mein Job aber nicht.« (Zit. in: Wrapp 1967: 92)

So beschloss ich also im Jahr 1990, mich noch einmal mit dem Inhalt des Managens zu beschäftigen. Seit Erscheinen meines Buches von 1973 hatte ich neue Artikel zu dem Thema gesammelt, die mittlerweile zwei Kartons füllten. Ich öffnete sie und warf außerdem einen Blick in die rund vierzig Bücher zu dem Thema – von Barnard (1938) bis Zaleznik (1989). Ich wollte wissen, was wir offiziell über den Inhalt des Managens wussten.

Die Antwort: Einerseits durchaus das eine oder andere, andererseits aber auch fast gar nichts. In seiner Gesamtheit schien dieses Material all das abzudecken, was Manager so tun (Hales 2001: 50), aber es ergab noch keine Theorie, kein Modell, anhand dessen die Manager ihre Tätigkeit verstehen können.[3]

Wo ist das Problem?

Wie kann das sein? Mehr denn je leben wir heute in Gesellschaften, die sich geradezu leidenschaftlich mit Fragen des Managements und der Unternehmensführung auseinandersetzen. Wir vergöttern die »Führungspersönlichkeit«, füllen ganze Buchhandelsregale (sowohl

---

3 In der ersten wichtigen Studie zur Managertätigkeit fasste Carlson seinen Kommentar in Worte, die ihre Gültigkeit bis heute nicht verloren haben: »Während meiner gegenwärtigen Untersuchung fehlte mir vor allem ein theoretisches System, in das ich meine Beobachtungen hätte einordnen können. ... Die vorliegende Studie macht deshalb zuerst einmal deutlich, wie wünschenswert es wäre, eine systematische Theorie des Verhaltens von Führungskräften zu entwickeln.« (1951: 115; siehe auch Martinko und Gardner 1985: 688 sowie Lombardo und McCall 1982: 50) Natürlich findet sich hier und da ein brillantes Exposé, wie beispielsweise *The Functions of the Executive* von Chester Barnard (1938), der selbst im Managementgeschäft tätig war. Daneben gab es auch Wissenschaftler, die ihr ganzes Wirken in den Dienst dieses Themas stellten, wie beispielsweise Leonard Sayles (1964, 1979), John Kotter (1982, 1974 mit Paul Lawrence) und Rosemary Stewart, die die umfangreichsten Forschungen betrieb (z.B. 1967, 1976, 1982). Alle haben interessante Einsichten beigesteuert; aus meiner Sicht liefert jedoch keiner ein umfassendes Rahmenkonzept, das den Inhalt der Managertätigkeit vollständig beschreibt. Sayles, dessen Buch von 1964 den vielversprechendsten Ansatz repräsentiert, sprach von »unserer Unfähigkeit, die richtigen Schubladen zu finden, um zu beschreiben und zu erklären, was Manager tun« (1979: 10). Der Sache näher kamen die Arbeiten von Robert Quinn und seinen Kollegen (z.B. Quinn 1988; Quinn u.a. 1990), doch letztlich reduziert sich auch ihr Ansatz auf eine Liste – mit gegensätzlichen Paaren von acht Managerrollen. Gemäß der Evolution des Managementgedankens werden entlang der Achsen Flexibilität–Kontrolle und intern–extern vier Quadranten (rationale Ziele, interne Prozesse, zwischenmenschliche Beziehungen und offene Systeme) identifiziert (danach ist beispielsweise das Open System Model extern und flexibel). Quer darüber liegen vier Mengen von »konkurrierenden Werten« (z.B. Partizipation, Offenheit/Produktivität, Leistung) mit jeweils einer dazugehörigen Rolle (in diesem Fall Moderator/Produzent). Das letzte Kapitel in dem Buch von Quinn u.a. aus dem Jahr 1990, das 17 von insgesamt 345 Seiten füllt, trägt die Überschrift »Integration and the Road to Mastery«; von Integration ist dort aber so gut wie nicht die Rede. Der Rest des Buches ist im Wesentlichen besagten acht Rollen gewidmet.

in der Belletristik- als auch in der Wirtschaftsabteilung) mit ihren Biografien, bilden uns ein, Heerscharen von Studenten zu Managern auszubilden, und haben sogar eine eigene Klasse für sie in den Flugzeugen (und darüber hinaus) geschaffen. Aber es gelingt uns nicht, uns ein schlüssiges Bild davon zu machen, womit sie Tag für Tag ihre Zeit verbringen. Warum?

Ich will zwei mögliche Erklärungen diskutieren. Die erste lautet, dass wir wie die Mitglieder anderer primitiver Gesellschaften in ständiger Angst vor unseren eigenen Göttern oder zumindest unseren eigenen Mythen leben, und das Thema Management / Führung gehört mit Sicherheit dazu. Vielleicht fürchten wir die Folgen einer Entlarvung ihrer oder unserer eigenen Nacktheit. Natürlich schreiben wir bis zum Überdruss über »Leadership« und »Führungsqualitäten«, aber nur wenig davon berührt den Alltag des Managens.

Carlson liefert in seiner frühen Studie eine andere Erklärung: Das Managerverhalten sei »so vielfältig und schwer zu fassen«, weil »es mehr eine praktische Kunst als eine angewandte Wissenschaft ist«. (1951: 109 f.) Wie lässt sich das theoretisch fassen?

Whitley geht noch einen Schritt weiter, indem er behauptet, die Aufgaben des Managements seien kontextspezifisch und folglich vom Wissen der betreffenden Organisation und ihren sich ständig verändernden Problemen abhängig. (1989: 213, 215) Wie aber können wir dann eine allgemeine Theorie dessen entwickeln, was Manager tun, statt nur zu beschreiben, was einzelne Manager jeweils getan haben?

Meine Sichtweise ist eine andere. Ab einer bestimmten Abstraktionsebene *können* wir verallgemeinern. Lassen Sie mich das an einem Beispiel veranschaulichen. In einem Beratungsunternehmen Senior-Manager oder »Partner« zu werden, bedeutet, für den Verkauf – oder die Akquise – zuständig zu sein, was in den meisten anderen Unternehmen Sache von Spezialisten ist. Aber wollen wir die Managertätigkeit als Verkaufsjob darstellen? Um mit Peter Drucker zu sprechen:

Jeder Manager tut viele Dinge, die man nicht als Managen bezeichnen kann. … Ein Verkaufsleiter besänftigt einen wichtigen Kunden. Ein Vorarbeiter repariert ein Werkzeug. … Ein Generaldirektor … handelt einen großen Vertrag aus. … All diese Dinge gehören zu einer bestimmten Funktion. Sie alle sind notwendig und müssen getan werden. Aber sie hängen nicht unmittelbar mit dem zusammen, was alle Manager unabhängig von ihrer

Funktion oder Aufgabe, von Rang und Stellung tun, einer Tätigkeit, die allen Managern gemeinsam ist und sie auszeichnet.
(1954: 343)

Bevor wir das Kind mit dem Bade beziehungsweise den Manager mit
dem Verkauf ausschütten, sollten wir uns fragen, warum ein Senior-
Manager in einem Beratungsunternehmen sich mit dem Verkauf ab-
gibt. Die naheliegende Antwort lautet, dass in den Kundenunternehmen häufig hochrangige Führungskräfte über die Inanspruchnahme
von Beratungsdienstleistungen entscheiden und ihre Ansprechpartner in den anbietenden Unternehmen folglich ähnlich hoch angesiedelt sein müssen. Die Aufgabe ist also einerseits spezialisiert und
kontextspezifisch, während sie andererseits von Managern ausgeführt
werden muss und insofern in deren Tätigkeitsbereich gehört. (Vgl.
auch Hales und Mustapha 2000: 22)

Ein Großteil dessen, was wir normalerweise zur Managertätigkeit
rechnen, korrespondiert in Wahrheit mit bestimmten Funktionen innerhalb der Unternehmen: Manager instruieren ihre Mitarbeiter, aber
gleichzeitig verfügen ihre Unternehmen über offizielle Informationssysteme; Manager nehmen Repräsentationsaufgaben auf zeremoniellen Veranstaltungen wahr, obwohl auch PR-Spezialisten zugegen sind;
Manager werden seit Langem als Planer und Kontrolleure charakteri-
siert, während neben ihnen Planungsabteilungen und Aufsichtsbüros
bestehen. **Zur Arbeit des Managens gehört es häufig, Dinge zu tun, für die normalerweise Spezialisten zuständig sind, aber so, dass die speziellen Kontakte,
der Status und das Wissen des Managers dabei zum Tragen kommen.**

Wir wollen also unsere Mythen und Gottheiten hinter uns lassen
und unser Verständnis von Managertätigkeit, wie sie praktiziert wird,
weiter vertiefen.

Auf dem Weg zu einem allgemeinen Modell

Als ich besagte Kartons öffnete und in besagte Bücher schaute, ging es mir nicht darum, herauszufinden, was Manager tun – das war bereits bekannt –, sondern dieses Wissen zu einem umfassenden Modell zu verweben. Ich verfolgte nicht die Absicht, mehr Forschung zu betreiben (noch nicht, die 29 Beobachtungstage kamen meistenteils später), vielmehr wollte ich lediglich die vorliegenden Erkenntnisse auf einen Nenner bringen. Mein Ziel war simpel: Es sollte alles in Form eines einzigen Diagramms auf ein Blatt Papier passen. Damit wollte ich den Job nicht trivialisieren oder behaupten, dass sich all seine nuancierte Vielfalt auf einer Seite beschreiben ließe, sondern lediglich dem Leser einen ganz knappen Überblick über die gesamte Managertätigkeit bieten, auch wenn diese Seite weitere Erklärungen erfordert.

Nach mehreren Jahren und vielleicht einem Dutzend Anläufen hatte ich schließlich eine Seite entwickelt, mit der ich selbst zufrieden war und die Sie in Abbildung 3.2 reproduziert finden.[4] Als ich das Diagramm erstmals einem Manager – einem Freund, beim Abendessen – zeigte, identifizierte er auf der Stelle die Stärken und Schwächen der Manager seines Unternehmens. Das war genau die Reaktion, die ich mir erhofft hatte.[5]

Im Sinne des Zitats von Hebb zu Beginn dieses Kapitels könnte ich sagen: Meine ursprünglichen Bemühungen haben lang genug gehalten, um mich bis zu diesem Modell zu führen, von dem ich hoffe, dass es wiederum lange genug hält, um anderen zu helfen, bessere Modelle zu entwickeln.

---

4 Wer Interesse daran hat, meinen Denkprozess nachzuvollziehen, findet die verschiedenen Diagrammentwürfe auf www.mintzberg.org/managingmodel.

5 Eine Teilnehmerin unseres Programms »International Masters for Health Leadership« (www.mcgill.ca/desautels/imhl), die damals für die Weltgesundheitsbehörde in Uganda in leitender Position tätig war, schrieb, dass ihr »das Modell in mehrfacher Weise zusagte. Zum einen, weil es die Ebenen- und Facettenvielfalt unserer Tätigkeit explizit bestätigt ... als würde diese Bestätigung allein schon die Arbeit leichter machen. Zum anderen, weil ich sofort diejenigen Funktionen erkennen konnte, vor denen ich mich gern drücke oder in denen ich nicht so gut bin. Ich fühlte mich stärker gefordert. Die Frage, die mich ständig beschäftigt, lautet: Wie kann man angesichts so vieler verschiedener Rollen seine Balance finden?« (Rosamund Lewis, Reflection Paper, Modul 1, 28. Juli 2006).

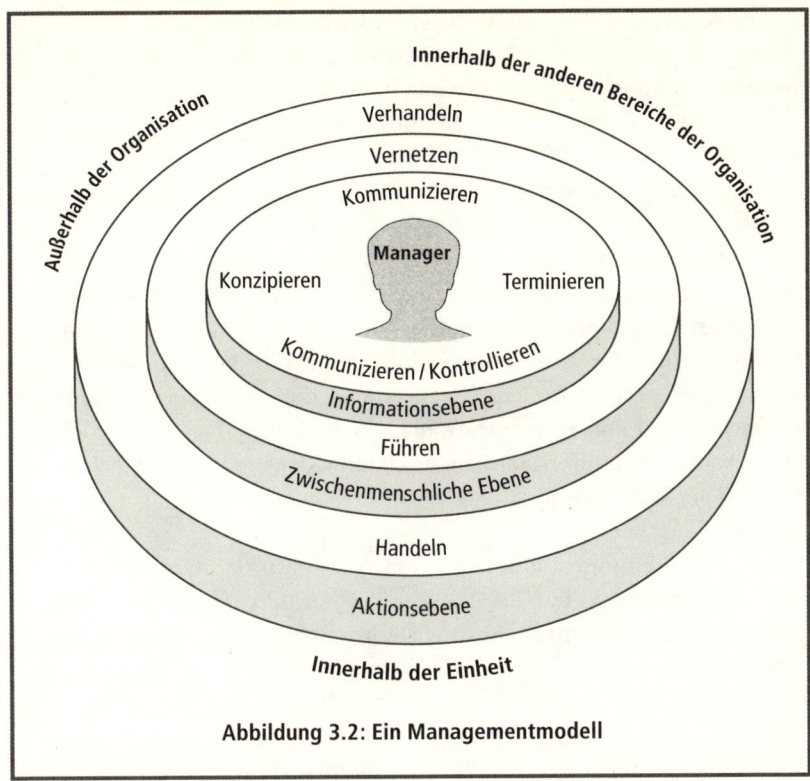

Abbildung 3.2: Ein Managementmodell

Ein Überblick über das Modell

Abbildung 3.2 rückt den Manager ins Zentrum zwischen die Einheit, für die er zuständig ist, und deren Umgebungen, die von zweierlei Art sind: Da sind zum einen die übrigen Bereiche der Organisation (sofern es sich beim Manager nicht um den CEO handelt, der für die gesamte Organisation zuständig ist), und da ist zum anderen die für die Einheit relevante Außenwelt (Kunden, Geschäftspartner und so weiter).

Vorrangiges Ziel des Managens ist es, zu gewährleisten, dass die Einheit *ihrem grundlegenden* Zweck gerecht wird, sei das der Warenvertrieb in einer Einzelhandelskette oder die Altenpflege in einem Pflegeheim. Dazu gehören natürlich bestimmte *Tätigkeiten*. Meist sind es Mitarbeiter – jeder von ihnen ein Spezialist auf seinem Gebiet –, die solche Tätigkeiten ausführen. Aber manchmal kommt ein Manager in die Nähe eines solchen *Handelns,* wenn beispielsweise Jacques Benz, Generaldirektor von GSI, am Treffen eines Projektteams teilnimmt, das für einen Kunden ein neues System entwickelt.

In der Regel jedoch hält der Manager ein oder zwei Schritte Abstand zur Handlungsfront. Ein Schritt Abstand bedeutet, dass er gezielt Mitarbeiter veranlasst, bestimmte Handlungen auszuführen – der Manager lässt andere etwas tun, indem er sie anleitet, motiviert, zu Teams zusammenstellt, auf eine Unternehmenskultur einschwört und so weiter. Zwei Schritte Abstand bedeuten, dass der Manager Informationen nutzt, die andere tätig werden lassen. Er setzt dem Verkaufsteam Ziele oder leitet den Kommentar eines Regierungsbeamten an den zuständigen Experten im Team weiter. Wie die Abbildung zeigt, **findet Management auf drei *Ebenen* statt, die von der konzeptionellen Ausrichtung bis zur konkreten Tätigkeit reichen: der Informations-, der zwischenmenschlichen und der Aktionsebene.**[6]

■ Am Tage meines Besuches konnte ich Carol Haslam von der Filmfirma Hawkshead bei der Arbeit auf allen drei Ebenen beobachten. Auf der Aktionsebene war sie intensiv mit der Entwicklung neuer Filmprojekte beschäftigt – sie schloss Verträge am laufenden Band. Auf der zwischenmenschlichen Ebene pflegte sie ihr weit gespanntes Kontaktnetz zwecks Förderung dieser Projekte und Zusammenstellung geeigneter Teams. Und auf der Informationsebene sammelte und vermittelte sie tagaus, tagein Ideen, Fakten, Ratschläge und andere Informationen.

Jeder Ebene sind zwei Rollen zugeordnet. Auf der Informationsebene *kommunizieren* (in alle Richtungen) und *lenken und kontrollieren* (nach innen) Manager. Auf der zwischenmenschlichen Ebene *führen* (nach innen) und *vernetzen* (nach außen) sie. Und auf der Aktionsebene *handeln* (nach innen) und *verhandeln* (nach außen) sie. In ihren Köpfen, auch das wird dargestellt, *konzipieren* und *terminieren* sie (sie entwerfen Strategien, setzen Prioritäten und planen ihre eigene Zeitnutzung). Im Folgenden werden die einzelnen Aspekte des Modells der Reihe

---

6 Allgemeiner, aber ähnlich, unterscheidet Fine in einem Bericht aus dem Jahr 1973 unter der Überschrift »Fundamental Job Analysis Scales« bei jeglicher Tätigkeit zwischen »Stufen«, die sich auf Daten, Menschen und Dinge beziehen.

nach diskutiert, bevor wir sie abschließend in ihrer Gesamtheit betrachten.

Der Mensch in seinem Job

Im Zentrum des Modells sitzt der Manager, der persönlich insbesondere zwei Rollen wahrnimmt: Er konzipiert und terminiert.

Der konzeptionelle Rahmen

Der konzeptionelle Rahmen bestimmt die Herangehensweise des Managers an seinen speziellen Job. **Manager konzipieren ihre Tätigkeit, indem sie bestimmte Entscheidungen treffen, sich auf bestimmte Themen konzentrieren, bestimmte Strategien entwickeln und so weiter, um für sämtliche Mitarbeiter der Einheit den Kontext vorzugeben.** Alain Noël (1989) spricht in diesem Zusammenhang von »Hauptbeschäftigung« im Gegensatz zur »Beschäftigung« (was sie tatsächlich tun) – etwas, was mitunter zur Obsession ausartet.

■ Brian Adams, Programmleiter für den Flugzeugtyp Global Express bei Bombardier, verfolgte eine solche Obsession, die ihm von seinen Vorgesetzten eingeflüstert worden war. Der Flieger sollte bis Juni in der Luft sein: »Dann sehen wir weiter.« John Cleghorn von der Royal Bank of Canada hingegen hatte in seiner Eigenschaft als Chairman eine ganze Reihe von »Hauptbeschäftigungen«, die Verbesserung und den Erfolg des Unternehmens betreffend. (Meine Besuchstage bei beiden sind im Anhang beschrieben.)

Einer der neuen Manager, die Linda Hill untersuchte, stellte rasch fest, wie wichtig der konzeptionelle Rahmen war: »Ich ging davon aus, dass ich mich mit einem umfassenden Wissen an die Arbeit machen würde … jetzt stelle ich fest, dass ich das Rad ständig neu erfinden muss.« (2003: 51) Wir werden auf das Thema des konzeptionellen Rahmens im Kontext der Managementstile in Kapitel 4 und der Strategiebildung in Kapitel 5 zurückkommen.

Die Arbeit terminieren

Die Zeitplanung ist für jeden Manager ein wichtiger Punkt: Dem Terminkalender wird stets viel Aufmerksamkeit geschenkt. Vor mehr als einem halben Jahrhundert gab Sune Carlson zu Protokoll, wie Manager »zu Sklaven ihrer Terminkalender werden – sie entwickeln eine Art Kalenderkomplex« (1951: 71). **Terminplanung ist wichtig, weil sie den konzeptionellen Rahmen mit Leben füllt; sie legt fest, welche kurzfristigen Ziele der Manager anstrebt, und verschafft ihm die größtmögliche Freiheit, um sich diesen Zielen zu widmen.** (Stewart 1979)

Selbstverständlich war die Terminplanung bei sämtlichen meiner 29 Besuchstage ein Dauerthema. Sie ist unverzichtbarer Bestandteil jedes Managerjobs, wenn auch als Mittel zum Zweck – nämlich der Erfüllung der übrigen Rollen. Dementsprechend häufig wurden die Kalender gezückt und Termine hin- und herjongliert.[7]

Die Zeitplanung eines Managers kann großen Einfluss auf die Tätigkeit sämtlicher Mitarbeiter der Einheit haben: Daran, was im Kalender Platz findet, bemisst sich, was in der Einheit von Bedeutung ist. Mit seiner eigenen Zeitplanung legt ein Manager häufig zugleich fest, was bei seinen Untergebenen auf der Tagesordnung steht.

Zeitplanung ist das, was Peters und Waterman (1982) als »Chunking« bezeichnen – die Tätigkeit des Managers wird in einzelne Aufgaben zerlegt, die in getrennten Zeitabschnitten abgearbeitet werden. Das Problem (über das wir unter dem Stichwort »Dekompositionslabyrinth« in Kapitel 5 sprechen werden) ist dabei natürlich, wie sich die Teile anschließend wieder zusammensetzen lassen. Und hier kommt der konzeptionelle Rahmen ins Spiel: Wenn er klar genug ist, zieht er wie ein Magnet die Teile wieder zu einem kohärenten Ganzen zusammen. Um mit Whitley zu sprechen: Managen heißt »nicht so sehr, einzelne klar gegeneinander abgegrenzte Probleme zu ›lösen‹, als vielmehr, sich mit einer fortgesetzten Folge von miteinander in Beziehung stehenden, fließenden Aufgaben zu beschäftigen« (1989: 216).

Die Bedeutung, die der Entscheidungsfindung häufig beigemessen

---

7 Im Fall von John Cleghorn von der Royal Bank kam der Terminplanung eine besondere Bedeutung zu. Er war der Einzige unter den von mir besuchten 29 Managern, der seine eigene Zeitnutzung systematisch tabellarisierte und studierte (vielleicht infolge seiner früheren Tätigkeit als Wirtschaftsprüfer).

wird, täuscht darüber hinweg, dass Manager in der Regel mehr mit kontinuierlichen Fragen als mit einzelnen definierten Entscheidungen beschäftigt sind, oder, um mit Farson (1996: 43) zu sprechen, mehr mit Dilemmata als mit Problemen.(Vgl. auch Pondy und Huff 1985) Sie müssen sich nur einmal die Tagesordnung einer typischen Managementbesprechung anschauen oder einfach einen Manager fragen, was bei ihm so »anliegt«.[8]

Managen mit Informationen

Wir wenden uns jetzt den drei Ebenen zu, auf denen sich die Managertätigkeit manifestiert, und beginnen mit der Informationsebene. **Mittels Informationen zu managen, heißt, zwei Schritte vom eigentlichen Ziel des Managens zurückzutreten: Informationen dienen dem Manager dazu, andere zu veranlassen, bestimmte notwendige Schritte zu unternehmen.** Mit anderen Worten: Auf dieser Ebene beschäftigt sich der Manager unmittelbar weder mit Menschen noch mit Handlungen, vielmehr nutzt er Informationen, um indirekt Einfluss auf das Geschehen zu nehmen.

Ausgerechnet diese klassische Vorstellung vom Managen, die ein Jahrhundert lang dominiert hat, rückt infolge der zunehmenden Bedeutung, die **den Bilanzen und dem Shareholder-Value** beigemessen wird, erneut in den Vordergrund. **Beide Schwerpunkte fördern eine »unbeteiligte«, fast ausschließlich informationsbasierte Form des Managens.**

Zwei wichtige Rollen beschreiben die Managertätigkeit auf der Informationsebene. Die *Kommunikation* dient der Förderung des Informationsflusses rund um den Manager, während *Lenkung und Kontrolle* dazu dienen, das Verhalten innerhalb der Einheit mittels Informationen zu steuern.

---

8 Bowman (1986) stellt in einer Studie über 26 Manager fest, dass diese sich im Durchschnitt mit lediglich fünf oder sechs Problemen gleichzeitig beschäftigten, wobei die damit verbundene Zahl der Kalendereinträge viel höher war. Vgl. auch Bowman und Bussard 1991 sowie Wrapp 1967: 92. Im vorigen Kapitel nannte ich eine sehr viel größere Zahl von Themen, mit denen ein Manager gleichzeitig jongliert. Vielleicht liegt der Unterschied in der Art des Terminkalenders, in dem dann vielleicht nicht alle virulenten Themen ihren Niederschlag finden.

Kommunikation in alle Richtungen

Beobachten Sie einen beliebigen Manager und es wird Ihnen eines auffallen: dass er unglaublich viel Zeit mit reiner *Kommunikation* – der Sammlung und Weitergabe von Informationen – verbringt, ohne dass daraus notwendigerweise Handlungen erwachsen. Barnard, selbst ein CEO (von New Jersey Telephone), sieht die »wichtigste Funktion des CEO« darin, »ein Kommunikationssystem zu entwickeln und aufrechtzuerhalten« (1938: 226).

In meiner Studie aus dem Jahr 1973 schätze ich, dass die fünf CEOs rund 40 Prozent ihrer Zeit rein für die Kommunikation nutzen. In seiner Studie über schwedische CEOs kommt Tengblad (2000: 15) für »Informationsbeschaffung« auf 23 Prozent der Zeit – die häufigste einzeln erfasste Aktivität – und für »Informationsweitergabe und beratende Tätigkeit« auf weitere 16 Prozent.

Ich habe nicht im Detail Buch geführt über die Zeit, die die 29 Manager meiner späteren Studie mit den diversen Tätigkeiten verbrachten, aber die Kommunikation spielte dort ebenfalls eine herausragende Rolle: Da war zum Beispiel der Leiter der Royal Canadian Mounted Police (RCMP), Norman Inkster, der die Presseausschnitte der letzten 24 Stunden überfliegt; jemand berichtet Allen Burchill, dem RCMP-Divisionschef, kurz, »was so los ist«; John Cleghorn unterrichtet institutionelle Anleger über die Vorgänge in der Bank; Stephen Omollo überwacht im Flüchtlingslager die Wiederherstellung eines Zaunes, der von einem Sturm umgeblasen worden ist.

Die Rolle des Kommunizierens zieht sich in dem Modell gewissermaßen wie eine Membran rund um den Manager; alle Managertätigkeiten müssen sie passieren. »Die Kommunikation ist nicht nur etwas, womit der Manager viel Zeit verbringt, sondern das Medium, das seine Tätigkeit begründet.« (Hales 1986: 101) Der Manager nimmt Informationen durch *beobachtende* Tätigkeiten auf; Sayles (1964) spricht hier von *Monitoring*. Der Manager bildet so das *Nervenzentrum* seiner Einheit und leitet seine Informationen in seiner Eigenschaft als *Verbreiter* oder *Verteiler* innerhalb der Einheit und als *Sprecher* außerhalb der Einheit weiter.

Monitoring Als Beobachter greift der Manager nach jeder nützlichen Information, deren er habhaft wird – zum internen Betrieb, zu externen Ereignissen, Trends und Analysen, allem nur Denkbaren. Er wird von solchen Informationen geradezu bombardiert, nachdem er die entsprechenden Netzwerke aufgebaut hat. Morris u.a. beispielsweise wissen zu berichten, dass Schulleiter von Highschools »einen Großteil ihrer Zeit ›auf den Beinen‹ sind«: indem sie durch die Korridore streifen, die Cafeteria aufsuchen, kurz in die Klassenräume und Lesesäle schauen und so weiter – sie sind ständig präsent, um »das Schulklima zu erspüren« und »potenzielle Problemfelder frühzeitig zu entdecken« (1981: 74).[9]

Nervenzentrum Jeder Untergebene eines Managers ist im Vergleich zu diesem eine Fachkraft oder ein Spezialist, der für einen bestimmten Teilaspekt der von der Einheit zu leistenden Arbeit zuständig ist. Der Manager wiederum ist in diesem Kontext der Generalist, der alles beaufsichtigt. Während er sich in den Spezialgebieten der einzelnen Mitarbeiter möglicherweise weniger auskennt, weiß er in der Regel mehr als jeder andere über die Gesamtheit der Spezialgebiete. Der Manager verfügt also über das breiteste Wissensfundament in der Einheit. Infolge seiner beobachtenden Tätigkeiten **wird der Manager zum Nervenzentrum der Einheit – zu ihrem bestinformierten Mitglied, zumindest solange er seine Sache gut macht** (Barnard 1938: 218).

Das trifft auf den Präsidenten der Vereinigten Staaten und seine Kabinettsmitglieder ebenso zu wie auf den CEO eines Unternehmens und seine ihm unterstellten Führungskräfte; und es gilt genauso für den Vorarbeiter und seine Arbeiter. Wie Moris u.a. in Bezug auf die Schulleiter formulierten: »Innerhalb des Gebäudes ist der Schulleiter der Dreh- und Angelpunkt, die Informationszentrale, die alle wichtigen Informationen passieren.« (1982: 690)

■ Beim Mittagessen mit Investoren der Royal Bank erzählte John Cleghorn von seinen Besuchen in mehreren Filialen am Vormittag. Auch während des übrigen Tages verbrachte er viel Zeit mit Kommunikation. Meistens war Cleghorn der Zuhörer, der sich alle Arten von Detailinformationen und die eine oder andere Zusammenfassung geben ließ. Aber er informierte seine Gesprächspartner auch über die großen Pläne der Bank – beispielsweise

---

9 Zur Bedeutung des Zuhörens und des Smalltalks für die Managertätigkeit vgl. Alvesson und Sveningssan (2003).

eine bevorstehende Übernahme. (Der vollständige Tag ist im Anhang beschrieben.)

Dasselbe gilt für externe Informationen. Aufgrund seines Status hat der Manager Zugang zu anderen Managern außerhalb der Einheit, die selbst wieder das Nervenzentrum ihrer jeweiligen Einheit bilden. Der Präsident der Vereinigten Staaten kann den britischen Premierminister anrufen, ebenso wie ein Fabrikvorarbeiter einen anderen anrufen kann. Lesen Sie die folgenden Beschreibungen von Anführern amerikanischer Straßenbanden sowie eines US-amerikanischen Präsidenten:

Weil die Interaktion in Richtung der Anführer ging, waren diese besser über die Probleme und Wünsche der Gruppenmitglieder informiert als jeder ihrer Gefolgsleute, und sie konnten folglich in die besseren Entscheidungen treffen. Weil sie in engem Kontakt zu anderen Bandenchefs standen, hatten sie auch ein genaueres Bild von der Gesamtsituation der Stadt als ihre Gefolgsleute. (Homans 1950: 187)

Das zentrale Prinzip der rooseveltschen Technik der Informationsbeschaffung war der Wettbewerb. »Er rief einen herein«, erzählte mir einmal einer seiner Assistenten, »und gab einem den Auftrag, Hintergründe in irgendeiner komplizierten Angelegenheit zu recherchieren. Kam man dann nach mehreren Tagen harter Arbeit zurück, um irgendein pikantes Detail zu präsentieren, das man ausgegraben hatte, stellte sich heraus, dass er alles darüber wusste, und dazu noch etwas, was man selbst nicht wusste. Woher er diese Information hatte, sagte er nicht, aber wenn das einem ein- oder zweimal passiert war, begann man, mit seinen eigenen Informationen sehr vorsichtig umzugehen.« (Neustadt 1960: 157)

Verbreiter Was machen Manager mit ihren umfangreichen und privilegierten Informationen? Ziemlich viel, wie wir bei den anderen Rollen sehen werden. Um aber noch bei dieser zu bleiben: Sie leiten sie an Mitarbeiter in ihrer Einheit weiter; sie verteilen sie. **Wie Bienen arbeiten Manager als Befruchter.** Allen Burchill von der RCMP drückte es auf dem Weg zu einer Managementbesprechung mit seinen Untergebenen so aus: »Ich bin informiert. Hier geht es lediglich darum, sicherzustellen, dass alle anderen ebenfalls informiert sind.«

Sprecher Der Manager leitet Informationen auch extern weiter: von Mitarbeitern der Einheit an Geschäftspartner außerhalb der Einheit oder andersherum – beispielsweise zwischen Kunden, Zulieferern und Behördenvertretern. **Als Sprecher der Einheit repräsentiert der Manager diese gegenüber der Außenwelt, er spricht in ihrem Namen, vertritt ihre Interessen, bringt ihre Expertise in öffentliche Foren ein und hält externe Stakeholder über das Geschehen in der Einheit auf dem Laufenden.**

■ Als Superintendent des Banff-Nationalparks traf sich Charlie Zinkan mit dem Besitzer eines Campingplatzes, der wegen indianischer Landansprüche besorgt war. Geduldig beschrieb Zinkan die Regierungsposition. Der Mann war dankbar: Endlich war jemand bereit, ihm die Situation zu erklären. In Ngara traf sich Stephen Omollo vom Roten Kreuz mit dem Vertreter einer großen Spendenorganisation, der sich ein Bild von der Verwendung der Gelder im Flüchtlingslager machen wollte. Omollos Detailwissen, mit dem er die zahlreichen Fragen beantwortete, war beeindruckend – er kannte sich aus und brachte das Wesentliche gekonnt auf den Punkt.

Zuhören, hinsehen, instinktiv wahrnehmen Aus den Ausführungen des zweiten Kapitels sollte klar geworden sein, dass der Vorteil des Managers nicht in dokumentierten Informationen begründet liegt, die für jedermann zugänglich gemacht werden können, sondern in den aktuellen und folglich (noch) nicht dokumentierten Informationen, die zumeist mündlich weitergegeben werden, beispielsweise in Form von Gerüchten, Hörensagen und Meinungen. Ein Großteil der Informationen ist sogar eher visueller und intuitiver Natur als verbaler – sie stehen mehr für die Kunst und das Handwerk der Managertätigkeit als für die Wissenschaft. Der erfolgreiche Manager achtet auf Tonfall, Gesichtsausdruck, Körperhaltung, Stimmung und Atmosphäre.

■ Das fiel mir besonders an jenem Tag auf, den ich mit Stephen Omollo verbrachte, während dieser durch die Flüchtlingslager ging, bemüht, die Situation auf jede nur erdenkliche Art und Weise zu erspüren. Omollo grüßte alle, denen er begegnete, mit einem freundlichen oder lachenden Gesicht – vor ihren Häusern, auf den Straßen, auf den Märkten oder auf den Feldern. Nicht wenige kamen direkt auf ihn zu, um ihm die Hand zu schütteln und mit ihm zu plaudern. »Mein Job ist es, die Mitarbeiter vor Ort zu unterstützen und anzuleiten«, sagte Omollo, »und das geht nur, indem ich zu Fuß die Runde mache. Ich muss zu den Leuten gehen, um mit ihnen gemeinsam zu lachen.«

Zur Rolle des Kommunizierens gilt es abschließend festzuhalten: **Die Managertätigkeit besteht zu wesentlichen Teilen darin, Informationen zu verarbeiten. Der Manager leistet dies, indem er zuhört, die Augen aufmacht, auf sein Bauchgefühl achtet und viel mit anderen spricht.** Aber eine solche Tätigkeit mündet nur allzu leicht in Überarbeitung und Frust. Einerseits ist der Manager bemüht, sich selbst an den Ort des Geschehens zu begeben und sich sein eigenes Bild zu machen – um »der Sterilität zu entgehen, die häufig diejenigen kennzeichnet, die sich vom Alltagsbetrieb fernhalten« (Wrapp 1967: 92). Die Gefahr liegt dabei natürlich im Mikromanagement, also in der Versuchung, sich allzu sehr mit den Details zu befassen, sich mithin in die Tätigkeit der Mitarbeiter einzumischen. Die gegenteilige Gefahr besteht darin, dass der Manager sich zu wenig auf die Details einlässt und lediglich von oben herab und in groben Zügen managt. Wir werden darauf in Kapitel 5 zurückkommen.

Lenkung und Kontrolle innerhalb der Einheit

Eine direkte Anwendung der Informationen ist die Lenkung und Kontrolle der »Untergebenen«. Wie schon erwähnt, wurde Management während fast des gesamten vergangenen Jahrhunderts im Grunde mit Lenkung und Kontrolle gleichgesetzt. Diese Sichtweise hatte ihren Ursprung in Henri Fayols Buch aus dem Jahr 1916, in dem er aus seinen Erfahrungen mit der Leitung eines französisches Bergwerks schöpft, erfuhr ihre Blüte aber in der konventionellen Fertigung von Waren, wie beispielsweise Autos, und schließlich in der staatlichen Verwaltung, siehe das berühmte, von Gulick und Urwick (1937) geprägte Akronym POSDCoRB: Planung, Organisation, Personalbesetzung *(staffing)*, Leitung *(directing)*, Koordination, Berichterstattung *(reporting)* und Budgetierung. Vier dieser Begriffe stehen in klarem Lenkungs-

und Kontrollzusammenhang, während die übrigen drei – Personalbesetzung, Koordination und Berichterstattung – wichtige Aspekte der Lenkung und Kontrolle unterstreichen. Diese über lange Zeit vorherrschende Beschreibung der Managertätigkeit war nicht grundsätzlich falsch, engte aber den Blick auf einen Teilaspekt des Jobs ein: Lenkung und Kontrolle der Einheit durch Wahrnehmung formaler Autorität.

Lenkung und Kontrolle haben ihren herausgehobenen Status seit den Sechzigerjahren eingebüßt, als die zwischenmenschliche Ebene stärker ins Blickfeld rückte. Aber dank der zunehmenden Bedeutung, die mittlerweile den Bilanzen und dem Shareholder-Value beigemessen wird, sind auch Lenkung und Kontrolle wieder ein Thema – und zwar mehr denn je.

In meinem früheren Buch kommen Lenkung und Kontrolle unter den zehn Rollen der Managertätigkeit gar nicht vor (wenngleich die Ressourcenverteilung – eine der berücksichtigten Rollen – einen Teilaspekt von Lenkung und Kontrolle abdeckt). Vielleicht war dies meine Überreaktion auf die übertriebene Aufmerksamkeit, die ihnen in der Vergangenheit geschenkt wurde. Im vorliegenden Buch nun kommen sie wieder vor, aber in konkretisierter Form: *wie* Manager lenken und kontrollieren.

■ In den Flüchtlingslagern von Ngara stand die Kontrolle im Vordergrund, weil sich so viele Dinge ereigneten, aus denen nur allzu leicht eine handfeste Krise erwachsen konnte. »Halten Sie das Ohr immer am Boden, Stephen, und finden Sie heraus, wie es um die Gefühle unter den Flüchtlingen bestellt ist«, lautete Abbas Gullets Rat an Stephen Omollo in einer Besprechung auf dem Gelände des Roten Kreuzes. Hinzu kamen die vielen Systeme, Verfahrensweisen, Regeln und Vorschriften des Roten Kreuzes. Mein Tag mit dem Orchesterdirigenten Bramwell Tovey offenbarte hingegen viel weniger offene Lenkungstätigkeit. An diesem Tag »dirigierte« er im Sinne von Anordnungen geben, Aufgaben delegieren oder Entscheidungen autorisieren so gut wie gar nicht. Die Bedeutung der Lenkung variiert ebenso wie diejenige der übrigen Rollen der Managertätigkeit.

Verwaltung, in mancher Hinsicht ein Synonym für Lenkung und Kontrolle, galt einige Zeit als der eintönige, langweilige und »bürokratische« Teil der Managertätigkeit. In den Fünfzigerjahren unterschied Peter Drucker (1954) in ähnlicher Weise zwischen Managern und Verwaltungspersonal, wie heute zwischen Leadern und Managern unterschieden wird. Bevor wir jetzt aber die »Führung« glorifizieren, indem wir »das schmucklose Gefieder der Verwaltung gegen das prächtige Federkleid der Führung eintauschen« (Hales 2001: 53) und auf diese Weise die Manager- auf die Verwaltertätigkeit reduzieren, sollten wir Lenkung und Kontrolle als unvermeidlichen Bestandteil jeder erfolgreichen Management- und Führungstätigkeit anerkennen.

Linda Hill stellte fest, dass für die von ihr untersuchten neuen Manager »Verwaltung« negativ besetzt war, auch wenn sie sie widerstrebend als Teil ihrer Tätigkeit akzeptierten. (2003: 22)[10] Das liegt vermutlich daran, dass erstens in der Einheit außer dem Manager niemand ist, der die Verantwortung für die Organisation und die Einrichtung der nötigen Lenkungs- und Kontrollinstrumente übernimmt, und zweitens der Manager die Gesamtverantwortung für die Leistung der Einheit trägt. **Der Trick besteht nicht darin, der Rolle des Lenkers und Kontrolleurs aus dem Weg zu gehen, sondern sich von ihr nicht vereinnahmen zu lassen, was im Übrigen für alle Rollen der Managertätigkeit gilt.**

Das Wort »managen« leitet sich vermutlich von »manus agere« ab, »an der Hand führen« – und wird wohl ursprünglich im Zusammenhang mit der Zähmung, Handhabung und Führung von Pferden gebraucht. Das ist im Prinzip nichts anderes, als wenn Vorgesetzte ihre »Untergebenen« lenken und kontrollieren, um sicherzustellen, dass sie ihre Arbeit tun. Aber *wie* machen Manager das? Schauen wir uns die Entscheidungsfindung an.

Lenkung und Kontrolle durch Entscheidungsfindung Die Entscheidungsfindung wird in der Regel als ein gedanklicher Prozess verstanden, der sich im Kopf des Entscheiders abspielt – und das ist in Unternehmen beziehungsweise Organisationen zumeist der Manager. Das ist einerseits richtig, aber andererseits gehört zur Entscheidungs-

---

10 Hales und Mustapha (2000: 13 ff.) stellten fest, dass sich die Erwartungen an die Verwaltung bei allen untersuchten Managern deckten (in Form von Arbeitsplanung, Pflichten- und Ressourcenzuteilung, Leistungskontrolle, Erteilung von Anweisungen und so weiter). Das überraschte sie viel mehr als die Erwartungen an die Mitarbeiterentwicklung in Form von Schulung, Betreuung und so weiter.

findung noch mehr. **Entscheidungsfindung umfasst nämlich auch die diversen Aspekte der Lenkung und Kontrolle.**[11]

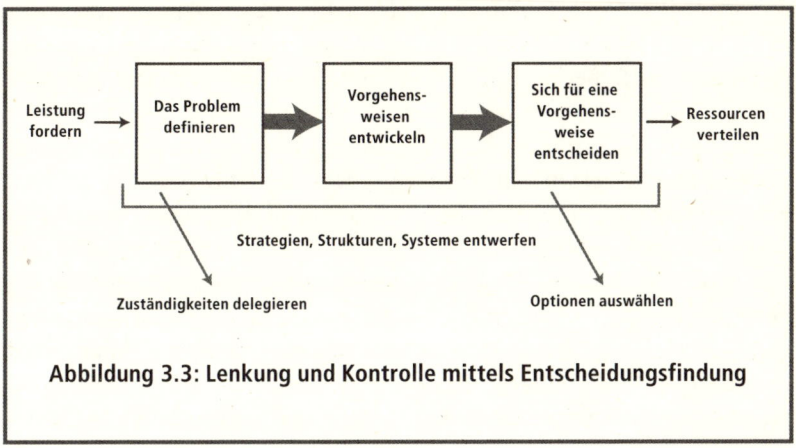

Abbildung 3.3: Lenkung und Kontrolle mittels Entscheidungsfindung

Betrachten Sie das in Abbildung 3.3 dargestellte Modell der Entscheidungsfindung, das aus drei Stufen besteht: (1) Definition (und Diagnose) des Problems, (2) Entwicklung möglicher Vorgehensweisen im Umgang mit ihm und (3) Entscheidung für eine Vorgehensweise. Um diese Stufen herum finden wir fünf Aspekte der Lenkung und Kontrolle, die nun beschrieben werden sollen: Entwerfen, Delegieren, Auswählen, Verteilen und Fordern.

Entwerfen Der herausragende Managementdenker Herbert Simon sah im Entwerfen die zentrale Aufgabe des Managements: Einmischung, um et-

---

11 Siehe Tengblad (2000), der eine ähnliche Unterscheidung vornimmt und den CEO als Entscheider dem CEO als Führungskraft gegenüberstellt und von den »potenziellen Nachteilen einer Lenkung und Kontrolle mittels Entscheidungsfindung« (S. 1) spricht. In seiner Studie über acht schwedische CEOs stellte er fest, dass nur sieben Prozent ihrer Aktivitäten zur Rubrik Entscheidungsfindung gezählt werden können, und folgert daraus: »Wenn wir die Entscheidungsfindung nicht als die Aufgabe des Topmanagers verstehen, sondern lediglich als *ein* Instrument der Lenkung und Kontrolle, kommen wir zu einem ganz anderen Bild. Wir vertreten vielmehr die These, dass die wichtigste Aufgabe des Managers in der *Einflussnahme* besteht.« (S. 26)

was zu kreieren oder zu verändern (1969).[12] Manager beteiligen sich manchmal am Entwurf konkreter Dinge, wenn sie beispielsweise eine Arbeitsgruppe zur Entwicklung eines neuen Produkts leiten (wir kommen darauf auf der Aktionsebene zurück). Was uns hier interessiert, ist der Entwurf der Infrastruktur der Einheit mittels Strategien, Strukturen und Systemen zur Lenkung und Kontrolle des Mitarbeiterverhaltens.[13]

Strategien entwerfen Eine beliebte Metapher für den Manager ist der »Architekt« der Unternehmensziele (Andrews 1987): Er entwirft auf dem Papier, was die anderen dann bauen. Oder in der Sprache des strategischen Managements: Er formuliert die Strategien, die die anderen anschließend umsetzen. Voraussetzung dafür ist, dass die Strategiebildung einen bewussten Entwurfsprozess zwecks Lenkung und Kontrolle des Mitarbeiterverhaltens darstellt. (In Kapitel 5 werden wir die Strategiebildung als einen kontinuierlichen Lernprozess modellieren.)

Strukturen entwerfen Manager entwerfen auch Unternehmensstrukturen: Sie gliedern die Arbeit ihrer Einheit, verteilen Zuständigkeiten an einzelne Mitarbeiter und gründen eine Befugnishierarchie, wie wir sie von den Organigrammen her kennen. Solche Strukturen erleichtern die Zeitplanung der Mitarbeiter und damit die Lenkung und Kontrolle ihrer Tätigkeit. (Vgl. Watson 1994: 32f.)

Systeme entwerfen Manager können sich auch unmittelbarer an der Gestaltung von Lenkungs- und Kontrollsystemen in ihren Einheiten beteiligen – wenn es um Planung, Zielsetzung, Timing, Budgetierung, Leistungskontrolle und so weiter geht. Robert Simons (1995) zufolge neigen CEOs dazu, sich auf ein solches System (beispielsweise die Ge-

---

12 Siehe auch Keough u.a. (1992): »The CEO as Organization Designer«.

13 Peter Senge (1990a) beschreibt diesen Entwurfsprozess, mit dem die soziale Infrastruktur der Einheit geschaffen wird: Zuerst werden Existenzzweck, Vision und Kernwerte definiert; als Nächstes werden die nötigen Strategien, Strukturen und Systeme bestimmt, um daraus konkrete Entscheidungen abzuleiten, und schließlich wird ein Lernprozess installiert, der garantiert, dass alle diese Elemente fortwährend verbessert werden.

winnplanung) zu kaprizieren und es zum zentralen Instrument ihrer Lenkungs- und Kontrolltätigkeit zu machen. Auch Morris u.a. stellten fest, dass die untersuchten Schulleiter »ein System zur Durchsetzung von Disziplin in der Schule« entwarfen und implementierten, indem sie beispielsweise Karteikarten einführten, damit »die Schüler merkten, dass ihr Fehlverhalten schriftlich festgehalten wurde« (1981: 104). Achten Sie auf den »automatischen« Charakter eines solchen Kontrollsystems: Der Manager initialisiert es und anschließend leistet es die Kontrolle selbsttätig (in ähnlicher Weise, wie bewusst entworfene Strategien ihre Lenkungs- und Kontrollfunktion fortan »automatisch« ausüben).

Delegieren Der Manager delegiert, indem er eine Aufgabe jemand anderem überträgt: Ein konkreter Mitarbeiter wird darauf angesetzt, eine konkrete Aufgabe auszuführen. In Abbildung 3.3 finden wir dieses Verhalten der ersten Entscheidungsfindungsstufe zugeordnet. **Der Manager, der delegiert, erkennt die Notwendigkeit, eine bestimmte Arbeit zu leisten, überlässt aber die damit verbundenen Entscheidungen und Schritte einem anderen** (wobei er sich möglicherweise das Recht vorbehält, die Endentscheidung abzusegnen).

Die Schwierigkeit beim Delegieren besteht in dem im vorigen Kapitel angesprochenen Dilemma (auf das wir in Kapitel 5 ausführlicher zurückkommen werden): Wie kann ein Manager etwas delegieren, wenn er selbst als das Nervenzentrum der Einheit besser informiert ist, aber nicht die Zeit hat, die Aufgabe selbst auszuführen oder die erforderlichen Informationen an denjenigen weiterzureichen, der sie ausführen soll?

Auswählen Während die Entscheidung fürs Delegieren der ersten Stufe der Entscheidungsfindung zugeordnet ist, bezeichnet **der Schritt des Auswählens als letzte Stufe die Entscheidung für einen bestimmten Kandidaten, der dann auch mit der entsprechenden Handlungsvollmacht ausgestattet wird.** Manchmal können kurzfristig auftretende Fragen rasch gelöst werden, wenn beispielsweise der Manager eine von einem Mitarbeiter vorgeschlagene Entscheidung absegnet oder verwirft. Aber natürlich stellt sich die Situation nicht immer so einfach dar.

■ Catherine Joint-Dieterle vom Modemuseum wurde von einer Mitarbeiterin gefragt, was sie von einem bestimmten Bewerber um eine frei gewordene Stelle halte. »Oh, nein, ich kenne diesen Menschen. Ich will ihn nicht«, lautete ihre Antwort. Als die Mitarbeiterin aber insistierte, erklärte sie sich bereit, sich den Betreffenden noch einmal anzuschauen, was im weiteren Tagesverlauf geschah. Sie stellte ihn umgehend ein und erklärte: »Er hat eine schwere Zeit hinter sich – ich musste ihm eine Chance geben.« Während meiner 29 Besuchstage beobachtete ich insbesondere in Verwaltungssitzungen, in denen es häufig um bevorstehende Ausgaben ging, dass den Managern Entscheidungen vorgelegt wurden, die sie entweder absegneten oder verwarfen. So geschah es auch bei Dr. Stewart Webb, dem Leiter der geriatrischen Abteilung, wenn er sich mit Führungskräften des Krankenhauses traf: Diese stellten die Fragen und er gab rasch knappe Antworten, meistens ja oder nein.

Der Auswahlprozess kann nach formellen Regeln oder frei erfolgen, wobei die letztere Variante sicherlich verbreiteter ist und in den unterschiedlichsten Ausprägungen vorkommt. Andy Grove von Intel meinte in diesem Zusammenhang:

Es kommt durchaus vor, dass wir eine Entscheidung *treffen*, doch sehr viel häufiger wirken wir an Entscheidungen lediglich mit, und zwar auf die unterschiedlichste Art und Weise. Wir liefern Faktenmaterial oder äußern lediglich unsere Meinung, wir erörtern das Für und Wider diverser Alternativen und sorgen so für eine bessere Entscheidung, oder wir überprüfen die Entscheidungen, die andere getroffen haben oder zu treffen im Begriff stehen, fördern oder bremsen sie, segnen sie ab oder verwerfen sie. (1983: 50 f.)

Verteilen Verteilungsaktivitäten – insbesondere die Zuweisung von Ressourcen infolge von Entscheidungen, die andere getroffen haben – stellen ebenfalls eine Form des Auswählens dar. Sie verdienen jedoch aufgrund ihrer Wichtigkeit für die Managertätigkeit besondere Aufmerksamkeit.

Manager verbringen viel Zeit damit, über ihre Budgetierungssysteme Ressourcen – Geld, Material und Ausrüstung sowie die Arbeitskraft von Mitarbeitern – zuzuweisen. Aber sie tun dies auch noch auf manch andere Weise, beispielsweise dadurch, wie sie ihre eigene Zeit einteilen, oder über die Gestaltung der Organisationsstrukturen, die den Mitarbeitern vorgeben, wie sie ihre Zeit nutzen.

Indem wir etwas als »Ressource« behandeln, betrachten wir es als – häufig numerische – Information, die der Kontrolle zugänglich ist. Die Ressourcenzuteilung stellt also eine Funktion auf der Informationsebene der Tätigkeit des Managers in seiner Rolle als Lenker und Kontrolleur dar. **Indem wir Mitarbeiter als »Human Resources« behandeln, machen wir aus ihnen Informationseinheiten und reduzieren sie so auf einen Teil ihrer selbst.** Später werden wir diskutieren, wie viel von dem, was heute für Management auf der zwischenmenschlichen Ebene angesehen wird, tatsächlich unpersönliche Lenkung und Kontrolle auf der Informationsebene ist.

Leistung fordern Zum Schluss kommen wir zum Fordern, einer Form der Lenkung, die heute zunehmend Verbreitung findet, wenngleich selten unter diesem Namen (*Management by Objectives* ist da schon bekannter). Mit Fordern meine ich, dass den Mitarbeitern Ziele vorgegeben werden, mit der Erwartung, dass sie diese auch erreichen. »Steigern Sie den Umsatz um zehn Prozent«, »Reduzieren Sie die Kosten um 20 Prozent« – und »Tun Sie das während meiner ersten hundert Tage im Amt«. Der Manager formuliert seine Erwartung und zieht sich zurück. Häufig sind solche Forderungen mit keinerlei Strategien verbunden, greifen doch Manager mit Vorliebe dann zu diesem Instrument, wenn ihnen ein klarer Rahmen fehlt. **Häufig genug drängt ein Manager, der nicht weiß, was zu tun ist, seine Mitarbeiter zu »mehr Leistung«.**

Aus ähnlichen Gründen reduziert sich heute vieles von dem, was sich strategische Planung nennt, auf die Methode des Einforderns von Leistung. Eine nur formelhaft angewendete strategische Planung lässt die Managertätigkeit mitunter zur Zahlenakrobatik verkommen, bei der das Mitarbeiterverhalten über die Festsetzung von Performancezielen gesteuert werden soll (vgl. dazu mein Buch *The Rise and Fall of Strategic Planning*). »Steigere den Umsatz um zehn Prozent« ist keine Strategie.

Während der 29 Tage habe ich mehrere Planungssitzungen beobachtet, die wenig mit Strategie und umso mehr mit Organisation oder Budgetierung und selbst mit Zeitplanung zu tun hatten, siehe den Kasten auf Seite 88.

»Strategische« Planung als Konzept? Als Forderung? Als Zeitvorgabe?

Einmal saß Paul Gilding, der Geschäftsführer von Greenpeace, mit zwei seiner Mitarbeiter zusammen, Annelieke, die mit einen Stapel Flipcharts erschienen war, und Steve. (Der vollständige Bericht dieses Tages findet sich im Anhang.) Annelieke bereitete die Seiten vor, von denen die erste die Überschrift »Elementare Planungsübung« trug, und begann sie zu erklären. (Weitere Überschriften lauteten »Finanzen und Implikationen der strategischen Planung«, »Politische Struktur« und »Kommunikationsstruktur«.) Aber Paul Gilding unterbrach sie: »Bevor wir anfangen, sag uns bitte: Was ist der Zweck der ganzen Übung?« Annelieke erwiderte: »Ein Arbeitsplan für die ganze Organisation – wer was tut.« Während der Erörterung der Schaubilder meinte Gilding: »Wir müssen den strategischen Plan vor seiner Implementierung gründlich durchdenken.« Und: »Wir sollten den strategischen Plan mit Performancezielen versehen.«

Anschließend schrieb Annelieke an die Tafel: »(1) Ziele/Mission, (2) Meilensteine, (3) Kommunikation«, und die Runde besprach das weitere Vorgehen. »Wollen wir Ideen sammeln oder systematisch vorgehen?«, fragte sie einmal. Und ein andermal bemerkte sie: »Ich denke, wir sollten jetzt weitergehen; wir könnten über die Kampagnen noch zwei Tage lang diskutieren. Kommen wir aber zum nächsten Schaubild, zur Ressourcenverteilung.«

Agierten diese drei Topführungskräfte von Greenpeace wie Führungspersönlichkeiten? Oder wie Strategen? Sicherlich versuchten sie, in ihren Köpfen Ordnung zu schaffen und der Komplexität der Führung einer Organisation wie Greenpeace gerecht zu werden. Strategie jedoch, ob als breite Perspektive oder als konkrete Position, kam kaum vor. Die Übung schien sich auf eine Gliederung zu beschränken: der Organisation in ihre Einzelteile und der Charts in Einzelwünsche. Diese Führungskräfte gelangten über die Struktur ebenso wenig zur Strategie wie über die Planung zu den Ideen.

Vielleicht geht es bei der Planung deshalb in Wahrheit um »Prioritätensetzung« – die Dinge so zu ordnen, dass sich entscheiden lässt, was wann zu tun ist, was wir in dem Modell dieses Kapitels als *Zeitplanung* bezeichnen. Wie Aaron Wildavsky schreibt: »Allein und verängstigt sieht sich der Mensch seltsamen und unberechenbaren Kräften ausgeliefert und sucht Trost, wo er kann, indem er die Schicksalsgötter herausfordert. Er schreit seine Pläne in den Sturm des Lebens. Auch wenn er nicht mehr hört als das Echo seiner Stimme, ist er nicht länger allein. Den Glauben an die Planung preiszugeben, würde bedeuten, den inneren Ängsten freien Lauf zu lassen.« (1973: 151 f.)

Ich will hier die häufig notwendigen Zielvorgaben nicht grundsätzlich ablehnen, sondern lediglich betonen, dass es mit Forderungen nach einer bestimmten Performance nicht getan ist. Der Manager muss über die Ziele hinausgehen – er muss sie durchdringen, von außen betrachten und verstehen, wie seine Einheit funktioniert. Sogenannte Stretch-Ziele sind okay, solange der Manager nicht nur redet, sondern auch entsprechend handelt. Anders gesagt: **Fordern ist gut; Management durch Fordern hingegen nicht.**

Fordern ist einfach – zu einfach für Manager, die den Kontakt zu den Mitarbeitern verloren haben. Ziele sind gut, wenn sie mit Ideen einhergehen. Wenn nicht, können sie der Organisation schaden, die als Gesamtheit und nicht in ihren Einzelteilen gemanagt werden muss.

Abschließend ist festzuhalten: Lenkung und Kontrolle auf der Informationsebene sind wichtig, aber nicht losgelöst von der zwischenmenschlichen Ebene und der Aktionsebene oder gar als Ersatz für andere Rollen auf diesen Ebenen.

Managen mit Menschen

Um mit den Mitarbeitern und nicht vermittelt durch Informationen zu managen, müssen wir uns der Aktionsebene einen Schritt nähern, aber immer noch Abstand zu ihr halten. Auf dieser Ebene unterstützt der Manager andere in ihrem Tun: Diese sind es, die handeln. Auf der zwischenmenschlichen Ebene erfordert die Managertätigkeit eine ganz andere Einstellung als auf der Informationsebene. Während dort die Aktivitäten des Managers darauf gerichtet sind, die Mitarbeiter mittels Informationen zu veranlassen, ganz bestimmte Dinge zu tun, werden die Mitarbeiter hier nun weniger gesteuert als vielmehr ermuntert, Dinge zu tun, die sie von sich aus tun möchten. Linda Hill unterscheidet zwischen den Einstellungen »Ich muss die Compliance meiner Untergebenen sichern« und »Compliance ist nicht gleichbedeutend mit Engagement« (2007: 3) und erklärt an anderer Stelle: »Management hat mindestens so sehr mit wechselseitigen Abhängigkeiten wie mit der Ausübung formaler Autorität zu tun. ... ›Manager zu sein‹, bedeutet nicht nur, Autorität zu genießen, sondern auch, in verstärktem Maße von anderen abhängig zu sein«, von Menschen innerhalb und außerhalb der Einheit – umso mehr, je höher die eigene Position angesiedelt ist. (2003: 262)

Nach mehreren Jahrzehnten des POSDCoRB-Denkens und der tayloristischen Techniken zeigten die Hawthorne-Experimente der Dreißigerjahre (Roethlisberger und Dickson 1939) mit dramatischer Eindrücklichkeit, dass zur Managertätigkeit mehr gehört als die Lenkung und Kontrolle von »Untergebenen«. Der Mitarbeiter betrat die Szene, oder doch zumindest die Literatur, als Mensch mit seinen Sorgen, den es anfangs zu »motivieren« und späterhin dann auch mittels »Empowerment« zu »ermächtigen« galt. Die Beeinflussung oder Lenkung ersetzte allmählich die Instruktion, und das Engagement trat in Konkurrenz zum Kalkül. In den Sechziger- und Siebzigerjahren wurden das Mitarbeitermanagement und Führungsphilosophien ganz unabhängig von der Natur der verrichteten Arbeit zu einem Steckenpferd der Literatur, wo ihm der Reihe nach diverse modische Etiketten zugeordnet wurden, die von »Human Relations« über »Theorie Y« und »partizipatives Management« bis zur »Qualität des Arbeitslebens« reichten. Und dann kamen die »Human Resources« – der große Rückschritt.

Dennoch: **Die Mitarbeiter blieben »Untergebene«. Die Partizipation beließ sie in dieser Rolle, wurde sie doch auf Geheiß des Managers gewährt, der nach wie vor die volle Kontrolle hatte. Und auch der Begriff »Empowerment« änderte nichts daran, verdeutlicht doch schon der Begriff selbst, dass die Macht beim Manager blieb.** Wahrlich »ermächtigte« Beschäftigte wie der Arzt im Krankenhaus oder auch die Biene im Bienenstock erhoffen sich von ihren Managergöttern keine Geschenke; sie wissen, was von ihnen erwartet wird, und tun es. »Man muss vorsichtig sein, wenn man zu den Mitarbeitern des Banff-Nationalparks über ›Empowerment‹ spricht«, erzählte mir dessen Superintendent Charlie Zinkan: »Wir haben Mechaniker, die die *Harvard Business Review* lesen!« Wie Leonard Sayles schreibt: »Wirkliche Arbeitszufriedenheit können die Beschäftigten nur selbst herstellen. Sie lässt sich nicht auf dem Tablett servieren.« (1964: 53) Vieles von dem, was heute unter dem Namen »*Empowerment*« daherkommt, ist nicht viel mehr als der Verzicht auf das extreme Gegenteil – jene Machtlosigkeit, die lange Zeit das Bild bestimmte. (Vgl. Hales 2000 und Peters 1994: 6)

Auch in anderer Hinsicht blieben die Mitarbeiter Untergebene. All diese Aufmerksamkeit richtete sich fast ausschließlich auf jene Mitarbeiter der Einheit, die ihrem Manager formal unterstellt waren. Erst als die Forschung begann, sich ernsthaft mit der Managertätigkeit auseinanderzusetzen, gab es die Erkenntnis: Manager verbringen in der Regel mindestens ebenso viel Zeit mit Menschen außerhalb ihrer

Einheit wie mit ihren sogenannten Untergebenen. Der vorliegende Abschnitt beschreibt also auf der zwischenmenschlichen Ebene zwei Managerrollen: die *Führung* von Menschen innerhalb der Einheit und die *Vernetzung* mit Menschen außerhalb derselben.

Mitarbeiter innerhalb der Einheit führen

Wenn aus Fachkräften oder Spezialisten Manager werden, besteht die größte Chance im Wechsel vom »ich« zum »wir«. Wer erstmals für die Leistung anderer verantwortlich ist, denkt, so Hill, im ersten Reflex häufig: »Gut, jetzt treffe ich die Entscheidungen und gebe die Instruktionen.« Bald stellt er jedoch fest, dass »formale Autorität eine sehr begrenzte Machtquelle ist« und dass der Manager »sehr viel stärker von anderen abhängt, wenn er etwas bewirken will« (2003: 262). Hier kommt die Rolle des *Führens* ins Spiel. Über Führung wurde vermutlich mehr geschrieben als über alle anderen Aspekte der Managertätigkeit zusammen. Besonders die Vereinigten Staaten sind geradezu besessen von dem Thema, heute mehr denn je. (Als ich mir im Jahr 2007 die Harvard-MBA-Website anschaute, begegnete ich den Worten *»leader«* und *»leadership«* mehr als 50 Mal.) Wie Hill schreibt:

> Vom ersten Tag im neuen Job an warfen die neuen Manager in ihren Gesprächen mit dem Begriff »Führung« nur so um sich, wenn sie beispielsweise verkündeten, dass sie ihre Organisation führen wollten. Führung scheint ein Zauberwort zu sein. Dabei waren sie jedoch nicht in der Lage, überzeugend darzulegen, was sie darunter verstanden. (2003: 105)

Wann immer eine Organisation ein Problem hat, schlagen alle möglichen Leute Führung als Lösung vor. Und wenn dann eine neue Führung antritt und sich die Situation verbessert, fühlen sie sich bestätigt, ganz gleich, was die Wende zum Besseren ausgelöst hat (eine erstarkende Konjunktur, die Pleite eines Wettbewerbers). Das gehört zu unserer »Führungsromantik«. (Meindl u.a. 1985)

Mit Führung lässt sich sicherlich etwas bewirken. Aber sie ist ebenso wenig Allheilmittel wie Lenkung und Kontrolle oder Strategiebildung. Führung bedarf solcher weiterer Faktoren sowie der »Communityship«, um ein Unternehmen erfolgreich zu machen. In Wahrheit würden heute viele Organisationen mit weniger Führung besser fahren. (Vgl. Raelin 2000; Mintzberg 2004a)

Das Wort *»Führung«* wird in zwei Bedeutungen verwendet. Die erste bezieht sich auf die Position und die Geführten: Die Führungskraft trägt die Verantwortung, motiviert und inspiriert, schockiert und beeindruckt und rettet notleidende Unternehmen. Hier kommt die Unterscheidung zwischen Leader und Manager wieder ins Spiel. Und hier setzen auch die Leadership-Kurse an: Verbringen Sie einige Tage in einem Seminarraum oder ein paar Jahre in einem MBA-Programm und schon sind Sie die geborene Führungskraft. Wer es probiert, wird alsbald feststellen, was auch die von Hill (2003: 92) untersuchten neuen Manager feststellen mussten: **Führungsqualitäten werden nicht verliehen, man muss sie sich mühsam erarbeiten.**

Die zweite Bedeutung von »Führung« ist breiter und reicht über die formale Befugnis hinaus: Führungsqualitäten beweist jeder, der sich in Neuland vorwagt und anderen den Weg aufzeigt. Große Erfinder »führen« (selbst wenn sie wie Einsiedler leben); ebenso diejenigen, die unabhängig von Rang und Position in ihrer Organisation Pionierarbeit leisten, so wie jene Skunkworks-Mitarbeiter, die schon so manches Unternehmen verändert haben.

Ich halte beide Sichtweisen für nützlich – wir brauchen jede Art von kreativer Richtungsweisung, die wir bekommen können. Aber in diesem Buch und insbesondere in diesem Kapitel möchte ich Führung als notwendigen Bestandteil der Managertätigkeit darstellen, als etwas, was den Mitarbeitern hilft, sich stärker für den Erfolg ihrer Einheit zu engagieren. In diesem Sinne berichten Lombardo und McCall von Managern, »die sich selbst nicht als Führungspersönlichkeiten charakterisieren würden«, die aber in konkreten Situationen andere führen. (1981: 23) Die zweite Sichtweise von Führung werden wir im nächsten Kapitel im Abschnitt »Management ohne Manager« besprechen.

Der Manager praktiziert diese Art von Führung mit *Individuen*, mit *Teams* und mit der *ganzen Einheit oder Organisation*. Wir wollen mit dem Individuum beginnen und dabei zwei Aspekte berücksichtigen: zum einen die Motivation und zum anderen die Entwicklung von Mitarbeitern. (Vgl. Raelin 2000: 155)[14]

---

14 Eine dritte, damit verwandte Gruppe von Managertätigkeiten – Einstellung, Beurteilung, Vergütung, Förderung und Kündigung von Mitarbeitern – gehört zum

Mitarbeiter motivieren   Nennen Sie es, wie Sie wollen: Manager verbringen viel Zeit damit, das Verhalten ihrer Mitarbeiter dahingehend zu beeinflussen, dass die Einheit davon stärker profitiert. Sie motivieren, überreden, unterstützen, überzeugen, ermächtigen, ermutigen und begeistern sie. Aber vielleicht lässt sich das alles noch besser beschreiben: **In seiner Führungsrolle kitzelt der Manager jene Energie aus den Mitarbeitern heraus, die diese bereits mitbringen.** Um die Worte eines prominenten CEO zu zitieren: »Ein Manager sollte seine Mitarbeiter nicht überwachen oder motivieren, sondern befreien und befähigen.« (Max DePree 1990)

Mitarbeiter entwickeln   Auch auf der individuellen Ebene coachen, schulen, betreuen, unterrichten, beraten und fördern Manager: Ganz allgemein tragen sie zur Entwicklung der Mitarbeiter in ihrer Einheit bei. Das große Etikettenspektrum verdeutlicht auch hier, wie viel Aufmerksamkeit diesem Aspekt der Führungstätigkeit zuteilwird. Dabei **lässt sich die Mitarbeiterentwicklung vielleicht am besten als Hilfe zur Eigenentwicklung begreifen.** (Unsere eigenen Bemühungen auf diesem Feld können Sie auf www.coachingourselves.com verfolgen.) Und nicht nur Manager haben diese Aufgabe: Bedenken Sie diese liebenswerten Worte zweier Schullehrer aus Calgary: »Wir können es allmählich nicht mehr hören, wenn immer gesagt wird, Lehrer seien dazu da, die Entwicklung der Kinder zu fördern. … Unsere Aufgabe ist subtiler und tiefgründiger: Wir helfen den Kindern, mit dem Wissen, den Problemen und den Fragen klarzukommen, die schon in ihnen sind.« (Clifford und Friesen 1993: 19)

■ Dieser Aspekt der Führungstätigkeit wurde besonders offensichtlich in den Tagen, die ich im Flüchtlingslager verbrachte. Die »Abgesandten« des Internationalen Roten Kreuzes, die überwiegend für die Katastrophenhilfe ausgebildet worden waren, hatten stets einen »Partner« im tansanischen Roten Kreuz, den sie

---

Bereich Lenkung und Kontrolle und nicht zur Führung, weil es sich um Entscheidungen handelt. Natürlich kann die Art, *wie* ein Manager diese Tätigkeiten ausführt, Bestandteil der zwischenmenschlichen Ebene sein. Aber das gilt für fast jede Managerrolle, die nicht nur mit Lenkung und Kontrolle beziehungsweise Kommunikation, sondern auch mit konkreten (Ver-)Handlungen zu tun hat.

einwiesen. Abbas Gullet verbrachte viel Zeit mit solchen Schulungsaktivitäten, neben den Mitarbeiterbewertungen, Stellenausschreibungen und Vorstellungsgesprächen.[15]

Im Rahmen dieser Entwicklungstätigkeit »machen« Manager mitunter einfach Dinge – weniger, damit die Sache erledigt ist, als vielmehr, um ein Beispiel zu geben, wie andere sich verhalten sollten. Andy Grove erklärt: »Mit nichts führt es sich besser als mit dem guten Beispiel«, und fügt hinzu: »Werte und Verhaltensnormen lassen sich einfach nicht so leicht durch Worte oder Memos vermitteln; was wirkt, sind Taten, und zwar *sichtbare* Taten.« (1983: 52)

Teams bilden und pflegen Auf der Gruppenebene stellen Manager innerhalb ihrer eigenen Einheiten Teams zusammen und pflegen sie. **Wichtig ist, dass Konflikte innerhalb dieser kooperativen Gruppen sowie zwischen ihnen gelöst werden, damit sich die Beteiligten ganz ihrer Arbeit widmen können.** »Dem Teamleiter obliegt es, die Erfahrungen der Gruppe zu organisieren – mag es sich dabei um die kleine Mannschaft eines Vorarbeiters, um eine Abteilung oder eine ganze Fabrik handeln –, um die Kraft der Gruppe zur Entfaltung zu bringen. Der Leiter prägt das Team.« (Parker Follett 1949: 12)

Vieles wurde zu diesem Thema geschrieben, das hier nicht wiederholt zu werden braucht. Aber eine Beobachtung von Hill lohnt zitiert zu werden. Die von ihr untersuchten neuen Manager sahen ihre »Rolle als Personalmanager anfangs darin, bestmögliche Beziehungen zu den *einzelnen* Mitarbeitern herzustellen«, und »versäumten es darüber, sich in ausreichendem Maße um die Teambildung zu kümmern«. Früher oder später wurden sie aus ihren Fehlern klug und maßen den Teams die gebührende Bedeutung bei. (2003: 284)

---

15 Die Zeit, die Manager mit solchem Training verbringen, variiert offenbar stark. Hales und Mustapha stellten in ihrer Studie über malaysische mittlere Manager fest, dass die »Erwartung, den Personalstand und die Performance zu *halten*, stärker war als die Erwartung, die Mitarbeiterperformance zu *verbessern*« (2000: 13), während Hill beobachtete, dass die neuen Manager in den Vereinigten Staaten mit den formalisierten Aspekten des Personalmanagements (z. B. Schulung) besser klarkamen als mit den weniger formalisierten Aspekten (wie Beratung und Führung) (2003).

Vielleicht passiert den neuen Managern dies, weil sie sich von der Organisationsstruktur irreführen lassen: »Sobald jeder Beschäftigte die Vorgaben des Masterplans einhält, so die Annahme, besteht kein Bedarf für Kontakte oder menschliches Eingreifen.« (Sayles 1979: 22) Mit anderen Worten: Lenkung und Kontrolle sorgen für ausreichende Koordination. Das jedoch ist falsch, schreibt Sayles, und das war auch mein Eindruck, als ich Fabienne Lavoie dabei beobachtete, wie sie ihre Pflegekräfte zu einem reibungslos funktionierenden Team verwob, und Abbas Gullet, wie er die »Abgesandten« und ihre »Partner« in den Flüchtlingslagern zusammenbrachte.

Hill (2003: 289) zitiert Peter Drucker (1992) dazu, dass es zwei ganz verschiedene Aufgaben sind, Mitarbeiter zu managen, die *in* einer Mannschaft spielen (wie beim Baseball), oder solche, die *als* Mannschaft spielen (wie beim Fußball oder in einem Orchester). Kraut u. a. attestieren erfolgreichen Sportmannschaften »eine fast unheimliche Fähigkeit, wie eine Einheit aufzutreten und die Anstrengungen der einzelnen Mitglieder nahtlos miteinander zu verschmelzen«. Management als »Mannschaftssport stellt an seine Spieler ähnliche Anforderungen« (2005: 122).

Eine Kultur einführen und stärken Außerdem hat der Manager in seiner Einheit – insbesondere der CEO in seinem Unternehmen – die Aufgabe, eine angemessene Unternehmenskultur sicherzustellen.

Die Unternehmenskultur soll in der jeweiligen Gesamteinheit das leisten, was andere Aspekte der Führungsrolle für einzelne Mitarbeiter und kleine Gruppen tun: die Beteiligten ermuntern, ihr Bestes zu geben, indem sie ihre Interessen mit den Bedürfnissen der Organisation in Einklang bringen. **Während das *Fällen* von Entscheidungen in den Bereich Lenkung und Kontrolle gehört, bezeichnet »Kultur« die *Gestaltung* von Entscheidungen als eine Form des Führens.** »Einer der Schulleiter geht durch die Schule, um Lehrer und Schüler an ihre Pflichten zu erinnern und alle am Lernprozess Beteiligten zu ermahnen, sich um gute Arbeit und beispielhafte Leistung zu bemühen.« (Morris u. a. 1982: 691) John Cleghorn tat Ähnliches während seiner Besuche in den Montrealer Filialen der Royal Bank, indem er jedem, dem er begegnete, von den Werten der Bank vorschwärmte. Oben haben wir den Manager als das informationelle Nervenzentrum der Einheit beschrieben. Hier **erscheint der Manager als das Energiezentrum der Kultur seiner Einheit.** Wie William F. Whyte in seiner klassischen Studie über Straßenbanden schreibt:

Der Anführer ist der Organisationsfokus seiner Gruppe. In seiner Abwesenheit zerfallen die Mitglieder der Gang in eine Vielzahl kleiner Grüppchen ohne gemeinsame Aktivitäten oder allgemeine Gesprächsthemen. Sobald der Anführer die Szene betritt, verändert sich die Situation schlagartig. Die kleinen Einheiten fügen sich zu einer großen Gruppe zusammen. Es gibt nur noch einen Gesprächskreis und häufig wird daraufhin auch gemeinsam gehandelt. (1955: 258)

In den Achtzigerjahren zog der große Erfolg japanischer Wirtschaftsunternehmen viel Aufmerksamkeit auf die vermeintliche Ursache dieses Erfolgs: die Unternehmenskultur. (Vgl. z.B. Pascale und Athos 1981) Aber seit Japan zunehmend mit wirtschaftlichen Schwierigkeiten zu kämpfen hat, gerät diese Botschaft in Vergessenheit; an ihre Stelle tritt die Fixierung auf die Bilanzen (mithin auf Lenkung und Kontrolle). Das ist ein Fehler: Die besten Unternehmen sind nach wie vor diejenigen mit den besten Kulturen, in Japan und anderswo.

Vielleicht hat niemand die Rolle des Managers für die Unternehmenskultur besser beschrieben als der Soziologe Philip Selznick in seinem 1957 erschienenen Buch *Leadership in Administration*. Er verwendete andere Begriffe, aber sein Fokus war klar: Der Chef formt den »Charakter der Institution«; er »bereichert die soziale Struktur der Organisation um die strategische Komponente«, er ist »institutionelle Verkörperung des Zielgedankens« und »Werteträger«. So wird aus einer »ausbaufähigen« Organisation eine verantwortungsbewusste Institution.[16]

Andere sprechen in diesem Zusammenhang von einem »Bedeutungsmanagement«, was ganz klar über die Informationsverarbeitung und sogar über die Strategieentwicklung hinausgeht. Maßgeblich dafür, dass eine Organisation sich als Gemeinschaft sieht, ist dabei eine

---

16 Selznick unterscheidet diesen kulturellen Aspekt der Führung vom zuvor diskutierten individuellen und Gruppenaspekt, den er »zwischenmenschlich« nennt, wo die Führungskraft »die Aufgabe hat, den Pfad der menschlichen Interaktion zu glätten, Kommunikation zu erleichtern, persönlichen Einsatz zu fördern und Ängste zu lindern« – zum Wohle des Unternehmens. Die *institutionelle* Führungskraft hingegen ist um »die Förderung und den Schutz von Werten« bemüht. (1957: 27f.)

Vision. Bolman und Deal schreiben: »Die Aufgabe der Führungskraft ist es, *Erfahrungen* [die Lektionen der Geschichte, die gegenwärtigen Ereignisse in der Welt] *zu interpretieren*«, um »ihnen Bedeutung und Zweck ... mit Schönheit und Leidenschaft zu verleihen.« (1991: 43)[17]

Um mit Mary Parker Follett zu sprechen: Führung kann »Erfahrung in Macht verwandeln. ... Die fähigsten Verwalter leiten nicht nur aus den Fakten der Vergangenheit logische Schlussfolgerungen ab. ... Sie haben eine Vision von der Zukunft« (1949: 52 f.), die uns hilft, »unsere Erfahrungen zu interpretieren« und »kluge Entscheidungen zu treffen«, anstatt uns »kluge Entscheidungen von oben diktieren zu lassen. Wir brauchen Führungspersönlichkeiten, nicht Meister oder Antreiber. ... Das ist die Kraft, die Gemeinschaft erzeugt.« (1920: 229 f.)

Denken Sie in diesem Zusammenhang an die Bienenkönigin in ihrem Schwarm: »Sie erteilt keine Anweisungen; sie gehorcht so ergeben wie die Bescheidenste unter ihren Arbeiterinnen der nackten Macht ... die wir als ›Schwarmgeist‹ bezeichnen wollen.« (Maeterlinck 1901) Aber allein durch ihre Präsenz, die sich im Ausstoß einer chemischen Substanz manifestiert, vereint sie die Mitglieder des Schwarms und treibt sie zum Handeln an. In menschlichen Organisationen sagen wir zu dieser Substanz Kultur; sie ist der Geist des menschlichen Schwarms.

Die Einführung oder Veränderung einer Unternehmenskultur ist ein schwieriger Prozess, der Jahre dauern kann – vorausgesetzt, er gelingt überhaupt. Umso leichter kann ein unachtsames Management sie aber wieder zerstören. Und so spielte die Pflege der Unternehmenskultur an mehreren meiner Besuchstage bei Managern etablierter Organisationen eine wichtige Rolle:

- ▪ In den Flüchtlingslagern war Abbas Gullet als Leiter der Delegation und deren erfahrenstes Mitglied der Träger der Kultur des Roten Kreuzes, und die Werbung für diese Kultur war ihm nicht weniger wichtig als die Schulung in der Katastrophenhilfe. Bei einer Polizeieinheit vermutet man hingegen vielleicht eher konventionelle Kontrollmechanismen in Form von Regeln,

---

17 Cohen und March vertreten eine vergleichbare Ansicht, wenn sie schreiben, dass der Universitätspräsident »die historischen Wahrheiten der Universität als Institution« kennen und sich damit identifizieren sollte. (1986: 39)

Leistungsstandards und auszufüllenden Formularen. Natürlich mangelte es an den Tagen, die ich mit den drei RCMP-Managern verbrachte, auch daran nicht. Die Betonung lag dennoch auf der Kultur: der Verhaltenssteuerung mittels gemeinsam getragener Normen auf der Grundlage einer sorgfältigen Sozialisierung. Norman Inkster besuchte deshalb auch die Offiziersschule, wo er eine halbe Stunde lang frei sprach und dann Fragen beantwortete.

Zum Schluss dieser Diskussion über die Führungsrolle wollen wir noch einmal auf die Metapher vom Dirigenten auf seinem Podest zurückkommen, der die Situation voll im Griff hat. Beschreibt das tatsächlich die Praxis des Führens? Lesen Sie den Kasten über die »Mythen vom Dirigenten als Führungskraft«.

Einige Mythen vom Dirigenten als Führungskraft

Im Dirigenten des Symphonieorchesters finden wir Führung in ihrer perfekten Karikatur. Der große Häuptling steht auf seinem Podest, und seine Gefolgsleute sind um ihn versammelt, um auf jedes Zeichen von ihm zu reagieren. Der Maestro hebt den Stab und alle spielen in perfektem Einklang. Noch eine Bewegung und alle halten inne. Die absolute Kontrolle – der Traum jedes Managers. Und dennoch der reinste Mythos.

Erstens, beeilte sich Bramwell Tovey, der Dirigent des Winnipeg Symphony Orchestra, zu erklären, handelt es sich um eine Struktur der Unterordnung, die auch den Dirigenten nicht ausnimmt. (Die vollständige Beschreibung meines Besuchstages bei Tovey mitsamt seinen Bemerkungen finden Sie im Anhang.) Mozart zieht die Strippen. Selbst der große Maestro Toscanini soll gesagt haben: »Ich bin kein Genie. Ich habe nichts geschaffen. Ich spiele die Musik von anderen.« (Lebrecht 1991: Kapitel 4, S. 1) Wie sonst ließe sich das Phänomen des »Gastdirigenten« erklären? In fast jeder anderen Art von Organisation werden Sie Mühe haben, sich einen »Gastmanager« vorzustellen.[18]

Wer einer Probe beiwohnt, wird in diesem Eindruck bestärkt. Ich sah viel mehr Aktion als Affekt. Bramwell Tovey *handelte*. Proben ist das, was die Organisation

---

18 Inkson u.a. (2001) haben immerhin einen Artikel zum »Interimsmanager« verfasst.

tut, und er managte ein *Projekt*. Ausschlaggebend waren für ihn die Ergebnisse: Rhythmus, Muster, Tempo, Klang – Tovey glättete und harmonisierte. (Bramwell Tovey schrieb mir später zu meinen Beobachtungen: »Meine *Führungstätigkeit* im traditionellen Sinn beschränkt sich im Wesentlichen auf die Aufführungen, wenn ich mittels körperlicher Gesten das Timing des Orchesters steuere – und Timing ist alles.« Für ihn vielleicht, aber wohl kaum für die meisten Manager.) In diesem Augenblick konnte vom Führen oder Dirigieren des Orchesters nicht die Rede sein. Vielmehr könnte man sagen: Tovey *betrieb* ein Orchester.

Wenn also schon im Vordergrund keine Führung stattfindet, dann vielleicht im Hintergrund. Tovey selbst verwendete den Ausdruck »verdeckte Führung«.[19] Wie schon erwähnt, erklärte Bramwell Tovey auf die Frage nach seinem Führungsstil: »Wir sprechen nie über unsere Positionen.« Dennoch hatte er den Gedanken an Führung im Hinterkopf. All sein »Tun« war von diversen affektiven Überlegungen geleitet – ein Zwist zwischen Musikern, ihre Empfindlichkeiten, Gewerkschaftsfragen, Angst vor Kritik an seiner Rolle als Erster unter Gleichen.

In den meisten Managerjobs können wir eine klare Unterscheidung zwischen Führungstätigkeiten auf der individuellen, Gruppen-, Einheits- und Unternehmensebene treffen. Nicht so in diesem Fall.

Wie Bramwell Tovey erläuterte, ist in den Proben für »Führung« auf der individuellen Ebene kaum Platz. Auf der Gruppenebene gibt es hier ein Phänomen der besonderen Art zu beobachten: ein Team von siebzig Leuten. Natürlich gibt es Untergruppen innerhalb des Orchesters mit eigenen Anführern, bei denen es sich jedoch gleichfalls um Spieler und nicht um Manager handelt. Wenn das Orchester spielt, ganz gleich, ob es sich um eine Aufführung oder eine Probe handelt, gibt es nur einen Manager und nur ein Team. Teambildung der konventionellen Art ist kaum möglich. Auf einer Präsentation, die wir später gemeinsam hielten, sagte Tovey zum Spaß: »Ich verstehe mich nicht als Manager. Dann schon eher als Löwenbezwinger!« Auch wenn diese Formulierung das Publikum prächtig amüsierte, beschreibt sie nur unzureichend das Bild von siebzig vergleichsweise zahmen Kätzchen, die geordnet nebeneinander sitzen und zum Schwingen des Taktstocks gemeinsam musizieren.

Bleibt der Aspekt der Unternehmenskultur. Was bedeutet das in diesem Kontext? Siebzig Musiker kommen zum Proben zusammen und gehen anschließend wieder ihrer Wege. Wo entsteht da eine gemeinsame Kultur? Vielleicht auch hier verdeckt:

---

19 Die Herausgeber der *Harvard Business Review* waren von diesem Ausdruck so angetan, dass sie ihn als Titel für einen Artikel über diese Studie verwendeten. (Mintzberg 1998)

durch die Energie, die Einstellung und das allgemeine Verhalten des Dirigenten. Darüber hinaus jedoch steckt Kultur im System selbst. Eine Kultur, die ich nicht nur beim Winnipeg Symphony Orchestra, sondern überhaupt bei Symphonieorchestern beobachten konnte – Produkt einer über hundertjährigen Entwicklung. Die Kultur dieses speziellen Orchesters musste also nicht geschaffen, sondern lediglich gefestigt werden.»Der Dirigent ist nichts weiter als ein Vergroßerungsspiegel der Welt, in der er lebt, der *Homo sapiens* großgeschrieben.« (Lebrecht 1991: 5)

Grund genug für die Zunft der »Führungskräfte« (und ihrer Experten), sich in Acht zu nehmen. Möglicherweise werden sie eines Tages aufwachen, nur um zu erkennen, dass ausgerechnet ein Bramwell Tovey der Inbegriff zeitgenössischer Managementkunst mitsamt ihrer »verdeckten Führung« ist. Dann ist es Zeit für sie, von ihrem hierarchischen Podest zu steigen, ihren Budgetknüppel niederzulegen und sich in die Niederungen ihrer Organisationen zu begeben, wo sich die eigentliche Arbeit vollzieht. Nur dort können sie gemeinsam schöne Musik erzeugen.

Vernetzung mit Geschäftspartnern außerhalb der eigenen Einheit

»Nichts legitimiert oder stärkt die Position einer Führungskraft mehr als die Fähigkeit, externe Beziehungen zu pflegen. Führungskräfte kontrollieren in erster Linie eine Grenze, eine Schnittstelle.« (Sayles 1979: 38) **Auf der zwischenmenschlichen Ebene leistet die Vernetzung nach außen, was die Führung nach innen leistet: Sie konzentriert sich auf das Beziehungsnetz, das der Manager mit zahlreichen Personen und Gruppen außerhalb seiner Einheit unterhält, sei es in anderen Einheiten derselben Organisation oder außerhalb derselben.**

»Verglichen mit dem Nichtmanager unterhält der Manager ein breiteres Netz von Mitgliedschaften – er gehört zu mehr Klubs, Gesellschaften und dergleichen.« (Carroll und Teo 1996: 437) Homans (1958) spricht von »Tauschbeziehungen«, Kaplan (1984) von »wechselseitigen« Beziehungen – siehe auch seine ausgezeichnete Beschreibung dessen, was er die »Handelsrouten« der Manager nennt –, weil der Manager etwas gibt, um etwas anderes zurückzubekommen, entweder sofort oder als eine Art zwischenmenschliche Investition.

■ Die Feinheiten der Vernetzung zeigten sich am deutlichsten während meiner Besuchstage bei den drei Managern der kanadischen Parks. Wie in Abbildung 3.4 veranschaulicht, managten sie alle an den Grenzen – zwischen ihren Einheiten und der Außenwelt –, die sich aber in den drei Fällen unterschieden. Sandy Davis, die Chefin der Westregion, managte vor allem an der *politischen Schnittstelle*, in der Abbildung als horizontale Linie oben dargestellt, insbesondere zwischen ihren Parks in Westkanada und den Behörden und Politikern in Ottawa. Sie verknüpfte Politik mit Arbeitsbetrieb. Charlie Zinkan, Leiter des Banff-Nationalparks und Sandy unterstellt, managte besonders an der *Stakeholderschnittstelle*, auf beiden Seiten dargestellt, an der er diversem Druck ausgesetzt war. Er verknüpfte Einflussnahme mit Programmen. Und Gordon Irwin, Front Country Manager im Banff-Nationalpark, der wiederum Charlie Zinkan unterstellt war, funktionierte vor allem an der *betrieblichen Schnittstelle* zwischen Tagesbetrieb und Verwaltung, die in der Abbildung als horizontale Linie unten dargestellt ist. Er verband Aktion mit Verwaltung.

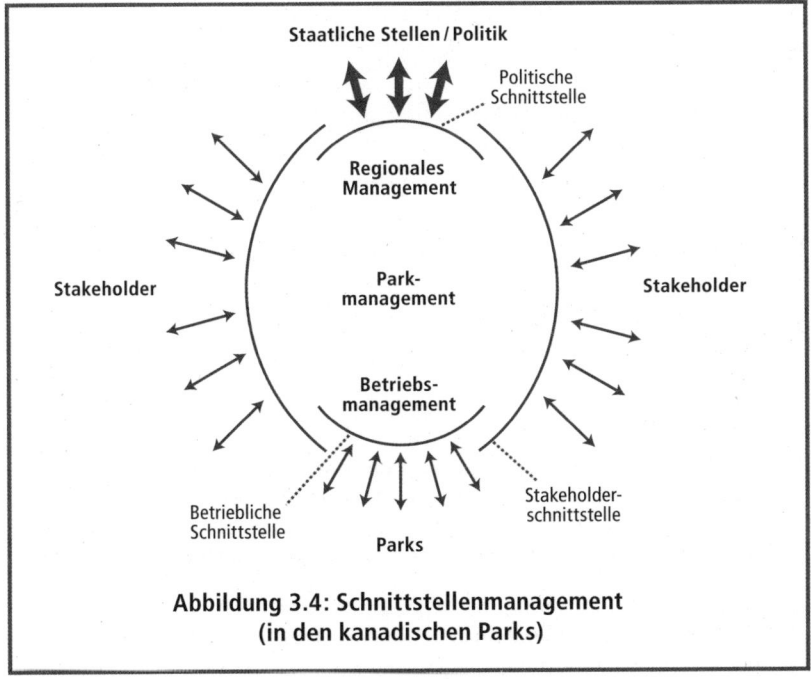

**Abbildung 3.4: Schnittstellenmanagement
(in den kanadischen Parks)**

Es ist überraschend, wie wenig Aufmerksamkeit der Vernetzung nach außen in der Managementliteratur gewidmet wird, und das, obwohl seit Jahrzehnten eine Studie nach der anderen zeigt, dass Manager mindestens so sehr nach außen wie nach innen agieren. (Vgl. z.B. Sayles 1964, Mintzberg 1973, Kotter 1982a und 1982b) »Die wichtigsten Instrumente eines erfolgreichen Führungsansatzes waren Kalender und Netzwerke, nicht starre Pläne und Organigramme.« (Kotter 1982a: 127) Diese mangelnde Aufmerksamkeit überrascht heute umso mehr, wenn man bedenkt, in welchem Umfang Unternehmen heute Bündnisse, Joint Ventures und andere Formen von Beziehungen eingehen.[20]

Viele dieser Außenbeziehungen entwickeln sich auf einer gleichberechtigten Ebene; oder anders ausgedrückt: »Sozial Gleichgestellte neigen dazu, in hoher Frequenz miteinander zu interagieren.« (Homans 1950: 186) Das Beziehungsnetz ist aber noch umfassender, es umgreift auch höhergestellte Personen (unmittelbare Vorgesetzte inbegriffen) und andere Mitarbeiter des eigenen Unternehmens sowie Personen außerhalb des Unternehmens, die mit dem Workflow unmittelbar (Kunden, Zulieferer, Partner, Gewerkschaftsvertreter und so weiter) oder mittelbar (Vertreter von Handelsverbänden und staatlichen Stellen, Experten, Politiker und unzählige andere) zu tun haben.[21] Morris u.a. beispielsweise fanden einen Schulleiter, der den Kontakt zu »Großmüttern pflegte« – Menschen aus der Nachbarschaft, die viele Kontakte vor Ort hatten und »den Schulleiter vor ungewöhnlichen Entwicklungen warnen konnten« (1982: 689).

■ Während meiner 29 Beobachtungstage suchte eine Vielzahl von Personen den Kontakt zu den Managern. Oberschwester Fabienne Lavoie kam mit Ärzten, Patienten und deren Angehörigen in Berührung. John Cleghorn aß mit Finanzinvestoren der Royal

---

20 Hill stellt interessanterweise fest, dass die Untergebenen eines Managers sich dieser Rolle häufig sehr bewusst sind, erwarten sie doch von ihm, dass er sie schützt. »Die Untergebenen betrachteten den Manager als ihre Verbindung zur Außenwelt«, insbesondere als »Puffer und Anwalt«. (2003: 33)

21 In seinem Buch aus dem Jahr 1979 gliedert Sayles diese Kontakte in Workflow-Beziehungen, Service-Beziehungen, Beratungsbeziehungen, stabilisierende Beziehungen und Liaison-Beziehungen.

Bank zu Mittag und versuchte sie mit Informationen zu beeindrucken, während Brian Adams mit Partnerunternehmen von
Bombardier aus der ganzen Welt (Mitsubishi in Japan, BMW /
Rolls-Royce in Europa, Honeywell in den Vereinigten Staaten
und so weiter) zusammenarbeiten musste. Marc stand als Klinikchef im Zentrum divergierender Interessen – sein Büro schien
sich fast in einem Belagerungszustand zu befinden. Die Regierung war bemüht, die Krankenhauskosten zu reduzieren, während die Ärzte nicht zögerten, hinter seinem Rücken mit Vor-
standsmitgliedern zu kungeln. In den Lagern des Roten Kreuzes
hatten Abbas Gullet und Stephen Omollo mit ihren tansanischen
Kollegen, mit NGO-, UN- und Flüchtlingsvertretern sowie den
Repräsentanten der Spenderorganisationen zu tun, während sie
per Mail und Telefon mit den Rotkreuzbüros in Afrika und der
Schweiz konferierten.

Abbildung 3.5 zeigt ein Modell der Vernetzungsrolle des Managers.
Dazu gehören die Kontaktpflege, Repräsentationsaufgaben, Vermitt-
lungs- und Überzeugungsarbeit, die Weitergabe von externen Informationen nach innen und die Pufferfunktion. Wir werden der Reihe
nach über die einzelnen Punkte sprechen.

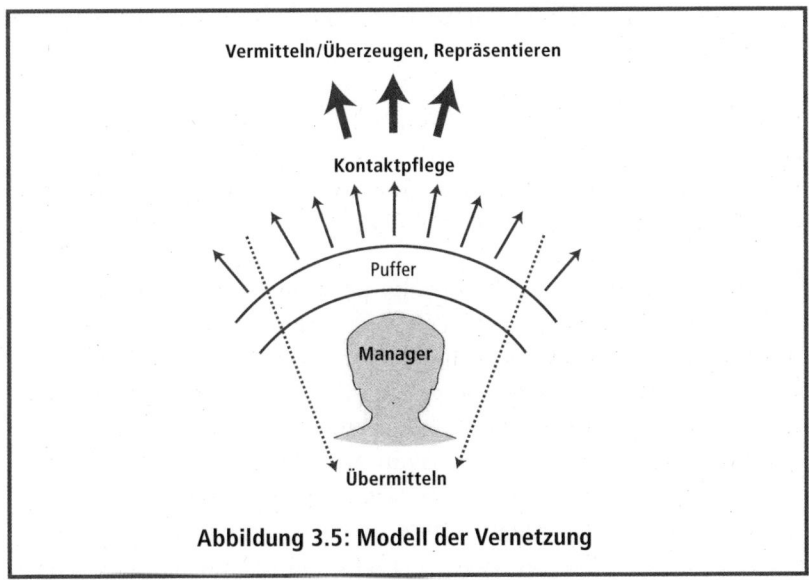

Abbildung 3.5: Modell der Vernetzung

Kontaktpflege Eines ist klar: **Kontaktpflege und Networking sind umfassende Tätigkeiten – fast alle Manager verbringen viel Zeit damit, Netze von Außenkontakten zu knüpfen und externe Unterstützer zu mobilisieren.** Kotter stellt fest, dass die von ihm untersuchten Geschäftsführer »zu Beginn ihrer Amtszeit [und auch später noch] viel Zeit und Mühe in die Entwicklung eines Netzwerks kooperativer Beziehungen investierten« und dass »die Besten unter ihnen die Netzwerkpflege offensiver und nachhaltiger betrieben als ihre weniger erfolgreichen Kollegen« (1982a: 67, 117).

■ Carol Haslam, Geschäftsführerin der Filmgesellschaft Hawkshead, vermittelte zwischen Kunden und Produzenten und profitierte dabei von ihrem schier unerschöpflichen Vorrat an Kontakten und ihrer detaillierten Kenntnis der britischen Fernsehbranche. Ihr Kalender enthielt ein umfangreiches handgeschriebenes Telefonverzeichnis. Abbas Gullet vom Roten Kreuz bewies eine ähnliche Fähigkeit, Brücken zu schlagen – nicht nur zwischen Englisch und Suaheli, zwischen Afrikanern und Europäern, sondern auch zwischen der Zentrale in einer wohlhabenden europäischen Metropole und dem Außenbüro in einer armen afrikanischen Township. Um mit Gouldner (1957) zu sprechen: Abbas war Kosmopolit und Ortskundiger zugleich; er war in der Lage, seine Kenntnis der Organisation mit seiner Kenntnis der Situation zu verbinden.

Aufschlussreich sind hier auch zwei Beschreibungen von Kontaktpflege, die sich sehr stark ähneln, auch wenn die eine vom Präsidenten der Vereinigten Staaten von Amerika und die andere vom Anführer einer amerikanischen Straßenbande handelt.

Präsident Franklin D. Roosevelts persönliche Ressourcen waren seine Kontaktfreudigkeit und eine Neugier, die bis zur Zeit des anderen Roosevelts zurückreichte. Er verfügte über eine erstaunliche Kenntnis der Geschichte des Landes und der unterschiedlichsten politischen Ebenen; außerdem konnte er auf die zahlreichen Kontakte seiner Frau zurückgreifen. ... Roosevelt nutzte die Beziehungen gezielt dazu, seine eigene Informationsbasis zu erweitern. Auch wenn er je nach aktuellem Interessenschwerpunkt seine Quellen wechselte, wurde niemand vergessen, der einmal in sein Blickfeld geraten war, und niemand war immun gegen eine erneute Inanspruchnahme. (Neustadt 1960: 156 f.)

Der Anführer der Straßenbande ist außerhalb der Gruppe besser bekannt und mehr geachtet als irgendeiner seiner Gefolgsleute. Seine gesellschaftliche Beweglichkeit ist größer. Zu seinen wichtigsten Funktionen gehört die Vermittlung zwischen seiner und den benachbarten Gruppen. Ganz gleich, ob diese Beziehungen durch Konflikte, Rivalität oder Kooperation geprägt sind – von ihm wird erwartet, dass er die Interessen seiner Leute vertritt. Ob Politiker oder Ganove – wer die Unterstützung seiner Gefolgsleute gewinnen will, muss sich mit ihm arrangieren. Der Ruf des Anführers außerhalb der Gruppe verstärkt sein Ansehen in der Gruppe und seine Position in der Gruppe kommt seinem Ruf außerhalb derselben zugute. (Whyte 1955: 259 f.)

Repräsentieren An der äußeren Schnittstelle ist der Manager die *Galionsfigur*, die die Einheit nach außen vertritt, wenn beispielsweise der CEO eines Unternehmens ein offizielles Dinner gibt, der Universitätsdekan Diplomurkunden unterzeichnet oder der Fabrikvorarbeiter interessierte Kunden begrüßt. (Einmal sagte jemand nur halb im Scherz, der Manager sei die Person, die sich um die Besucher kümmert, damit alle Übrigen weiter ihrer Arbeit nachgehen können.) »Der Präsident der Vereinigten Staaten ist nicht nur Chef der regierenden politischen Partei, sondern ›zeremonielles Oberhaupt der Nation, Symbol der amerikanischen nationalen Solidarität‹.« (U.S. Committee Report, in: Carlson 1951: 24)[22]

■ Bramwell Tovey beispielsweise verbrachte den Abend im Haus eines großzügigen Sponsors des Orchesters, der regelmäßig zum »Maestro-Kreis« lud. Hier traf er sich mit rund fünfzig Unterstützern des Orchesters, hielt eine kurze Ansprache und setzte

---

22 Selznick (1957) beschreibt diese repräsentativen Tätigkeiten als Verteidigung der »institutionellen Integrität« der Organisation, auch wenn man mittlerweile häufiger von der Verteidigung ihrer »Existenzberechtigung« spricht. Vgl. auch Goodsell (1989).

sich anschließend ans Klavier. Ein anderes Beispiel: Kommandant Ralph Humble von der RCMP traf sich mit Menschen aus dem Bezirk, um sie über den aktuellen Stand einer Beschwerde zu informieren und auf diese Weise das Image der Polizei aufzubessern.

Vermitteln und Überzeugen   Manager nutzen ihre Kontakte, um Unterstützung für ihre Einheit zu mobilisieren. Auf der Informationsebene kann das schlicht heißen, Informationen aus dem Nervenzentrum der Einheit an Außenstehende weiterzuleiten – und beispielsweise den Großmüttern in der Nachbarschaft der Schule den Auftrag zu geben, nach Drogendealern Ausschau zu halten. Auf der zwischenmenschlichen Ebene könnte der Manager versuchen, Außenstehende von etwas zu überzeugen, was für die Einheit wichtig ist – indem er beispielsweise die Finanzabteilung um eine Budgeterhöhung bittet oder mit Festveranstaltungen an der Schule »kommunales Engagement orchestriert« (Morris u.a. 1981: 78). **Der Manager setzt sich für die Bedürfnisse der Einheit ein, vertritt ihre Anliegen, bewirbt ihre Produkte, propagiert ihre Werte – und stärkt ihren Einfluss.**[23]

■ Einen Großteil des Tages verbrachte Rony Brauman mit Presse- und Medieninterviews, in denen er für die Einschätzung der Lage in Somalia durch die Organisation Ärzte ohne Grenzen warb. Das, worüber er sprach, war ihm ein echtes Anliegen. In Ngara sprach Stephen Omollo eineinhalb Stunden lang mit Ben vom Amt für humanitäre Hilfe der Europäischen Union, der ihn eingehend zur Verwendung der für die Rotkreuzlager zur Verfügung gestellten Mittel befragte. Einmal sagte Stephen, 98 Prozent der Haushalte bekämen das Essen, das ihnen zugedacht war. »Und was landet wirklich in ihren Mägen?«, wollte Ben wissen und bezog sich dabei auf die Möglichkeit, Essen gegen andere Dinge einzutauschen oder als »Steuer« zu konfiszieren. Bens Detailkenntnis und die Gewissenhaftigkeit, mit der er seine Befragungen durchführte, waren beeindruckend, aber Stephen Omollos kundige und gut formulierte Antworten standen dem nicht nach.

---

23 Siehe Dutton und Ashford (1993) sowie Bower und Weinberg (1988).

Übermitteln / Weitergeben Vernetzung ist keine Einbahnstraße. **Der Manager, der Einfluss auf die Außenwelt ausübt, ist selbst äußeren Einflüssen ausgesetzt, von denen er einen Großteil an Mitarbeiter seiner Einheit weitervermitteln muss.**

■ Für Brian Adams von Bombardier mussten alle einzelnen Punkte im engen Zeitplan zusammenspielen, wenn er das neue Flugzeug wie versprochen startklar bekommen wollte. Er musste also den Druck, den die Zulieferer und die eigene Führungsetage auf ihn ausübten, an seine Techniker weitergeben, um sicherzustellen, dass Probleme umgehend gelöst wurden. Auch Carol Haslam von Hawkshead musste dafür sorgen, dass die interne Produktion der Filme und die Anliegen ihrer Kunden miteinander korrespondieren.

Diese Aktivitäten der Vermittlung, Überzeugung und Weitergabe erfordern mitunter ein kompliziertes Geflecht aus Informationen, Einflüssen, Werten und Visionen. Vor Jahren beschrieb der griechische Ökonom (und spätere Premierminister) Andreas Papandreou den CEO als »Spitzenkoordinator«, der bewusst und unbewusst »die Einflüsse, die auf das Unternehmen einwirken«, priorisiert. (1952: 211) Wie dies genau aussieht, lässt sich nur schwer konkretisieren, hier mag Mary Parker Folletts Beschreibung des Lokalpolitikers weiterhelfen:

> Er muss in der Lage sein, eine Gemeinde nicht nur dieser selbst, sondern auch Außenstehenden zu erklären. … Er muss die großen Entwicklungen der Gegenwart mitsamt ihrer Bedeutung kennen, und er muss wissen, wie sich noch die kleinsten Bedürfnisse und die bescheidensten Kräfte in seinem Bezirk in die fortschrittlichen Bewegungen unserer Zeit einfügen lassen. … Er muss stets wach und bereit sein, die vielen Fäden in einem Strang gemeinsamer Anstrengung zu vereinen. Er ist der geduldige Wächter, der aktive Sprecher, der aufrichtige und brennende Verfechter des Gemeinschaftsbewusstseins. (1920: 230f.)

Puffer In der Kombination all dieser Verknüpfungsaktivitäten wird deutlich, in welchem Umfang Kunst und Handwerk des Managens von der Fähigkeit des Ausbalancierens und Austarierens abhängen. Manager sind nicht nur *Kanäle*, die Informationen und Einflüsse weiterleiten; sie sind auch die *Schleusen* in diesen Kanälen, die kontrollieren, was die Kanäle passiert, und wie es sie passiert. Um zwei andere beliebte Bilder zu gebrauchen: **Manager sind Türsteher und Prellbock im Strom der Einflüsse.** Um die Bedeutung dieser Aussage zu erkennen, lassen Sie uns an fünf Beispielen sehen, was Manager falsch machen können:

- Manche Manager sind *Siebe*, die den Strom der Einflüsse allzu ungehindert in ihre Einheiten eindringen lassen. Das macht ihre Mitarbeiter verrückt, die gezwungen sind, auf jeden Druck zu reagieren. Regelmäßig können wir heute beobachten, wie Börsenanalysten CEOs dazu ermuntern, ihre Mitarbeiter auf die Optimierung der kurzfristigen Performance einzuschwören.

- Andere Manager sind *Dämme*, die äußere Einflüsse – wie beispielsweise Kundenwünsche nach Produktänderungen – allzu gründlich abwehren. Das schützt zwar möglicherweise die Mitarbeiter, aber auf Kosten des Kontakts zur Außenwelt – und ihrer Unterstützung.

- Dann sind da die *Schwämme* – Manager, die den Druck größtenteils selbst absorbieren. Andere mögen das zwar begrüßen, aber es ist nur eine Frage der Zeit, bis diese Manager erschöpft und ausgebrannt sind. Ich habe das bei so manchem Stationsleiter im Krankenhaus beobachtet, der seine Ärzte übermäßig schützte.

- Manager, die an *Wasserwerfer* erinnern, üben zu viel Druck auf die Außenwelt aus, mit der Folge, dass deren Kooperationsbereitschaft sinkt. Ein häufiges Beispiel sind Unternehmen, die ihre Zulieferer allzu sehr unter Druck setzen.

- Und dann sind da noch die *Tröpfchen*, die zu wenig Druck auf die Außenwelt ausüben, sodass die Bedürfnisse der Einheit nicht genügend Berücksichtigung finden. Dazu zählen Manager, die zu wenig von ihren Zulieferern verlangen und sich von diesen über den Tisch ziehen lassen.

Auch der erfolgreiche Manager mag sich phasenweise in einer der beschriebenen Weisen verhalten. Aber er lässt nicht zu, dass diese Phasen allzu lange anhalten. Mit anderen Worten: **Der Manager an der Schnitt-stelle zwischen der Einheit und ihrem Umfeld hat keinen einfachen Job: Er muss seine Einheit schützen, während diese aber flexibel auf die Situation reagieren können muss, sie muss in die Offensive gehen, aber die Umstände hinreichend berücksichtigen.**

■ Viele der von mir beobachteten Manager verrichteten ihren Job an den Schnittstellen mit viel Feingespür. Doug Ward, der Chef der CBC-Radiostation in Ottawa, wurde von Vertretern ande-rer Unternehmensbereiche bisweilen hart angegangen, aber er wusste recht gut, was er in seine Einheit weitergab und was er abfing, und er verstand es auch, anderen offensiv zu begegnen, beispielsweise als es um ein geplantes Informationssystem ging, das ihm Kopfschmerzen bereitete. »Der Job an der Schnittstelle gefällt mir«, erwiderte Ward auf eine Bemerkung meinerseits. Der Puffer *par excellence* war Marc, der sein Krankenhaus schütz-te und dessen Interessen aggressiv vertrat. Hätte er nach dem Willen der Behörden oder auch nur seiner eigenen Unterneh-mensleitung gehandelt, hätte das die internen Kontroversen nur verschärft.

Unmittelbar über die Tat managen

Man kann also über Informationen (konzeptionell, aus der Distanz) managen, über Menschen (persönlich, weniger distanziert, mit Emo-tionen) oder eben unmittelbar über die Tat (aktiver und konkreter). Diese dritte Form spiegelt eine sehr verbreitete Sicht der Managertä-tigkeit wider, zumindest in der Praxis, während in der Literatur lange Zeit Lenkung und Kontrolle beziehungsweise Führung überbewertet wurden.

Leonard Sayles (1964, 1979) gehört zusammen mit Tom Peters zu den wenigen, die auf die Bedeutung dieser Rolle eindrücklich hinge-wiesen haben. Der Manager muss der Brennpunkt der Tat sein, be-hauptet Sayles, und die unmittelbare Einmischung muss Vorrang ha-ben gegenüber der Zugkraft der Führung und dem Druck von Lenkung und Kontrolle. »Das Wesen des Managements«, schreibt er, besteht nicht so sehr darin, »Entscheidungen zu treffen, zu planen und Untergebene zu ›motivieren‹«, als vielmehr in »endlosen Verhandlungen« sowie in der »Neuausrichtung der eigenen Aktivitäten und der Aktivitäten der Untergebenen« (1964: 259f.).

Linda Hills neue Manager begriffen dies erst, geraume Zeit nachdem sie ihren Job angetreten hatten. Nach Ablauf eines Monats antworteten die neuen Manager auf die Frage, was denn ein Manager sei, nicht länger »Der Chef« oder »Derjenige, der alle Fäden zieht«. Die häufigsten Beschreibungen waren jetzt »Troubleshooter«, »Jongleur« und »Verwandlungskünstler«. (2003: 57) Während bei einer Betrachtung aus der Entfernung Lenkung und Kontrolle auf der Informationsebene im Vordergrund steht, rückt für die Betroffenen die Aktionsebene sehr viel stärker ins Bild.

■ Catherine Joint-Dieterle vom Modemuseum kümmerte sich persönlich um die Entgegennahme und Sichtung neuer Ausstellungsstücke; sie übernahm auch Besucherführungen und verfasste Exposés für neue Ausstellungen. Darin unterschied sie sich von Carol Haslam, der Chefin von Hawkshead, die zwar die Verträge aushandelte, aber die Erstellung der Filme ihren Mitarbeitern überließ.

Wie wir in diesem Kapitel wiederholt gesehen haben, kennt die Umgangssprache diverse Formulierungen für die häufigsten Rollen des Managers. So auch hier. Der Manager ist »Veränderungsagent«, er »managt Projekte«, ist »Feuerwehr« und »Macher«. Manches davon bezieht sich auf Tätigkeiten innerhalb der Einheit, anderes auf Tätigkeiten außerhalb derselben.

Intern agieren

Was bedeutet es für einen Manager, ein »Macher« zu sein? Schließlich »machen« viele Manager so gut wie gar nichts. Manche wählen nicht einmal selbst die Nummer, wenn sie ein Telefonat führen wollen. Wenn Sie einen Manager bei der Arbeit beobachten, werden Sie ihn viel reden und zuhören, aber wenig »tun« sehen.

»Tun« im Kontext des Managens heißt in der Regel, etwas *beinahe* tun: Der Manager begibt sich in unmittelbare Nähe zur Aktion – er managt unmittelbar, anstatt lediglich Mitarbeiter anzuspornen oder Infor-

mationen zu bearbeiten und weiterzureichen. **Der Manager als »Macher«
sorgt dafür, dass das Erforderliche geschieht,** wie in dem französischen
Ausdruck *faire faire* zum Ausdruck kommt.

Aber was tut ein Manager nun tatsächlich? Das hängt davon ab, was
die Einheit macht und tut – ob es gilt, in einem Fertigungsunternehmen ein Produkt herzustellen, in einem Krankenhaus ein Baby zur
Welt zu bringen oder in einem Beratungsunternehmen eine Studie zu
betreuen. Es geht jedenfalls um ein Handeln im Sinne einer unmittelbaren Einflussnahme auf das Geschehen. Entscheidend ist, dass die
Beteiligung des Managers nicht passiv bleibt. Dass er nicht lediglich in
seinem Büro sitzt und Instruktionen erteilt oder das Geschehen kommentiert. Fordern ist nicht dasselbe wie tun. Es geht auch nicht darum, Strategien, Strukturen und Systeme zu entwerfen, um auf diese
Weise das Verhalten der Mitarbeiter zu steuern. All das gehört in den
Bereich Lenkung und Kontrolle. In der Rolle des Machers muss sich
der Manager persönlich in das Geschehen einmischen, er muss »Hand
anlegen«: Er beteiligt sich an der Gestaltung jener Handlungsschritte,
die unmittelbaren Einfluss auf die Produkte der Einheit haben.

■ Verspätete Lebensmittellieferungen waren für Abbas Gullet Anlass, sich in einem der Flüchtlingslager selbst ein Bild von der
Situation zu verschaffen, und auch Stephen Omollo begab sich
aufgrund der Beschwerde eines Flüchtlings in eines seiner Lager,
um mit einem Flüchtlingsvertreter zu sprechen.

Als vor einigen Jahren die Zeit reif war für eine Überarbeitung von
Pampers, der wichtigsten Produktlinie von Procter & Gamble, übernahm der CEO des Gesamtunternehmens die Leitung der entsprechenden Arbeitsgruppe. Als Johnson & Johnson in eine Krise geriet,
nachdem sich jemand an einer Anzahl Tylenol-Packungen zu schaffen
gemacht hatte, trat der CEO höchstpersönlich im Fernsehen auf, um
das Vertrauen der Kunden zurückzugewinnen. (Bennis 1989) Aus diesen Beispielen wird deutlich: **Die Rolle des Machers hat zwei Seiten – proaktiv Projekte managen und auf Störungen reagieren.**

Projekte managen Für die Entscheidung eines Managers, die Leitung
eines Projekts selbst zu übernehmen oder sich daran zu beteiligen, gibt
es verschiedene Gründe. Manchmal möchte er *lernen* – er möchte sich
über etwas informieren, was er wissen muss. Ein andermal möchte er

etwas *zeigen* – er möchte anderen vorführen, wie sie seiner Erwartung nach handeln sollten. Am häufigsten aber mischen sich Manager in Dinge ein, weil sie sicherstellen wollen, dass dabei das gewünschte Ergebnis herauskommt. Im Fall von Pampers beispielsweise mag der CEO selbst die Initiative ergriffen haben, um mehr über das Produkt und seine Kunden in Erfahrung zu bringen, Fähigkeiten im Projektmanagement zu demonstrieren oder, was in diesem Fall am wahrscheinlichsten ist, um zu zeigen, wie wichtig ihm das Problem war, sodass er sich als CEO schlicht zuständig fühlte.

■ Jacques Benz, Generaldirektor von GSI, nahm aktiv an einer Besprechung über eine Softwareplattform teil, die für die französische Post entwickelt wurde. Nachdem er eine Zeit lang zugehört hatte, erklärte er: »Jetzt müssen wir eine Entscheidung treffen«; später gab er einige Ratschläge, und zum Ende der Sitzung machte er deutlich, was bis zur nächsten Sitzung zu erledigen war. Auf die Frage nach den Gründen für seine Teilnahme erläuterte er, das Projekt stelle für das Unternehmen einen Präzedenzfall dar, »den Beginn einer Strategie«. Bei Greenpeace bedeutete »Tun« nicht nur konkrete Handlungsschritte, sondern auch »die Veranstaltung von Events« (in den Worten des Geschäftsführers Paul Gilding) unter aktiver Beteiligung der Topmanager. »Bäume umarmen« war hier ein verbreiteter Ausdruck. Brian Adams von Bombardier handelte, verhandelte und vermittelte in einem Atemzug. Er suchte nach Problemen – alles, was sein Flugzeug daran hindern könnte, pünktlich abzuheben – und setzte alles daran, sie zu lösen.

Natürlich haben nur wenige Manager die Möglichkeit, sich persönlich um sämtliche oder auch nur um die wichtigsten Projekte ihrer Einheit zu kümmern. Aber der Rat so mancher Bücher, wonach Manager nichts »tun« sollten – weil das als Mikromanagement abzulehnen sei –, basiert auf einer sterilen Vorstellung von Management: Der Manager steht in einsamer Höhe auf seinem Podest und verkündet jene Strategien, die seine Mitarbeiter dann umzusetzen haben. Wie ein CEO aus der Motorradbranche berichtete: »Der CEO einer weltberühmten Gruppe von Managementberatern tat sein Bestes, um mich davon zu überzeugen, dass die Unternehmensspitze im Idealfall so wenig wie möglich vom Produkt selbst wissen sollte. Er war wirklich davon überzeugt, dass der Manager aufgrund seiner Qualifikation in der Lage ist, jedwede Unternehmensfrage aus der sicheren Position der Distanz heraus effizient zu lösen.« (Hopwood 1981: 173)

Das mag in einer einfachen Welt wunderbar funktionieren. Die unsrige ist aber leider (oder zum Glück) alles andere als unkompliziert. Der Manager muss also von seinem Elfenbeinturm steigen und sich ein Bild vom Geschehen machen, und das kann er beispielsweise tun, indem er sich an konkreten Projekten beteiligt. Die Projekte profitieren vom Informationsstand des Managers, der sich wiederum in den Niederungen der Praxis Anregungen für neue Strategien holt. **Strategien sind nicht das Produkt geheimnisvoller Eingebungen in einsamen Büros, sondern konkreter, praxisnaher Erfahrungen** (mehr dazu in Kapitel 5). Anders formuliert: Ein Projekt ist nicht einfach die Umsetzung einer bestimmten Strategie; vielmehr führen konkrete Projekte häufig erst zur Entwicklung einer Strategie, wie in dem eben zitierten Beispiel von Jacques Benz. Manager, die allzu abgehoben über ihrer Einheit schweben, hören häufig auf zu lernen – und werden zu Schmalspurstrategen.

Erwähnt wurde bereits das Bild vom Manager als »Jongleur«, der in vielen Projekten mitmischt. Bei einem CEO aus meiner früheren Studie gab es in der Woche, in der ich ihn beobachtete, mehrere Projekte, bei denen es um PR, mögliche Investitionen, den Aufbau einer Fabrik in Übersee, die Lösung eines Problems mit einer Werbeagentur und so weiter ging.

Bei der Vielfalt ihrer Zuständigkeiten können es sich die meisten Manager nicht erlauben, sich ausschließlich auf ein Projekt – jene »Obsession« aus Noëls Studie (1989) – zu konzentrieren. Aber es gibt wichtige Ausnahmen: wenn beispielsweise die Einheit in einer Krise steckt oder sich ihr eine große Chance bietet. Und dann gibt es ja auch die Projektmanager wie Brian Adams von Bombardier, deren Job sich ausdrücklich um ein bestimmtes Projekt dreht.

Die Aufmerksamkeit der meisten Manager wird jedoch von einer Vielzahl von Projekten in Anspruch genommen. Weil diese aber in der Regel in Schüben vorangehen und häufiger einmal stillstehen, kann sich der Manager vorübergehend auf ein Projekt konzentrieren und ihm neuen Schwung geben, um sich anschließend wieder anderen Dingen zuzuwenden, bis später vielleicht erneut eine Konzentration auf dieses Projekt erforderlich wird. Bei Marples findet sich dafür eine gelungene Metapher:

Der Job des Managers lässt sich als ein geflochtenes Seil aus Fasern unterschiedlicher Länge darstellen, womit Zeitlängen gemeint sind. Jede Faser – sie repräsentiert ein Thema – kommt im Laufe der Zeit mehrfach zum Vorschein. ... Zu den wichtigsten Fähigkeiten des Managers gehört es, die verschiedenen Stränge im Spiel zu halten. (1967: 287)

Auf Störungen reagieren Wenn es beim Projektmanagement wesentlich darum geht, aktiv Veränderungen im Unternehmen anzustoßen und zu gestalten – vor allem sich bietende Chancen wahrzunehmen –, handelt es sich bei Störungen um Veränderungen, die der Einheit aufgezwungen werden. Ein unvorhergesehenes Ereignis, ein ignoriertes Problem, ein neuer Wettbewerber können eine solche Störung darstellen, die Korrekturmaßnahmen zwingend erforderlich macht. »Management richtet sich häufig auf Dinge, die schieflaufen; der Manager wird tätig, wenn die Routine zusammenbricht und es zu unerwarteten Schwierigkeiten kommt.« (Sayles 1979: 17)

■ An dem Tag, an dem ich Alan Whelan von BT besuchte, war er, wie bereits beschrieben, im Wesentlichen mit einem Problem beschäftigt: Ein wichtiger Vertrag war noch nicht unterschrieben worden. Brian Adams von Bombardier musste bei einem etwas schwierigen Lieferanten intervenieren, und Abbas Gullet musste eine Krise im Lagerlazarett lösen, nachdem überraschend der Oberschwester gekündigt worden war. (Alle drei Tage werden im Anhang ausführlich beschrieben.)

Ich habe bereits Farson mit den Worten zitiert, je höher die Position eines Managers, desto häufiger habe er es mit Dilemmata statt mit Problemen zu tun. Jene »erfordern aufgrund ihrer paradoxen Verläufe und Konsequenzen interpretative Denkansätze« (1996: 43). Mehr dazu in Kapitel 5.

Warum obliegt es dem Manager, auf Störungen und Krisen zu reagieren? Gibt es in der Einheit nicht andere, die einspringen können? Sicher, und häufig tun sie es auch. Aber manche Störungen verlangen nach der formalen Autorität des Managers oder seinen speziellen Informationen. Andere sind von einer Dimension, deren Tragweite niemand außer dem Manager selbst ermessen kann – beispielsweise die Reaktion eines wichtigen Stakeholders. Häufig werden aus scheinbar harmlosen Problemen auch deshalb Krisen, weil sie »zwischen alle Stühle« fallen: Niemand in der Einheit fühlt sich zuständig. Also muss der Manager einspringen. Die Forschung hat ergeben, dass »Führungskräfte in Krisenzeiten mehr Einfluss ausüben als in Nichtkrisenzeiten« (Hamblin 1958: 322). Der CEO von Johnson & Johnson, der unmittelbar, nachdem in einigen Tylenol-Kapseln Gift gefunden worden war, die Zuständigkeit an sich zog, formuliert es so:

> Ich wusste, dass ich es tun musste, und ich wusste, dass ich es tun konnte. … Ich kannte die Medien. Ich war ein Nachrichtenfanatiker und ich hatte bereits mehrmals mit den Fernsehsendern zu tun gehabt. Ich wusste, wer für die Schlagzeilen zuständig war, wen ich anrufen und wie ich mit ihm reden musste. … Ich hielt mich zwölf Stunden am Tag in diesem Raum auf. Ich fragte jeden um Rat, weil niemand zuvor mit einem solchen Problem konfrontiert gewesen war. Es war vollkommen neu. … Wir entwarfen die neue Verpackung praktisch über Nacht, etwas, was üblicherweise zwei Jahre dauert. (Zit. in: Bennis 1989: 152 ff.)

Es gibt keinen Mangel an Geschichten über Störungen und Krisen, die einem inkompetenten oder zumindest nachlässigen Management geschuldet waren. So weit, so gut. Weniger diskutiert, aber nicht weniger erwähnenswert ist die andere Seite der Medaille: dass Störungen im Normalfall in jeder Organisation vorkommen. **Erfolgreich sind nicht nur solche Unternehmen, denen es gelingt, Störungen ganz zu vermeiden, sondern auch solche, deren Manager mit den unerwarteten Störungen erfolgreich umzugehen wissen.** Je innovativer ein Unternehmen ist, desto wahrscheinlicher sind unerwartete Störungen. Eine Firma, die keine Risiken eingeht, kommt zwar vielleicht ohne Störungen aus, aber nur so lange, bis sie die eine große Krise ereilt, die sie in den Abgrund reißt. Beurteile also einen Manager nach seinen Reaktionen und nicht nur nach den Ereignissen.

■ Als Abbas Gullet erfuhr, dass auf dem Victoriasee beim Kentern einer Fähre nahezu tausend Menschen ertrunken waren, rief er, so erzählte er mir, umgehend beim tansanischen Rotkreuzbüro in Daressalam an. Als ihm bewusst wurde, dass man dort auf eine solche Katastrophe nicht vorbereitet war und dass er in Ngara vergleichsweise nah am Unglücksort war, nahm er sich neun weitere Rotkreuzmitarbeiter; zusammen packten sie alles Brauchbare ein, was sie finden konnten – Leichensäcke, Bahren, Desinfektionsmittel –, und machten sich mit dem Auto auf den Weg. Sie erreichten den Schauplatz einen Tag nach dem Unglück als erste NGO. Sie blieben zwei Wochen, arbeiteten von morgens bis abends, bereiteten die Leichenbergung vor, richteten in einem nahegelegenen Stadium eine Leichenhalle ein und unterstützten Hinterbliebene.

Eine weitere Form der Störungen verdient hier Erwähnung. Manchmal vertritt der Manager einen Mitarbeiter in der Einheit, der krank ist, unerwartet gekündigt hat oder aus anderen Gründen seine Arbeit nicht erledigen kann. Hier nimmt der Manager an der regulären Arbeit der Einheit teil. Aber weil es dabei um die Behebung einer Störung – um ein Ausnahmephänomen – geht, sollten wir es als Bestandteil der Managertätigkeit betrachten.

Es gibt natürlich Zeiten, in denen der Manager beschließt, selbst einen Teil der regulären Arbeit der Organisation zu verrichten: Der Papst hält einen Gottesdienst, ein Klinikchef operiert jeden Freitag, Catherine Joint-Dieterle bereitet höchstpersönlich eine Ausstellung vor. Vielleicht macht ihnen diese Arbeit schlicht Freude und es würde ihnen sonst etwas fehlen; das hat dann mit Management ähnlich viel zu tun wie das wöchentliche Tennisspiel (zumindest solange kein Kunde beteiligt ist). Aber es könnte auch Gründe dafür geben, die mit der Managertätigkeit zu tun haben: Der Papst agiert möglicherweise als Galionsfigur und der Klinikleiter behält den Kontakt zur Basis.

Zum Abschluss dieser Betrachtungen über den Manager als Macher wollen wir Chester Barnard zitieren: »Die Führungskraft tut nicht dasselbe wie die Organisation; ihre Aufgabe ist es vielmehr, den Betrieb aufrechtzuerhalten.« (1938: 215) Das klingt einleuchtend; die Schwierigkeit besteht darin, zwischen dem einen und dem anderen zu unterscheiden.[24]

---

24 Braybrooke schreibt: »Wenn man nachforscht, bekommt man den Eindruck, dass man von einem Manager nur dann behaupten kann, dass er etwas Definierbares tut, solange er Dinge tut, die in einer größeren oder besseren Organisation ein Untergebener täte; es scheint mit anderen Worten so zu sein, dass, je spezialisierter die Führungsrolle wird, man desto schwerer sagen kann, was eine

Extern verhandeln

Die andere Seite des Tuns, seine Manifestation nach außen, ist die Akquise – der Manager bringt Projekte »unter Dach und Fach« (wobei diese Formulierung das verbreitete Missverständnis beinhaltet, der CEO handle die »Deals« – Übernahmen, Großaufträge und so weiter – lediglich aus und überlasse ihre Umsetzung dann anderen). Manager verhandeln sowohl mit externen Geschäftspartnern – beispielsweise mit Zulieferern –, als auch mit anderen Managern im eigenen Unternehmen.

■ Wie Doug Ward von CBC-Radio zu Protokoll gab: »Dieses Unternehmen hat sehr viel an Unternehmergeist gewonnen und ist risikofreudiger geworden«; seine Philosophie lautet: »Wenn du mir helfen kannst, helfe ich dir.« Am stolzesten schien er darauf zu sein, dass es ihm gelungen war, sich von schwachen Mitarbeitern zu trennen, indem er nicht nur mit den Betroffenen verhandelte, sondern auch mit den Managern anderer CBC-Einheiten, die bereit waren, sie zu übernehmen.

Die Akquise umfasst zwei Komponenten: *Koalitionen für bestimmte Projekte schmieden* **– man kann auch sagen:** *Unterstützung mobilisieren* **– und dann mit dieser Unterstützung sowie unter Rückgriff auf bestehende Netzwerke** *Verhandlungen führen.* Ich werde beides gemeinsam behandeln.

Viele Aktivitäten setzen Verhandlungsgeschick voraus: Projekte müssen in aller Regel mit Dritten – Zulieferern, Kunden, Partnern, Behörden und anderen – abgestimmt werden. Aber es gibt auch Aktivitäten, deren Schwerpunkt selbst außerhalb der Einheit liegt, wenn beispielsweise ein CEO mit Investmentbankern eine Aktienemission vorbereitet oder sich in die Tarifverhandlungen mit den Gewerkschaften einschaltet. Sayles zufolge legt der »kluge [mittlere] Manager

---

Führungskraft tut. Würde in einer perfekten Organisation nicht jede Spezialbefugnis an eine spezialisierte Funktion delegiert? Dem Mann an der Spitze bliebe am Ende nichts oder so gut wie nichts zu tun. Er würde lediglich die Entscheidungen seiner Untergebenen absegnen; in einem gut laufenden Unternehmen hätte er niemals Grund zum Einspruch.« (1964: 534) Denken Sie daran, wenn wir auf die perfekten und gut laufenden Unternehmen zu sprechen kommen.

großes Gewicht auf Verhandlungen; für ihn bestimmen Verhandlungen den Alltag« (1964: 131). Aber das gilt natürlich auch für Topmanager:

■ Zu Carol Haslams Job als Chefin von Hawkshead Films gehörte es, senderübergreifende internationale Projekte auf den Weg zu bringen. Sie musste ihren potenziellen Kunden Ideen schmackhaft machen und sie von den Fähigkeiten ihres Unternehmens überzeugen. Dies erforderte viel Verhandlungs- und Jongliergeschick. Als Direktor des Global-Express-Programms von Bombardier musste Brian Adams mit den Geschäftspartnern und Zulieferern Vereinbarungen der unterschiedlichsten Art aushandeln, um den reibungslosen Bau des Flugzeugs sicherzustellen.

Die Partner in Beratungsunternehmen und die CEOs von Hightechunternehmen wie Boeing oder Airbus treten häufig als Verkäufer auf, um Kundenaufträge an Land zu ziehen. Sie verrichten hierbei Tätigkeiten, die in den meisten anderen Branchen dem operativen Betrieb zugeordnet sind; sie verfügen jedoch in manchen Fällen als Einzige über den nötigen Status und die nötige Autorität, um solche Vereinbarungen zu treffen. Anders gesagt: **Als Galionsfigur verleiht der Manager den Verhandlungen Glaubwürdigkeit; als Nervenzentrum steuert er umfassende Informationen bei; als Verbreiter oder Verteiler kann er die erforderlichen Ressourcen umgehend anweisen.** Wenn wir die Tätigkeit des Managers verstehen wollen, müssen wir deshalb nicht nur wissen, *was* er tut, sondern auch, *warum* er es tut.

■ Der stellvertretende kanadische Justizminister John Tate sorgte nicht nur dafür, dass Politik gestaltet wurde; in seiner Eigenschaft als Experte griff er auch selbst in das Geschehen ein, indem er mit anderen Ressorts und anderen Stakeholdern verhandelte. Weil Verhandlungen (beispielsweise mit Unternehmen und Regierungen über die Reduzierung von Umweltbelastungen) auch für Greenpeace ein zentrales Instrument darstellten, spielten sie auch im Berufsalltag von Paul Gilding und Paul Hohnen eine hervorgehobene Rolle.

Zu viel Mikromanagement? Wir können die Erörterung der Aktionsebene abschließen, indem wir auf die bereits angesprochene Kontroverse zwischen Mikromanagement und Makroleading zurückkommen. **Manager, die weder handeln noch verhandeln und folglich kein Gespür für das reale Geschehen haben, werden möglicherweise unfähig, vernünftige Entscheidungen zu treffen und robuste Strategien zu entwickeln.** Wir brauchen ebenso wenig Manager, die weder handeln noch verhandeln, wie wir Manager brauchen, die ausschließlich handeln und verhandeln. Im Umfeld eines Managers muss sich die Welt des Handelns mit der Welt der Menschen und diese wiederum mit der Welt der Informationen verbinden.

Vielseitiges Management

Wie bereits erwähnt, neigen viele der bekanntesten Managementautoren dazu, jeweils einen Aspekt der Managertätigkeit auf Kosten der übrigen überzubewerten. Jetzt können wir ermessen, warum sie alle irren: Wer auf ihre Ratschläge hört, läuft Gefahr, seine Managertätigkeit einseitig auszuführen. Wie ein nicht ausgewuchtetes Rad droht sie unkontrolliert ins Schlingern zu geraten.

Wer sich an Tom Peters und seiner Betonung des Handelns orientiert, setzt seine Tätigkeit zentrifugalen Kräften aus, sodass sie in Ermangelung eines starken zentralen Rahmens in alle Richtungen auseinanderfliegt. Wer sich stattdessen für Michael Porters Vorstellung vom Manager als Analytiker entscheidet, der die Strategie ins Zentrum stellt, setzt seine Tätigkeit zentripetalen Kräften aus, die sie förmlich implodieren lassen, mit der Folge, dass die realen Handlungen, die letztlich den Zweck der Veranstaltung darstellen, aus dem Blick geraten.[25] **Denken drückt nach unten – zu viel davon kann den Manager zermürben; Handeln drückt nach oben – zu viel davon und der Manager kommt nicht vom Fleck.**

---

25 Tom Peters machte in einer Diskussionsrunde mit Michael Porter auf der Strategic Management Society Conference in Montreal im Jahr 1991 die interessante Bemerkung, dass Porter zwar möglicherweise den Blick nach außen (auf das Wettbewerbsumfeld) und Peters nach innen (auf den Unternehmensbetrieb) wendet, in Wahrheit aber Porter den Fokus einwärts aufs Denken und Peters auswärts auf das Verhalten richtet.

Ebenso gilt: **Zu viel Führung beraubt die Managertätigkeit ihres Inhalts – ihrer Ziele, ihrer Regeln und ihrer Handlungen –, während zu viel Vernetzung die Tätigkeit »entwurzelt« – PR tritt an die Stelle realer Beziehungen. Der Manager, der ausschließlich kommuniziert, bringt nichts zuwege, während der Manager, der ausschließlich handelt, am Ende alles allein machen muss. Und der Manager, der ausschließlich lenkt und kontrolliert, läuft Gefahr, sich mit nichts als Ja-Sagern zu umgeben.** Wir brauchen keine Manager, die ausschließlich die Menschen, die Informationen oder die Handlungen im Blick haben; was wir brauchen, sind Manager, die auf allen drei Ebenen operieren. **Nur gemeinsam stellen diese drei Rollen auf allen drei Ebenen jenes Gleichgewicht her, das für die Praxis des Managens so unverzichtbar ist.**

Vor dem Hintergrund meines Managementmodells (vgl. Abbildung 3.2 auf S. 71) gilt: **Der Manager muss einen vielseitigen Job verrichten.** Natürlich können sich die einzelnen Rollen mitunter gegenseitig ersetzen – beispielsweise indem wir Mitarbeiter mit Mitteln der Führung »ziehen«, anstatt sie mit Mitteln des Lenkens und Kontrollierens zu »schieben«. Derselbe Job lässt sich auf verschiedenerlei Weise verrichten. Aber keine dieser Rollen kann die übrigen dauerhaft ersetzen; jeder Manager muss in der Lage sein, bei Bedarf auf jede von ihnen zuzugreifen. Das nach innen gerichtete Handeln lässt sich ebenso wenig vom nach außen gerichteten Verhandeln trennen, wie sich die nach innen gerichtete Führung von der nach außen gerichteten Vernetzung oder die Informationsbeschaffung von der Arbeit mit den Menschen und dem Handeln trennen lässt. Es ergibt auch keinen Sinn, sich einen Rahmen in Form einer eindrucksvollen Strategie zu basteln und ihn anschließend allein mit Mitteln des Lenkens und Kontrollierens, aber ohne Führung implementieren zu wollen. Von dieser sogenannten strategischen Planung haben wir schon mehr als genug gesehen.

Wir alle kennen Formen des Managens, die durch Einseitigkeit gekennzeichnet sind, sei es, weil die Strategiebildung sich verselbstständigt, Lenkung und Kontrolle überhandnehmen oder die Führung sich ausschließlich um sich selbst dreht. Einerseits haben »Forscher festgestellt, dass erfolglose Führungskräfte überdurchschnittlich häufig ein einseitiges Management praktizieren« (Quinn u.a. 1990: 310). Andererseits erzielen CEOs mit »der Fähigkeit, verschiedene, miteinander konkurrierende Rollen zu spielen, die beste Performance« (Hart und Quinn 1993: 543; vgl. auch Kraut u.a. 2005: 127). Das ist der Grund, warum Sie das Modell dieses Kapitels auf einer einzigen Seite dargestellt finden: Wir wollen damit zum Ausdruck bringen, dass es sich um einen einzigen Job handelt, der eine ganzheitliche Betrachtungsweise erfordert.

Tabelle 3.1: Managementrollen		
	Konzipieren und terminieren	
	Nach innen	Nach außen
Informationsebene	Kommunizieren	
	• Monitoring • Nervenzentrum	• Sprecher • Nervenzentrum • Verbreiten
	Lenkung und Kontrolle • Entwerfen • Delegieren • Auswählen • Verteilen • Fordern	
Zwischenmenschliche Ebene	Führen • Mitarbeiter motivieren • Mitarbeiter entwickeln • Teams zusammenstellen • Unternehmenskultur stärken	Vernetzen • Kontaktpflege • Repräsentieren • Vermitteln und überzeugen • Weitergabe • Puffer
Aktionsebene	Tun • Projekte managen • Auf Störungen und Krisen reagieren	Akquise • Unterstützung mobilisieren • Verhandeln

Um eine Metapher zu verwenden: Jeder Manager muss die ganze Pille schlucken. In gewisser Weise können wir das Modell mit einer jener Depotkapseln vergleichen: Die äußeren Schichten erzeugen rasche Aktion, während die inneren Komponenten – Menschen und Informationen – ihre Wirkung langsamer entfalten.

Die Pille ist vielleicht nicht leicht zu schlucken, aber das Problem liegt nicht in der Theorie, sondern in der Praxis. Wie ich den Leser zu

Beginn bereits gewarnt habe, handelt dieses Buch vom Managen und von nichts anderem. Tabelle 3.1 listet alle in diesem Kapitel beschriebenen Rollen und Unterrollen auf, während Tabelle 3.2 die diversen mit diesen Rollen einhergehenden Kompetenzen aufzählt, die ich aus zahlreichen Quellen zusammengestellt habe. Kann ein einzelner Manager sie alle beherrschen? Die kurze Antwort lautet: Nein. Aber wie wir in Kapitel 6 sehen werden, funktioniert die Welt auch mit Managern leidlich gut, die wie alle Menschen ihre Schwächen und Fehler haben. Sie hat keine andere Wahl.

Tabelle 3.2: Die Kompetenzen des Managens

A. Individuelle Kompetenzen

1. Sich selbst managen, nach innen (Reflexion, strategisches Denken)

2. Sich selbst managen, nach außen (Zeit, Informationen, Stress, Karriere)

3. Terminieren (Zeiteinteilung, Prioritätensetzung, Termine, Jonglieren, Fristen)

B. Zwischenmenschliche Kompetenzen

1. Mitarbeiter führen (Auswahl, Schulung, Coaching, Inspiration, Umgang mit Experten)

2. Gruppen führen (Teambildung, Konfliktlösung, Vermittlung, Prozesse begleiten, Sitzungen leiten)

3. Die Organisation/Einheit führen

4. Verwalten (organisieren, Ressourcen zuteilen, delegieren, absegnen, systematisieren, Ziele setzen, Lob austeilen)

5. Vernetzen (Kontakte pflegen, repräsentieren, kooperieren, werben, Lobbyarbeit leisten, schützen/puffern)

C. Informationelle Kompetenzen

1. Verbal kommunizieren (zuhören, interviewen, sprechen, präsentieren, instruieren, schreiben, Informationen sammeln, Informationen weiterleiten)

2. Nonverbal kommunizieren (sehen, spüren)

3. Analysieren (EDV, Modellbildung, messen, auswerten)

D. Aktionskompetenzen

1. Entwerfen (planen, gestalten, Visionen entwickeln)

2. Mobilisieren (Krisen bekämpfen, Projekte managen, verhandeln, politisch tätig werden, Veränderungen initiieren)

Quelle: Zusammengetragen aus diversen Quellen, vgl. Mintzberg (2004: 280)

Rollenübergreifend managen

Wenn sich eine Pille auflöst, vermischen sich ihre diversen Schichten und Komponenten. Dasselbe gilt auch für unser Modell: **Wenn ein Manager managt, verschwimmen die Grenzen seiner Rollen an den Rändern.** Mit anderen Worten: Es mag einfach sein, die Rollen auf der konzeptionellen Ebene auseinanderzuhalten, aber das heißt nicht, dass sie sich stets im Verhalten trennen lassen.

■ Jacques Benz war bei GSI nicht im engeren Sinne als »Macher« aktiv, er kümmerte sich vielmehr um Dinge, die im Grenzbereich zwischen *Tun* und anderen Rollen angesiedelt waren: mit *Kommunizieren, Lenken und Kontrollieren, Führen* und ganz besonders *Planen/Konzipieren.* Benz ist ein Mensch der Tat – er beteiligte sich an der Projektarbeit –, aber als solcher übernahm er auch die anderen Rollen.

Widerspricht das dem Modell? Nein, und auch die Vermischung der verschiedenen Wirkstoffe einer Pille negiert nicht die Notwendigkeit dieser verschiedenen Wirkstoffe. Um die Praxis des Managens zu verstehen, müssen wir jede ihrer Komponenten verstehen, selbst wenn sie sich nicht immer isoliert ausführen lassen. Die Vermischung geschieht auf dreierlei Weise.

Aktivitäten in verschiedenen Rollen   Wir hatten schon Beispiele von Managertätigkeiten, die sich an der Schnittstelle zwischen verschiedenen Rollen abspielten – ein Manager, der einem Projekt auf die Sprünge hilft, führt möglicherweise nicht nur, sondern handelt auch. Andy Grove von Intel beschreibt dieses »Anstoßen« an der Grenze zwischen Führen, Kontrollieren, Kommunizieren und Handeln:

Häufig tut man im Büro Dinge, um das Geschehen ein bisschen zu beeinflussen, indem man beispielsweise einen Partner anruft, um ihn davon zu überzeugen, in einer bestimmten Angelegenheit so oder anders zu entscheiden. ... In solchen Fällen handelt es sich mehr um Werbung für eine bestimmte Vorgehensweise als um Anweisungen oder Befehle. Aber es bleibt auch nicht bei der reinen Informationsübermittlung. Ich bezeichne es als »Anstoßen«, weil es dazu dient, eine Person oder einen Diskussionsverlauf in die gewünschte Richtung zu bringen. Das ist eine immens wichtige Managertätigkeit, die uns ständig in Atem hält, und die sorgfältig unterschieden werden muss von einer Entscheidungsfindung, die in festen, klar verständlichen Direktiven mündet. In der Realität kommt auf jede unmissverständliche Entscheidung, die wir treffen, vermutlich ein Dutzend solcher »Anstöße«. (1983: 51 f.)

Fließende Rollenübergänge Zweitens können die Rollen die klaren Grenzlinien des Modells überschreiten. So habe ich beispielsweise den Manager als jemanden beschrieben, der nach innen lenkt und kontrolliert und nach außen Überzeugungsarbeit leistet. Die eigenen Angestellten werden schließlich dafür bezahlt, dass sie die Autorität des Vorgesetzten akzeptieren. Aber besonders fähige Mitarbeiter wie beispielsweise Ärzte in einem Krankenhaus oder Forscher in einem Labor müssen von ihren Managern häufig mehr überzeugt als gelenkt und kontrolliert werden, während abhängige Zulieferer mitunter fast wie Untergebene behandelt werden können. Folglich müssen Manager bisweilen nach innen verhandeln und nach außen handeln.

■ Das war besonders deutlich bei Brian Adams von Bombardier, für den die Erreichung des Ziels wichtiger war als formale Hierarchien. Was Adams tat, lässt sich vielleicht am besten als erweiterte Lenkung bezeichnen. Interessant ist beispielsweise, dass die wenigen Direktiven, die er in einer Morgenbesprechung gab, Leuten galten, über die er keine formale Autorität besaß, während er persönlich nach Los Angeles flog, um sich der Probleme eines Subsubunternehmers anzunehmen.

Infolgedessen wurden in den vergangenen Jahren die vertikalen Verbindungslinien von »Vorgesetzten« zu »Untergebenen« in vielen Organisationen schwächer, während die horizontalen Linien zu Geschäftspartnern und Kollegen stärker wurden (vgl. Abbildung 3.6). Das bedeutet, dass die Rollen des Lenkens, Kontrollierens und Führens, die bislang in der Managementliteratur dominierten, zunehmend hinter den Rollen des Vernetzens und Handelns zurücktreten.

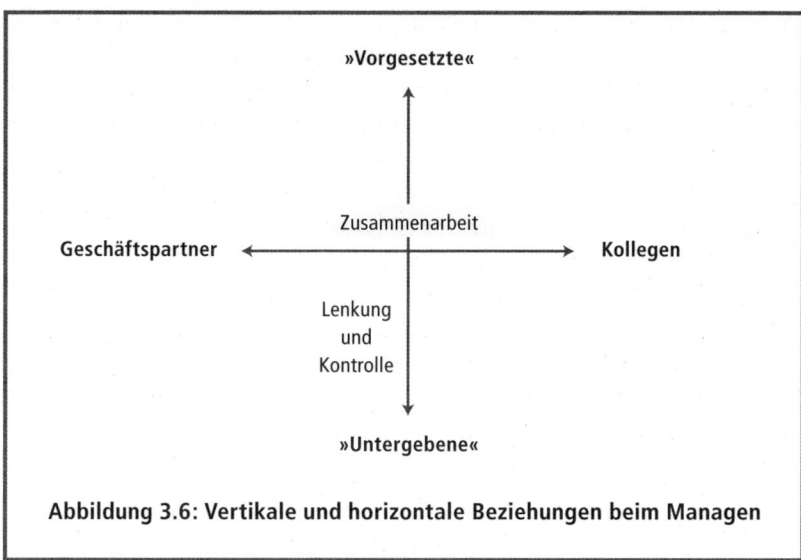

Abbildung 3.6: Vertikale und horizontale Beziehungen beim Managen

Das alles widerspricht meinem Verständnis nach nicht unserem Basismodell – der Bedarf an externer Überzeugungsarbeit und an interner Lenkung und Kontrolle ist nach wie vor groß –, sondern zeigt, wie wir mit seiner Hilfe Veränderungen verstehen können, die sich gegenwärtig in der Praxis des Managens vollziehen.

Diese Übertretung von Rollengrenzen kann auch unabsichtlich geschehen, wenn Managerbotschaften missverstanden werden. Burns schreibt: »Jede zweite als Instruktion oder Entscheidung [Lenkung und Kontrolle] gemeinte Äußerung eines Managers wurde als Information oder Empfehlung [Kommunikation] aufgenommen.« (1954: 95) Carlson kommt in seiner Untersuchung zu dem gegenteiligen Ergebnis: »Ich beobachtete, wie Gespräche zwischen CEO und Untergebenem, die aus Sicht des Ersteren lediglich dem Informationsaustausch dienten, von Letzterem sehr wohl mitunter als Bekanntgabe von Entscheidungen oder gar als Befehlserteilung verstanden wurden.« (1951: 117f.)

Rollen, die aufeinander abfärben   Drittens haben wir das Phänomen, dass eine Rolle eine andere beeinflusst. Das trifft insbesondere auf die Führungstätigkeit zu: Alles, was ein Manager tut, wird unter dem Aspekt seiner Führungsqualitäten betrachtet. (Hill 2003: 31) Aber das lässt sich auch von anderen Rollen sagen; wie ein Manager führt, kann beispielsweise ein Indikator dafür sein, wie er seine Lenkungs- und Kontrollfunktion wahrzunehmen gedenkt. »Halten Sie nicht mit Kritik zurück«, verkündete beispielsweise der CEO eines mir bekannten Unternehmens, nur um den Erstbesten, der seinen Rat befolgte, zu entlassen. Das widerspricht sich ja nicht.

In seiner Besprechung meines Buches aus dem Jahr 1973 bezeichnet Karl Weick die Führungsrolle als die »am wenigsten überzeugende«, ja, er stellt sogar ihre Existenz infrage: »Der Motivationsaspekt lässt sich genauso gut den übrigen Rollen zuordnen.« (1974b: 117) Selbstverständlich. Aber es gibt andere Aktivitäten, die spezifisch für die Führungsrolle sind (wie beispielsweise Mentoring und Schulung), wie es auch Aktivitäten gibt, die spezifisch für die Lenkungs- und Kontrollrolle sind (wie beispielsweise Delegieren und Fordern).[26]

Am überzeugendsten ist Weick noch im Hinblick auf das Denken – was wir in diesem Modell mit Konzipieren oder *Planen* wiedergeben. Wann hören wir jemals mit dem Denken auf? Aber Weick unterscheidet in einer anderen Publikation (1983) zwischen einem Denken, das vom Handeln abgekoppelt ist, und einem »Denken, das untrennbar mit Handlung verbunden ist und gleichzeitig damit stattfindet« (S. 222). Folglich lassen sich »Managertätigkeiten jeder Art mehr oder weniger denkend ausführen« (S. 223). Wir werden auf diese interessante Vorstellung im abschließenden Kapitel zurückkommen.

---

26 McCall u.a. schreiben beispielsweise, dass die Planung »zwischen oder während diverser anderer Aktivitäten stattfindet. Dasselbe gilt für die Entscheidungsfindung.« (1978: 37) Zur Letzteren erklärt ein Sony-Manager: »Um ehrlich zu sein: Vermutlich sind 60 Prozent der Entscheidungen, an denen ich beteiligt bin, meine eigenen Entscheidungen. Aber ich halte meine Absichten geheim. Wenn ich mit Untergebenen sprechen, stelle ich Fragen, erkundige mich nach Fakten und versuche, mein Gegenüber in die richtige Richtung zu bugsieren, ohne meine Position offenzulegen. Manchmal ändere ich im Laufe des Gesprächs meine Einstellung. Aber unabhängig vom Resultat fühlt sich mein Gegenüber an der Entscheidung beteiligt. Sein Engagement im Entscheidungsprozess kommt zudem seiner Erfahrung zugute.« (Maital 1988: 57)

Rollenpräferenzen

Wenn wir behaupten, dass ein Manager alle Rollen im Modell ausfüllen – die ganze Pille schlucken – muss, so heißt das nicht, dass er nicht eine Vorliebe für die eine oder andere dieser Rollen haben darf. Jeder Manager muss besonderen Anforderungen gerecht werden, und das veranlasst ihn, in seiner Tätigkeit bestimmte Schwerpunkte zu setzen, wie wir im nächsten Kapitel sehen werden. Darüber hinaus bringt jeder Manager seine eigenen Vorlieben mit: Er hat seinen eigenen Stil, wie ebenfalls das nächste Kapitel zeigen wird. Die Managertätigkeit bietet viele Gelegenheiten, die verschiedenen Rollen zu ersetzen, zu kombinieren oder zu variieren. **Der erfolgreiche Manager wahrt kein perfektes Gleichgewicht zwischen den Rollen; er bevorzugt einige von ihnen, auch wenn er die übrigen nicht vernachlässigen darf.** (Quinn u.a. 1990: 316)

Lassen Sie uns einige offensichtliche Beispiele betrachten (auf die wir im nächsten Kapitel zurückkommen werden). Manager von hoch qualifizierten Mitarbeitern, wie beispielsweise in Krankenhäusern und Universitäten, legen möglicherweise mehr Wert auf die Vernetzungs- als auf die Führungsrolle, ganz zu schweigen von Lenkung und Kontrolle, weil diese Mitarbeiter sich mehr wie Kollegen oder Zulieferer als wie Untergebene verhalten. Sie brauchen weniger Ermunterung oder Aufsicht seitens des Managers als vielmehr seine Unterstützung. Unternehmer hingegen legen meist mehr Wert aufs Handeln und Verhandeln, während Topmanager großer Unternehmen häufig die Betonung auf Lenkung und Kontrolle – insbesondere mittels ihrer Systeme zur Performancemessung – legen. Letzteres kann auch für andere Manager gelten:

■ Die Rotkreuzdelegation in Ngara musste den Alltag der Flüchtlinge regeln und dafür sorgen, dass es im Lager nicht zu Auseinandersetzungen kam. Die Manager der Delegation bemühten sich mit den Mitteln der Kommunikation und der Lenkung und Kontrolle, ein aktives Eingreifen in Streitigkeiten überflüssig zu machen. Mit anderen Worten: Je weniger sie selbst handeln mussten, desto erfolgreicher waren sie. Sie achteten deshalb penibel darauf, dass sie alle Informationen erhielten und die Situation jederzeit unter Kontrolle hatten.

Die dynamische Balance

In diesem Schlussabschnitt habe ich erst von der Notwendigkeit eines vielseitigen Managements und dann von der Unvermeidlichkeit einer gewissen Bevorzugung einzelner Rollen gesprochen. Ich sehe darin jedoch keinen Widerspruch. **Über längere Zeit muss Management eine** *dynamische* **Balance herstellen.** Ein vielseitiges Management kann gemäß den Erfordernissen des Augenblicks mal so und mal so aussehen. »Die Managertätigkeit ist kein statischer und geordneter Prozess; vielmehr gibt es ein Auf und Ab von Sitzungen, Anforderungen, Dringlichkeiten und Verhandlungen.« (Weick 1983: 26)

■ Diese dynamische Balance hat mich bei meinen 29 Beobachtungstagen überrascht. Das Bemerkenswerte an Fabienne Lavoies Tag auf der Krankenstation beispielsweise war die Art, wie alles in einem natürlichen Rhythmus zusammenfloss. Ich konnte klare Beispiele für jede einzelne Rolle ausmachen, aber sie wechselten sich in so kurzen Intervallen ab, dass alles miteinander verschmolz. Eine kurze Unterredung mit einer Krankenschwester enthielt Elemente der geschickten Lenkung und Kontrolle und der einfühlsamen Führung; dann sprach sie mit dem Angehörigen eines Patienten (Vernetzung); ständig tat sie etwas, aber das ließ sich nur schwer von ihrer Führungs- und Kommunikationstätigkeit trennen.

Diese dynamische Balance ist der Grund, warum es zwecklos ist, Management in einer Schule zu unterrichten, insbesondere wenn dabei die Rollen und Fähigkeiten isoliert behandelt werden. Selbst wer all diese Fähigkeiten meistert, ist noch lange kein fähiger Manager, denn entscheidend für diese Tätigkeit ist die Verschmelzung all dieser Aspekte zu einer dynamischen Balance. Und das kann nur im Job selbst geschehen, weil keine Simulation, die ich bislang in einem Seminarraum gesehen habe – Fallstudie, Spiel, Postkorbübung –, auch nur in die Nähe des realen Jobs kam. (Sie brauchen dazu nur die Beschreibungen meiner Besuchstage im Anhang zu lesen.)

Der praktizierende Manager kann sicherlich davon profitieren, wenn er in einem Seminarraum ermuntert wird, allein oder mit anderen über die bereits im Job gemachten Erfahrungen zu reflektieren (worauf wir in Kapitel 6 zurückkommen werden; vgl. auch Mintzberg

2004b). Aber diese Erfahrungen können so vielfältig sein – siehe die folgenden Seiten –, dass im Rahmen eines solchen Kursangebots nicht das Lehren von bestimmten Inhalten, sondern der eigenständige Lernprozess des Managers im Vordergrund stehen sollte.

4. Die unzähligen Formen des Managens

Nicht chaosgleich zermalmet und geschunden
Vielmehr nach Weltart inniglich verbunden:
Wo Ordnung wir in Vielfalt sehn und jeglich
Ungleiches Ding dem andern weiß sich einig.
ALEXANDER POPE, »WINDSOR FOREST«

Wer ein paar Stunden mit verschiedenen Managern verbringt, ist vermutlich überrascht, wie vielfältig dieser Job sein kann: Da sind zum Beispiel der Chairman einer Bank auf Besuch in einer Filiale, ein Rotkreuzvertreter, der in einem Flüchtlingslager nach Anzeichen für Spannungen sucht, ein Orchesterdirigent bei einer Probe und anschließend bei einer Aufführung, der Chef einer NGO bei der formellen Planung, der zugleich eine politische Gefahr abwehrt. Die Managertätigkeit ist nicht weniger mannigfaltig als das Leben selbst.

Die letzten beiden Kapitel handelten von den allgemeinen Merkmalen und Rollen des Managens. Dieses nun betrachtet seine schiere Vielfalt. Wie können wir in dieser Vielfalt eine Ordnung erkennen? Das ist das Thema dieses Kapitels.

Managen – ein Faktor nach dem anderen

Unsere Intention war es, uns mit den einzelnen Faktoren nacheinander zu beschäftigen. In der Führungsforschung wird dieser Ansatz als »Kontingenztheorie« bezeichnet und die Faktoren als »Variablen«. Diese Variablen (Größe der Organisation, Hierarchieebene) werden isoliert und ihr Einfluss auf die Praxis des Managens untersucht. Beispiel: »Je größer die Gesamtorganisation, desto mehr Zeit verbringen die Topmanager mit formeller Kommunikation.« (Mintzberg 1973: 130) Dieses Phänomen findet sich jedoch nicht nur in der Wirtschaftstheorie, sondern auch in der Praxis. Denken Sie nur, wie häufig Sie sich gefragt haben oder andere fragen hörten, was japanische Manager von amerikanischen unterscheidet, inwiefern das Management in Behörden anders ist als in der Privatwirtschaft und warum »Topmanagement« nicht gleich »mittlerem Management« ist. Aus dieser Perspektive heraus habe ich also dieses Kapitel zu schreiben begonnen. Ich isolierte zwölf Faktoren, die in der theoretischen und praktischen Literatur häufig Erwähnung finden (vgl. auch Fondas 1992), und machte mich daran, zu jedem von ihnen die Faktenlage zusammenzufassen. Die Faktoren gliederten sich in die folgenden fünf Gruppen:

- *Äußeres Umfeld*: nationale Kultur, Sektor (privatwirtschaftlich, staatlich etc.) und Branche
- *Strukturelles Umfeld*: Form der Organisation (unternehmerische Organisation, Organisation der Professionals etc.), ihr Alter, ihre Größe und ihr Entwicklungsstadium
- *Arbeitsplatzumfeld*: Hierarchieebene und die überwachte Arbeit (oder Funktion)
- *Situationsumfeld*: temporäre Zwänge und Managementmoden
- *Persönliches Umfeld*: Hintergrund des Managers, Erfahrung (im Job, im Unternehmen, in der Branche) und persönlicher Stil

Aber als ich näher darüber nachdachte, hatte ich das Gefühl, dass daran etwas nicht stimmte. Die Betrachtung dieser Faktoren vermittelte mir nicht den erwarteten Durchblick und sie entsprachen auch nicht der Vielfalt meiner Beobachtungen an 29 Tagen.

Managen – ein Tag nach dem anderen

Also drehte ich den Prozess um. Ich ging von den 29 Tagen aus und fragte mich zu jedem, welcher der Faktoren auf die Tätigkeit des jeweiligen Managers besonders großen Einfluss zu haben schien. Die Antwort überraschte mich: In vielen Fällen waren es nur wenige Faktoren. Und eine Reihe von Faktoren, die in der Literatur besonders prominent vertreten waren (beispielsweise die nationale Kultur), tauchten so gut wie gar nicht auf.

Tabelle 4.1: Einfluss der Faktoren auf die besuchten Manager

	John Cleghorn – Royal Bank	Jacques Benz – GSI	Carol Haslam – Hawkshead	M. Mintzberg – Telephone Booth	John Tate – Justizministerium	Norman Inkster – RCMP	Sir Duncan Nicol – NHS	»Marc« – Krankenhaus	Paul Gilding – Greenpeace	Dr. Rony Brauman – MSF	C. Joint-Dieterle – Museum	Bramwell Tovey – Orchester	Brian Adams – Bombardier	Alan Whelan – ET	Glen Rivard – Justizministerium
I Externer Kontext															
Kultur						●				●					
Sektor	●	●	●	■	●		●	●					■		●
Branche		●	■	●	■	●					●		●		■
II Organisationskontext															
Organisationsform		■	■	■	■			■					■	■	
Alter, Stadium, Größe	■		■		■	■		■			■	■	●	■	●
III Arbeitsplatzumfeld															
Hierarchieebene	■				●			●	●						
Funktion			●		●	●		●	●		■	■			■
IV Situationsumfeld															
Umständebedingte / temporäre Zwänge								■	■			■			
Moden															
V Persönliches Umfeld															
Hintergrund				■				■				●			
Berufserfahrung	■						●	■		■		●			■
Stil	●		●	●	●	●		●	■	■	●	●	●	●	
Signifikanter Einfluss	3	1	3	3	4	2	2	3	5	1	3	4	4	5	4
Schwerpunkt / Haltung	6	6	2	3	9	5	2	2	4	2	3	1	3	8	3

■ Signifikanter Einfluss   ● Mäßiger Einfluss   □ Geringer Einfluss

	Doug Ward – CBC	Allen Burchill – RCMP	Sandra Davis – Parks	Charlie Zinkan – Parks	Peter Coe – NHS	Ann Sheen – NHS	Paul Hohnen – Greenpeace	Abbas Gullet – Rotes Kreuz	Gordon Irwin – Parks	Ralph Humble – RCMP	Dr. Michael Thick – NHS	Dr. Stewart Webb – NHS	Fabienne Lavoie – Krankenhaus	Stephen Omollo – Rotes Kreuz	Signifikante Einflüsse
I Externer Kontext															
Kultur		•						■		•				■	2
Sektor			■	■		•					•	•	•		5
Branche		•		•		■	■	■	•	•	■	■			12
II Organisationskontext															
Organisationsform	■				•	■	■	■		■	■	■	■	■	20
Alter, Stadium, Größe					■										8
III Arbeitsplatzumfeld															
Hierarchieebene		■	■	•					•	•	•		•		6
Funktion	•	•				•			■	■					7
IV Situationsumfeld															
Umständebedingte/ temporäre Zwänge				■				■						■	7
Moden					■										1
V Persönliches Umfeld															
Hintergrund						■							■	■	6
Berufserfahrung	■	•	■	•			•	■		•			•		9
Stil			•		■			•					■		5
Signifikanter Einfluss	2	1	3	2	4	3	2	5	2	2	3	4	4	4	
Schwerpunkt/Haltung	3	7	7	7	8	1	3	1	1	1	4	4	1	1	

■ Signifikanter Einfluss   • Mäßiger Einfluss   ☐ Geringer Einfluss

Tabelle 4.1 gibt die Resultate wieder. Sie beruhen auf meinen Eindrücken und persönlichen Bewertungen dessen, was ich sah – aber ich denke, dass Sie mir im weiteren Verlauf in vielen (wenn auch vielleicht nicht in allen) Punkten zustimmen werden. Die Faktoren, die den jeweiligen Tag besonders stark beeinflusst haben, sind durch dunkle Felder gekennzeichnet; Faktoren mit geringem Einfluss sind durch einen Punkt dargestellt, und die zufälligen Faktoren, die wenig oder gar nichts erklären, sind durch ein leeres Feld vertreten. Beachten Sie die vielen leeren Felder in der Tabelle!

Von den zwölf möglichen Faktoren spielen durchschnittlich drei eine wichtige Rolle, wobei das Maximum bei fünf und das Minimum bei einem Faktor liegt. Der bei Weitem am häufigsten vertretene Faktor ist die Form der Organisation mit 20 von 29 möglichen Punkten, gefolgt von der Branche mit zwölf Punkten. Moden hingegen spielten lediglich bei einem und die Kultur bei zwei Managern eine wesentliche Rolle. Der persönliche Stil des Managers brachte es ebenfalls nur auf fünf von 29 Punkten. Somit zeigt sich: **Die Faktoren, denen sowohl in der theoretischen als auch in der praktischen Literatur die meiste Aufmerksamkeit zuteil wird (wie nationale Kultur oder persönlicher Stil), sind für das, was der Manager tut, möglicherweise weniger maßgebend, als allgemein angenommen wird, während andere Faktoren, die für gewöhnlich nicht im Rampenlicht stehen (wie Form der Organisation, Branche und Erfahrung), möglicherweise sehr viel wichtiger sind.** Einige der Faktoren, die für sich allein betrachtet so klar erscheinen, erweisen sich im Zusammenhang mit anderen Faktoren als sehr viel verwickelter.[1] Ein Beispiel illustriert dies:

■ Spielte es eine nennenswerte Rolle, dass Bramwell Tovey als Dirigent des Winnipeg Symphony Orchestra Brite war und dass er in Kanada dirigierte? Er war ein »Topmanager« und CEO, aber gleichzeitig war er der Vorarbeiter, denn es handelte sich um eine kleine Organisation ohne Führungshierarchie. Aber es war eine große Einheit: siebzig Mitarbeiter, die einem Manager unterstellt waren. Und wie steht es mit seinem persönlichen Stil? Natürlich war er ein Faktor – das ist er stets –, aber mehr im Hinblick

---

1 Siehe Noordegraaf u. a. (2005) zum Wechselspiel zwischen Sektor, Größe der Organisation, Organisationsform und sachfremden Zwängen in einer Studie über Manager im niederländischen Gesundheitssystem.

darauf, *wie* Tovey seinen Job ausführte, als darauf, *was* er am Ende tat: Er leitete sein Orchester mehr oder weniger so, wie es auch andere Dirigenten tun. Die zwei Faktoren, die sich als besonders aufschlussreich erwiesen – sie ergänzen sich in Wahrheit, fast wie ein einziger Faktor –, waren die Branche (dass es sich um ein Symphonieorchester handelte) und die Form der Organisation (dass sie sich aus hoch qualifizierten Leuten zusammensetzte, also eine *Organisation der Professionals* war).

Managen – ein Manager in einer konkreten Situation

Die Analyse zeigt vor allem zwei Ergebnisse: Wir können auf keinen der Faktoren verzichten (vielleicht mit Ausnahme der Moden), weil jeder bei einigen – wenn auch vielleicht nur bei einigen wenigen – eine wichtige Rolle spielte. Wichtiger aber ist ein anderer Punkt: **Es ist sinnlos, zu versuchen, die Managertätigkeit ausschließlich anhand eines isolierten Faktors zu verstehen. Selbst wenn jeder Faktor bestimmte Aspekte der Managementpraxis erklären kann, fängt doch keiner das Wesen des Managens im Kontext ein. Diese Faktoren müssen also zusammen betrachtet werden – jeweils in einer konkreten Situation.**[2]

Dieses Kapitel ist in vier Abschnitte gegliedert. Der erste wirft einen kurzen Blick auf einige Erfahrungswerte für elf der genannten Faktoren – welchen Einfluss jeder von ihnen bei den 29 Besuchstagen hatte. Der zweite konzentriert sich auf einen dieser Faktoren, den persön-

---

2 McCall (1977), der zu einer ähnlichen Schlussfolgerung gelangt (besonders in puncto Führungsstil), erklärt es so: »Es ist falsch, wenn Führungskräfte und Wirtschaftswissenschaftler annehmen, dass die ›Situation‹ sich aus einer kleinen Anzahl bestimmter Komponenten zusammensetzt. Die Organisation und ihr Umfeld sind dynamisch. Eine neue gesetzliche Vorschrift, eine neue Erfindung oder ein neuer Unternehmenspräsident kann die bestehenden Kausalzusammenhänge über Nacht verändern.« Kaplan verweist auf einen ähnlichen Grund: »Das Dilemma jeder theoretischen Beschreibung der Managementtätigkeit liegt darin, dass sie sich desto weiter von der korrekten Beschreibung des konkreten Einzelfalls entfernt, je abstrakter sie im Interesse der Abdeckung eines möglichst breiten Variantenspektrums formuliert ist.« (1986: 28) Wiewohl Kaplan eigentlich für die Kontingenztheorie plädiert, lassen sich seine Worte auch als Kritik an dieser Theorie lesen.

lichen Stil, und untersucht insbesondere dessen Einfluss auf die Art, *wie* Manager ihre Rollen ausfüllen im Gegensatz dazu, *welche* Rollen sie ausfüllen. Der dritte Abschnitt beschreibt auf der Basis aller Faktoren verschiedene *Haltungen oder Schwerpunktsetzungen*, die sich häufig bei Managern beobachten lassen (beispielsweise »Aufrechterhaltung des Workflows« oder »Aus der Mitte heraus managen«), während der vierte diese Diskussion auf das »Management ohne Manager« ausdehnt.

Der externe Kontext

Jeder Managerjob spielt sich in einem bestimmten äußeren Umfeld ab, das durch das kulturelle Milieu, den Sektor im Allgemeinen und die Branche im Speziellen gekennzeichnet sein kann.

Kulturelles Milieu

Die meisten von uns denken, dass sie an Orten leben, die von einer einzigartigen Kultur geprägt sind. Und wenn wir uns für Management interessieren, dann besonders für die Frage, wie dieses Umfeld die Praxis des Managens beeinflusst. Entsprechend viel wurde in der Vergangenheit über dieses Thema geforscht, mit Ergebnissen wie: »Die Kommunikation deutscher mittlerer Manager mit ihren Untergebenen ist vorrangig handlungsorientiert, während sich die Kommunikation ihrer britischen Kollegen auf die Motivation konzentriert.« (Stewart u.a. 1994: 131)[3] Dennoch sieht eine überraschend große Zahl solcher Studien am Ende verblüffende Ähnlichkeiten in der Managementpraxis

---

3 Siehe beispielsweise Boisot und Liang (1992) über chinesische Manager, Luthans u.a. (1993) über russische, Hales und Mustapha (2000) über malaysische, Pearson und Chatterjee (2003) über Manager in vier asiatischen Ländern und Tengblad (2002) über schwedische. Besonders häufig wird Hofstedes (1980, 1993) Studie über kulturelle Unterschiede zwischen IBM-Beschäftigten in vierzig verschiedenen Ländern zitiert, obgleich diese eher kulturelle Aspekte (wie beispielsweise den amerikanischen Individualismus) als die Managerpraxis selbst betreffen.

der verschiedenen Kulturen.[4] Und auch meine eigenen Forschungen ergaben, dass zwar alle 29 besuchten Manager in ihrem jeweils eigenen kulturellen Umfeld saßen, dies aber nur in zwei Fällen nennenswerten Einfluss auf das hatte, was sie taten – und diese Manager stammten gar nicht aus dem Kulturkreis, in dem sie arbeiteten:

- ◼ Abbas Gullet und Stephen Omollo befanden sich in den Rotkreuzlagern im tansanischen Ngara wegen der tragischen Ereignisse, die sich unmittelbar jenseits der Grenze in Ruanda abgespielt hatten. Das hatte entscheidenden Einfluss auf ihre Managertätigkeit, indem es sie zwang, ein äußerst wachsames Auge auf Sicherheitsfragen zu werfen und die Rolle des *Lenkens und Kontrollierens* zu betonen. Im Gegensatz dazu hätten sich die zwei Australier, die ich in der Greenpeace-Zentrale in Amsterdam besuchte, überall befinden können, weil das kulturelle Umfeld von Greenpeace die ganze Welt umfasst. John Cleghorn an der Spitze der Royal Bank of Canada und Max Mintzberg von The Telephone Booth in Montreal erlebten sehr unterschiedliche Tage, obgleich sie beide Kanadier waren. Glen Rivard vom kanadischen Justizministerium ließ sich bei seinen Bemühungen um den Entwurf eines Familienrechts sicherlich von der Kultur seines Landes leiten. Sie beeinflusste den Inhalt seiner Arbeit, nicht aber seine Managertätigkeit – hätte sich jemand in einer vergleichbaren Position beispielsweise in Chile wesentlich anders verhalten als er?[5]

Linda Hill fragte bei der Durchsicht einer Vorfassung dieses Manuskripts: »Kulturen sind doch wichtig, oder?« Das hoffe ich auch – ich

---

4 »Die betrachteten chinesischen Unternehmensmanager teilen mit ihren US-amerikanischen Kollegen viele Verhaltensmerkmale«, schreiben zum Beispiel Boisot und Liang (1992: 161). Yu u.a. (1999) bestätigen diese Beobachtung. Siehe auch Lubatkin u.a. (1997) und Doktor (1990). Wie Hales und Mustapha schreiben: »Auch wenn die Managertätigkeit nicht völlig homogen ist, ist ihr Variantenreichtum nicht unbegrenzt.« (2000: 20)

5 Nur mäßigen Einfluss hatte das kulturelle Milieu im Fall der drei Beamten der RCMP, deren normativer Politikansatz in einem liberalen Land wie Kanada zu erwarten war. Rony Braumans Tag in einem Land, in dem Machtpolitik eine vergleichsweise große Rolle spielt, war entsprechend stark von Politik geprägt.

habe mir viele Gedanken zum kanadischen Managementstil gemacht. Aber vielleicht tendieren wir auch dazu, unsere Unterschiede zu übertreiben. Oder vielleicht hat die Kultur mehr Einfluss darauf, *wie* wir Rollen ausfüllen, und weniger darauf, welche Rollen wir ausfüllen (wie wir im Zusammenhang mit dem persönlichen Stil noch diskutieren werden).

Sektor

Die erste Tabelle dieses Buches in Kapitel 1 listet die 29 Manager nach Sektoren auf: Wirtschaft, öffentlicher Dienst / Verwaltung, Gesundheitswesen sowie soziale und kulturelle Organisationen. Das entspricht einem verbreiteten Verständnis von Organisationen und bietet sich für eine Übersicht über die 29 besuchten Manager an. Aber liefert diese Darstellungsform zugleich einen wichtigen Schlüssel zum Verständnis der Managertätigkeit – ist das Managerverhalten wesentlich davon beeinflusst, ob es sich beispielsweise im privatwirtschaftlichen oder im öffentlichen Sektor abspielt? Ein solches Denken wurde uns beigebracht. Schließlich überwiegen in der Wirtschaft die wirtschaftlichen und im öffentlichen Dienst die politisch-administrativen Kräfte und so weiter. Aber auch hier wird die Verallgemeinerung dem konkreten Fall mitunter nicht gerecht.

■ Sicherlich gab es in allen von mir betrachteten privatwirtschaftlichen Unternehmen Wettbewerbsdruck, aber bei Max Mintzberg von The Telephone Booth, Brian Adams von Bombardier und Alan Whelan von BT spielte er eine nennenswerte Rolle. Im öffentlichen Sektor war ein intensiver politischer Druck nur an Charlie Zinkans Tag im Banff-Nationalpark zu spüren. (Der Umstand, dass es sich um eine staatliche Organisation handelte, spielte auch in Sandy Davis' Arbeit in den Parks eine wichtige Rolle, aber weniger in der politischen Dimension.) Dem intensivsten politischen Druck begegnete ich vielmehr an meinen Tagen mit Rony Brauman von Ärzte ohne Grenzen und Paul Gilding von Greenpeace, beide im sozialen Sektor. Im Gesundheitswesen spielte die inhaltlich-fachliche Arbeit bei den unteren Managern eine wichtige Rolle, eine sehr viel geringere Rolle jedoch auf den höheren Hierarchieebenen (wie wir später noch sehen werden).

Es existieren zweifelsohne zwischen den Sektoren ebenso Unterschiede in der Art des Managens, wie sie zwischen den Kulturen existieren – *im Durchschnitt*.[6] Aber wie wichtig sind diese Unterschiede für das Verständnis des Managements und die Beratung von Managern in Anbetracht der Unterschiede, die *innerhalb* der Sektoren existieren? Die Botschaft lautet hier: **Wenn wir die Vielfalt der Managertätigkeit verstehen wollen, müssen wir vom hohen Ross unserer Verallgemeinerungen klettern und uns in die Welt der Podien, Produkte und Programme begeben.** Und das führt uns zu einer weiteren Schlussfolgerung: **Es ist sinnlos, einem Sektor Überlegenheit zu attestieren – »die Wirtschaft weiß es am besten« –, solange die Managementpraxis innerhalb der Wirtschaft so stark variiert.**

Branche

Wenn wir den Begriff der *Branche* breit fassen und beispielsweise auch von der »Orchesterbranche« sprechen, existiert offensichtlich ein weites Spektrum von Branchen, in denen Manager tätig sind, sodass allgemeine Aussagen schwerfallen, auch wenn sich über eine konkrete Branche das eine oder andere sagen lässt. Ein Beispiel: »Der Schulleiter muss seine Managertätigkeit offener, herzlicher und buchstäblich sichtbarer verrichten, weil er es mit Lehrern und Schülern zu tun hat, deren friedliche Koexistenz stets aufs Neue gefährdet ist.« (Morris u. a. 1981: 79)

Die Branche spielte bei zwölf meiner Besuche eine maßgebliche Rolle – wie beispielsweise die Filmbranche bei Carol Haslam, die Orchesterleitung bei Bramwell Tovey oder das Justizministerium bei den zwei Managern, die ich dort beobachtete. Dies jedoch hing wiederum von der Hierarchieebene ab: Der Einfluss der Branche war bei den Linienmanagern (bei vier von sechs und in geringerem Maße bei den übrigen zwei), aber nur bei wenigen mittleren (vier von elf) und Topmanagern (vier von zwölf) signifikant. Daraus folgt: **Die Branche spielt dort die größte Rolle, wo das Management unmittelbar mit der Herstellung**

---

6 Siehe Noordegraaf und Stewart (2000) zur Managertätigkeit im öffentlichen im Vergleich zum privatwirtschaftlichen Sektor und Duncan u. a. (1994) zur Managertätigkeit im Gesundheitswesen im Vergleich zur Wirtschaft.

von Waren und Dienstleistungen zu tun hat.[7] Auf allen Ebenen jedoch gibt es ein Bewusstsein für die jeweilige Branche.

Der Organisationskontext

Als Nächstes schauen wir auf die Organisation, in der die Manager arbeiten, insbesondere mit Blick auf ihre Form, ihr Alter, ihre Größe und ihr Entwicklungsstadium.

Form der Organisation

Ein interessanter Befund lautet: **Die Form der Organisation erweist sich als der bei Weitem wichtigste Faktor, um zu verstehen, was die in dieser Studie beobachteten Manager taten.** In Tabelle 4.1 erscheint er bei 20 von 29 Besuchstagen als wesentlicher Faktor. Dennoch wird er häufig ignoriert, und das aus einem einfachen Grund.

Arten von Organisationen   Stellen Sie sich vor, die Biologie hätte keinen »Art«-Begriff: Wie können wir beispielsweise einen Biber von einem Bären unterscheiden, wenn unser Vokabular beim »Säugetier« endet? Das beschreibt unsere Situation in Bezug auf Organisationen, sowohl in der Praxis als auch in der Forschung: Wir verfügen kaum über detailliertere Begriffe. Wie kann ein CEO einem Berater oder einem Mitglied des Aufsichtsrats deutlich machen: »Sie behandeln uns, als wären wir eine Organisation der Sorte A, während wir in Wahrheit eine Organisation der Sorte B sind«, wenn es für A und B keine gebräuchlichen Namen gibt? Die Folge ist, dass man im Management nach wie vor von *einer* besten Denkweise ausgeht: Wenn etwas gut ist für die Royal Bank of Canada, dann muss es auch für Greenpeace gut

---

7 Zwei der vier Topmanager, die stark von der Branche beeinflusst waren – Carol Haslam und Bramwell Tovey –, standen kleinen Organisationen vor und waren somit ebenfalls dem Alltagsbetrieb stark verhaftet, während für einen dritten, Paul Gilding von Greenpeace, die Branche – der Umweltschutz – alles durchdrang.

sein (braucht jemand strategische Planung?). Vor Jahren schlug ich ein Vokabular vor, das diese Lücke füllen könnte und das ich hier verwenden will, um den Einfluss der Organisationsform auf die 29 besuchten Manager zu beschreiben.[8]

- *Die unternehmerische Organisation:* um eine einzige Führungspersönlichkeit herum strukturiert, die selbst viel handelt und verhandelt und strategische Visionen entwickelt
- *Die Maschinenorganisation:* formal strukturiert, mit einfachen Routinetätigkeiten (klassische Bürokratie); ihre Manager operieren in klar abgestuften Hierarchien und verbringen viel Zeit mit Lenkung und Kontrolle
- *Die Organisation der Professionals:* beschäftigt überwiegend hoch qualifizierte Mitarbeiter, die weitestgehend eigenständig arbeiten, während sich die Manager auf die extern ausgerichteten Aufgaben der Vernetzung und des Verhandelns konzentrieren, um auf diese Weise die Professionals zu unterstützen und zu schützen
- *Die Projektorganisation (Adhokratie):* um ein innovatives Expertenteam herum strukturiert; das Topmanagement beschäftigt sich mit *Vernetzen* und *Verhandeln*, um die Projekte zu sichern, während die Projektmanager sich darauf konzentrieren, die Teamarbeit zu fördern (indem sie *führen*), die Ausführung zu unterstützen (indem sie *handeln*) und die verschiedenen Teams miteinander zu *vernetzen*
- *Die missionarische Organisation:* geprägt von einer starken einheitlichen Kultur; die Manager betonen ihre *Führungsrolle*, um diese Kultur zu erhalten und auszubauen
- *Die politische Organisation:* konfliktbereit; die Manager müssen im Krisenfall die Rolle des *Handelns* und *Verhandelns betonen*[9]

---

8 Siehe Mintzberg (1979, 1983a, 1983b, 1989: Teil II). Ich verwende hier letztere Quelle. Vor wenigen Jahren habe ich den Wortschatz noch einmal unter dem Blickwinkel der Strategie überarbeitet (2007: Kapitel 12).

9 Diese letzten beiden Formen treten mitunter als Mischform in Erscheinung – beispielsweise als politische Adhokratie oder als Maschinenorganisation mit einer starken einheitlichen Kultur. Ein anderer Typ, die diversifizierte oder divisionalisierte Form, liegt vor, wenn die Zentrale über Einheiten sitzt, die in verschie-

Obwohl sich in den meisten Organisationen Elemente aller dieser Formen finden lassen, ist bei vielen die eine oder andere Form vorherrschend. Krankenhäuser beispielsweise tendieren zur *Organisation der Professionals*, bei der die Ärzte eher Kollegen als Untergebene des Managers sind, während im Einzelhandel besonders in der Anfangsphase die unternehmerische Form vorherrscht und die Filmindustrie zur Projektform tendiert.[10]

■ Der *Ad-hoc- oder Projektcharakter* wurde am deutlichsten bei der Arbeit von Brian Adams am neuen Flugzeug, von Glen Rivard an einer neuen Familiengesetzgebung, von Jacques Benz an kundenfreundlichen Systemen bei GSI und bei Carol Haslam in der Filmproduktion. In Rivards Fall beispielsweise arbeiteten Juristen und andere Experten gemeinsam in einem Projektteam die neuen Gesetze aus. Er selbst war, wie gesagt, in die Projektarbeit involviert: indem er sie überwachte, korrigierte, antrieb und gelegentlich auch selbst verrichtete. Max Mintzberg von The Telephone Booth war der klassische *Entrepreneur*, während die *Maschinenorganisation* am klarsten in der Tätigkeit von Abbas Gullet in den Flüchtlingslagern des Roten Kreuzes zum Vorschein kam. Einen *missionarischen* Charakter hatte die Arbeit von Norman Inkster bei der RCMP, und die *politische* Komponente von Greenpeace war in der Tätigkeit von Paul Hohnen nicht zu übersehen. **Den stärksten Einfluss der Organisation auf die Managertätigkeit zeigte jedoch die *Organisation der Professionals*, insbesondere bei den Mana-**

---

denen (d.h. diversifizierten) Geschäftsfeldern tätig sind und jeweils über eigene Formen verfügen, wobei es sich meiner Ansicht nach in den überwiegenden Fällen um die maschinelle Form handelt (wie in Mintzberg 1989: 155–172 dargelegt).

10 Chandler und Sayles (1971) beschreiben den Ad-hoc-Charakter der Tätigkeit des Projektmanagers, und Hales und Tamagani (1996) geben eine Übersicht über die wenigen vorhandenen empirischen Daten zur Beziehung zwischen Organisationsform und Managertätigkeit im Allgemeinen. Hales selbst (2002) stellt anhand von Fallstudien die verbreitete Vorstellung infrage, dass die Organisationen generell eine Tendenz in Richtung Projektorganisation zeigten und Manager ihre Aufgabe zunehmend im »Unterstützen und Koordinieren« statt im »Befehlen und Kontrollieren« sähen. Seiner Ansicht nach handelt es sich vielmehr um eine halbherzige Bewegung in Richtung einer »Bürokratie light«. (Mehr dazu später.)

gern, die engen Kontakt zu den hoch qualifizierten Mitarbeitern hatten – die vier Manager aus dem Pflege- und Medizinbereich und der Orchesterdirigent.

Größe, Alter und Entwicklungsstadium der Organisation

Normalerweise würden wir bei kleinen und jungen Unternehmen eine intensivere und weniger formell geregelte Managertätigkeit erwarten. (Stieglitz 1970; Stewart 1967; Mintzberg 1973: 130) Aber einige Beobachtungen an meinen 29 Besuchstagen vermittelten einen anderen Eindruck:

■ Ein Orchester ist eine kleine Organisation, auch wenn sie aus einer einzigen großen Einheit besteht, und selbst neu gegründete Orchester orientieren sich an den Regeln einer jahrhundertealten Tradition. Die gewaltige Größe des britischen National Health Service hat sicherlich Einfluss auf die Tätigkeit seines CEO[11], aber wäre die Tätigkeit seiner medizinischen und pflegerischen Manager so viel anders gewesen, wenn es sich um eigenständige und möglicherweise kleine Krankenhäuser gehandelt hätte?

In den meisten Fällen war es schwierig, diese drei Faktoren voneinander zu trennen. Wie können wir beispielsweise bei der Royal Bank of Canada zwischen Größe und Alter unterscheiden, die wiederum beide mit dem reifen Entwicklungsstadium der Organisation zusammenhängen?[12] Aber auch zusammen betrachtet spielten diese drei Faktoren nur in acht von 29 Beispielen eine wesentliche Rolle,

---

11 Vgl. Noordegraaf u.a. (2005) zur Frage, wie sich Größe auf die Arbeit von CEOs im Umgang mit Reformen im Gesundheitswesen auswirkt.

12 Bei dieser Studie waren keine wirklich neuen Organisationen beteiligt. Aber es gab viele neue Projekte und einige neuere Einheiten in älteren Organisationen. Die tansanischen Flüchtlingslager waren die jüngsten Einheiten in der Studie, aber sie waren sehr rasch errichtet worden. Dazu musste Abbas Gullet mehr unternehmerische Qualitäten zeigen als alle übrigen Manager der Studie, selbst wenn es sich um eine Tätigkeit im sozialen Sektor und innerhalb einer großen und reifen Organisation wie dem Roten Kreuz handelte.

wovon sechs CEOs waren (von denen es insgesamt 12 gab). John Cleghorn beispielsweise nahm seine Rolle in einer großen, alten und reifen Bank auf sehr durchstrukturierte Weise wahr, während Max Mintzberg in einer kleinen, jungen Einzelhandelskette sehr viel impulsiver agierte. (Die zwei übrigen Manager, für die die Größe der Organisation eine wichtige Rolle spielte, waren Peter Coe vom NHS und Alan Whelan von BT, beide in mittleren Positionen.)

Das Arbeitsplatzumfeld

Wenn wir jenseits des persönlichen Stils über die Managertätigkeit nachdenken, konzentrieren wir uns in der Regel auf den Job selbst – insbesondere auf die Hierarchieebene und die Funktion.[13]

Hierarchieebene

Die Hierarchieebene spiegelt die formale Position des Jobs innerhalb des Unternehmens wider – wir unterscheiden für gewöhnlich zwischen »Topmanagement«, »mittlerem Management« und »unterem Management« (Letzteres wird allerdings gern anders bezeichnet). Das bezieht sich natürlich alles auf die Position innerhalb eines auf Papier gedruckten Organigramms. In Wirklichkeit sitzt das mittlere Management selten inmitten von irgendetwas, ebenso wenig, wie das Topmanagement obendrauf sitzt – oft ist es nicht mal innerhalb des Gebäudes oben angesiedelt. Die Krankenhausleitung etwa hat ihren Platz in der Regel nahe dem Haupteingang – vielleicht um sich gegebenenfalls rasch davonstehlen zu können.

---

13 Bereits früh verweist Shartle auf eine Studie, der zufolge »weniger als die 50 Prozent der Performance den jeweiligen Personen und etwas mehr als 50 Prozent den Anforderungen des betreffenden Jobs zuzuschreiben waren« (1956: 94). In seiner eigenen Studie fand Shartle heraus, dass »die Unterschiede innerhalb von Marineorganisationen und innerhalb von Wirtschaftsunternehmen stärker ausgeprägt waren als zwischen Marineorganisationen und Wirtschaftsunternehmen« (S. 90).

Ein Topmanager ist im Prinzip derjenige, dem alle übrigen Mitarbeiter der Organisation unterstellt sind, was wiederum bedeutet, dass der Betreffende für alle Vorkommnisse in der Organisation formal geradesteht. Der untere Manager an der Basis hat nur Sachbearbeiter oder Arbeiter, aber keinen weiteren Manager unter sich. Ein mittlerer Manager ist demnach einer, der auf dem Organigramm sowohl Manager über als auch unter sich hat – solche, denen er berichtet, und solche, die ihm berichten –, auch wenn der Begriff, wie wir sehen werden, in der Praxis häufig weiter gefasst ist.

»Oben« kontra »unten« In meinem Buch von 1973 (S. 130) stelle ich folgende These auf: Je höher der Job eines Managers in der Hierarchie angesiedelt ist, umso unstrukturierter und langfristiger orientiert ist seine Arbeit. Die einzelnen Aktivitäten eines Topmanagers sind nicht so sehr zersplittert und fragmentiert, sie können länger am Stück arbeiten (bei einer auch insgesamt höheren Stundenzahl pro Woche), während niedriger angesiedelte Manager mehr damit beschäftigt sind, den Workflow aufrechtzuerhalten. Die von mir beobachteten CEOs beschäftigten sich mit einer Sache durchschnittlich 22 Minuten am Stück, die von Guest (1955–1956) beobachteten Vorarbeiter hingegen nur 48 Sekunden. Topmanager verhandeln über Übernahmen, während die mittleren Manager aus Sayles' Studie (1964) »die Lieferzeiten von Bestellungen aushandelten« (S. 42).[14] Das Bild scheint stimmig zu sein. Wie verhielten sich demnach die zwölf Topmanager meiner späteren Studie im Vergleich zu den sechs unteren Managern? (Zu den elf mittleren Managern kommen wir später.) Sie passten nur teilweise ins Bild. Natürlich spielten die Aufrechterhaltung des Workflows und die schnelle Reaktion beim unteren Management eine wichtige Rolle. Was jedoch die Arbeitszeit betraf, so arbeitete Fabienne Lavoie im Krankenhaus vermutlich mindestens so lange wie die meisten CEOs. Und Paul Gilding, der CEO von Greenpeace, versuchte möglicherweise, sich auf die Langzeitplanung zu konzentrieren, musste sich aber daneben immer auch um aktuelle Probleme kümmern.

---

14 Hales stellt fest, dass der Job des unteren Managers stabiler und konsistenter ist und sich mehr um die performanceorientierte Überwachung dreht – seine Entscheidungen betreffen vorrangig den Betriebsablauf – als der von höher angesiedelten Managern. (2005: 471) Vgl. auch Morris u.a. 1981: 8f.

John Kotter schreibt, dass »niedriger angesiedelte Managementjobs keine Langzeitverantwortung mit sich bringen« (1982a: 221; siehe auch Allan 1981: 615). Warum aber beschäftigte sich dann Gordon Irwin so intensiv mit den ökologischen Auswirkungen eines Parkplatzes? Warum schaute sich Norman Inkster von der RCMP die Nachrichtenmitschnitte des Vortags an, um seinen Minister auf mögliche Fragen im Parlament vorbereiten zu können? Warum verbringen heute so viele CEOs so viel Zeit mit den Quartalsberichten ihrer Unternehmen?

Je größer die Organisation, desto häufiger scheinen die landläufigen Vorstellungen im Zusammenhang mit der Hierarchieebene nicht zuzutreffen. So erinnerte die Arbeit einiger CEOs in kleineren Organisationen (Max Mintzberg in der Einzelhandelskette, Bramwell Tovey im Orchester und so weiter) an die Aufgaben unterer Manager: Die Hierarchie war so flach, dass »oben« und »unten« zusammenfielen. Max Mintzbergs hektischer Job ähnelte demjenigen von Fabienne Lavoie auf der Krankenhausstation. Demnach gilt: **Die Größe einer Organisation ist als Einflussfaktor der Managertätigkeit mitunter bedeutsamer als die Ebene.**

»Mittleres« Management Im gewöhnlichen Sprachgebrauch kann der Begriff *»mittleres Management«* für sehr viele Dinge stehen (Carlson 1951: 58f.; Stewart 1976) und sorgt entsprechend häufig für Verwirrung. Manchmal werden all diejenigen unter diesen Begriff gefasst, die nicht Topmanager, nicht unterer Manager und nicht Arbeiter sind – also auch Fachkräfte, die niemanden managen.

In diesem Buch beschränke ich den Begriff *»Manager«* auf Angestellte, die für eine Einheit mitsamt deren Mitarbeitern verantwortlich sind, und den Begriff *»mittlerer Manager«* auf solche, die einem oder mehreren Managern berichten und zugleich andere Manager unter sich haben, die wiederum ihnen berichten. In diese Gruppe gehörten elf der 29 beobachteten Manager. Diese stellten allerdings eine recht gemischte Gruppe dar: mit Zuständigkeiten (1) für ein geografisches Gebiet (zum Beispiel Neuschottland in der RCMP), (2) für eine Produktlinie oder einen speziellen Kunden (zum Beispiel große IT-Verträge bei BT), (3) für eine elementare Funktion (zum Beispiel die Pflege in einem Krankenhaus), (4) für spezielle Programme oder Projekte (zum Beispiel ein Familienrecht im kanadischen Justizministerium) und (5) für Belegschaftseinheiten (zum Beispiel den Bereich Wirtschaft bei Greenpeace). Viele Autoren hat diese Vielfalt jedoch nicht davon abgehalten, diverse Generalisierungen über »den Job« des mittleren Managers in der Welt zu verbreiten.[15]

Das mittlere Management steht seit einigen Jahren unter Beschuss, weil es angeblich aufgeblasen ist, und wurde deshalb in vielen Unternehmen zum wohlfeilen **»Downsizing«-Opfer. Das wirkt ein bisschen wie die zeitgenössische Variante des Aderlasses – ein Allheilmittel gegen jede Unternehmenskrankheit.** Während einiges davon möglicherweise zu Recht geschieht, hätte der Modecharakter des Downsizings die Warnglocken läuten lassen müssen. Wie kommt es, dass so viele Unternehmen mit einem Schlag dieses Problem erkannten? Waren ihre Topmanager zuvor – oder nachher – so unaufmerksam (gewesen)?

Diverse Publikationen versuchen seither, den Job des mittleren Managers zu rehabilitieren, besonders im Hinblick auf seine Rolle im strategischen Prozess. Floyd und Wooldridge beispielsweise hinterfragen die Vorstellung vom mittleren Manager als »subversives Element« und als »Drohne« (1996: 47 ff.). An anderer Stelle kritisieren sie seine abschätzige Beschreibung als jemand, der lediglich »auf höheren Ebenen entwickelte Strategien in Aktionen auf der Betriebsebene übersetzt« (1994: 48). Schon eher verhält es sich so, wie Quy Huy es formuliert: **»Der mittlere Manager ist häufig viel besser in der Lage als die meisten Topmanager, das Informationsnetzwerk eines Unternehmens aufrechtzuerhalten, das erforderlich ist, um substanzielle und bleibende Veränderungen zu bewerkstelligen.«** Er weiß, »wo die Probleme sind«, und hat folglich »die größere Übersicht« (2001: 73; vgl. auch Nonaka 1988).

■ Die Arbeit von Doug Ward, Manager der Radiostation in Ottawa, war zwischen der konkreten Aufgabe der Programmgestaltung und den Feinheiten der formellen Hierarchie von CBC angesiedelt. »Mir gefällt der Job an der Schnittstelle«, sagt er. Dank seinen früheren Erfahrungen (er war Chef des gesamten Radioverbunds) konnte Ward der übrigen Organisation trotzen und ihr nützliche Dienste tun – indem er beispielsweise ein Radioprogramm entwarf, das später von den anderen Sendern des Verbunds übernommen wurde.

---

15 Vgl. beispielsweise Paolillo, der »Topmanager, mittlere Manager und untere Manager die verschiedenen Rollen bewerten« ließ, die »ihre Positionen erforderlich machten« (1981: 91).

Die Funktion und die Art der überwachten Arbeit

Wenn CEOs ganze Organisationen managen, was managen dann andere Manager? Auf diese Frage gibt es unzählige Antworten, was die Vielfalt der Möglichkeiten verdeutlicht.[16] Die verschiedenen Differenzierungskriterien wie Funktionen, Projekte (inklusive Programme und Strategien) und Stabsmitarbeiter[17] heben häufig auf die überwachte Arbeit ab.

Natürlich wird jeder Managerjob von der Art der überwachten Arbeit in irgendeiner Hinsicht beeinflusst. Die Frage lautet hier, in wie vielen von 29 möglichen Fällen dieser Faktor eine maßgebliche Rolle spielte. Unter den CEOs fanden sich nur zwei, bei denen das an meinem Besuchstag der Fall war: Catherine Joint-Dieterle im Museum und Bramwell Tovey im Orchester, beide an der Spitze einer kleinen Organisation. (CEOs großer Unternehmen sind mitunter weit entfernt vom Alltagsbetrieb und konzentrieren sich auf andere Dinge – wie Rony Brauman von Ärzte ohne Grenzen, der einen Großteil des Tages auswärts verbrachte.) Für die mittleren Manager spielte dieser Faktor nur in zwei von elf Fällen eine Rolle, und beide Male handelte es sich um Projektmanagement: Brian Adams von Bombardier und Glen

---

16 Hales und Mustapha fanden heraus, dass die Variationen in der Tätigkeit der mittleren Manager in Malaysia vor allem an ihre funktionelle Spezialisierung gekoppelt waren. Gleichzeitig kommen die Autoren jedoch zu dem Schluss, dass »die Gemeinsamkeiten in der Managertätigkeit ebenfalls nicht unterschätzt werden sollten« (2000: 20; auf S. 3 findet sich eine Übersicht der Studien, die diesen Faktor berücksichtigen). Carlos Losada von der spanischen Esade Business School hat eine besonders interessante und detaillierte Studie vorgelegt, die die Tätigkeit politischer Manager (Minister) mit Managern in der katalanischen öffentlichen Verwaltung vergleicht – unter besonderer Beachtung der funktionalen Unterschiede. Er fand beispielsweise heraus, dass Erstere mehr Zeit für Kontaktpflege und Vernetzung sowie für konzeptionelle Tätigkeiten aufwandten, während auf die Sprecherrolle weniger Zeit entfiel.

17 Genau genommen waren unter den von mir beobachteten Managern keine Vollzeit-Stabsmanager, auch wenn John Tate vom Justizministerium (wie wir später sehen werden) einige dieser Zuständigkeiten hatte, ebenso Paul Hohnen, dem die Bereiche Wirtschaft und Politik von Greenpeace unterstanden. Näheres zu diesen Managern findet sich bei Alexander (1979) und McCall und Segrist (1980).

Rivard vom Justizministerium. (Alan Whelan beispielsweise, der für eine klar definierte Funktion – den Verkauf – zuständig war, verbrachte an dem Tag mehr Zeit damit, einen Vertrag seiner Einheit seinem Topmanagement zu verkaufen, als ihn seinen Kunden schmackhaft zu machen.) Im unteren Management kam dieser Faktor mit drei von sechs Tagen etwas häufiger zur Geltung: bei Gordon Irwin in den Parks, Ralph Humble in der RCMP und Fabienne Lavoie im Krankenhaus.

Das Wort »*Funktion*« wird meistens verwendet, um die klassischen Geschäftsbereiche zu beschreiben: Herstellung, Marketing, Vertrieb und so weiter.[18] Aber die Funktion muss in einem allgemeineren Kontext verstanden und als eine Komponente in einer Kette von Betriebsaktivitäten gesehen werden, die im Endergebnis münden. Der Vertrieb in einem Fertigungsunternehmen ist eine Funktion, weil er nicht allein stehen kann, sondern auf die Fertigung angewiesen ist, und auch die Pflege in einem Krankenhaus kann nicht ohne die medizinische Versorgung existieren (und andersherum). So manche als »Bereich« deklarierte Unternehmenseinheit ist in Wahrheit eine Funktion, wie beispielsweise die Bergbauabteilung eines Aluminiumunternehmens, die das geförderte Bauxit komplett zur Verarbeitung weiterleitet.

Auch hier, beim Arbeitsplatzumfeld, werden die simplen Kategorien der nuancenreichen Wirklichkeit nicht immer gerecht. Während der Begriff der *Hierarchieebene* auf die formale Autorität abzielt und damit nicht unbedingt die Realität widerspiegelt, ist »*Funktion*« ein äußerst restriktiver Terminus.[19] Vielleicht hilft es also, eine Neudefinition anhand der Begriffe »*Größe*« und »*Reichweite*« vorzunehmen.

---

18 Dazu existieren einige Studien. McCall und Segrist (1980) beispielsweise fanden heraus, dass Verkaufsmanager die Verbindungsrolle, Produktionsmanager die Rolle des Tuns, Lenkens und Kontrollierens und Finanzmanager die Rolle der Kommunikation betonen. (Vgl. auch DiPietro und Milutinovich 1973: 109) Aber sie entdeckten auch Übereinstimmungen in der Managertätigkeit quer durch die Funktionen und Ebenen.

19 Um Rosemary Stewart zu zitieren, die besonders intensiv über Manager der mittleren Ebenen geforscht hat: »Die traditionelle Methode, Managerjobs nach Hierarchieebenen und Funktionen zu unterscheiden, wird den Erfordernissen der Auswahl, Bewertung, Schulung, Entwicklung und Karriereplanung nicht gerecht.« (1987: 390f.)

Scale and Scope: Größe und Reichweite

Mit »*Größe*« meinen wir die Größe der gemanagten Einheit, die sich bekanntlich deutlich von der der Gesamtorganisation unterscheiden kann: Große Organisationen können sehr kleine Einheiten enthalten (Dr. Michael Thicks Lebertransplantationsteam im NHS), während in kleinen Organisationen vergleichsweise große Einheiten existieren können (Bramwell Toveys Gruppe von siebzig Musikern).

»*Reichweite*« bezieht sich auf die Breite der Managertätigkeit und gibt insbesondere den Grad der Freiheit des Managers an.[20] Größe scheint mit Reichweite einherzugehen: Je größer die Einheit, desto größer der Aktionsspielraum des Managers. Aber hat Sir Duncan Nichol an der Spitze der gewaltigen NHS-Hierarchie einen größeren Aktionsspielraum als Dr. Thick an deren Basis mit seiner kleinen Forschungseinheit? Der Erstere, der eine Organisation mit nahezu einer Million Beschäftigten zu steuern hat, stößt in allen Richtungen an Grenzen; der Letztere, der für ein kleines Team verantwortlich ist, arbeitet auf dem Gebiet, das er sich ausgesucht hat. Bramwell Tovey wählt die Stücke aus, die er zur Aufführung bringen will, wobei es allerdings auch Grenzen gibt, vor allem den Publikumsgeschmack. Um die Reichweite zu ermessen, können wir die vertikale Reichweite – nach oben und nach unten in der Hierarchie – mit der horizontalen Reichweite – zu anderen Einheiten und nach außen – vergleichen.

Vertikale Reichweite   John Cleghorn ist CEO der größten Bank Kanadas, aber ich konnte ihn dabei beobachten, wie er den *Vorschlag* machte, ein Schild an einer Filiale anzubringen. Hätte Sir Duncan Nichol in einem NHS-Krankenhaus Ähnliches tun können? Und wie viel Einfluss hatte er auf Dr. Thick? Und wie viel Einfluss hatte Dr. Thick seinerseits auf den Rest seines Krankenhauses, ganz zu schweigen von den höheren Bereichen der NHS-Hierarchie? Alan Whelan verbrachte einen beträchtlichen Teil des Tages damit, genau dies bei BT zu tun: intern an der Durchsetzung seiner Vorstellung zu arbeiten – und es

---

20 Fondas sieht dies ein wenig anders, indem sie »Scope« als »den Bereich seiner formalen Zuständigkeit« definiert und anschließend von der »Größe der Zuständigkeit« spricht, die sich aus der Zahl der Untergebenen, dem Umsatz und dem Budget bestimmt.

gelang ihm schließlich tatsächlich, die Unterschrift für seinen Vertrag zu bekommen. Folglich verfügte er über eine gewisse vertikale Reichweite nach oben, wenn auch nicht im selben Maße wie John Cleghorn nach unten.

Horizontale Reichweite Wie steht es mit dem Einfluss in seitlicher Richtung, also im Zusammenspiel mit internen und externen Partnern? Manche Manager schaffen es, ihre Geschäftspartner zu führen. Denken Sie beispielsweise an Brian Adams' Einfluss auf die Zulieferer. Abbas Gullet in den Rotkreuzlagern und Doug Ward von CBC scheinen ebenfalls imstande, Einfluss auf die Menschen um sie herum auszuüben – vielleicht weil sie sich in ihren Organisationen so gut auskennen. Vergleichen Sie das mit Allen Burchill in der Neuschottland-Abteilung der RCMP oder mit Sandy Davis, zuständig für die westkanadischen Parks, deren – durch die Zuständigkeit für eine Region bestimmte – Jobs in der horizontalen Richtung möglicherweise von geringerer Reichweite waren.

Reichweite und Rahmen In Kapitel 3 sprachen wir vom konzeptionellen Rahmen der Managertätigkeit; hier können wir mittels der Reichweite verstehen, welche Gestaltungsmöglichkeiten der Manager hat.

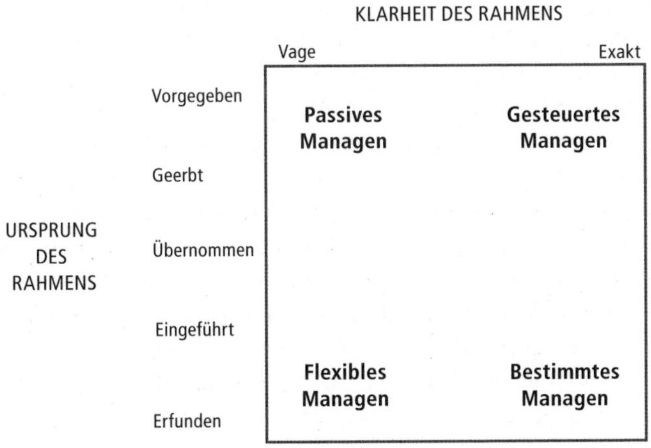

Abbildung 4.1: Die Reichweite des Managens

Entlang der Oberkante der Matrix in Abbildung 4.1 bewegt sich der vom Manager gesetzte Rahmen von (1) exakten Anweisungen (»Erweitere die Einheit in diesem Jahr um zehn Verkäufer«) bis (2) zu vagen Vorgaben (»Stärke das Team«). Ein vager Rahmen kann beträchtliche Reichweite (»Oh ja, ich kann alles machen«) oder so gut wie keine (»Was wird jetzt eigentlich von mir erwartet?«) zur Folge haben, während ein exakter Rahmen die Aufmerksamkeit (bis zur Stufe der zuvor erwähnten »Obsession«) bündeln, damit aber die Perspektive des Managers auch stark einschränken kann.

■ Brian Adams und Abbas Gullet hatten vielleicht die klarsten Vorgaben, also den exaktesten Rahmen: Der eine musste ein Flugzeug bis zu einem festen Datum startklar bekommen, der andere musste Konflikte in den Flüchtlingslagern vermeiden. Peter Coe hatte in der NHS-Welt der Einkäufer und Lieferanten einen sehr viel unbestimmteren Rahmen, den er zum Vorteil seiner Einheit nutzte.

Links in der Matrix finden wir den Ursprung des Rahmens: Der konzeptionelle Rahmen kann (1) durch die Natur des Jobs *vorgegeben* sein (Adams und Gullet), (2) vom Vorgänger *geerbt* sein (Inkster, geprägt von der RCMP-Kultur), (3) von anderen Organisationen *übernommen* werden (Tovey), (4) vom Manager selbst *eingeführt* werden (Coe mit seiner Art, die Einkäufer-Lieferanten-Beziehung zu gestalten) und (5) vom Manager *erfunden* werden (Whelan mit seiner Art, die Ziele seiner Einheit bei BT zu verfolgen).

Jeder Manager macht mal vage und mal exakte Vorgaben, wie auch die einzelnen Bestandteile des gesetzten Rahmens verschiedenen Ursprungs sind und in der Regel das ganze Spektrum von *vorgegeben* bis *erfunden* abdecken. Dennoch haben die meisten Managerjobs eine Gesamttendenz, von denen vier in Abbildung 4.1 angegeben sind. **Die Managertätigkeit kann *passiv* (ein dem Manager aufgezwungener vager Rahmen), *gesteuert* (ein dem Manager aufgezwungener exakter Rahmen), *flexibel* (ein vom Manager gewählter vager Rahmen) oder *bestimmt* (ein vom Manager gewählter exakter Rahmen) sein.** Wir werden später in diesem Kapitel im Rahmen der Diskussion über Managementstile auf Beispiele für diese Charakteristika zu sprechen kommen.

Das zeitbedingte Situationsumfeld

Als Nächstes kommen wir zu den jeweils aktuellen und situativen Bedingungen. Sie lassen sich nur schwer kategorisieren, weil sie durch so viele Ereignisse bestimmt werden: durch einen Streik, eine Fusion, ein Gerichtsverfahren, eine plötzliche Attacke des Wettbewerbers und so weiter. Ich werde deshalb allgemein über diese Faktoren sprechen und nur die Managementmoden separat betrachten.

Temporärer Druck

Aus Langzeituntersuchungen wissen wir, dass Krisen – eine bevorstehende Pleite, plötzliche Feindseligkeiten, der Zusammenbruch einer Währung – ein Unternehmen zwingen können, die Macht zu zentralisieren, damit eine Person rasch und entschlossen handeln kann (Hamblin 1958), indem sie insbesondere auf die Rollen des *Handelns* und des *Lenkens und Kontrollierens* zurückgreift. Es gibt auch Hinweise darauf, dass in Zeiten eines gesteigerten Wettbewerbs Manager mehr Zeit mit informeller Kommunikation verbringen, mit der Folge, dass ihre Arbeit zunehmend fragmentiert und vielfältig wird. (Stewart 1967: 51)

Überraschend an meinen Beobachtungen ist in diesem Zusammenhang, dass ein solcher temporärer Druck nur an sieben der 29 Besuchstage eine nennenswerte Rolle spielte.[21] Steht dies im Widerspruch zu

---

21 Das waren Paul Gilding, der vom Greenpeace-Vorstandsvorsitzenden unter Druck gesetzt wurde, Charlie Zinkan, der sich mit jenem Parkplatz im Park herumschlug, Marc im Krankenhaus, der an vielen Fronten zu kämpfen hatte, Alan Whelan, der um die Unterzeichnung des Vertrags kämpfen musste, und Abbas Gullet und Stephen Omollo, die die Stabilität ihrer Flüchtlingslager zu gewährleisten hatten (diese beiden waren die Einzigen, bei denen der Druck weder durch Wettbewerb noch politisch bedingt war). Man könnte noch hinzufügen, dass Rony Brauman als Chef von Ärzte ohne Grenzen, der wegen Bedenken hinsichtlich der politischen Lage in Somalia kreuz und quer durch Paris lief, dies offensichtlich aus eigenem Antrieb tat. Für Manager, die neu anfangen, scheint ebendieser Umstand mitunter ebenfalls einen solchen Druck zu erzeugen, wie Linda Hill in *Becoming a Manager* (2003) verdeutlicht, und wie wir später noch sehen werden. Gordon Irwin war als Front Country Manager im Banff-Natio-

den Resultaten aus Kapitel 2, wonach Manager schnell auf Probleme reagieren und dabei eine ausgeprägte Handlungsorientierung zeigen? Ich denke nicht. Richtiger scheint mir folgende Schlussfolgerung zu sein: **Die Zwänge der Managertätigkeit sind häufig nicht temporärer, sondern dauerhafter Art.** Das Tempo kann wie gesagt unbarmherzig sein (wie ich an meinen Tagen mit Max Mintzberg, Brian Adams, Fabienne Lavoie und anderen beobachten konnte). Mit anderen Worten: Druck und Zwänge gehören in diesem Job zum Alltag – Managen ist, wie wir in Kapitel 2 schon sagten, »Nervkram ohne Ende«.[22]

■ Für Brian Adams von Bombardier bot sich das »Management by Exception« (bei dem Routinetätigkeiten von den Mitarbeitern eigenverantwortlich übernommen werden und der Manager eben nur in Ausnahmefällen eingreift) nicht an. Sein Job war es vielmehr, »Ausnahmen zu managen«. Weil Brian die Entwicklung eines Flugzeugmodells und keinen Routinebetrieb managte, musste er notgedrungen mit immer neuen Problem klarkommen.

Managementmoden

Als temporären Faktor könnte man auch die jeweilige Management-mode bezeichnen. **Vergleichbar der Political Correctness gibt es auch eine »Managerial Correctness« – eine Managementpraxis, die für eine gewisse Zeit in Mode ist.** (Vgl. Brunsson 2007: 52–57) Zu den bisherigen Managementmoden – der Begriff selbst ist ebenfalls eine solche Managementmode – gehören im Personalmanagement Ansätze wie Human Relations, partizipatives Management, Theorie Y, Qualität des Ar-

---

nalpark ein Managerneuling, schien dies aber nicht als Belastung zu empfinden. Paul Gilding hatte seinen Job bei Greenpeace erst vor Kurzem angetreten, aber der Druck schien aus anderer Quelle zu stammen. Vielleicht aber resultierte der Druck, den Marc im Krankenhaus verspürte, aus dem Umstand, dass er den Job erst seit Kurzem machte (wir werden später in diesem Kapitel darauf zurückkommen).

22 Diese Schlussfolgerung wird noch gestützt von der Beobachtung aus Kapitel 2, dass sich die Managertätigkeit über die Tage und Wochen nicht großartig ändert.

beitslebens, Total-Quality-Management und Empowerment.[23] Eine solche Mode kann die Managertätigkeit vorübergehend beeinflussen, wenigstens bei den (offenbar immer zahlreicheren) Managern, die dem Herdentrieb folgen. Es gibt auch modische Managementstile, beispielsweise den bereits erwähnten »heroischen Führungsstil« (siehe Mintzberg 2004b: 104–111). Aber Mode war kaum ein Thema an meinen 29 Besuchstagen (möglicherweise aufgrund der Zusammensetzung der Stichprobe). Stattdessen verstärkte Norman Inkster eine etablierte Kultur bei der RCMP, während Bramwell Tovey einer noch älteren Tradition im Bereich der Orchestermusik folgte. Die einzige Ausnahme, die allerdings eine Mode innerhalb der Institution betraf: die Reformen des NHS rund um die Einkäufer und Anbieter, die eine so wichtige Rolle an meinem Besuchstag bei Peter Coe spielten.[24]

Das persönliche Umfeld

Die bei Weitem größte Aufmerksamkeit wird unter allen Faktoren für gewöhnlich dem persönlichen »Stil« des Managers beigemessen – wie er an seine Arbeit herangeht, unabhängig vom jeweiligen Umfeld, dem konkreten Job, dem Unternehmen und der aktuellen Situation. Beim Stil geht es also darum, wie der Betreffende seine Tätigkeit *gestaltet* und nicht nur *erledigt*. Setzt man zwei Menschen unter denselben Be-

---

23 McCauley u.a. (1998: 408) haben Führungsmodelle über lange Zeitperioden tabellarisch beschrieben, ebenso Quinn u.a. (1990) für die jüngere Zeit. Darunter: das Rational Goal Model 1900–1925, das die Rolle des »Produzenten« betont (Lenkung und Kontrolle, Handeln); das Human Relations Model 1926–1959, das die Rollen der »Unterstützung« und »Betreuung« hervorhebt (Führung); das Open Systems Model 1951–1975, das die Rollen der »Innovation« und der »Vermittlung« unterstreicht (Handeln und Verhandeln), und das Internal Process Model seit 1976, das die Rollen der »Koordination« und der »Beobachtung« betont (Lenkung und Kontrolle, Kommunikation). Vgl. auch Pascale (1990), der Dutzende von Managementtechniken aufzählt, die über die Jahre kamen und gingen.

24 Ähnlich, aber nicht besonders signifikant war an Sandy Davis' Tag ihr Anliegen, dass das Wort *heritage* in Dokumenten erscheinen möge, die an das neue Heritage Department in Ottawa gingen.

dingungen auf denselben Posten, können die Unterschiede in ihrem Verhalten dem jeweiligen persönlichen Stil zugeordnet werden.[25] Dalton beispielsweise beschreibt Präsident Truman als jemanden, der »es liebte, Entscheidungen zu treffen«, was er rasch tat, während Präsident Eisenhower dazu neigte, Entscheidungen aus dem Weg zu gehen. (1959: 163) Aber das persönliche Umfeld umfasst noch mehr als den Stil. Der jeweilige Hintergrund und die Berufserfahrung spielen ebenfalls eine Rolle.

Charakter und Herkunft   Basiert der persönliche Stil auf dem Charakter oder auf der Erfahrung? Die Antwort lautet natürlich: Auf beidem. Können wir diese Elemente überhaupt voneinander trennen? Ist ein Manager, der die Rolle des *Lenkens und Kontrollierens* bevorzugt, von sich aus machthungrig, oder haben ihn einschlägige Kindheitserfahrungen vorsichtig gemacht? Wer kann das sagen? Außerdem können Veranlagung und Erfahrung ineinandergreifen; wir alle neigen dazu, uns Situationen zu suchen, die unseren Veranlagungen entsprechen, und sie auf diese Weise zu verstärken. Wir werden mit dem bisherigen Lebensweg beginnen und dabei insbesondere über Hintergrund und Berufserfahrung – im Job, in der Organisation und in der Branche – sprechen. Dann werden wir ausführlicher erörtern, inwieweit bestimmte persönliche Managementstile vom persönlichen Hintergrund und von der Berufserfahrung beeinflusst sind.

Hintergrund

Zum Hintergrund eines Managers gehören alle möglichen Erfahrungen: Ausbildung, frühere Positionen, Erfolge, Niederlagen und vieles mehr.[26] McCall u.a. (1988) beispielsweise führen gute Argumente da-

---

25 Trotz der umfangreichen Literatur über Managementstile weiß ich von keiner systematischen Studie, die versucht hätte, solche unmittelbaren Vergleiche anzustellen, weder im Unternehmenskontext noch in der Politik, während die von einem Wechsel in einer Managerposition betroffenen Menschen unweigerlich solche Vergleiche anstellen.

26 FN 26: Bei Kotter (1982: 44–58) findet sich eine ausführliche Diskussion des Hintergrunds inklusive Kindheit, Ausbildung und Berufsweg.

für an, Manager mithilfe eines Rotationssystems unterschiedliche Erfahrungen machen zu lassen, anstatt sie lediglich einer formellen Schulung zu unterziehen. (Vgl. auch Ohlott 1998) In *Managers Not MBAs* (Mintzberg 2004b) argumentiere ich ebenfalls, dass die konventionelle MBA-Ausbildung zu einem eher analytischen, unausgewogenen Managementansatz führt, anders als wenn praxiserfahrene Manager die Möglichkeit erhalten, in einem Seminarraum über ihre eigenen Erfahrungen zu reflektieren. Auch hier kann natürlich der Lebensweg die vorhandenen Anlagen verstärken: Konventionelle MBA-Programme ziehen regelmäßig junge Leute an, die zum analytischen Denken neigen, um diese Veranlagung noch zu verstärken; unsere Programme hingegen sprechen praktizierende Manager an, die sich mehr für die handwerkliche Seite des Managements interessieren, und verstärken wiederum diese.[27]

Während ein Einfluss des Hintergrunds bei allen 29 Managern nachweisbar war, schien er nur in sechs Fällen signifikant zu sein, von denen fünf die Ausbildung betrafen. Dies gilt für John Tate mit seinem juristischen Hintergrund, der ihm eine analytische Orientierung verlieh, sowie für Ann Sheen, Fabienne Lavoie, Dr. Thick und Dr. Webb mit ihrem professionellen Hintergrund in Pflege und Medizin. Die Ausnahme war Marc, der Leiter des Krankenhauses, dessen Mangel an klinischer Erfahrung und überhaupt an Erfahrung mit *Organisationen der Professionals* eine wichtige Rolle zu spielen schien, insbesondere in Anbetracht dessen, dass er den Job erst vor so kurzer Zeit angetreten hatte.

---

27 Zu diesen Programmen vgl.: www.impm.org für Wirtschaftsmanager, www.mcgill.ca/imhl für Manager aus dem Gesundheitswesen, www.alp-impm.com für Teams von Managern, die zentrale Fragen ihres Unternehmens bearbeiten, und www.coachingourselves.com für Teams von Managern, die sich Material herunterladen und sich in kleinen Gruppen damit beschäftigen möchten. Erhebungen in den IMPM-Kursen haben ergeben, dass diese Manager bei sich selbst einen handwerklichen Schwerpunkt sehen (im Dreieck Kunst / Handwerk / Wissenschaft). Von den besuchten 29 Managern hatte nur eine Person einen MBA – Sandy Davis von den Parks, bei der ich eine Vorliebe für formelle Planungen entdecken konnte. Drei der 29 Manager hatten hingegen unser International Masters Program in Practicing Management besucht: Abbas Gullet und Stephen Omollo vom Roten Kreuz und Alan Whelan von BT. Alle zeigten eine klare Vorliebe für die handwerkliche Seite des Managens. (Später mehr zu den Stilen von Kunst, Handwerk und Wissenschaft in der Managertätigkeit.)

■ John Tates Ausbildung und Erfahrung als Jurist verstärkte vermutlich seine analytische Orientierung. Aber das lag auch in der Natur des Justizministeriums, das politische Analysen erstellte, und in der Natur der Politik, die ihr Handeln formell rechtfertigen musste. Dies war also ein Tag des Informierens, Instruierens und Lenkens und Kontrollierens auf der Informationsebene. Tate passte zum Job, der zur Organisation passte, die wiederum zum Sektor passte.

Ärzte als Manager

In einem Artikel über das Gesundheitswesen (2001) erörtern Sholom Glouberman und ich die Frage, warum Ärzte möglicherweise weniger auf die Praxis der Managertätigkeit vorbereitet sind als beispielsweise Pflegekräfte, und zwar gerade wegen ihrer Professionalität.

Erstens hat Medizin mehr mit Heilung als mit Fürsorge zu tun. Die medizinische Praxis ist ihrer Natur nach interventionistisch (nicht umsonst bezeichnen die Franzosen den operativen Eingriff als »intervention«). Aber das ist möglicherweise kein gutes Modell für die Managertätigkeit, die mehr mit einer fortgesetzten und vorbeugenden Fürsorge – um einen geordneten Betrieb sicherzustellen und Strategien weiterzuverfolgen – als mit gelegentlichen, spezialisierten und radikalen Eingriffen zu tun hat. (Ein weiterer Kasten in diesem Kapitel vergleicht den *Yang*-Managementstil von Dr. Rony Brauman mit dem *Yin*-Stil von Catherine Joint-Dieterle.)

Zweitens sind Ärzte darin geschult, Entscheidungen individuell und resolut zu treffen, während Manager häufig widersprüchliche Dinge gegeneinander abwägen müssen. Für gewöhnlich trifft ein Arzt jedes Mal, wenn er einen Patienten sieht, eine explizite Entscheidung, und sei es die, nichts zu tun. In Komitees zu sitzen und über die Feinheiten vager Fragestellungen zu debattieren, entspricht nicht dem Wesen seiner Tätigkeit.

Drittens fokussieren Mediziner in der Regel bestimmte Körperteile, nicht den Körper als Ganzes. Nur wenige Ärzte behandeln ihre Patienten heutzutage nach ganzheitlichen Gesichtspunkten. Unternehmen aber müssen ganzheitlich gesehen und behandelt werden.

Das Problem ist jedoch auch hier, dass wir es mit Verallgemeinerungen zu tun haben. Ich habe mehrere Ärzte kennengelernt, die hervorragende Manager waren. Die Menschen sind unterschiedlich, so ähnlich die Ausbildung sein mag, die sie durchlaufen haben. Krankenhäuser benötigen Führungskräfte und Manager in ihren leitenden Positionen; Kategorien benötigen sie nicht.

Berufserfahrung

Berufserfahrung im Job, in der Organisation und in der Branche erwies sich in neun Fällen als signifikanter Faktor.

■ Abbas Gullet kam als Jugendlicher zum Roten Kreuz, besuchte schon damals internationale Konferenzen und arbeitete in der Zentrale. Und so kannte er die Organisation in- und auswendig, was sich besonders in seiner Fähigkeit zeigte, eine Brücke zu schlagen zwischen den Standorten in Tansania und der Genfer Zentrale. Ebenfalls durch lange Berufserfahrung waren vier weitere Manager in die Kultur ihrer Organisation eingebettet: Doug Ward von CBC, John Tate vom Justizministerium, John Cleghorn von der Royal Bank und Norman Inkster von der RCMP.[28] Paul Gilding von Greenpeace und Sandy Davis von den Parks waren beide noch nicht lange auf ihrem Posten und bevorzugten formelle Planung. Können wir daraus folgern, dass Manager sich an solcher Planung orientieren, um ein Gefühl für ihren neuen Job zu bekommen? Vielleicht nur manchmal, denn Alan Whelan von BT, der ebenfalls neu in seinem Job war, schien diese Vorliebe nicht zu teilen. Berufserfahrung war allerdings für Gordon Irwin vom Banff-Nationalpark ein Faktor, wenn auch aus einem anderen Grund: Es war seine erste Managementtätigkeit überhaupt und das ist natürlich eine Herausforderung.

---

28 Catherine Joint-Dieterle war ebenfalls seit Langem mit der Modebranche vertraut. Ich könnte hier noch weitere nennen, wie beispielsweise Bramwell Tovey und Carol Haslam, allerdings erscheint mir hier die Natur der Branche einflussreicher zu sein als die Verweildauer der Betreffenden in ihr. Wäre beispielsweise Bramwells Managementverhalten entscheidend anders gewesen, wenn er erst seit Kurzem dirigieren würde?

Persönlicher Managementstil

Wir wenden uns jetzt dem persönlichen Stil, den individuellen Prädis-
positionen des Managers zu, ob diese nun vom Hintergrund und von
der Berufserfahrung beeinflusst sind oder nicht. Weil dem persönlichen Stil so viel Aufmerksamkeit zuteil wird, wollen wir auf ihn hier
in einem gesonderten Abschnitt etwas ausführlicher eingehen.

Die vielen Kriterien des persönlichen Stils

Es herrscht kein Mangel an Kriterien zur Beschreibung einzelner Aspekte des Managementstils. Noordegraaf beispielsweise liefert eine
lange Liste zum Stichwort »Stil im engeren Sinn«:

> Aufgaben- kontra Mitarbeiterorientierung, offen kontra geschlos-
> sen (Zuhören kontra Sprechen), zentrifugal kontra zentripetal
> (Delegieren kontra Nichtdelegieren), formell kontra informell,
> geduldig kontra ungeduldig, systematisch und ordentlich kontra
> unsystematisch und unordentlich, teamorientiert und kooperativ
> kontra einzelgängerisch und unkooperativ, Prozess- kontra Er-
> gebnisorientierung, Veränderung und Innovation kontra Orien-
> tierung am Status quo, langfristige kontra kurzfristige Orientie-
> rung, quantitative kontra qualitative Orientierung. (1994: 21;
> vgl. auch Skinner und Sasser 1977: 147)

Dazu kommen noch viele Kriterien konkreterer Natur; man denke
etwa an Fabienne Lavoie, die fest auf dem Boden steht, oder an Carol
Haslam, die hart verhandelt, aber weich führt.

In der wissenschaftlichen Literatur findet das Kriterium »Aufgaben-
kontra Mitarbeiterorientierung« die größte Beachtung, wenn auch
häufig unter den unglücklich gewählten Bezeichnungen »Initiating
Structure« und »Consideration«. (Vgl. z.B. Fleishman 1953a, Price
1963) Warum nicht »Befehl und Kontrolle« kontra »Unterstützung
und Empowerment«? (Vgl. z.B. Ezzamel u.a. 1994)

In der praktischen Literatur geht der Preis für das verbreitetste Kriterium vermutlich an »Veränderungs- und Innovations- kontra Sta-
tus-quo-Orientierung«. Hier denke man etwa an die populäre Cha-
rakterisierung von Managern als Prospektoren, Verteidiger, Analytiker

und Reagierer bei Raymond E. Miles und Charles C. Snow (1978). Manche Manager schaffen Organisationen (Max Mintzberg mit der Einzelhandelskette); andere erhalten sie, manchmal mit geeigneten Anpassungen (Sandy Davis in den Parks); und dann gibt es da jene, die versuchen, radikale Veränderungen zu bewirken (Alan Whelan bei BT, Sir Duncan Nichol im NHS). Aber in allen Fällen gilt: **Der Drang zur Veränderung setzt stets den Erhalt einer gewissen Stabilität voraus, wie auch Stabilität nicht ohne gewisse Schritte der Anpassung zu haben ist.** (Huy 2001: 78f.)

Proaktivität   Das bringt uns zu einem anderen Kriterium des Stils, das viel mit Veränderung zu tun zu haben scheint, aber sich mitunter deutlich davon unterscheidet. **Wenn ein Faktor an diesen Beobachtungstagen einen Sonderrolle spielte, dann war es der Grad der *Proaktivität,* die *Initiative:* der Grad, in dem die Manager die ihnen zur Verfügung stehenden Freiheiten zum Vorteil ihrer Einheit oder Organisation zu nutzen verstanden, selbst wenn das bedeutete, deren Stabilität zu stärken.** (Stewart 1982) Abbas Gullet beispielsweise war nicht weniger initiativ als andere Manager in dieser Studie, aber zum Zwecke der Stabilisierung der Flüchtlingslager, während Alan Whelan um Veränderungen bei BT bemüht war. (Siehe die vollständige Beschreibung beider Tage im Anhang.)

Wie wir schon sagten: **Ein Manager braucht keine große Reichweite, um proaktiv zu sein.** Was mich überraschte, war die Tendenz einer ganzen Reihe unter den 29 Managern, äußerem Druck und äußeren Zwängen aktiv zu trotzen: Sie ergriffen jede sich bietende Gelegenheit, um ihre Anliegen voranzutreiben.

■ Peter Coe und die schwierige Struktur des NHS sind dafür ein gutes Beispiel. Über ihm befand sich eine gewaltige Hierarchie, während unter ihm ein Großteil der Aktivitäten, die er vermeintlich managte, seiner direkten Kontrolle entzogen war (unabhängige Ärzte, Krankenhäuser, von denen er »einkaufen« sollte). Der konzeptionelle Rahmen seiner Tätigkeit war bekanntlich eher vage, und obgleich dieser vorgegeben zu sein schien und den Job so zu einem »passiven« (siehe Abbildung 4.1) machte, wirkte Coe an meinem Besuchstag ausgesprochen initiativ.

Um mit H. Edward Wrapp zu sprechen: **Der erfolgreiche Manager bewegt sich durch »Korridore relativer Gleichgültigkeit«** (1967: 93). Im letzten Kapitel werden wir auf dieses Kriterium der Proaktivität zurückkommen, die in meinen Augen eine zentrale Determinante des Managererfolgs darstellt.

An der Spitze, in der Mitte oder überall Ein anderes Kriterium fragt danach, wo sich der Manager in Relation zu den übrigen Mitarbeitern der Einheit stehen sieht.

Manche Manager sehen sich selbst an der Spitze stehen – sowohl im hierarchischen als auch im metaphorischen Sinne: Sie stehen über denen, die ihnen berichten. Wenngleich ich nichts zu Sir Duncan Nichols persönlichen Gefühlen dazu sagen kann, kann ich fragen: Wo sonst sollte sich jemand stehen sehen, der für die Arbeit von fast einer Million Mitarbeitern verantwortlich zeichnet?

Im Allgemeinen gilt: Je stärker eine Organisation die Hierarchie betont, desto eher tendieren ihre Manager dazu, sich an der Spitze ihrer Einheit zu sehen, selbst wenn sie nicht »über« allem stehen, was in ihr geschieht. Dementsprechend wichtig nehmen sie die Rolle des *Lenkens und Kontrollierens*. Wir würden ein solches Verständnis von der eigenen Position also vor allem in Maschinenorganisationen erwarten.

Andere Manager siedeln sich selbst im Zentrum an, um das herum sich das Geschehen sowohl außerhalb als auch innerhalb der Einheit abspielt. Das schien für sechs der von mir besuchten Manager zu gelten, von denen vier Frauen waren.[29] In *The Female Advantage – Women's Wages of Leadership* schreibt Sally Helgesen, dass Managerinnen »sich selbst in aller Regel in der Mitte des Geschehens stehen sehen. Nicht darüber, sondern mittendrin.« (1990: 45 f.) Der schärfste Geschlechterunterschied zeigt sich mir an zwei Tagen, die ich in Paris verbrachte; der folgende Kasten vergleicht das Yin von Catherine Joint-Dieterle mit dem Yang von Rony Brauman.

---

29 Fabienne Lavoie und Ann Sheen in den Krankenhäusern, Carol Haslam in der Filmgesellschaft, Catherine Joint-Dieterle im Museum und Bramwell Tovey im Orchester. (Lassen Sie sich nicht vom Podest in die Irre führen.) Max Mintzberg in der Einzelhandelskette war der typische Unternehmensgründer, um den herum sich alles im Unternehmen drehte.

Das Yin und Yang des Managens

Nachdem ich Rony Brauman von Ärzte ohne Grenzen und Catherine Joint-Dieterle im Abstand von nur neun Tagen in Paris beobachtet hatte, lag es nahe, Vergleiche anzustellen. Beide standen seit langer Zeit an der Spitze einer weithin sichtbaren Institution, wenn auch mit sehr unterschiedlichen Tätigkeitsbereichen. Beide belegten winzige Büros, und beide bewegten sich auf zwei Rädern vorwärts, allerdings auf sehr unterschiedlichen – der eine auf einem Motorrad, die andere auf einer Vespa –, um währenddessen über das Tempo ihrer Tätigkeit zu räsonieren. Beide zeigten großes Engagement, aber der eine war, wenn man so will, weniger gesteuert als die andere. Trotz der Ähnlichkeiten waren diese Tage also ziemlich unterschiedlich.

Ärzte ohne Grenzen steht bereit, um im Krisenfall weltweit unterstützend einzugreifen. Die Organisation engagiert sich dort, wo die Welt krank ist, versucht zu heilen oder zumindest die Not zu lindern und zieht sich anschließend wieder zurück. Das Modemuseum ist eine ständige Einrichtung, das Erbstücke sammelt, die es möglicherweise für immer behält.

Dementsprechend unterschiedlich war auch die Managertätigkeit (zumindest an meinen Besuchstagen): Im einen Fall intensiv und aggressiv wie das Yang; im anderen pflegend und hegend wie das Yin. Auf der einen Seite kurzfristiges Intervenieren, auf der anderen ein kontinuierliches Engagement.

All dies funktioniert recht gut, selbst als Metapher. Ärzte ohne Grenzen handelt nicht nur von Medizin, sondern ist wie Medizin. Die Organisation trifft ihre Entscheidungen mit Entschlossenheit – sich in einer Krise zu engagieren oder ein Engagement zu beenden – und zieht den akuten Einsatz dem kontinuierlichen vor. Sobald sich die Lage stabilisiert, beendet sie in der Regel ihre Aktion. An meinem Besuchstag setzte Rony Brauman auch seine Managertätigkeit wie eine Medizin ein – als interventionistische Behandlung. Seine Arbeit an diesem Tag war im Wesentlichen nach außen gerichtet, und zwar in Form von Kontaktpflege und Werbung.

Das Museum hütet sowohl Kleidungsstücke als auch ein Erbe. Mir wurde erklärt, dass die Reinigung eines neuen Ausstellungsstücks zwischen vier Stunden und vier Tagen und die Drapierung auf einer Puppe weitere vier Arbeitsstunden koste. Die Museumsleiterin hieß bezeichnenderweise »Chefkonservatorin«, und sie war an meinem Besuchstag mehr mit internen Dingen beschäftigt, bei denen sie handeln und ins Detail gehen musste. Sie packte an – im wörtlichen wie im übertragenen Sinne. Und so wie sie die Kleidungsstücke visuell und haptisch prüfte, so war sie auch stets in »Tuchfühlung« mit ihrer Institution. Wenn sie über die intime Beziehung der Kleidung zum Körper sprach, konnte dies als Metapher für die Beziehung zwischen den Zielen ihrer Organisation und ihrer eigenen Person gelten – nämlich das Erbe der französischen Bekleidungskunst innerhalb ihrer sorgfältig gewebten Struktur zu bewahren.

Natürlich beinhaltet der Symbolismus von Yin und Yang noch mehr. Von Yin wird gesagt, es sei absorbierend, dunkel und geheimnisvoll. Yang steht für klar, hell und weiß – vielleicht sogar im Übermaß. Und während Yang aktiv ist, ist Yin passiver (wobei mir Catherine Joint-Dieterle keineswegs passiv und auch nicht dunkel, obskur oder mysteriös erschien).

Vielleicht könnten wir sogar von einem bisschen mehr Passivität im Management profitieren, um allen Übrigen die Chance zu geben, aktiver zu sein. Vor allem aber wird uns gesagt, dass diese beiden »kosmischen Urkräfte« nicht ohne einander existieren können. In der Dualität ist die Einheit: Im Schatten muss Licht und im Licht Schatten sein. Wenn Harmonie dort ist, wo Yin und Yang im Gleichgewicht sind, müssen wir dann die Gewichte im Management möglicherweise etwas anders verteilen?

Daneben gibt es Manager, die sich weder an der Spitze einer Hierarchie noch im Zentrum stehen sehen, sondern in einem Netz von Aktivitäten »omnipräsent« sind. Wir sprechen heutzutage viel von Organisationen als Netzwerken – Netzen interaktiver Tätigkeit mit kreuz und quer verlaufender Kommunikation. Versinnbildlichen Sie sich ein solches Netz nach dem Muster von Abbildung 4.2, und fragen Sie sich, wo der Platz des Managers sein könnte. Stünde er oberhalb des Netzwerkes, so befände er sich damit außerhalb des Netzwerks. Steht er in der Mitte? Ein Manager, der sich in der Mitte des Netzes wähnt, wird es *zentralisieren* – er wird die Kommunikationswege neu ordnen, damit sie stets über ihn laufen.

Um also ein Netzwerk zu managen, muss der Manager *überall* in ihm agieren und sich auch selbst so begreifen. Er muss zu den Mitarbeitern hingehen, anstatt sie zu sich ins Zentrum zu zitieren.[30] Daraus

---

30 Sally Helgesen spricht (1990: 46) zwar nicht vom *Zentrum*, sondern von einem *Netz*, was ihrer Beschreibung der Managerinnen allerdings zuwiderläuft. Ein paar Jahre später veröffentlichte sie einen Folgeband unter dem Titel *The Web of Inclusion* (1995). Sie meint damit aber das Spinnennetz, »nahezu rund in der Form, mit der Chefin in der Mitte und den strahlenförmig auswärts laufenden

Der Manager an der Spitze einer Hierarchie

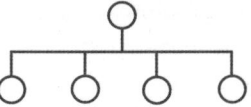

Der Manager im Zentrum

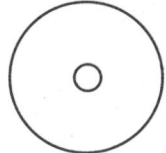

Der Manager überall (in einem Netzwerk)

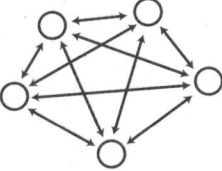

Abbildung 4.2: Position des Managers

folgt logisch eine Bevorzugung des *Vernetzens* gegenüber dem Führen, des *Verhandelns* gegenüber dem Handeln, des *Überzeugens* gegenüber dem Lenken und Kontrollieren – wie sich am deutlichsten in der Tätigkeit der Projektorganisationen zeigt, beispielsweise bei Brian Adams von Bombardier. Es folgt daraus auch, dass das Management eines Netzwerks nicht unbedingt auf den Manager beschränkt bleibt, sondern auch andere Mitarbeiter managementtypische Aufgaben übernehmen können, indem sie beispielsweise die Innovation fördern (wir werden darauf im letzten Abschnitt dieses Kapitels zurückkommen).

Linien«: »Die Frauen, die die Organisationen führten, arbeiteten permanent daran, dem Mittelpunkt so nahe wie möglich zu sein.« (1995: 20)

Die vielen Stile des Managens

Da die Kriterien des Managementstils so zahlreich sind, können Sie sich vorstellen, wie viele Kombinationen es dann gibt. Um den Überblick zu behalten, haben Forscher, Autoren und Berater im Lauf der Jahre die Stile kategorisiert und sogenannte Typologien entwickelt, wobei sich dann bisweilen die empirischen Befunde der Form der Typologie anzupassen haben.

Die vermutlich am meisten verbreitete – wenngleich ursprünglich gar nicht für Manager entwickelte – Typologie ist der Myers-Briggs-Typindikator, der sechzehn Stile entlang der Kriterien Sensorischer Geist (S) kontra Intuitiver Geist (N), Denken (T) kontra Fühlen (F), Introversion (I) kontra Extroversion (E) und Urteilen (J) kontra Wahrnehmen (P) verzeichnet. Danach gibt es also Manager, die sich selbst zum Beispiel als STIJ sehen.

Ich war nie ein großer Fan dieser Typologie (ich bin nie über die Entgegensetzung von sensorischem und intuitivem Geist hinausgelangt: Ist nicht Denken, insbesondere Analysieren, das Gegenteil von Intuition?). Ich bevorzuge Maccobys (1976) einfachere Kategorisierung vom Manager als verlässlichem *Fachmann*, machthungrigem *Dschungelkämpfer*, zuverlässigem *Firmenmensch* oder risikofreudigem *Spielmacher, ebenso* Khandwallas systematischere Liste von Stilen als konservativ, risikofreudig, bodenständig, technokratisch, partizipativ, diktatorisch, mechanistisch und organisch (1977; Kapitel 11).[31]

Stile im Dreieck von Kunst, Handwerk, Wissenschaft   Am besten hat sich für mich das in Kapitel 1 eingeführte Dreieck von Kunst, Handwerk und Wissenschaft bewährt, um verschiedene Managementstile zu identifizieren. Wie in Abbildung 4.3 dargestellt, finden wir in der Nähe der Wissenschaft den *kopfgesteuerten* – überlegten und analytischen – Stil. Er spielt besonders in der Wirtschaft eine Rolle (wird aber unter den 29 von mir besuchten Managern vielleicht am besten

---

31 Eine sorgfältig hergeleitete Typologie von Managementstilen findet sich auch bei Stewart (1976). In meinem Buch aus dem Jahr 1973 (S. 127–129) schlage ich auf der Grundlage der hier besprochenen Rollen acht Typen vor: Kontakter, politischer Manager, Unternehmer, Insider, Echtzeitmanager, Teammanager, Experte und neuer Manager.

von John Tate vom Justizministerium repräsentiert). In der Nähe der Kunst finden wir den *»einfühlsamen«* – mit Ideen und Visionen befassten, intuitiveren – Stil (den ich am klarsten bei Alan Whelan von BT beobachten konnte). Und in der Nähe des Handwerks ist der *engagierte* – tatkräftige und hilfreiche, auf Erfahrung bauende – Stil angesiedelt (wie im Fall von Fabienne Lavoie auf der Krankenstation, Doug Ward von der Radiostation und vielen anderen).

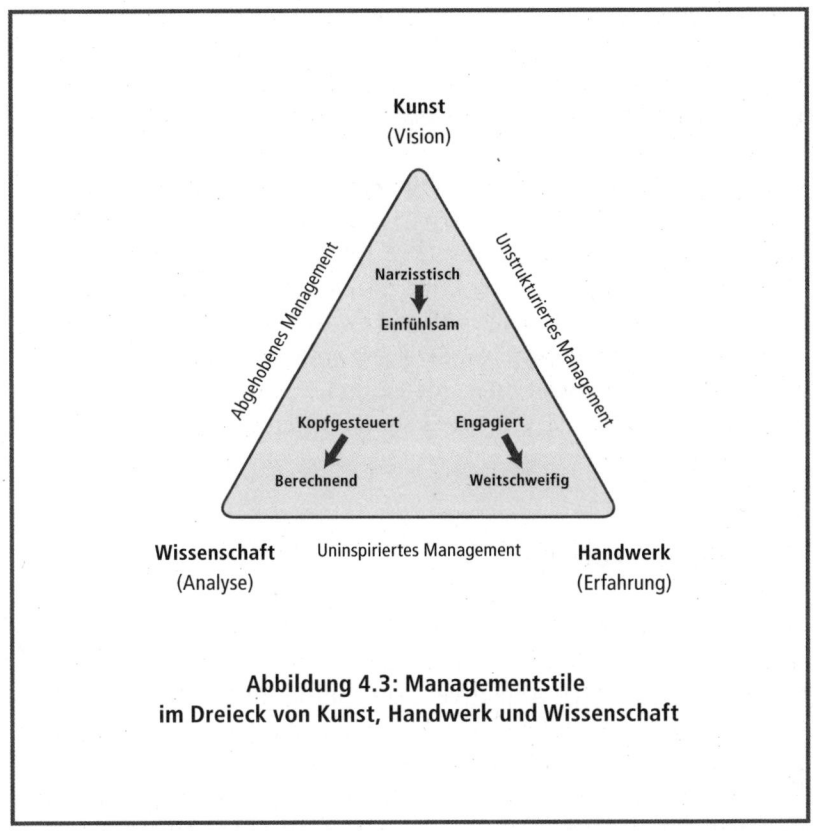

**Abbildung 4.3: Managementstile
im Dreieck von Kunst, Handwerk und Wissenschaft**

Aber die reine Anwendung eines dieser Stile kann leicht zu einem unausgewogenen Management führen – zu viel Wissenschaft, Kunst oder Handwerk. Ebenfalls in Abbildung 4.3 sind deshalb die negativen Aspekte dieser Stile verzeichnet: Der kopfgesteuerte Stil kann *berechnend* (allzu wissenschaftslastig), der »einfühlsame« Stil *narziss-*

tisch (Kunst um ihrer selbst willen) und der engagierte Stil *weitschweifig* oder *ermüdend* (Manager wagen nichts, was jenseits ihrer persönlichen Erfahrungen liegt) werden. Selbst eine Kombination von zweien dieser Stile ohne den dritten kann problematisch sein, wie an den drei Begrenzungslinien des Dreiecks zu lesen steht: Kunst und Handwerk ohne die systematische Gründlichkeit der Wissenschaft können einen *unstrukturierten* Managementstil begünstigen; die Verbindung von Kunst und Wissenschaft ohne die fundierte Erfahrung des Handwerks kann zu einem *abgehobenen* Managementstil führen; und die Kombination von Handwerk und Wissenschaft ohne die Vision der Kunst kann einen *uninspirierten* – sorgfältigen und bodenständigen, aber antriebsarmen – Managementstil hervorbringen.

Der optimale Platz befindet sich also im Inneren des Dreiecks: **Eine erfolgreiche Managementtätigkeit erfordert eine Mischung aus Kunst, Handwerk und Wissenschaft, sei es in der Person des Managers selbst oder in einem Team von Managern.** (Vgl. Pitcher 1995 und 1997) Mit anderen Worten: **Management ist möglicherweise keine Wissenschaft, aber es setzt ein gewisses Maß an Wissenschaft voraus, während es gleichzeitig vom Praxisbezug des Handwerks und dem Engagement der Kunst profitiert.** Ein Instrument, das ich mit Beverley Patwell zusammen entwickelt habe und das in Abbildung 4.4 dargestellt ist, erlaubt es Ihnen, Ihren eigenen Stil in diesem Dreieck zu bestimmen.

Die Bedeutung des Stils

Weiter oben beschrieb ich Carol Haslams Tag als hartes Verhandeln und weiches Führen. Beachten Sie die Unterscheidung zwischen den Substantiven und den Adjektiven. Die Substantive handeln von dem, *was* sie tat, von den Rollen, die sie ausfüllte; die Adjektive bezeichnen, *wie* sie es tat, wie sie ihre Rollen ausfüllte. (Vgl. Stewart 1982: 5)

Ein Manager wird von einem Mitarbeiter um Hilfe gebeten. Die Antwort kann als das Was in Form der einen oder anderen Rolle erfolgen. Beispielsweise: »Sie können Sally dazu um Rat fragen« (Kommunikation); »Was halten *Sie* für das Beste?« (Führung); »Ich weiß nicht, aber Sie sollten bis Freitag eine Lösung finden« (Lenkung und Kontrolle); oder »Überlassen Sie es mir« (Handeln). Und innerhalb jeder dieser Antworten bleibt Platz für das Wie. Vergleichen Sie beispielsweise im Fall der kommunikativen Antwort die Varianten: »Meiner Erfahrung

Überlegen Sie, wie Sie Tag für Tag Ihren Job managen. Kreisen Sie in jeder Zeile das Wort ein, das Ihren Stil am besten beschreibt. Bilden Sie anschließend für jede Spalte die Summe der markierten Begriffe. (Addiert sollten diese Summen 10 ergeben.)	Ideen	Erfahrungen	Fakten
	Intuitiv	Praktisch	Analytisch
	Herz	Hände	Kopf
	Strategien	Prozesse	Ergebnisse
	Inspirieren	Motivieren	Informieren
	Leidenschaftlich	Hilfreich	Verlässlich
Die erste Spalte repräsentiert die Kunst, die zweite das Handwerk und die dritte die Wissenschaft.	Offen für Neues	Realistisch	Bestimmt
	Fantasievoll	Lernwillig	Strukturiert
	Sehen	Handeln	Denken
	»Es gibt unendlich viele Möglichkeiten!«	»Wird sofort erledigt!«	»Die perfekte Lösung!«
Gesamtpunktzahl			

Übertragen Sie die drei Ergebnisse ins Dreieck. Die horizontalen Linien von K0 bis K10 stehen für die Kunst. Suchen Sie die Linie, die Ihrer Punktzahl entspricht. (Im Beispieldreieck rechts oben entspricht die Linie K7 einer linken Spaltensumme von 7.) Verfahren Sie genauso mit den schräg nach rechts oben verlaufenden Linien H0 bis H10 für das Handwerk. Markieren Sie den Schnittpunkt. Die Ihrer dritten Punktzahl entsprechende, nach links oben verlaufende Diagonale für die Wissenschaft sollte durch denselben Punkt gehen. Dieser repräsentiert Ihren Managementstil gemäß Ihrer Eigenwahrnehmung.

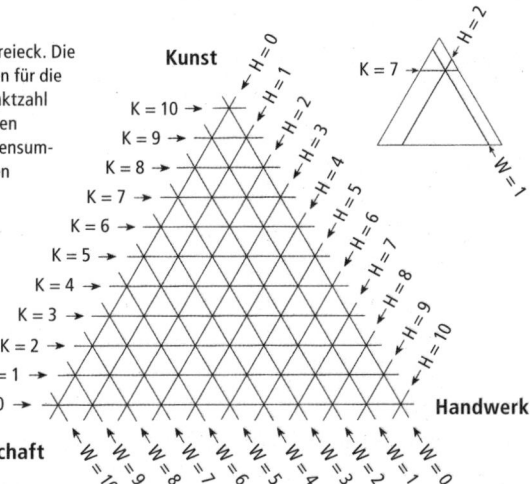

Bestimmen Sie mithilfe dieses Dreiecks Ihren eigenen Managementstil und den anderer Manager, die Sie kennen. Schätzen Sie wechselseitig Ihren Managementstil ein, um zu sehen, wie Sie als Team zurechtkommen. Stellen Sie fest, welcher Managementstil in Ihrem Unternehmen überwiegt.

Abbildung 4.4: Bestimmen Sie Ihren persönlichen Stil im Dreieck von Kunst, Handwerk und Wissenschaft

Quelle: Entwickelt von © Henry Mintzberg und Beverley Patwell, 2008

nach wird Sally hier etwas launisch reagieren« und »Sagen Sie Sally, dass wir sie vermissen – das wird helfen«.[32]

Wie wirkte sich also der persönliche Stil darauf aus, *was* die 29 Manager taten? Sehr viel weniger, als man meinen könnte. Während der persönliche Stil Einfluss darauf hatte, *wie* diese Manager ihre Arbeit verrichteten, schien er erstaunlich wenig Auswirkungen auf das *Was* ihrer Tätigkeit zu haben. Sicherlich zeigte jeder der 29 Manager seinen eigenen persönlichen Managementstil: Pflegeleiterin Ann Sheen war schnell, GSI-Präsident Jacques Benz war nachdenklich, Catherine Joint-Dieterle war mehr Yin und Rony Brauman mehr Yang und so weiter. All dies war mir bei meinen Besuchen bewusst. Aber als ich die 29 Tage Revue passieren ließ und mich fragte, ob der persönliche Stil ausschlaggebend dafür war, was die Manager an diesen Tagen taten, fiel die Antwort in allen bis auf vier Fälle negativ aus.

■ Rony Brauman zeigte bei seinem Engagement für Somalia besonderen Enthusiasmus; auch Peter Coe versuchte, für seine Einheit im NHS alle Hebel in Bewegung zu setzen, indem er mit der obersten Führungsriege verhandelte. Dr. Stewart Webb wollte vor allem seiner klinischen Tätigkeit nachgehen, sodass er seine Managerpflichten schnell hinter sich zu bringen versuchte, was ihn für die Rolle des *Lenkens und Kontrollierens* empfänglich machte: rasche Entscheidungen, weitergeleitet an seinen Assistenten. Und Paul Gilding versuchte sich in seinem neuen Job als Greenpeace-Chef zurechtzufinden, indem er ausgiebigst plante. Ein typisches Beispiel für die übrigen 25 Besuchstage war der bei Carol Haslam von Hawkshead: Möglicherweise verhandelte sie hart und führte sanft, aber hätte man dasselbe nicht auch von jedem anderen Chef einer Filmgesellschaft erwartet? Und wie war es um Bramwell Tovey bestellt? Hatte seine persönliche Disposition nennenswerten Einfluss darauf, was er auf dem Dirigentenpodest oder in der übrigen Zeit tat?

---

32 In ihrem Buch *Real Managers* zeigen Luthans u.a., dass sich hinter »Management by Walking Around« nichts anderes verbirgt als *Lenkung und Kontrolle*. (1988: 90) Aber man könnte es ebenso gut als *Kommunikation* (Informationen einholen) oder *Führung* (andere motivieren) interpretieren, je nachdem, was der Manager beabsichtigt und wie er es ausführt.

Warum hat der persönliche Stil, der in der Managementliteratur und erst recht in der Literatur zum Thema Führung so viel Beachtung findet, offenbar so wenig Einfluss darauf, was diese Manager tun? Weil es auf den Kontext ankommt: Die Menschen geraten häufig nicht zufällig auf Managerposten, um sie dann nach ihren Wünschen zu gestalten. (Oder vielleicht sollte ich sagen: Wenn es sie auf den falschen Posten verschlägt, stehen ihnen Probleme ins Haus.) Vielmehr gilt: **Was ein Manager tut, ist in der Regel durch die Situation bestimmt, in der er sich befindet.** Der Mensch passt in der Regel zu seinem Job.

■ Bramwell Tovey kam zur Musik und von dort zum Dirigieren, weil es seiner natürlichen Begabung entsprach. Norman Inkster fühlte sich ohne Zweifel zur RCMP wegen deren Kultur hingezogen, und er wurde vermutlich deren Chef, weil diese Kultur in ihm so großen Widerhall fand. Und die regionale Zuständigkeit in den Parks passte einfach zu Sandy Davis.

Natürlich hängt es auch von der jeweiligen Persönlichkeit ab, in welcher Position man sich befindet und welche Aufgaben man hat. Carol Haslam war nicht zufällig in einem Job, der viel Verhandlungsgeschick im Umgang mit externen Partnern erforderte, und Fabienne Lavoie in einem, der nach interner Führung verlangte. (Stellen Sie sich die beiden jeweils im anderen Job vor.)

Lassen Sie mich wiederholen: **Der persönliche Stil ist ohne Frage wichtig. Aber dabei scheint es mehr darum zu gehen,** *wie* **ein Manager etwas tut, Entscheidungen fällt oder Strategien formt, als um das** *Was*. In dieser Hinsicht wird die Bedeutung des persönlichen Stils möglicherweise sowohl in der praktischen als auch in der wissenschaftlichen Literatur stark überschätzt. Der Stil spielt eine Rolle, ebenso wie der Kontext, aber am meisten bewirken sie gemeinsam in einer Art symbiotischer Beziehung. Um mit Kaplan zu sprechen: »Wer sich Gedanken über den Managerjob machen will, muss den Menschen, der diesen Job ausfüllt, stets mitberücksichtigen.« (1983: 29)[33]

---

33 McCall kommt zu einem ähnlichen Ergebnis: »Führungsmodelle, die auf den ›Stil‹ einer Führungskraft gegenüber ihren Mitarbeitern abheben, haben wenig Wert, selbst wenn sie situative Faktoren berücksichtigen. Sie besitzen keine Erklärungskraft in Bezug auf Interaktionen auf gleicher hierarchischer Ebene, und

Ist der Manager ein Chamäleon? Daniel Goleman veröffentlichte im Jahr 2000 in der *Harvard Business Review* den Artikel »Leadership That Gets Results«, mit dem er das Thema Führung weitestgehend von seiner geheimnisvollen Aura befreien will, indem er die Zahl der grundlegenden Führungsstile auf sechs reduziert. Dabei handelt es sich um den autoritären Stil (»Tun Sie, was ich Ihnen sage«), den Goleman als »negativen Stil« bezeichnet, um den autoritativen Stil (»Kommen Sie mit mir ... arbeiten Sie mit mir an meiner Vision«), bei Goleman ein »besonders positiver Stil«, um den harmoniebetonten Stil (»Die Mitarbeiter kommen zuerst«), den demokratischen Stil (»Was halten Sie davon?«) und den coachenden Stil (»Versuchen Sie es einmal so«), die alle drei bei Goleman »positive Stile« sind, sowie um den leistungsbetonten Stil (»Machen Sie es wie ich«), den Coleman als »negativen Stil« bezeichnet. Übrigens ist es in dieser Art von Literatur üblich, den Stil ausschließlich als zwischenmenschliches Phänomen zu begreifen und die Informations- und Aktionsebene komplett auszublenden.

Goleman behauptet, diese Stile könnten »je nach den Anforderungen der augenblicklichen Situation frei gewählt werden, vergleichbar den Schlägern in der Tasche eines professionellen Golfers. Die Führungskraft erahnt, worum es in der bevorstehenden Aufgabe geht, und wählt geschickt das richtige Instrument aus, um es elegant einzusetzen. So agieren wirkungsvolle Führungskräfte.« (2000: 80)

Diese – in der angewandten Psychologie und in der Managemententwicklung seit Langem verbreitete – Annahme, dass wir unser Verhalten wechseln können, wie der Golfer seinen Schläger wechselt, verdient eine eingehendere Untersuchung.

■ Nehmen wir Marc, den CEO des Krankenhauses. Bekanntlich vertrat er sein Haus nach außen sehr erfolgreich. Goleman hätte ihn möglicherweise als autoritativ oder als leistungsbetont bezeichnet (ungeachtet dessen, dass der eine Stil in seinen Augen positiv, der andere negativ war). Im Innern sah sich Marc jedoch seinerseits mit diversen Interessenvertretern konfrontiert,

---

es fällt schwer, die Beziehung zwischen irgendeinem übergreifenden Kriterium für den Führungsstil und den buchstäblich Hunderten von Aktivitäten zu verstehen, die den Alltag eines Managers bestimmen.« (1977: 16)

die alle ihre jeweils eigenen Interessen durchsetzen wollten. Gerade der Stil, der ihn nach außen hin erfolgreich machte, war dazu angetan, ihm nach innen Probleme zu bereiten, solange es ihm hier nicht gelang, einen anderen Schläger aus der Tasche zu ziehen oder, um eine andere Metapher zu gebrauchen, wie ein Chamäleon die Farbe zu wechseln. Der aggressive, autoritative, leistungsbetonte, vielleicht sogar autoritär-befehlende Stil musste einem harmoniebetonten, demokratischen oder coachenden Stil weichen. Leider ging es hier jedoch weniger darum, einen Driver gegen einen Putter auszutauschen, sondern schon eher darum, vom Boxsport zum Badminton zu wechseln.

Chamäleons wechseln zwar die Farbe, nicht aber Schwanz und Zunge, ganz zu schweigen vom Lebensraum. In Wahrheit tun sie nichts anderes, als sich zu verstecken – mithilfe der Farbe passen sie sich vermeintlich an das Umfeld an.[34] Das mag in einem begrenzten Kontext funktionieren, aber kann ein Manager damit leben? **Erfolgreich ist wohl in der Regel eher der Manager, dessen natürlicher Stil ins Umfeld passt, als derjenige, der seinen Stil entsprechend dem Umfeld wechselt oder das Umfeld an seinen Stil anpasst (ganz zu schweigen vom sogenannten professionellen Manager, dessen Stil vermeintlich zu jedem Umfeld passt).**[35]

Den Job nicht nur erledigen, sondern auch gestalten Zweifelsohne können wir alle uns in gewissem Maße anpassen[36], wie es etwa Stephen Omollo tat, der sich in internen Besprechungen mit Rotkreuzmitarbeitern zurückhaltender gab, als wenn er in den Flüchtlingslagern die Runde machte. Aber eben nur in gewissem Maße. Umgekehrt kann

---

34 Auf Wikipedia war am 5. Juli 2008 zu lesen, dass diese Farbveränderung nicht in erster Linie der Tarnung, sondern primär der Kommunikation dient.

35 Skinner und Sasser kommen zu dem Schluss, dass »fast alle Manager dazu neigen, sich auf einen ziemlich festgelegten Managementstil zu beschränken« (1977: 146), dass es sich dabei aber häufig um einen vergleichsweise »analytischen oder professionellen Stil« handelt.

36 Braybrooke spricht davon, dass Manager »persönliche Ressourcen« (insbesondere Informationen) einsetzen. Manche dieser Ressourcen (beispielsweise Verhandlungsgeschick) sind »vergleichsweise leicht übertragbar« auf unterschiedliche Jobs, andere (wie etwa Beziehungen vor Ort) hingegen nicht. (1964: 544)

die heroische Führung verheerende Auswirkungen haben, insbesondere wenn sich die Organisation an den Stil ihres CEO anzupassen hat. Dabei können wichtige Aspekte der Organisation wie beispielsweise ihre Kultur leicht unter die Räder kommen. **Die Erwartung, dass sich ein Jobinhaber ganz auf die Bedürfnisse des Jobs einstellt, mag bürokratisch sein, aber keinen Deut besser ist es, ihm in der Ausgestaltung seines Jobs völlige Freiheit zu lassen – ihn gewissermaßen zum Autokraten zu machen.**[37]

Natürlich muss sich ein Manager mit Veränderung befassen, und zwar sowohl seiner eigenen als auch der seines Umfelds. Viele der von mir beobachteten 29 Manager bewirkten Veränderungen, aber aus einer Position der Stärke; sie brachten nicht nur ein tiefes Verständnis für die Branche und die Organisation mit, sondern passten auf natürliche Weise zu den gegenwärtigen Anforderungen des Jobs.

■ Alan Whelan von BT liefert ein interessantes Beispiel: Er kannte die Branche, die Technologie und das Verkaufsgeschäft, aber er war neu bei BT. Er betrieb ambitionierte Veränderungen – in seiner Organisation. Aber genau deshalb war er auf diesen Job berufen worden.

Während also jeder Manager einerseits seinen Job _gestalten_ muss, muss er ihn andererseits auch schlicht _erledigen_. Das ist der Grund, warum der Managementstil nicht unabhängig vom Kontext und vom Ort seiner Ausführung gesehen werden kann – wie es so häufig in der Literatur geschieht. Und das ist der Grund, warum sich ein Großteil dieser »Stil«-Literatur für mich so steril anfühlt.[38]

---

37 Peter B. Vaill schreibt: »Ein Fehler, der im Bereich der Kunst undenkbar wäre, besteht in der Annahme, dass es möglich wäre, eine Rolle ohne Rücksicht auf den Ausführenden genau festzulegen, aber genau diese Idee dominierte die Arbeitsorganisation über weite Teile des 20. Jahrhunderts. In der Kunst definiert die Rolle ein Umfeld, innerhalb dessen der Ausführende seinen eigenen künstlerischen Ausdruck findet.« (1989: 124)

38 Biggart behauptet, dass »der Managementstil in vielen Theorien als eine Eigenschaft der Führungskraft oder des Managers auftaucht ... als eine individuelle Fähigkeit, die unabhängig von ihrer Anwendung in einem konkreten Umfeld existiert, zumindest für analytische Zwecke. Zahlreiche Theoretiker haben Tabellen und Schaubilder mit prototypischen Stilen entworfen, um ein universelles

Wenn Sie also Manager sind, sollten Sie darauf achten, dass Sie Ihren eigenen Stil verstehen – nicht allgemein, sondern in dem Kontext, in dem Sie Ihr Management praktizieren. Und dann sollten Sie darauf achten, welche anderen Managerjobs Sie annehmen oder womit Sie andere Manager betrauen. Vor Kurzem fragte mich ein Pädagogikprofessor, was ich von der gegenwärtigen amerikanischen Gepflogenheit halte, entlassenen Armeeoffizieren Leitungspositionen im Schulwesen anzubieten. Gute Idee, antwortete ich, und an die Spitze der Armee setzen wir Lehrer.

Haltungen und Schwerpunkte des Managens

Wie dieses Kapitel gezeigt hat, sind die diversen Kontexte des Managens – äußeres Umfeld, Organisation, Job, Situation, persönliche Eigenschaften – häufig miteinander verwoben. Im Fall von Max Mintzberg beispielsweise gewährte ein junges, kleines und in scharfem Wettbewerb stehendes Unternehmen mit einer unternehmerzentrierten Struktur seinem CEO vergleichsweise viel Handlungsspielraum, setzte ihn aber gleichzeitig unter starken Druck, was zu einem hektischen Arbeitstempo mit viel Handeln und Verhandeln führte – und Max Mintzbergs Natur durchaus entgegenkam.

Solche natürlichen Kombinationen konnte ich auch an vielen weiteren meiner Besuchstage beobachten. Dabei gilt es jedoch zu berücksichtigen, dass keine zwei Managerjobs und nicht einmal zwei Tage derselben Person im selben Job jemals identisch sind. Heißt das entsprechend dem Whitley-Zitat (1989) aus Kapitel 3, dass die Managertätigkeit jeder Stetigkeit entbehrt?

Stetigkeit findet man nur, wo man nach ihr sucht. Wenn Sie das

---

Modell zu entwickeln, das sich auf beliebige Situationen anwenden lässt. ... Der Managementstil wurde so von der Praxis abgetrennt ... und von dem Prozess, den er anstößt und auf den er reagiert; das Ergebnis sind Theorien, die die dynamischen Aspekte der Beziehung des Managers zu seinen Mitarbeitern außer Acht lassen.« (1981: 292f.) Um dies zu ändern, bedarf es allerdings einer Revolution in der Forschung: weg von den Methoden der Betrachtung isolierter Variablen und hin zu einer »dichten« Beschreibung (vgl. Gertz 1973), um das Verhalten in seinem ganzen Zusammenhang zu sehen.

sind, was Charles Darwin einen »Splitter« nannte, ist in Ihren Augen alles nuanciert. Ein »Lumper« hingegen sucht nach Stetigkeiten. Die nuancierte Betrachtung kommt der Wahrheit möglicherweise näher, aber wir brauchen auch die Übereinstimmungen, wenn wir etwas verstehen wollen – dürfen diese Verallgemeinerungen allerdings nicht zu weit treiben.

Mein erster Gedanke war, dass wir, wenn wir wirklich ein Verständnis für die Vielfalt des Managens entwickeln wollen (unter anderem für die Zwecke des Auswählens, Entwickelns und Bewertens von Managern), nicht von der Annahme unendlich vieler Varianten ausgehen, sondern versuchen sollten, die verschiedenen Formen zu klassifizieren und uns dabei auf die auffälligsten Muster zu beschränken. Mein zweiter Gedanke war, dass es nicht reicht, die Einflussfaktoren des Managens isoliert zu betrachten, sondern dass wir sie so zusammenfassen müssen, wie sie in der Tätigkeit des Managens für gewöhnlich in Erscheinung treten.

Ich ging also meine 29 Beobachtungstage einzeln durch und suchte jeweils nach dem Muster, das sie am besten beschrieb. Ich fasste ähnliche Muster in Gruppen zusammen, die eine Haltung oder einen *Schwerpunkt ergaben*. Natürlich wählt kein Manager einen Schwerpunkt für die Dauer eines Tages, ebenso wenig wie für immer. Aber die Muster schienen sehr wohl über eine bestimmte Zeit Bestand zu haben.

Ich habe insgesamt neun Schwerpunkte plus zwei temporäre Schwerpunkte identifiziert. Sie tauchen in Tabelle 4.1 als den einzelnen Managern zugeordnete Zahlen auf. Wenn mehr als ein Schwerpunkt auf einen Manager zuzutreffen schien, habe ich den offensichtlicheren ausgewählt, werde aber die übrigen hier ebenfalls ansprechen.

Diese Schwerpunkte reichen von der Aufrechterhaltung des betrieblichen Workflows bis zur Vernetzung der Organisation mit dem äußeren Umfeld. Drei beschreiben, wie Topmanager großer Organisationen versuchen, ihre Hierarchien zu durchdringen: mittels Fernsteuerung, Festigung der Kultur und strategischen Eingreifens. Einer beschreibt ausgewogenes Managen nach außen und nach innen, zwei andere kontrastieren Managen *in* der Mitte mit Managen *aus* der Mitte heraus.

Der letzte beschreibt Managen als Beratung von der Seite. Die zwei im Anschluss beschriebenen temporären Schwerpunkte betreffen den neuen Manager und den Manager wider Willen. Ein abschließender

Abschnitt dieses Kapitels betrachtet ein anderes Phänomen von wachsender Bedeutung: Management ohne Manager.[39]

1. Aufrechterhaltung des Workflows

Etliche Manager dieser Studie konzentrierten sich klar auf die Aufrechterhaltung des Workflows in der einen oder anderen Weise: Sie engagierten sich persönlich dafür, dass der Betrieb reibungslos verlief. **Diese Manager sorgten für die Aufrechterhaltung eines dynamischen Gleichgewichts, um ihre Organisation auf Kurs zu halten.**

Bei dieser Haltung geht es mehr um die Feineinstellung als um grundlegende Neuerungen. Wie Sayles meint: »Meistenteils versuchen die Manager im Voraus zu erahnen, wo das System menschlicher Beziehungen versagen könnte, um es durch geeignete Korrekturen wieder ins Gleichgewicht zu bringen.« (1964: 257; vgl. auch Thompson 1967)

Eine solche Schwerpunktsetzung erscheint besonders geeignet für Manager, die dieser Tätigkeit erst seit Kurzem nachgehen, und zwar in einer Maschinenorganisation, wie im Fall von Stephen Omollo im Flüchtlingslager. Aber ich habe ihn auch in Organisationen, die eher von Professionals geprägt waren (Fabienne Lavoie und Ann Sheen in den Krankenhäusern, Gordon Irwin im Banff-Nationalpark, Ralph Humble in der RCMP-Abteilung), beobachtet[40], auf der mittleren Managementebene (Abbas Gullet in den Flüchtlingslagern) und sogar bei ein oder zwei CEOs. Bramwell Tovey hielt sicherlich in Proben und Aufführungen gleichermaßen die Musik – Rhythmus, Tempo und so

---

39 In ihrem Buch *Contrasts in Management* bietet Rosemary Stewart (1976) zwei Typologien von Managereinstellungen an, von denen die eine Kontaktmuster (Kapitel 2) und die andere Arbeitsmuster (Kapitel 4) betrifft, wobei Letztere der hier präsentierten Typologie näher kommt. Siehe auch Fondas (1992) über »Creating a behavior profile« und »Profiling managerial jobs«.

40 Aber Pitner sah ihn nicht in den Schulen: »Schulleiter agieren in der Hauptsache in Dienstleistungs-, Beratungs- und Überprüfungsbeziehungen; weder greifen sie unmittelbar auf den Workflow im Klassenzimmer ein noch streben sie Veränderungen oder Verbesserungen mittels innovativer oder stabilisierender Beziehungen an.« (1982: 8, Peterson zitierend)

weiter – im Fluss.[41] Max Mintzbergs Tätigkeit als Chef der Einzelhandelskette ließe sich ebenfalls als Aufrechterhaltung des Workflows beschreiben, auch wenn ich ihn in eine andere Gruppe eingeordnet habe.

Zahlreiche verbreitete Ausdrücke zur Managertätigkeit passen zu diesem Schwerpunkt: »vor Ort« managen (Gordon Irwin); »zupackend« (Bramwell Tovey buchstäblich in Bezug auf seinen Dirigentenstab; Fabienne Lavoie); »Management by Exception«. Sie alle verweisen auf eine Managementpraxis, die besonders im Handwerk wurzelt, in der die Analyse so gut wie nicht vorkommt und die in der Regel von einer raschen Abfolge kurzer Episoden geprägt ist, wie sich besonders in der Tätigkeit von Fabienne Lavoie und Max Mintzberg zeigte.

Eine Schlüsselrolle kommt hier dem *Handeln* zu, entweder neben dem *Führen* oder neben dem *Lenken und Kontrollieren*, je nachdem, wie der Manager von seiner Autorität Gebrauch macht (Lavoie und Omollo mehr durch Führen, Gullet mehr durch Lenken und Kontrollieren). Und besonders wichtig ist hier das *Kommunizieren*: Der Manager benötigt aktuellste Informationen, damit er mitbekommt, wenn etwas nicht nach Plan verläuft. Abbas Gullet beispielsweise hielt ständig nach Informationen Ausschau und kannte sich in den Details erstaunlich gut aus.

Diese Haltung weist mehrere interessante Eigentümlichkeiten auf. Während man einen klaren Zusammenhang zwischen Aufrechterhaltung des Workflows und Geltendmachung von Autorität vermuten würde, schienen Manager wie Fabienne Lavoie, Ann Sheen, Abbas Gullet und Stephen Omollo mehr im Zentrum der Aktivitäten als hierarchisch über ihnen zu stehen. Gullet, der mehr Wert auf hierarchische Strukturen legte als die meisten anderen, war eindeutig das »Nervenzentrum« seiner Einheit, das ununterbrochen von Informationen umflossen wurde. Und obwohl der Rahmen dieser Jobs eng und von außen auferlegt erschien – den Betrieb am Laufen zu halten –, finden wir hier einige der aktivsten unter den 29 Managern, Lavoie und

---

41 Drei Jahre, bevor ich Bramwell Tovey beobachtete, beschrieb ich Fabienne Lavoie mit ähnlichen Worten: »Das Bemerkenswerteste, das ich an diesem Tag beobachtete, war, dass alles in einem natürlichen Rhythmus ineinanderfloss.« Im Bericht über seinen Tag beschreibe ich Tovey als jemanden, den der Orchesterbetrieb als solcher mitunter noch mehr fasziniert als das eigentliche Dirigieren.

Gullet inbegriffen. Man braucht sehr viel Initiative, um eine Organisation »nur« am Laufen zu halten.

2. Außenbeziehungen pflegen

Das andere Extrem bildet eine nach außen gerichtete Haltung, die stärker auf die Pflege der Außenbeziehungen setzt als auf die interne Lenkung und Kontrolle. **Diese Manager sorgen für den Fortbestand der Randbedingungen ihrer Organisation.**

Wiewohl es sich kein Manager leisten kann, auf die Pflege der Außenbeziehungen komplett zu verzichten, ist eine solche Schwerpunktsetzung umso wahrscheinlicher, je höher die Hierarchie ist, denn dort geht es um Repräsentation und die Interessen der Gesamtorganisation. Das schien besonders auf Rony Brauman von Ärzte ohne Grenzen zuzutreffen, aber auch auf Carol Haslam von Hawkshead, Sir Duncan Nichol vom NHS und Marc im Krankenhaus.

Der offensichtlichste Grund dafür ist, dass es andere Manager gab, die sich um den internen Betrieb kümmerten, oder dieser keiner besonderen Beaufsichtigung bedurfte. Alle gerade erwähnten Manager führten Institutionen mit hoch qualifizierten Mitarbeitern, drei im Gesundheitswesen (Ärzte ohne Grenzen mitgerechnet) und eine in der Filmproduktion. Die Mitarbeiter wussten, was sie zu tun hatten, und taten dies meistenteils einfach. Das erlaubte es den Topmanagern nicht nur, sich auf äußere Fragestellungen zu konzentrieren; eine solche Tätigkeit war sogar unerlässlich, um diese hoch qualifizierten Fachkräfte zu schützen und zu unterstützen.

Sie taten dies jedoch auf unterschiedliche Weise. Carol Haslam handelte die Konditionen für neue Filmverträge aus; dabei musste sie mit Ideen, Kunden und Budgets jonglieren. Anschließend übergab sie die Projekte geeigneten Crews. Sir Duncan Nichol und Marc traten eher wie Anwälte (um Marcs eigenen Begriff zu verwenden) ihrer Organisationen auf, die sich in komplexen politischen Kraftfeldern bewegten. Besonders in Marcs Krankenhaus gab es Druck von allen Seiten, von Behörden, Patienten, Direktoren und Ärzten, sodass Marc hier den Puffer spielen musste.

Wie der erste Schwerpunkt nicht nur im unteren Management zu finden ist, so ist auch dieser Schwerpunkt nicht nur im Topmanagement vertreten. Mittlere Manager, die für Behördenkontakte oder für den Vertrieb verantwortlich sind, müssen sich mitunter intensiv mit der Außenwelt beschäftigen. Ich habe Peter Coe, dem Distriktmanager vom NHS, zwar einen anderen Schwerpunkt zugeordnet, aber dieser hier wäre ebenso gut möglich gewesen. An meinem Besuchstag jedenfalls führte ihn seine Tätigkeit nach außen, in die NHS-Zentrale und in andere Einheiten.

Dieser Schwerpunkt konzentriert sich klar auf die externen Rollen des *Vernetzens* (im Gegensatz zum Führen) und des *Verhandelns* (im Gegensatz zum Handeln). Hier finden wir die geschicktesten Verhandlungsführer und die eifrigsten Netzwerker – letztlich also Maccobys »Spielmacher«. Stellen Sie Rony Braumans externes Yang Catherine Joint-Dieterles internem Yin gegenüber oder Marcs Lobbyarbeit Fabienne Lavoies Abneigung gegen »den PR-Kram«. Während die erste Haltung überwiegend handwerklich ausgerichtet ist, tendiert die zweite eher zur Kunst. Aufgrund ihrer externen Orientierung befanden sich die Manager, die diesen Schwerpunkt pflegten, nicht unbedingt »an der Spitze«; vielmehr bewegten sie sich quer durch die externen Netzwerke, während sie, was den Druck angeht, im Zentrum standen.

3. Nach allen Seiten verbinden

Der dritte Schwerpunkt verbindet Aspekte der ersten beiden miteinander, beschränkt sich allerdings nicht darauf. Der Manager ist nahe beim Workflow, aber er unterhält auch wichtige Beziehungen zur Außenwelt und führt – dies ist besonders wichtig – beide Bereiche zusammen. Es handelt sich also um einen ausgewogeneren und integrativeren Schwerpunkt als bei den ersten beiden. (Am Ende des dritten Kapitels verwendete ich das Wort »*Verschmelzung*«, als es darum ging, dass jeder Manager alle Rollen des Modells zu einem Ganzen integrieren muss. Ich komme hier darauf zurück, weil diese Fähigkeit für bestimmte Manager ganz besonders wichtig ist, wie wir sehen werden.)

Während man vielleicht erwarten würde, diese Haltung besonders bei CEOs anzutreffen, sah die Realität anders aus. Nur zwei der Manager, denen ich diesen Schwerpunkt zuordnete, standen an der Spitze ihrer Organisation (von insgesamt zwölf CEOs), nämlich Catherine Joint-Dieterle vom Museum und Max Mintzberg von der Einzelhandelskette. Die übrigen waren mittlere Manager: Brian Adams von

Bombardier, Glen Rivard vom Justizministerium, Doug Ward von der Radiostation und Paul Hohnen von Greenpeace. Wie wir schon mehrmals feststellten: **Das mittlere Management einer Organisation ist möglicherweise in der besten Position, um deren Aktivitäten zu integrieren.**

Bis auf Max Mintzberg waren sie alle intensiv mit Projektarbeit beschäftigt, und zwar in Organisationen oder zumindest Einheiten, die als *Adhokratie aufgebaut* waren. Zwei Stellen – die von Brian Adams und die von Glen Rivard – drehten sich wesentlich um Projekte, während die anderen zumindest wichtige Projektarbeit umfasste: die Radioprogrammgestaltung bei CBC, die Konzeption und Vorbereitung von Ausstellungen im Museum, die Entwicklung neuer Strategien für Greenpeace. Projekte sind mehr oder weniger eigenständig und erfordern eine vergleichsweise umfassende Managementtätigkeit, bei der es insbesondere um die Verschmelzung und Verbindung der unterschiedlichsten Anstrengungen geht. Für die Formulierung eines Familienrechts beispielsweise musste Glen Rivard eine Reihe von Gesetzgebungsprojekten überwachen, revidieren und voranbringen und dabei ihre gesellschaftlichen, rechtlichen und politischen Aspekte miteinander verbinden. Max Mintzberg musste das Handeln, das Verhandeln und das Lenken und Kontrollieren kombinieren und nicht nur Strategisches mit Betrieblichem, sondern Innen mit Außen verbinden. Das sieht weniger nach Strategiebildung als vielmehr nach *strategischem Manövrieren* aus.

Wegen der Bedeutung ihrer lateralen Beziehungen konnten es sich diese Manager nicht leisten, sich an der Spitze oder auch nur im Zentrum ihrer Einheit zu sehen; sie mussten überall zugleich sein. Sie mussten sich durch die ausgedehnten Netzwerke arbeiten, wie sich besonders in der Tätigkeit von Brian Adams zeigte. Bei dieser Schwerpunktsetzung verschwimmt die Grenze zwischen dem Verhältnis von Vorgesetzten und Untergebenen einerseits und dem zwischen gleichgestellten Geschäftspartnern andererseits. Adams' Verhältnis zu Subunternehmen könnte man als »erweiterte Lenkung und Kontrolle« bezeichnen, und über Doug Ward sagte ich bereits, dass er mit Leuten kooperierte, von denen man üblicherweise annehmen würde, dass sie von ihm geführt würden, während er nicht zögerte, andere zu führen, die ihm nicht formal unterstellt waren.

All dies deutet darauf hin, dass es sich hier um einen Schwerpunkt handelt, bei dem es weniger um spezifische Rollen als vielmehr um die Verbindung dieser Rollen geht. Aber wenn Schlüsselrollen identifiziert werden müssen, dann gehören dazu sicherlich *Verhandeln* und *Handeln* sowie *Kommunizieren*. Dieser Schwerpunkt kommt dem handwerklichen Stil des Managens am nächsten, er gestaltet sich eher unterstützend als dirigierend. Es gibt bestimmte Anzeichen von Kunst, und besonders für das Projektmanagement sind Analysefähigkeiten von Bedeutung, aber die handwerkliche Seite scheint zu überwiegen. Die meisten Manager hier beschäftigten sich intensiv mit den Details und bewiesen viel Erfahrung mit komplexen Branchen, die ein umfangreiches Wissen voraussetzten.

4. Fernsteuerung

Die nächsten drei Schwerpunkte beschreiben jeweils unterschiedliche Herangehensweisen, wie insbesondere Topmanager großer Organisationen versuchen, ihre Hierarchien zu durchdringen, um der Organisation ihren Stempel aufzudrücken.

»Fernsteuerung« beschreibt einen Schwerpunkt des internen Managements auf der Informationsebene, der etwas abgehoben und analytisch ist. Manager, die diesen Schwerpunkt pflegen, sehen sich häufig an der Spitze des Unternehmens und bevorzugen Techniken des *Lenkens und Kontrollierens*, indem sie Entscheidungen an sich ziehen, durch geeignete Ressourcenzuteilung die Entscheidungen anderer planmäßig beeinflussen oder schlicht Leistung einfordern. Das reduziert in der Regel das Tempo des Managens und ersetzt Vielfalt und mündliche Kontakte durch formale Ordnung und Kontrolle. Dieser Schwerpunkt ist im Dreieck von Kunst, Handwerk und Wissenschaft bei der Wissenschaft angesiedelt.

In *Managers Not MBAs* (2004b: Kapitel 4) habe ich geschrieben, dass dieser Managementansatz heute Konjunktur zu haben scheint, insbesondere unter Topmanagern großer Unternehmen.[42] Vielleicht haben

---

42 Tengblad (2004) untersuchte »die Beziehung zwischen den Finanzmärkten und der Managertätigkeit« im Fall von acht CEOs großer schwedischer Unternehmen. Die Zwänge der Finanzmärkte, die entlang der Hierarchie hinunter an andere Manager weitergereicht wurden, führten zu einer deutlichen Fernsteuerung. »Lenkung und Kontrolle mittels Erwartungen, deren Erfüllung überwacht wurde, führten bei einigen Managern zu Überarbeitung und zu Konformität

meine diesbezüglichen Bedenken mich veranlasst, Manager zu studieren, die eher der handwerklichen Seite zuneigen, waren doch unter den anschließend beobachteten 29 Managern nur drei mit einer Affinität zur wissenschaftlichen Seite des Managens mit diesem Schwerpunkt: Paul Gilding von Greenpeace und Dr. Thick und Dr. Webb vom NHS, alle aus speziellen Gründen.

Paul Gilding hatte das Ruder bei Greenpeace gerade erst übernommen, und er schien zu versuchen, die Dinge mittels formeller Planung unter Kontrolle zu bekommen. Während er andere ermunterte, häufiger selbst anzupacken, vermied er persönlich einen solchen Einsatz (wobei ihn an diesem Tag ein Mitarbeiter sogar ausdrücklich dazu drängte). Er hatte also nie die Gelegenheit, herauszufinden, ob eine solche Einstellung funktioniert hätte.

Während man Fernsteuerung vielleicht vor allem an der Spitze großer, insbesondere maschinenähnlicher Organisationen erwarten könnte, arbeiteten Dr. Webb und Dr. Thick im unteren Management einer Organisation von Professionals. Beide waren Teilzeitmanager, die sich mehr mit ihren klinischen Aktivitäten und/oder Forschung (mit handwerklichem Schwerpunkt) beschäftigten als mit ihrer Managementtätigkeit. Letztere erledigten sie eher beiläufig, zumindest an meinen Beobachtungstagen, zumeist indem sie Entscheidungen in ihrer kontrollierenden Rolle absegneten.

Ich habe Sir Duncan Nichol, Sandy Davis, John Tate und Bramwell Tovey anderen Schwerpunkten zugeordnet, aber auch bei ihnen wurden zumindest Aspekte dieses Schwerpunkts sichtbar. Sir Duncan Nichol stand an der Spitze einer riesigen Hierarchie, die niemand leicht durchdringen konnte, was eine Fernsteuerung begünstigte. Sandy Davis, die zum mittleren Management innerhalb der Parkhierarchie gehörte, hatte eine Vorliebe für Planung. Und die Managementpraxis von John Tate im Justizministerium schien überwiegend formell zu sein.

Bramwell Tovey war, was den Schwerpunkt betraf, der interessanteste Fall. Was ich sah, gehört meines Erachtens zum ersten Schwerpunkt, der auf die Aufrechterhaltung des Workflows zielt. Aber Tovey betrieb zugleich Fernsteuerung im wahrsten Sinne des Wortes, er diri-

---

und nichtkonstruktiver Kommunikation.« (S. 583; vgl. auch Tengblad 2000 zur verstärkten Bedeutung dieses Schwerpunkts unter CEOs)

gierte ein Orchester. Der Dirigent schwingt den Stab und alle spielen, während sich das Führungsgeschehen eher verdeckt abspielt. In diesem kleinen Stab steckt so viel Macht – solange er nach den Regeln der Kunst eingesetzt wird. Fernsteuerung pur!

5. Die Kultur stärken

Ein weiterer Schwerpunkt kommt aus dem Topmanagement. Er tendiert zu den Bereichen Kunst und Handwerk. Konkret geht es darum, die Performance eher über persönliches Engagement als über unpersönliche Lenkung und Kontrolle zu verbessern. **Dieser Schwerpunkt zielt darauf, die Kultur einer Organisation – ihren Gemeinschaftssinn – zu stärken, um so das Funktionieren der Mitarbeiter sicherzustellen.** Anders gesagt: Eine starke Kultur kann entscheidend zur Dezentralisierung einer Organisation beitragen.

Die entscheidende Rolle ist hier *Führung*, verstärkt durch eine gehörige Portion *Kommunikation* und kombiniert mit *Vernetzung*, um die Organisation vor äußeren Störungen zu schützen – wie in Norman Inksters »No-surprises«-Strategie bei der RCMP. Auch hier erwartet man ein vergleichsweise ruhiges Managementtempo sowie Manager, die sich mehr im Zentrum als an der Spitze des Geschehens wähnen. Um die Führungskraft herum schwirrt die Kultur, vergleichbar mit der Bienenkönigin, die ihren Schwarm mit einer chemischen Substanz, die sie ausströmt, zusammenhält. »Ein CEO sah seine Aufgabe im Wesentlichen darin, ›die Geschichte des Unternehmens zu erzählen‹.« (Tengblad 2000: 36)

Diese Haltung oder Schwerpunktsetzung zeigte sich um deutlichsten an dem Tag, den ich mit RCPM-Leiter Norman Inkster verbrachte – und ihre Konsequenzen waren an den Tagen mit Allen Burchill aus dem mittleren RCPM-Management und Ralph Humble aus dem unteren RCPM-Management zu spüren. Es war, als wässerte er den RCMP-Garten und ließe dann die Blumen blühen. Eine Kombination von Faktoren begünstigte diese Praxis in der RCMP: eine edle Mission, eine ehrwürdige Geschichte, ein CEO mit einer langen Amtszeit und einer absoluten Ergebenheit ihrer Kultur gegenüber sowie ein persönlicher Stil, der sich offenbar auf die zwischenmenschliche Ebene konzentrierte.

Auch bei einigen Managern, die ich anderen Schwerpunkten zugeordnet habe, zeigte sich diese Haltung. John Cleghorn festigte sicherlich die Kultur der Royal Bank an dem Tag, an dem ich ihn beobachtete, mit ähnlicher Wirkung. Doug Ward von der Radiostation CBC, Fabienne Lavoie auf der chirurgischen Station und Stephen Omollo stärkten ebenfalls die Kulturen ihrer Einheiten, was darauf hindeutet, dass dieser Schwerpunkt auch im mittleren und im unteren Management zu finden ist.

6. Strategisch intervenieren

Ein anderer Schwerpunkt ist die persönliche Intervention auf der Ad-hoc-Basis, um konkrete Veränderungen voranzutreiben. Jacques Benz tat dies bei GSI, indem er sich in Projekten engagierte, denen er strategische Bedeutung beimaß, während sich John Cleghorn bei der Royal Bank in betriebliche Angelegenheiten einschaltete, von denen er besonders viel verstand. Alle Manager tun dies bis zu einem gewissen Grad; von einem Schwerpunkt spreche ich, wenn ein Manager in beträchtlichem Umfang interveniert.

Die bevorzugte Rolle ist hier das *Tun*, mitunter verstärkt durch *Lenkung und Kontrolle* sowie *Kommunikation*. Der Stil des Managers tendiert zur handwerklichen Seite auf der Grundlage praktischer Erfahrungen, wobei Strategien eher beiläufig entstehen – sie sind das Produkt informellen Lernens und nicht einer formellen Planung. (Wir werden auf diesen Punkt im nächsten Kapitel zurückkommen.) Und während der Manager sich möglicherweise an der Spitze stehen und von dort aus Veränderungen bewirken sieht, handelt und interveniert er überall, wie sich beispielsweise bei Cleghorn zeigte. Hier bevorzugt es der Manager, die Hierarchie zu umgehen und sich unmittelbar dorthin zu begeben, wo Veränderungen vorgenommen werden müssen.

7. In der Mitte managen

Als Nächstes betrachten wir den Manager, der in der Mitte der Hierarchie angesiedelt ist, dort aber zwei höchst unterschiedliche Haltungen einnehmen kann. Entweder schwimmt er mit dem Strom und managt in der Mitte oder er stellt sich ihm entgegen und managt aus der Mitte heraus.

Die klassische Sichtweise sieht den mittleren Manager in der Hierarchie zwischen einem Topmanagement, das die Strategie formuliert, und dem unteren Management, das sie implementiert. Der mittlere Manager tut weder das eine noch das andere, sondern sichert mittels *Kommunikation* sowie *Lenkung und Kontrolle* den Fluss der Informationen nach unten und übermittelt Performancedaten nach oben. Folglich dominiert die Informationsebene, während auf der Aktionsebene vergleichsweise wenig Handeln und Verhandeln stattfindet, möglicherweise auch weniger Führung auf der zwischenmenschlichen Ebene. Insgesamt ist diese Schwerpunktsetzung aufgrund ihrer Abhängigkeit von Planung, Budgetierung und anderen formalen Systemen eher analytisch und kopfgesteuert. Ihr geht es mehr um den Erhalt der Stabilität als um Veränderungen; das Arbeitstempo ist vielleicht weniger hektisch als bei anderen Haltungen.

Ich habe drei der 29 Manager diesem Schwerpunkt zugeordnet, und alle drei bekleiden regionale Positionen: Allen Burchill von der RCMP sowie Sandy Davis und Charlie Zinkan von den kanadischen Parks.[43] Allen Burchill beispielsweise stand in der Hierarchie zwischen einer Zentrale, die die wesentlichen strategischen Vorgaben machte, die meisten Systeme einrichtete und viele Normen beeinflusste, und den Abteilungen mit den gut ausgebildeten Mitarbeitern, die ihre Arbeit weitestgehend in Eigenregie erledigten. Als ich ihm gegenüber auf die Zeit zu sprechen kam, die er an meinem Beobachtungstag mit *Kommunikation* zubrachte, entgegnete er: »Das scheint meinen Job auszumachen.« (Wir werden auf diesen speziellen Fall regionalen Managements im nächsten Kapitel zurückkommen.)

Alle diese Manager waren in staatlichen Institutionen tätig. Hat der Trend zum Downsizing diese Posten in der freien Wirtschaft obsolet gemacht? Da habe ich meine Zweifel: Der Bedarf an Managern, die die verschiedenen hierarchischen Ebenen miteinander verbinden, besteht weiterhin. Ich hätte für meine Beobachtungen leicht entsprechende Manager bei BT oder der Royal Bank of Canada finden können.

---

43 John Tate habe ich einem anderen Schwerpunkt zugeordnet, aber auch bei ihm fanden sich Anzeichen für diesen Schwerpunkt. Zwar stand er an der Spitze der Justizverwaltung, aber gleichzeitig befand er sich in der Mitte zwischen dem Minister und der Behörde.

8. Aus der Mitte heraus managen

Wir sprachen bereits darüber, dass mittleres Management mehr umfasst als das Managen auf einer mittleren Hierarchieebene. Hier schauen wir auf mittlere Manager, die sich aus der Mitte herauszumanagen schienen – was zeigt, wie vielfältig und interessant der Managerjob sein kann.

Alan Whelan, Salesmanager bei BT, befand sich sicherlich in der Mitte: in der Mitte einer ausgedehnten Hierarchie, einer Kultur im Wandel, einer komplizierten Problematik und des damit verbundenen ethischen Dilemmas. Vielleicht war es gerade die unklare Lage, die es ihm ermöglichte, aus der Mitte heraus zu agieren und Veränderungen anzustoßen, indem er das Topmanagement ermunterte, sich der neuen Welt der Telekommunikation zu stellen (siehe die Beschreibung des Tages im Anhang). Es ist interessant, dass ich unter den 29 Beobachtungstagen, von denen zwölf CEOs betrafen, gerade an diesem die explizitesten strategischen Überlegungen zu hören bekam. (Aber Alan Whelan fällt nicht unter den sechsten Schwerpunkt; er intervenierte nicht, sondern tat nur seinen Job.)[44]

Peter Coe, District General Manager im NHS, brach ebenfalls aus der Mitte aus, aber auf andere Weise und aus einer anderen Situation heraus – mehr aus einer Zwangsjacke. Über Coe saß die ausgedehnte Kontrollhierarchie des NHS, die in gewissem Sinn vor seiner Einheit haltmachte: Die Ärzte, die den Großteil der betrieblichen Arbeit verrichteten, berichteten ihr nicht, und die Betriebseinheiten des NHS wurden zu »Zulieferern« erklärt, von denen die Distrikte ihre Dienstleistungen »einkauften«. Das alles ähnelte ein bisschen einem unwirklichen Spiel, das Coe allerdings zu nutzen verstand, um für seine Einheit Vorteile herauszuschlagen (wie wir im nächsten Kapitel sehen werden).

---

44 Um aus meinem Bericht zu zitieren: »Die Zeiten, in denen die Anbieter die Produkte definierten und die Kunden mit dem vorliebnehmen mussten, was ihnen angeboten wurde, seien lange vorbei, sagte er. Jetzt wollten die Geschäftskunden Lösungen für einen Bedarf, den sie selbst definierten. Die Macht hatte sich auf die Kunden verlagert. Netzdienste wie die von BT waren nur Teillösungen, weil die Kunden End-to-End-Dienstleistungen aus einer Hand wollten. Folglich waren Integratoren gefragt, die Datenzentrum, Desktop, Netz und andere Dienste bündelten und zu diesem Zweck mit unterschiedlichen Zulieferern zusammenarbeiteten.«

Das Managen aus der Mitte heraus scheint sich auf die äußeren Rollen des *Vernetzens* und *Verhandelns* zu konzentrieren, wobei dem Verhandlungsgeschick des Managers besondere Bedeutung zukommt. Hier fanden sich die wahren Spielmacher der Studie, die Koalitionen schmiedeten, um Menschen zu beeinflussen, die ihnen formal nicht unterstanden. Ich habe hier wenig Lenkung und Kontrolle oder Führung beobachten können – zumindest nicht als zentrale Beschäftigungen. Dieser Schwerpunkt betont vermutlich mehr als alle anderen den künstlerischen Aspekt des Managens.

Die wichtigsten Kontextfaktoren dieses Schwerpunkts sind demnach: (1) der persönliche, aktive Stil des Managers, (2) die Größe und die hierarchische Struktur seiner Organisation und (3) gelegentlich temporäre Zwänge, denen der Manager zu entkommen sucht. Mitunter handelt es sich um Jobs mit beschränkter Reichweite, die der Manager aktiv erweitert.

Vergleichen Sie Alan Whelan und Peter Coe mit Brian Adams, Abbas Gullet und Sandy Davis. Jedem der letzteren drei habe ich einen anderen Schwerpunkt zugeordnet, doch sie alle waren höchst aktive Spielmacher, die ihren Einheiten einen klaren Stempel aufdrückten. Aber bei ihrer Tätigkeit ging es um die Ausführung, nicht um die Strategie – sie taten erfolgreich, was man von ihnen erwartete: Adams bemühte sich, das Flugzeug rechtzeitig fertigzustellen, Gullet behielt die Lager im Auge und Davis vernetzte die Zentrale mit den Parks.[45] Sandy Davis beispielsweise spielte ziemlich geschickt auf der politischen Klaviatur, aber nach *deren* Regeln, auf *deren* Art. Peter Coe hingegen drehte den politischen Prozess zum Nutzen seines Distrikts um und Alan Whelan hat eine wesentliche Neukonzeption bei BT angestoßen.

---

45 Abbas Gullet kam dem hier beschriebenen Schwerpunkt nach dem Fährunglück auf dem Victoriasee näher, als er begriff, dass das tansanische Rote Kreuz mit der Situation nicht fertig wurde, und daraufhin selbst initiativ wurde und sich mit einem Team nach Ngara begab.

9. Von der Seite beraten

Es gibt einen weiteren Schwerpunkt, der verbreitet genug ist, um hier erwähnt zu werden, selbst wenn er in dieser Studie nicht voll zur Geltung kommt. Das ist der Manager als Ratgeber, Experte, Intervenient, mehr auf der Grundlage seines Wissens als seiner Position. **Wenn der traditionelle mittlere Manager in der Mitte sitzt, dann sitzen diese beratenden Manager am Rand und versuchen von dort aus, andere zu beeinflussen oder einfach nur Anfragen zu beantworten.** Sie befinden sich also weder an der Spitze noch in der Mitte und können sich nur über Einflussnetze Geltung verschaffen.

Das klingt vielleicht wie eine Haltung von Experten, nicht von Managern. Aber Manager können auf zweierlei Weise dazu kommen. Erstens benötigen Stabseinheiten Manager (Paul Hohnen war der Manager von zweien bei Greenpeace). Diese Manager sind sogar mitunter die erfahrensten Experten in ihrer Einheit und müssen sie als solche repräsentieren. (Hales und Mustapha 2000: 15; vgl. auch Wolf 1981 über Audit-Manager) Zweitens finden sich auch Linienmanager manchmal in dieser Ratgeberrolle. John Tate managte nicht nur das kanadische Justizministerium, sondern stand auch dem Minister als Ratgeber in Politik- und Gesetzgebungsfragen zur Verfügung. Natürlich kann jeder Manager mit seinem Fachwissen gefragt sein (Bramwell Tovey zur Musik, Dr. Thick zu Lebertransplantationen, Gordon Irwin zur Bergrettung).

Bei diesem Schwerpunkt scheint der persönliche Stil näher bei der Wissenschaft als beim Handwerk angesiedelt zu sein; die Rollen des *Vernetzens* und *Kommunizierens* überwiegen und die Organisationen sind in der Regel groß, stabil und vergleichsweise formalisiert – Expertenrat wird intern bereitgestellt.

Der neue Manager

Ergänzend sollten wir zwei weitere Schwerpunkte erwähnen, von denen der eine temporärer Natur ist und der andere dies nach Möglichkeit sein sollte: der neue Manager und der Manager wider Willen.

Wie ich schon sagte: **An dem Tag, an dem jemand zum ersten Mal Manager wird, verändert sich alles. Gestern taten Sie etwas; heute managen Sie es. Das kann ein ziemlicher Schock sein.** Selbst ein erfahrener Manager benötigt in einem neuen Job eine gewisse Eingewöhnungszeit. Wie ich in meinem früheren Buch schrieb (1973: 129), muss der Manager in einem neuen Job Kontakte *(Vernetzung)* aufbauen, um die für den Job erforderliche Informationsgrundlage zu schaffen *(Kommunikation)*, die es ihm anschließend ermöglicht, in Aktion zu treten (*Handeln* und *Verhandeln*).

Die meisten der von mir beobachteten 29 Manager verfügten über eine reichhaltige Erfahrung, viele in ihrem gegenwärtigen Job, manche (wie Bramwell Tovey, Abbas Gullet und Brian Adams) auch in ähnlichen Jobs. Neu war die Managertätigkeit vielleicht nur für Gordon Irwin im Banff-Nationalpark; neu in der Branche oder dem Umfeld war Marc. Alle erkundeten den Raum und versuchten, einen Fuß auf den Boden zu bekommen. Paul Gilding war nicht neu bei Greenpeace, aber in seinem Job als Executive Director.[46]

Eine eingehende Erörterung der Haltung neuer Manager findet sich in dem Buch *Becoming a Manager* von Linda Hill, deren Ideen hier schon mehrmals zitiert wurden. Hill verweist darauf, dass der neue Manager den abrupten Übergang vom Experten und »Macher« zum Generalisten und Zeitplaner meistern muss, von jemandem, der selbst aktiv mit anpackt, zu jemandem, der Netzwerke unterhält, um zu gewährleisten, dass andere die Arbeit tun. (2003: 6)

In einem Abschnitt unter der Überschrift »From Control to Commitment« – in der von mir verwendeten Terminologie: von der Rolle des *Lenkens und Kontrollierens* zu jener des *Führens* – beschreibt Hill, wie viele der von ihr untersuchten neunzehn Manager »bestrebt waren,

---

46 Vgl. Gabarro (1985) zum erfahrenen Manager in einem neuen Job, der auch eine ganze Weile (2–2,5 Jahre) braucht, um richtig anzukommen. Dieser Prozess besteht in der Regel aus fünf Phasen: »Sich etablieren« (lernen, die Richtung bestimmen, Korrekturen vornehmen; S. 111); »Eintauchen« (mehr Veränderungen in einem weniger hektischen, feiner abgestimmten »konzentrierteren Lernprozess«; S. 113); »Umgestaltung« (Neukonfiguration einiger Aspekte der Organisation); »Konsolidierung« (Erledigung liegen gebliebener Probleme; S. 115); »Verfeinerung« (wenig Veränderung, stattdessen Glättung des Betriebsablaufs und Suche nach Chancen; S. 116). Gabarro kommt zu dem Ergebnis, dass der Erfolg bei den untersuchten vierzehn Managern von »der Branchenerfahrung, einer klaren Kenntnis der Erwartungen, der Unterstützung durch Vorgesetzte und guten zwischenmenschlichen Beziehungen« (S. 110) abhing.

ihre formale Autorität in die Waagschale zu werfen und ihre eigenen Vorstellungen davon, wie eine erfolgreiche Organisation zu führen sei, umzusetzen«. Die meisten pflegten ein »zupackendes, autokratisches Managementverständnis« (S. 99), nur um dann zu erkennen, wie begrenzt ihre formale Autorität war: »sehr wenige Mitarbeiter schienen sich an ihre Anweisungen zu halten« (S. 100). Wie einer der neuen Manager meinte:

> Manager zu werden, heißt nicht, Chef zu werden. Man wird vielmehr zur Geisel. In dieser Organisation gibt es viele Terroristen, die mich kidnappen wollen. Früher liebte ich meinen Job. Die Leute hörten mir zu. Sie mochten mich. Ich bin immer noch derselbe Mensch, aber niemand hört mir mehr zu. Niemand achtet mehr auf mich. (S. 261)[47]

Diese Manager »mussten lernen, mittels Überzeugungskraft statt mittels Instruktionen zu führen« (S. 100), und »neue Wege auftun, wie sie Erfolg messen und aus ihrer Arbeit Befriedigung ziehen konnten. Sie mussten eine völlig neue berufliche Identität entwickeln« (S. X). Hills Rezept: »Neue Manager sollten akzeptieren, dass sie in einem anstrengenden Selbstentwicklungsprozess stehen, bei dem ihnen ihre Fähigkeit, im Job zu lernen, gute Dienste leisten kann« (S. 234) – ein Punkt, auf den wir in Kapitel 6 zurückkommen werden.

Der Manager wider Willen

Bei zwei der 29 besuchten Manager hatte ich den Eindruck, dass sie Manager wider Willen waren. Beide waren in gewisser Hinsicht Teilzeitmanager. Am offensichtlichsten war dies bei Dr. Webb, der sich seiner Managerpflichten so rasch wie möglich entledigte, damit er mit seiner klinischen Arbeit fortfahren konnte, die er genoss und wo er wie verwandelt war.

Nach einer intensiven Stunde mit seiner »Geschäftsführerin«, in

---

47 Gordon Irwin sprach von einem ähnlichen Frust. Während er seine E-Mail-Korrespondenz bearbeitete, meinte er, seit er Manager sei, sei es schwerer, sinnvolle Arbeit zu verrichten.

der sie Fragen stellte und Dr. Webb kurze Antworten gab, während er einen Kaffee nach dem nächsten trank und Kette rauchte, begab er sich auf seinen Rundgang durchs Krankenhaus. Hier war er der ruhige Arzt, der auf seine Patienten einging, sich für ihre Sorgen Zeit nahm und mit seiner Entourage einen lockeren Umgang pflegte. Kaffee und Zigaretten wurden während seiner zwei Stunden auf der Station weder erwähnt noch konsumiert.

John Tate vom Justizministerium war eindeutig Manager, aber auch mehr; wie schon gesagt, stand er zudem seinem Minister als Berater zur Seite. Aber auch er machte seinen Managerposten nur widerwillig und er sprach dies auch klar aus.

Manch andere Manager formulierten ebenfalls Widerwillen, beispielsweise Gordon Irwin, der allerdings neu im Management war, und Bramwell Tovey wegen des natürlichen Konflikts, der darin bestand, dass er einerseits selbst Musiker war und andererseits Musiker managen sollte. Aber keinen von beiden würde ich als einen Manager wider Willen bezeichnen.

Viel zahlreicher waren jene, die Gefallen an dem Job des Managens fanden, die die Gestaltungsmöglichkeiten, den Einfluss und das Tempo genossen. Neben anderen kommen mir da Sandy Davis, John Cleghorn, Ann Sheen, Peter Coe, Carol Haslam und Abbas Gullet in den Sinn. Keiner schien ernste Probleme mit seiner Eigenschaft als Manager zu haben, auch wenn sich jeder mitunter über irgendetwas beschwerte, und sei es auch nur dem Partner gegenüber. Das klingt gesund in meinen Ohren. **Die Managertätigkeit ist nichts, was man zögerlich angehen sollte: Dazu fordert sie den ganzen Menschen allzu sehr.** Ähnlich wie beim Arzt duldet der Job keine Ablenkung. Beide verlangen vollen Einsatz. Der Manager wider Willen sollte also ein temporäres Phänomen sein – entweder der Manager oder der Widerstand.[48]

---

48 Zu dieser Haltung vgl. Scase und Goffee (1989) und Watson (1994: 63 ff.)

Schwerpunkte und Ziele für alle

Ich habe jeden der 29 Besuchstage im Wesentlichen mit einem Schwerpunkt assoziiert, der den Manager am besten zu beschreiben schien, manchmal im Verein mit einem weiteren. Richtig ist aber auch, dass jeder Manager sich zumindest von Zeit zu Zeit die meisten dieser Schwerpunkte mal zu eigen macht. Der Grund: **Alle diese Schwerpunkte stehen für fundamentale Ziele des Managens. Jeder Manager muss Kontakte nach außen (zu allen möglichen Stakeholdern) pflegen, den Workflow aufrechterhalten (damit der Karren weiterläuft, und sei es auch nur im eigenen Büro) und sogar Fernsteuerung betreiben (wer kann ohne ein Budget managen?). Die meisten müssen darauf achten, dass sie die Kultur stärken, bestimmte strategische Initiativen fördern und gelegentlich in ihrem eigenen Bereich als Experte in Erscheinung treten. Und jeder einzelne Manager, wo auch immer er in der Hierarchie angesiedelt ist, muss in der Mitte – eines komplexen Netzes von Einflusskräften – managen, was natürlich ebenso bedeutet, dass er manchmal aus dieser Mitte heraus managt.** Ein Manager, der erfolgreich funktionieren will, muss nicht nur alle diese Schwerpunkte kombinieren, sondern sie auch gründlich miteinander verschmelzen.

Wie wir gesehen haben, zeigen Manager zumindest zeitweilig eine Vorliebe für die eine oder andere Haltung, den einen oder anderen Schwerpunkt. Haben wir es hier mit dem Schwerpunkt des Tages, des Monats, des Jobs zu tun? Das hängt vermutlich vom Manager ab. Mein eigener Eindruck ist, dass die Manager ihren Schwerpunkten in der Regel mehr oder weniger treu bleiben.

Abbildung 4.5 auf der nächsten Seite zeigt diese Schwerpunkte im Dreieck zwischen Kunst, Handwerk und Wissenschaft. Dass sie sich vermehrt um das Handwerk tummeln und sich von hier aus in Richtung Kunst oder in Richtung Wissenschaft erstrecken, unterstreicht ein weiteres Mal, dass es sich bei der Managertätigkeit um eine im Kontext verwurzelte Praxis handelt, oder es zeugt schlicht von meiner persönlichen Vorliebe für die handwerkliche Seite.

**Abbildung 4.5: Die verschiedenen Schwerpunkte
im Dreieck von Kunst, Handwerk und Wissenschaft**

Management ohne Manager

Neben dem Manager wider Willen oder manchmal eben gerade seinetwegen gibt es auch das Phänomen eines Managements ohne Manager. Das kann sogar das Gegenteil des Managers wider Willen sein: Mitarbeiter ohne formale Managementzuständigkeit übernehmen einzelne Managementaufgaben.

Bislang haben wir Managen vergleichsweise eng als das gefasst, was ein Manager tut. **Aber etwas, was es immer schon gab, gewinnt zunehmend an Bedeutung: ein Management, das sich jenseits dessen abspielt, was die Leute tun, die offiziell zum Manager bestimmt sind.** Der Job, oder zumindest ein Teil davon, wird auf andere verteilt, die bestimmte Managerrollen übernehmen. (Vgl. Grey 1999; Martin 1983)

Es gibt vielleicht zwei Gründe für ein verstärktes Interesse am Management jenseits des Managers. Der eine ist, dass mit der Zunahme von Wissensarbeit und Wissensnetzwerken die Macht über bestimmte Arten von Entscheidungen in natürlicher Weise auf Nichtmanager übergeht. In der *Organisation der Professionals* beispielsweise erwachsen Strategien aus den Initiativen der hoch qualifizierten Mitarbeiter.

Der zweite Grund, der mit dem ersten zusammenhängt, ist, dass viele von uns eine Art Hassliebe Managern und Führungskräften gegenüber hegen. Einige vergöttern sie und erwarten sich von ihnen Antworten auf alle Probleme dieser Welt. Bringt uns die richtige Führungspersönlichkeit und alles wird gut. Andere wiederum verabscheuen sie und sehen in ihnen die Ursache für alle Probleme der Welt. Schaffen wir sie ab und alles wird gut. Die meisten, so vermute ich, sind je nach Stimmung und zuletzt gemachter Erfahrung zu beiden Positionen fähig.

Vor beiden Extremen sollten wir uns jedoch hüten. **Wir können weder auf Manager verzichten, noch können wir es uns leisten, sie zu vergöttern.** Wie ich hoffe, hat unsere Diskussion deutlich gemacht, dass Manager in ihren Organisationen elementare Pflichten zu erfüllen haben: Sie schaffen ein Wir-Gefühl, stellen Informationen für Aktionen bereit, repräsentieren ihre Einheit gegenüber der Außenwelt, sind verantwortlich für die Performance und so weiter. Aber ich hoffe, dass unsere Diskussion noch etwas aufgezeigt hat: **Ziele, Leistungen und Verantwortung gibt es auch jenseits der Managertätigkeit.**

Wir sollten also auf der in Abbildung 4.6 dargestellten Geraden die beiden Extreme – ausschließliche Zuständigkeit von Managern am einen Ende, der komplett entbehrliche Manager am anderen – ignorieren und uns stattdessen auf die Punkte maximales Managen, partizipatives Managen, geteiltes Managen, dezentrales Managen, unterstützendes Managen und minimales Managen konzentrieren.

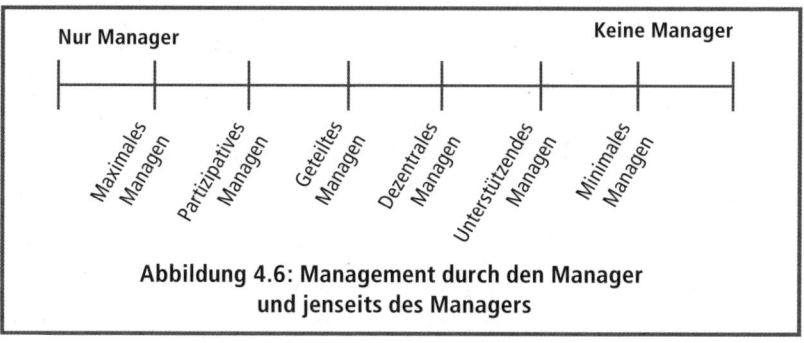

**Abbildung 4.6: Management durch den Manager
und jenseits des Managers**

Maximales Managen

In mancherlei Hinsicht hatte Fayol recht: Es gibt Manager, die planen, organisieren, koordinieren, befehlen und kontrollieren. Lassen Sie uns von *maximalem* Managen sprechen, um es gegen ein minimales Managen abzusetzen. Am deutlichsten zeigt es sich in der Tätigkeit von Max Mintzberg, einem klassischen Unternehmer, und in derjenigen von Abbas Gullet, der für die Lenkung einer Maschinenorganisation eine feste Hand brauchte.

Shan Martin spricht in *Managing without Managers* vom »Bild des Managers als Motor der Unternehmensmaschine oder als Herz beziehungsweise Kopf des Unternehmenskörpers, dessen Job es ist, das Funktionieren aller übrigen Teile zu gewährleisten« (1983: 30). Aber selbst in Maschinenorganisationen wird ein Großteil der erforderlichen Koordination nicht von dem Manager geleistet, der die Arbeit beaufsichtigt, sondern von den Mitarbeitern, die sie programmieren. Das kommt einer Übertragung wichtiger Aspekte der Rolle des Lenkens und Kontrollierens auf Nichtmanager gleich.

Während niemand die Existenz von Unternehmern infrage stellt, die maximal managen, erzählen uns die Managementgurus seit Jahren, dass die Maschinenorganisationen im Schwinden begriffen sind, und mit ihnen diese Form des maximalen Managens. Aber schauen Sie sich um – betrachten Sie all die Fließbänder, Textilfabriken, Supermärkte, Callcenter, Behörden, Versicherungsunternehmen und so weiter. Denken Sie an all jene Ökonomen und Finanzanalysten, die weiterhin das Unternehmen mit ihrem CEO gleichsetzen. Und vergessen Sie nicht all die Organigramme mit dem Chef an der Spitze. Um es mit Mark Twain zu sagen: Die Gerüchte vom Tod des maximalen Managens sind stark übertrieben.

Partizipatives Managen

Ein naheliegender, aber in Wahrheit kleiner Schritt führt vom maximalen zum partizipativen Managen, Stichwort »Empowerment« oder »Dezentralisierung«.

Von Partizipation sprechen wir, wenn Topmanager einen Teil ihrer Macht an tiefer gelegene hierarchische Ebenen weiterreichen. (Vgl. u. a. Likert 1961, McGregor 1960) Aber das heißt für gewöhnlich: an andere Manager. Und Topmanager, die solche Macht abgeben, können sie auch leicht zurückholen: Diejenigen, die an ihr partizipieren, wissen genau, wo sie eigentlich verankert ist.

Auch wenn heute viel von »Empowerment« die Rede ist, gilt: **Wer einen Job zu verrichten hat, sollte dazu nicht erst von seinen Managern »ermächtigt« werden müssen** – ebenso wenig wie die Arbeiterinnen von der Bienenkönigin.

»Dezentralisierung« wird häufig verstanden als die Verteilung von Macht von einer Zentrale an die Manager, die die Geschäftsbereiche leiten. Aber die Weitergabe von Macht in einer großen Organisation von ein paar Managern im Zentrum an ein paar mehr in den verstreuten Einheiten stellt noch keine ernstzunehmende Machtstreuung dar.[49]

Colin Hales (2002) macht die Grenzen dieser Einstellung in seiner Erörterung der »Bürokratie light« ganz deutlich. Er stellt drei verbreitete Überzeugungen infrage: erstens »dass zentralisierte, regulierte, von Hierarchie und Regeln gekennzeichnete bürokratische Organisationen unweigerlich dezentralisierten, von internen Netzwerken und einem internen Markt gekennzeichneten postbürokratischen Organisationen Platz machen«, zweitens »dass folglich die traditionelle Managerrolle von Befehl und Kontrolle durch eine der Unterstützung und Koordination überlagert wird« und drittens »dass die Managertätigkeit als Routineverwaltung von Arbeitsprozessen durch eine ›neue Managertätigkeit‹ aus nichtroutinemäßiger Führung und Unternehmertum abgelöst wird«. Hales diagnostiziert vielmehr eine »begrenzte Veränderung in Richtung einer anderen Form von Bürokratie, in der Hierarchie und Regeln fortleben, aber in abgemilderter und zugespitzter Form – ›Bürokratie light‹« (S. 51). Infolgedessen »gibt es wenig Veränderung in der Substanz der Managertätigkeit … individuelle Verantwortung und ein Schwergewicht auf der Verwaltung bleiben« (S. 64).

---

49 Der berühmteste Fall von »Dezentralisierung« war in Wahrheit einer von Zentralisierung. In den Zwanzigerjahren beschränkte Alfred Sloan von General Motors die Macht der Leiter der einzelnen Geschäftsbereiche (Chevrolet, Buick und so weiter), indem er eine Struktur schuf, die sie der Performancekontrolle durch die Zentrale unterwarf. (Vgl. Mintzberg 1979: 405f.)

Geteiltes Managen

Was Hales nicht mit derselben Klarheit sieht, sind andere Veränderungen in der Managementpraxis. Die erste, über die wir hier sprechen wollen, ist grundlegender Natur, wenngleich von begrenzter Reichweite: Ein Managerjob wird auf mehrere Personen verteilt.

In seiner einfachsten Form, die wir auch als *Komanagement* bezeichnen können, teilen sich zwei Personen einen Job, ob offiziell oder inoffiziell. In einem Artikel unter der Überschrift »The Co-Manager Concept« kommt John Senger (1971) zu dem Ergebnis, dass das Phänomen in der US-Navy häufig ist: In »60 Prozent der untersuchten Fälle waren Aufgabe und Funktionen zwischen dem befehlshabenden Offizier und seinem obersten Befehlsempfänger aufgeteilt« (S. 79). Eine andere, in den obersten Unternehmensetagen weit verbreitete Variante besteht darin, dass sich der CEO auf die äußeren Aspekte des Jobs (Vernetzen, Verhandeln) konzentriert, während sich der COO (Chief Operating Officer) um die internen Aspekte (Lenken und Kontrollieren, Führen, Handeln) kümmert.[50]

Entscheidend ist der gemeinsame Informationszugang. Wie schon verschiedentlich erwähnt, sind Informationen der Leim, der die verschiedenen Managerrollen zusammenhält. Wenn sich zwei Menschen einen Job teilen und sich nicht gegenseitig vollen Informationszugang gewähren, kommt es unweigerlich zu Problemen.

Teammanagement erweitert das geteilte Management auf mehr als zwei Leute. Hodgson, Levinson und Zaleznik (1965) beispielsweise beschreiben eine Konstellation von Führungsrollen in einer psychiatrischen Klinik, die auch die Aufteilung emotionaler Aspekte betraf. Der CEO stellte die Brücke zur Außenwelt her (Vernetzen, Verhandeln) und stand für Festigkeit und Kontrolle. Der klinische Direktor managte die internen klinischen Dienstleistungen (Handeln, Lenken und Kontrollieren sowie Führen) und war die Hilfsbereitschaft in Person. Ein Dritter kümmerte sich um Innovationen (Handeln) und stand für

---

50 Jacques Benz ist ein Beispiel für den COO in meiner Studie. Ähnlich arbeiteten auch Bramwell Tovey mit dem Geschäftsführer des Orchesters und Max Mintzberg mit seinem Partner in der Einzelhandelskette zusammen. Diese Form wurde sogar schon vor fast hundert Jahren in einem Artikel in der *Harvard Business Review* erörtert. (Vgl. Robinson 1925)

Freundschaft und egalitäre Normen (ein weiterer Führungsansatz). Ein anderes Beispiel liefert die Schweiz, die von sieben Leuten regiert wird, die sich an der Spitze des Staates im Jahresrhythmus ablösen. Die Schweiz funktioniert als Staat erstaunlich gut, auch wenn die meisten Staatsbürger auf Nachfrage nicht in der Lage waren, den Namen ihres amtierenden Bundespräsidenten zu nennen.

Ich erwähnte in diesem Kapitel bereits die Studie von Pat Pitcher (1995, 1997), in der sie eine Finanzorganisation unter die Lupe nimmt und feststellt, dass ihr Management ein Gleichgewicht aus Künstlern, Handwerkern und Technokraten repräsentierte. Solange sie zusammenarbeiteten, miteinander wetteiferten und die gegenseitigen Schwächen korrigierten, gedieh das Unternehmen. Aber als ein »Technokrat« das Ruder übernahm und die Künstler und viele der Handwerker vertrieb, kam das Unternehmen ins Schlingern. Eine ausgewogene Stilmischung ist also ebenso wichtig wie der gleichberechtigte Informationszugang.[51]

Dezentrales Managen

Dezentrales Managen, das auch als kollektives Managen bezeichnet werden könnte, dehnt die Zuständigkeit für einige Managerrollen auf diverse Nichtmanager in der Einheit aus.[52] Vergleichen Sie beispielsweise das klassische Kibbuz mit der Schweiz. Bei Letzterer mit dem Bundesrat als kollektivem Staatsoberhaupt verteilt sich die Macht auf sieben Köpfe, während in einem Kibbuz jeder einmal vorübergehend die Managerrolle übernehmen kann.

Wenn das seltsam klingt, dann sollten Sie das nächste Mal aufschauen, wenn ein Gänseschwarm in V-Formation vorbeifliegt. Die Führung wechselt turnusmäßig, sobald die Gans an der Spitze müde wird und zurückfällt. Kein Zweifel: Die übrigen Gänse finden die Gans an der

---

51 Vgl. auch Kaplan (1986: 30) und die diversen Studien über »Topmanagementteams« von Hambrick und seinen Kollegen (in: Hambrick 2007).

52 Vgl. zu dieser und zur vorigen Form des Managens das Buch *Shared Leadership* von Pearce und Conger (2003). Vgl. auch Grey (1999) und Brunsson (2007: 81ff.).

Spitze ungemein ermutigend, vielleicht sogar charismatisch – für eine gewisse Zeit. **Wenn Gänse sich in der Führungsrolle abwechseln können und die Bienen ohne »Empowerment« ihrer Königin (das ist unsere Bezeichnung, nicht die der Bienen) unentwegt arbeiten, dann können wir Menschen diesen Grad an Raffinesse sicherlich auch erreichen.** Mit anderen Worten: Wir können Führung wie etwas ganz Natürliches behandeln, wobei die »Führungskraft« einfach das tut, was zu einem gegebenen Zeitpunkt gerade anliegt. (Mehr zum »natürlichen Managen« auf Seite 298 ff.)

Managerpflichten lassen sich noch weiter verteilen. Beispielsweise können bestimmte Entscheidungen kollektiv getroffen werden, wie in den alten neuenglischen *town meetings*, wo sich die Mitglieder der Gemeinschaft trafen und gemeinsam ihr Votum abgaben. Auch hier machen uns die Bienen vor, wie es geht: Die Entscheidung, mit dem Schwarm umzuziehen, wird gemeinschaftlich getroffen. Die Kundschafterbienen besuchen diverse Orte und berichten anschließend tanzend von dem, was sie gesehen haben. »Es folgt ein Wettbewerb. Der Ort, der von den meisten Arbeiterinnen am vehementesten verfochten wird, gewinnt, und der ganze Schwarm macht sich auf den Weg«, mit der Königin im Gefolge. (Wilson 1971: 548)

Hoch qualifizierte Mitarbeiter und unternehmensinterne Experten initiieren manchmal Projekte – entweder mit offiziellem Plazet oder als eine Art Skunkworks –, aus denen wichtige Strategien hervorgehen können. Das ist üblich in der *Organisation der Professionals* wie auch in der Projektorganisation *(Adhokratie)*, kommt aber auch in konventionelleren *Organisationen* vor. In einem Artikel unter der Überschrift »Waking Up IBM: How a Gang of Unlikely Rebels Transformed Big Blue« beschreibt Gary Hamel (2000), wie das Unternehmen den Weg ins E-Business fand. Ein sehr von sich überzeugter Programmierer hatte die Anfangsidee und überzeugte schließlich einen Stabsmanager ohne nennenswerte Ressourcen. Dieser stellte ein lockeres Team von Leuten zusammen, die das Projekt verwirklichten. Als er »gefragt wurde, wer sein Chef sei, erklärte er: ›Das Internet.‹« Einige Unternehmen haben diese Skunkworks formalisiert, indem sie bestimmte Manager befugt haben, Mitarbeitern mit interessanten Ideen Budgetmittel und Auszeiten zu gewähren. Im Resultat schlüpfen diese Mitarbeiter auch ohne Managerjob in eine Managerrolle.

Nach dem Konzept von der emergenten Strategie (Mintzberg und Waters 1985) ist jeder, der eine Initiative ergreift, die die Organisation auf einen neuen Kurs führt, ein Stratege. Wir studierten das National

Film Board of Canada (Mintzberg und McHugh 1985, vgl. auch Mintzberg 2007: Kapitel 4), eine klassische Projektorganisation, die auf die Erstellung kurzer Dokumentarfilme spezialisiert war. Dann aber geriet ein Film deutlich länger und musste anders vermarktet werden, sodass er als »Feature« angekündigt wurde. Andere Filmemacher waren beeindruckt und folgten dem Beispiel; bald fand sich die Filmgesellschaft mitsamt ihrem Management mit einer unerwarteten Strategie der Erstellung von Featurefilmen wieder.[53]

In seinem Buch von 2003 hinterfragt Joe Raelin die konventionelle Vorstellung von Führung als »an vorderster Position stehen«. Er wirbt für »Gemeinschaften, in denen jeder weiß, was es heißt, als Führungskraft zu dienen, und zwar nicht nacheinander, sondern gleichzeitig und kollektiv« (S. 50). Das konventionelle Bild von Führung, so Raelin, ist ein Büro, das für eine bestimmte Zeit besetzt wird. Folglich »ist Führung individuell«: Die Organisation hat *eine* Führungskraft, die ihre Aktivitäten lenkt, während »die Rolle der Untergebenen darin besteht, sich führen zu lassen« (S. 10f.).

Bei dem, was Raelin als »führungsreiche« Praxis bezeichnet, können hingegen »mehrere Führungskräfte nebeneinander bestehen«; »Entscheidungen werden jeweils von demjenigen getroffen, der über die relevante Kompetenz verfügt«; und »alle Mitglieder der Gemeinschaft lenken und kontrollieren die gesamte Gemeinschaft und können für sie sprechen« (S. 13ff.).

Unterstützendes Managen

Wenn Nichtmanager verstärkt Managementaufgaben übernehmen, brauchen die Manager selbst weniger davon zu tun. Hier und im Zusammenhang mit dem nächsten Schwerpunkt betrachten wir eine eingeschränkte Form offizieller Managementtätigkeit.

---

53 Was wie eine andere Form von dezentralem Management aussehen könnte und manchmal so bezeichnet wird (Galbraith 1997), ist die Verteilung der Stabsfunktionen auf die Linien. Die Vertriebsdependance in Ontario beispielsweise übernimmt das Personalwesen, die Vertriebsdependance in Manitoba die IT-Betreuung – jeweils für alle anderen Vertriebsdependancen. Aber das ist eine Verteilung von spezialisierten Stabsfunktionen, nicht von Managerrollen.

Wenn die Bienenkönigin keine Rolle in einer strategischen Entscheidung des Schwarms spielt, was tut sie dann? Ihr wichtigster Job ist in Wahrheit gar nicht Management, sondern Produktion: Sie produziert große Scharen von Bienenbabys. Aber sie tut noch etwas anderes, das ganz zentral mit Management zu tun hat: Sie verströmt die chemische Substanz, die den Schwarm zusammenhält. In menschlichen Organisationen sprechen wir hier von *Kultur* und haben deren Stärkung als einen wichtigen Aspekt der *Führungsrolle* beschrieben, wie das Beispiel von Norman Inkster von der RCMP zeigt.

Bienen arbeiten wesentlich in Eigenregie, ohne viel Beaufsichtigung oder auch nur wechselseitige Korrektur, vergleichbar mit Universitätsprofessoren oder Krankenhausärzten (die in der Regel nicht einmal den höheren Ebenen im Krankenhaus berichten). Wir sprechen hier von »Professionals«, also von hoch qualifizierten Mitarbeitern, die das Wesen des Managements signifikant verändern. »Ich habe mich einfach nicht eingemischt«, meinte der ehemalige Leiter einer Business-School in Bezug auf seine Professoren. Natürlich gibt es immer mal einen Anlass, sich einzumischen, beispielsweise um sicherzustellen, dass Budgets eingehalten werden.

Was diese hoch qualifizierten Mitarbeiter besonders benötigen, sind, wie schon gesagt, Unterstützung und Schutz, damit sie sich so ungestört wie möglich ihrer Arbeit widmen können. Diese Einstellung des *unterstützenden Managens* verlagert sich dementsprechend auf die äußeren Rollen des *Vernetzens* und *Verhandelns:* Der Manager stellt in Kooperation mit äußeren Stakeholdern sicher, dass die benötigten Ressourcen und andere Formen der Unterstützung stets zur Verfügung stehen, und wehrt gleichzeitig äußeren Druck, so gut es geht, ab. Robert Greenleaf hat darüber unter dem Stichwort *dienende Führung* geschrieben: »Bestimmte Kandidaten werden mit Führungsaufgaben betraut, weil sie sich als Diener bewährt haben«; sie haben ein »natürliches Bedürfnis«, zu dienen; sie sind »zuerst« Diener im Gegensatz zu denjenigen, »die zuerst *Führungskraft* sind«. (2000: 24, 27)[54]

---

54 Bemerkenswert früh beschreibt Chester Barnard diesen Managementansatz in *The Functions of the Executive*: »Die Aufgabe der Führungskraft besteht nicht darin, eine Gruppe von Mitarbeitern zu managen«, und auch nicht darin, »das System kooperativer Bemühungen zu managen«, das sich weitgehend »selbst managt ... [wie schon zitiert wurde]. Die wesentlichen Aufgaben der Führungskraft sind

Bleibt die Zuständigkeit für das Management bestehen? Natürlich, denn diese Diener bleiben verantwortlich für die Performance der Einheit, selbst wenn sie nicht für alle Mitarbeiter, die dort tätig sind, die offizielle Weisungsbefugnis haben. War Carol Haslam von Hawkshead in geringerem Maße Managerin, weil die Filmemacher als Freelancer beschäftigt waren?

Machen Sie sich mit dieser Form des unterstützenden Managements sorgfältig vertraut, denn wir werden in Zukunft sehr viel mehr davon sehen.

Minimales Managen

Der letzte Punkt auf unserer Skala trägt die Bezeichnung *»minimales Managen«*. Hier bleibt wenig, was es zu managen gilt – mitunter nicht einmal eine Organisation als solche. Aber dennoch gibt es zusammenhängende Tätigkeiten, die koordiniert werden müssen, und dafür braucht man etwas Management.

Das klingt möglicherweise seltsam, doch die meisten von uns machen damit jeden Tag Erfahrungen. Denken Sie an das World Wide Web, das Betriebssystem Linux, Wikipedia – sogenannte Open-Source-Systeme. Das sind die ultimativen Adhokratien, die das volle kreative Potenzial breiter Gemeinschaften mobilisieren können. Die Menschen kommen und gehen; sie treten ein, bewirken Veränderungen und treten wieder aus, aber das System besteht fort – und zwar mit bemerkenswerter Kohärenz. Das sind weitestgehend *selbst gemanagte* Organisationen. Irgendwer muss sie in Gang setzen und Regeln für den Eintritt, die Veränderung und den Austritt festlegen; und jemand muss für die Kohärenz der Veranstaltung sorgen. Auf einem Poster, auf dem eine Ente einer Schar weiterer Enten hinterherläuft, steht: »Da gehen sie. Ich muss ihnen folgen, denn ich bin ihr Anführer.«

Auf das unterstützende und das minimale Managen läuft auch Shan Martins Buch *Managing Without Managers* hinaus. Der Titel ist irreführend, denn gegen Ende des Buches gesteht der Autor die »minimale, aber offensichtliche« Unverzichtbarkeit des Managers ein:

---

erstens die Bereitstellung des Kommunikationssystems, zweitens die Sorge dafür, dass unverzichtbare Arbeiten getan werden, und drittens die Definition von Zielen.« (1938: 216f.)

Wenn man das Konzept des Selbstmanagements akzeptiert, landet man bei der Frage, ob Manager oder Vorgesetzte überhaupt gebraucht werden. Aus den vorigen Beispielen sollte klar sein, dass unsere Antwort ein vorsichtiges Ja sein wird, wenn auch in sehr viel geringerer Zahl als heute. (1983: 165)

Für das »Topmanagement« bedeutet dies weniger Betonung »auf den Rechten des einzelnen Managers« und mehr Betonung auf Funktionen wie die »Koordination zwischen Teams und Mitarbeitern« und die »Berücksichtigung des externen Umfelds« (S. 166).

Damit kommen wir zum Ende dieses Kapitels. Wir sehen in der Managementpraxis eine immense Vielfalt und auch etwas Ordnung. Das Kapitel war nicht leicht zu schreiben und vielleicht auch nicht zu lesen. Ich habe damit viel mehr Zeit verbracht als mit den übrigen, um den Sinn hinter dieser Vielfalt zu erkennen und die darin enthaltene Ordnung zu beschreiben.

Die nun folgenden letzten beiden Kapitel basieren auf den ersten vier; sie handeln von den unausweichlichen Widersprüchen, mit denen sich jeder auseinandersetzen muss, der sich zu managen anschickt, und von den Voraussetzungen einer erfolgreichen Managertätigkeit.

5. Die Dilemmata des Managens

Die Tausendfüßlerin war heiter,
Bis dass der Kröterich sie jäh
Frug: »Welches Bein macht den Beginn?«
Ihr das so sehr verschlug den Sinn,
Dass sie sich grübelnd rieb das Kinn:
»Wie mach ich's, dass ich geh?«
MRS. EDWARD CRASTER (1871)

Die Welt des Managens ist voller Widersprüche, Dilemmata und Rätsel. McCall u. a. haben die »Fragen zum Management, die in allen Organisationen immer wieder auftauchen«, einmal zusammengestellt. Dazu gehören die folgenden:

- Warum haben unsere Manager so einen beschränkten Horizont?
- Warum treten sie als Feuerwehrmänner auf, statt den Ausbruch eines Brandes zu verhindern?
- Warum fällt es unseren Managern so schwer, Aufgaben zu delegieren?
- Warum gelangen die Informationen nicht in die oberen Etagen? (1978: 38)

Wären solche Fragen einfach zu beantworten, würden sie verschwinden. Sie bleiben aber, weil sie in einer Reihe von Widersprüchen wurzeln, die der Managertätigkeit inhärent sind – Problemen, zu denen keine Lösung existiert. Um mit Chester Barnard zu sprechen: »Das genau ist die Funktion der Führungskraft – widerstreitende Kräfte, Interessen, Bedingungen, Positionen und Ideale miteinander zu versöhnen.« (1938: 21) Wohlgemerkt: zu *versöhnen*, nicht *aufzulösen*.[1]

Heißt das, dass wir uns mit diesen Widersprüchen nicht weiter beschäftigen sollten, um nicht das Risiko einzugehen, dass die Manager am Ende völlig absorbiert sind von der Frage, wie sie managen sollen? Darauf können die Manager verzichten, aber was sie brauchen, ist ein besseres Verständnis davon, wie sie mit Situationen zurechtkommen, die sich nicht vermeiden lassen.

Dreizehn Dilemmata werden in diesem Kapitel vorgestellt, eingeteilt in die (mit unserem Modell aus Kapitel 3 zusammenhängenden) Rubriken »Denkdilemmata«, »Informationsdilemmata«, »Zwischenmenschliche Dilemmata«, »Aktionsdilemmata« und zwei »Übergreifende Dilemmata«. Tabelle 5.1 zeigt eine Übersicht.[2]

Denkdilemmata

Drei Dilemmata werden hier beschrieben: das Oberflächlichkeitssyndrom, das Planungsdilemma (eine Variante des ersten) und das Dekompositionslabyrinth.

---

1 Charles Handy schreibt in *The Age of Paradox:* »Das Paradox kann nur in dem Sinn ›gemanagt‹ werden, dass man sich damit arrangiert. Lange Zeit hieß ›managen‹ nichts anderes als ›deichseln‹ oder ›einer Sache gewachsen sein‹; erst in neuester Zeit wurde daraus ›planen, lenken und kontrollieren‹.« (1994: 12)

2 In seinem Buch *Dilemmas of Administrative Behavior* geht John Aram auf fünf dieser Dilemmata näher ein, jedoch weniger im Jobkontext als vielmehr auf der persönlichen und zwischenmenschlichen Ebene: »Wie kann der Manager zugleich Individualist und Kollektivist, Befehlshaber und Ratgeber, leidenschaftsloser Verwalter und passionierter Partner, Gruppenmitglied und individuelles Gewissen, Traditionalist und gesellschaftlicher Veränderer sein?« (1978: 119) Das zweite der genannten Dilemmata betrifft unsere Rollen des Lenkens und Kontrollierens und des Führens, während das fünfte im Rahmen unseres Veränderungsdilemmas diskutiert werden wird.

Tabelle 5.1: Die Dilemmata des Managens

Denkdilemmata

Das Oberflächlichkeitssyndrom
Wie kann man in die Tiefe gehen, wenn der Druck so groß ist, die Arbeit vom Tisch zu bekommen?

Das Planungsdilemma
Wie kann man in einem so hektischen Job planen, Strategien bilden oder einfach nur nachdenken, geschweige denn vorausdenken?

Das Dekompositionslabyrinth
Wie findet man in einer von Analysen zergliederten Welt zur Synthese?

Informationsdilemmata

Das Distanzierungsdilemma
Wie bleibt man informiert, wenn die Managertätigkeit selbst einen von den Dingen entfernt, die man zu managen hat?

Das Delegierungsdilemma
Wie kann man delegieren, wenn so viele relevante Informationen persönlich, mündlich und häufig privilegiert sind?

Die Mysterien des Messens
Wie kann man managen, wenn man die Managertätigkeit nicht zuverlässig messen kann?

Zwischenmenschliche Dilemmata

Das Ordnungsrätsel
Wie kann man Ordnung in die Arbeit anderer bringen, wenn die Managertätigkeit selbst so ungeordnet ist?

Das Kontrollparadox
Wie kann man den notwendigen Zustand kontrollierter Unordnung aufrechterhalten, wenn der eigene Manager einem Ordnung aufzwingt?

Die Souveränitätsfalle
Wie kann man ein hinreichendes Maß an Selbstsicherheit und Souveränität erzeugen, ohne in Arroganz zu verfallen?

Aktionsdilemmata

Das Entscheidungsdilemma
Wie kann man in einer komplizierten, nuancierten Welt entschlossen handeln?

Das Veränderungsdilemma
Wie kann man Veränderung managen, wenn gleichzeitig die Kontinuität gewahrt bleiben muss?

Übergreifende Dilemmata

Das ultimative Dilemma
Wie kann ein Manager mit all diesen Dilemmata gleichzeitig fertig werden?

Mein eigenes Dilemma
Was soll ich davon halten, dass diese Dilemmata, so unterschiedlich sie auch formuliert sein mögen, sich alle zu gleichen scheinen?

Das Oberflächlichkeitssyndrom

Das Oberflächlichkeitssyndrom ist vielleicht das elementarste aller Dilemmata im Management, dem sich kein Manager entziehen kann, wenngleich es besonders dem neuen Manager zu schaffen macht, der aus einem spezialisierten Beruf kommt, sowie dem erfahrenen Manager, der sich seelisch nie von seinem früheren Beruf verabschiedet hat. **Wie kann man in die Dinge tief eindringen, wenn der Druck so groß ist, sie rasch zu erledigen?** Wie es in meiner früheren Studie heißt:

> Das größte Berufsrisiko des Managers ist Oberflächlichkeit. Wegen der Unabschließbarkeit der Aufgaben und wegen der Verantwortung für die Informationsverarbeitung und die Strategiebildung lässt sich der Manager dazu verleiten, sich viel Arbeit aufzulasten und vieles davon nur oberflächlich zu erledigen. Der Job des Managers bringt folglich keine nachdenklichen Planer hervor; er gebiert vielmehr adaptive Informationsmanipulierer mit einer Vorliebe für die durch Stimuli ausgelöste Reaktion. (Mintzberg 1973: 5)

»Ich will es nicht gut – ich will es Dienstag« war unser Eröffnungszitat von Kapitel 2. Dienstag in einem Monat ist vielleicht zu spät, aber wie wäre es mit Donnerstag? Sicherlich gibt es in den Unternehmen Dinge, die erledigt werden müssen, aber in den vergangenen Jahren hat die Hektik im Management immer weiter zugenommen, zusätzlich verstärkt durch die E-Mail-Flut (wir sprachen darüber in Kapitel 2). So wurde die schnelle Markteinführung Mode: Bringen Sie Ihr Produkt so schnell wie möglich heraus, seien Sie der Erste! Aber warum? Um es anschließend zurückzurufen?[3]

Wie können Manager Druck vermeiden, der sie dazu verleitet, »flaches« Management zu betreiben? In meiner früheren Studie kam ich zu dem Schluss, dass sie in ihrer Oberflächlichkeit hinreichend Übung erwerben müssen – indem sie beispielsweise komplizierte Probleme

---

3 Hambrick u. a. (2005a) untersuchten die extrem hohe Belastung von Führungskräften und kamen zu dem Ergebnis, dass diese zu »Unschlüssigkeit« und »Extremismus« neigten: zur Lähmung oder zum Ausrasten, indem sie keine neuen Initiativen oder zu viele davon ergriffen. (S. 480) Siehe auch Ganster (2005).

auf Meilensteine runterbrechen, die sie nacheinander abarbeiten können. Zugleich müssen sie ihre Reflexionsfähigkeit verfeinern.

Reflexion und Aktion In Anbetracht der dynamischen Natur ihres Jobs müssen Manager Zeit finden, um Abstand zu gewinnen; das muss zu einem integralen Bestandteil ihrer Tätigkeit werden. Die Reflexion ohne Aktion ist möglicherweise passiv, aber Aktion ohne Reflexion ist gedankenlos. Wie Saul Alinsky in seinem Buch *Rules for Radicals* schreibt: »Für die meisten Menschen ist das Leben eine Abfolge von Ereignissen. Diese Ereignisse verwandeln sich, indem sie verdaut, gedanklich verarbeitet, auf allgemeine Muster bezogen und synthetisiert werden, in Erfahrungen.« (1971: 68 f.)

Wir entwickelten unser International Masters Program in Practicing Management (www.impm.org), um Managern die Möglichkeit zu geben, miteinander über die eigenen Erfahrungen zu reflektieren. Einer von ihnen prägte den Ausdruck *»refl'action«*, der die Notwendigkeit, Reflexion und Aktion zu kombinieren, perfekt zum Ausdruck bringt. Etliche unter den 29 Managern wie Jacques Benz von GSI und Alan Whelan von BT bewiesen besonderes Geschick darin, zwischen beidem zu manövrieren.

Von großen Athleten wie beispielsweise dem früheren kanadischen Eishockeystar Wayne Gretzky heißt es, sie sähen das Spiel einfach ein bisschen langsamer als andere Sportler, was sie zu Manövern in letzter Sekunde befähige. Vielleicht ist das auch ein Charakteristikum des erfolgreichen Managers: Unter starkem Druck kann er, und sei es nur für einen Augenblick, zur Ruhe kommen, um anschließend überlegt zu handeln.

Das Planungsdilemma

Eine Variante des Oberflächlichkeitssyndroms – eine Form, die es verdient, gesondert erörtert zu werden – ist das Planungsdilemma. Während beim Ersteren der Blick von außen nach innen geht und den Zwang zur Oberflächlichkeit im Visier hat, geht er beim Letzteren von innen nach außen und beschreibt **die Schwierigkeit, angesichts einer solchen Hektik zu planen und Strategien zu entwickeln, ganz zu schweigen davon, ein Vordenker zu sein.** Vor über einem halben Jahrhundert beschrieb Sune Carlson dieses Dilemma:

Gefragt, welcher Teil ihrer Pflichten zu kurz käme, verwiesen die Führungskräfte fast ausnahmslos auf die langfristige Planung ihrer Geschäftstätigkeit. Der wachsende Umfang der äußeren Aktivitäten und die Schwierigkeit, genügend Zeit ohne störende Besucher und Telefonanrufe zu bekommen, waren die häufigsten Entschuldigungen in diesem Zusammenhang. (1951: 106)

In diesem Dilemma stehen sich die in Kapitel 2 erörterten Charakteristika der Managertätigkeit (das hektische Tempo, die Unterbrechungen, die Handlungsorientierung und so weiter) und die Zuständigkeit des Managers für die Vorgabe der Richtung und die Beaufsichtigung der von der Einheit getroffenen Entscheidungen gegenüber. Wie ein anderer Teilnehmer unseres International Masters Program in Practicing Management meinte: »Täglich betrete ich mein Büro mit einem vorgefassten Plan, und am Ende des Tages muss ich feststellen, dass ich mich von ganz anderen Dingen vereinnahmen ließ. ... Meine Arbeit ist sehr interessant ... es ist die beste Arbeit, die ich bisher nicht gemacht habe.«

Das ist ein Dilemma, weil ein Manager weder diesem natürlichen Druck ausweichen noch es sich leisten kann, ihm nachzugeben, wenngleich es nicht an Managern mangelt, die das eine oder andere tun. In Kapitel 2 sprachen wir darüber, dass es die Unbestimmtheit der Managertätigkeit ist, die Manager zu einem solchen Arbeitstempo und einem so umfangreichen Arbeitspensum verleitet. Sie sind verantwortlich für den Erfolg ihrer Einheit, aber es gibt so viel, was ihnen in die Quere kommen kann: ein Streik, ein verärgerter Kunde, eine unerwartete Währungskursschwankung. Sie müssen ständig auf dem Laufenden sein und folglich sogar für Unterbrechungen (die Robert Kaplan als »die Lebensader zu frischen und unentbehrlichen Informationen« bezeichnete [1883: 2]) sogar noch dankbar sein.

Was tun? *Strategische* Planung? Was soll der geplagte Manager also tun? Die Tür schließen? Sich in Klausur begeben? Einen Berater zu Hilfe rufen? Ja – von Zeit zu Zeit. Aber nur solange klar ist, dass es sich um vorübergehende Erleichterungen, nicht jedoch um nachhaltige Lösungen handelt.

Und dann gibt es das am weitesten verbreitete Rezept von allen: strategische Planung – die ideale Lösung für den überlasteten Manager. Wenn Sie unfähig sind, vorauszudenken, und folglich jeder strategischen Vision entbehren, müssen Sie eben das System für Sie denken und Visionen entwickeln lassen. (Eine Technik ist etwas, was Sie anstelle Ihres Gehirns einsetzen können.)

Leider hat strategische Planung noch nie nach Plan funktioniert, sie war der Strategieentwicklung niemals förderlich. Systeme liefern Analyse; Strategien erfordern Synthese. Die Analyse kann sicherlich den mentalen Prozessen Futter geben, die für die Synthese notwendig sind, aber sie niemals ersetzen. Als Michael Porter in *The Economist* schrieb: »Ich befürworte eine Reihe von Analysetechniken für die Strategieentwicklung«, lag er völlig falsch. Niemand hat jemals eine Strategie mittels Techniken erarbeitet. Die Welt der Analyse ist stringent und kategorisch; die Welt der Strategie ist unstrukturiert und unübersichtlich. Planung geschieht nach Plan; Management muss sich mit strategischen Problemen und Chancen auseinandersetzen, wann immer sie auftauchen.[4]

Wie soll beispielsweise irgendwer in den kanadischen Parks eine Philosophie wie »Unsere Mission ist es, die Integrität, Gesundheit, Vielfalt, Majestät und Schönheit des kulturellen und nationalen Erbes Westkanadas zu erhalten« mit einem unerbittlichen Kampf um die Erweiterung eines Parkplatzes versöhnen? (Denken Sie an den Kasten in Kapitel 3 über Greenpeace, wo sich Planung auf reine Zeitplanung zu reduzieren schien. Vgl. [S. 63].)

Strategien in der Praxis erstellen[5] Wie also entstehen Strategien – und Managementkonzepte generell? Im Sinne des Modells aus Kapitel 3 funktioniert strategische Planung von innen nach außen: Manager denken und *formulieren* Strategien, damit andere danach handeln – sie *implementieren* – können. Es handelt sich um einen deduktiven und vorsätzlichen Prozess; im Dreieck von Kunst, Handwerk und Wissenschaft ist er in der Nähe der Wissenschaftsecke angesiedelt.

In unserer eigenen Studie (wiedergegeben in Mintzberg 2007), die den Lebenszyklus von Strategien in zehn Organisationen über Jahr-

---

4 All dies kommt ausführlich in meinem Buch *The Rise and Fall of Strategic Planning* (1994) zur Sprache.

5 Die folgenden Ausführungen stammen aus Mintzberg (1987, 2007: Kapitel 12) und Mintzberg, Ahlstrand und Lampel (2009).

zehnte (in einem Fall über 150 Jahre) nachzeichnete, kamen wir zu einem anderen Ergebnis. **Strategien können sich *bilden*, ohne dass sie formuliert werden; sie sind eher das Ergebnis eines informellen Lernprozesses als eines formellen Planungsprozesses.**

In dem Modell aus Kapitel 3 funktioniert dies von außen nach innen: Das Handeln treibt induktiv das Denken in demselben Maße an wie das Denken deduktiv das Handeln. Beides findet sogar nebeneinander statt, vorwärts und rückwärts, interaktiv.[6] Es ist die Fähigkeit, zwischen dem Konkreten und dem Abstrakten hin und her zu springen – den spezifischen Fall zu erkennen und daraus kreativ Verallgemeinerungen abzuleiten –, die den erfolgreichen Strategen auszeichnet, ganz gleich, ob es sich um einen Topmanager handelt, einen hoch qualifizierten Mitarbeiter, der in einem Projektteam eigene Wege geht, oder einen mittleren Manager, der in Skunkworks Innovation betreibt.

Strategien sind keine gemeißelten Steintafeln auf Berggipfeln, die zwecks Befolgung ins Tal getragen werden; sie werden dortselbst von allen »erlernt«, die die Erfahrung und die Fähigkeit haben, jenseits des Konkreten das Allgemeine zu erkennen. In der Stratosphäre des Abstrakten hängen zu bleiben, ist keinen Deut besser, als sich ausschließlich im Konkreten zu bewegen.

Offenbar kommen also die Manager am besten mit dem Planungsdilemma zurecht, die viel Einsatz zeigen, indem sie in ihren Organisationen tausend strategische Blumen zum Erblühen bringen, und die es verstehen, in diesen strategischen Blumengärten Erfolgsmuster zu erkennen, und nicht jene, die kopfgesteuert vorgehen und versuchen, mit analytischen Techniken im Gewächshaus Strategien zu züchten. **Der Strategieprozess ist also dem Handwerk am nächsten, bereichert durch eine gute Portion Kunst. Die Wissenschaft ist in Form der Analyse beteiligt,**

---

6 Isenberg beschreibt dies als »Zyklen des Denkens und Handelns«, mit denen »ein Problem bearbeitet werden kann, bevor es definiert wurde«. Das ist »vergleichbar mit der ›empirischen Behandlung‹ in der Medizin und der ›empirischen Konstruktion‹ im Ingenieurwesen, in dem Sinne, dass man im Fall einer komplizierten oder ungenügend verstandenen Krankheit oder technischen Komplikation mit der Behandlung oder Konstruktionsarbeit beginnt, bevor die Situation vollständig erkannt wurde. ... So beobachten wir häufig Topmanager, die handeln, bevor sie sich allzu viele Gedanken gemacht haben, wobei sie die Entscheidung, an welchem Punkt des besagten Zyklus sie einsteigen, ihrer Intuition überlassen.« (S. 18)

indem sie Daten und Ergebnisse beisteuert, und in der Form der Planung, nicht um Strategien zu entwickeln (»strategische Planung« ist ein Ding der Unmöglichkeit), sondern um die Konsequenzen der durch mutiges Probieren und Erfahrung gewonnenen Strategien zu erfassen.

Das Dekompositionslabyrinth

Die Welt des Managens ist in kleine – natürliche und weniger natürliche – Teile zerstückelt. Organisationen gliedern sich in Regionen, Bereiche, Abteilungen, Produkte und Dienstleistungen, ganz zu schweigen von Leitbildern, Visionen, Zielen, Programmen, Budgets und Systemen; Tagesordnungen zerfallen in Themenbereiche, und strategische Fragestellungen werden in Stärken, Schwächen, Gefahren und Chancen zerlegt. Punkt 4 in einer Besprechung von Sandy Davis von den westkanadischen Parks mit ihrer Belegschaft lautete »Strategischer Plan: Programm-Update«. Ein 20-Seiten-Entwurf mit der Überschrift »Unser Schicksal definieren – Führung durch Spitzenleistung« wurde ausgehändigt. Darin gab es Abschnitte zum Mandat und zur »Mission«, ein Leitbild, zehn »Werte« (vom Stolz auf das Erbe bis zur Wertschätzung des »mit strategischem Handeln verbundenen strategischen Denkens«) und acht ausführlicher beschriebene »strategische Prioritäten und Ziele« (wie beispielsweise das »erfolgreiche Managen von Schutzzonen«, »Bewahrung und Schutz des nationalen Erbes« und »unternehmerische Spitzenleistung«).

Über all dem wachen Manager, von denen erwartet wird, dass sie Ordnung in das ganze Durcheinander bringen (das häufig genug auf ihr eigenes Konto geht). Das führt uns in das Dekompositionslabyrinth: **Wie finden wir in einer von Analysen zergliederten Welt zur Synthese?** (Sayles 1979: 11f.)

Synthese ist die Essenz des Managens: Es geht um kohärente Strategien, geschlossen agierende Organisationen und integrierte Systeme. Das macht das Managen so schwierig – und so interessant. Es ist nicht so, dass Manager der Analyse nicht bedürften; sie brauchen sie als Input für die Synthese.

Wie kann also ein Manager den Überblick behalten inmitten so vieler kleiner Details? Ein Unternehmen ist ja nun einmal kein Museum, wo die Übersicht als großes Bild an der Wand hängt. Diese muss vielmehr in den Köpfen der Mitarbeiter mühsam konstruiert werden.

Stellen Sie sich ein typisches Organigramm vor. Die normale Vorstellung ist, dass es die Komponenten der Organisation geordnet wiedergibt. Man kann es aber auch als Labyrinth sehen, in dem sich die Mitarbeiter zurechtfinden müssen. Die stillschweigende Annahme lautet, dass die Gesamtorganisation immer dann reibungslos funktioniert, wenn sämtliche Untereinheiten ihre Arbeit korrekt verrichten. Mit anderen Worten: **Struktur soll für die Organisation das leisten, was die Planung für die Strategie leisten soll. Jeder, der dies glaubt, sollte sich lieber einen Job als Einsiedler suchen.**

Chunking   Wie schon erwähnt, finden Peters und Waterman (1982) begeisterte Worte für das sogenannte »Chunking«. Manager können mit großen Problemen fertig werden, indem sie sie in kleine Brocken – »*chunks*« – zerlegen und diese dann einen nach dem anderen abarbeiten. Das klingt vernünftig und ist häufig auch der einzige Weg (wie unter dem Stichwort »Die Arbeit terminieren« in Kapitel 3 beschrieben). Das Problem dabei ist, dass die Einzelteile nicht wie in einem Puzzle über eine eineindeutige Anordnung verfügen. Sie ähneln schon eher Legosteinen, wobei die Verbindungen nur schlecht halten und dem Manager häufig nicht klar ist, was es zu bauen gilt.

In einem farbigen Artikel unter der Überschrift »The Magic Number Seven, Plus or Minus Two: Some Limits on Our Capacity for Processing Information« weist George Miller (1956) darauf hin, dass wir Menschen nur circa sieben »*chunks*« oder Informationseinheiten in unserem kurzfristigen und mittelfristigen Gedächtnis verarbeiten können. Wie können wir also in unserem kleinen Gehirn ein umfassendes Bild erstellen?

Das große Bild malen   Nehmen wir diese Metapher einmal wörtlich. Wie sieht der Maler das große Bild? Wie der Manager kann er es sich vorher nirgends anschauen – es sei denn, er kopiert das Bild eines anderen, doch dann wäre er kein großer Künstler mehr (ebenso wenig wie der Manager, der die Strategien eines großen Strategen kopiert). **Das große Bild muss Strich für Strich gemalt werden; Erfahrung folgt auf Erfahrung.** Der Maler beginnt möglicherweise mit einem Gesamtkonzept, das er im Kopf hat, aber von dort aus muss er unzählige kleine Schritte unternehmen, bis daraus ein Bild wird; nicht anders verhält es sich mit großen Strategien. Nur wenige Unternehmen verfügen heute über eine größere und bessere Strategie als das Möbelhaus IKEA. Hier handelt es sich wahrhaftig um *ein* großes Bild. Es zu malen, hat nicht weniger als fünfzehn Jahre gedauert. Natürlich gibt es Bilder, die einfach zu groß sind, als dass sie sich realisieren ließen; selbst die *»chunks«* sind dann häufig zu schwer, um sie zu tragen, und die Hierarchien zu hoch, um sie zu erklimmen.

Natürliche und unnatürliche Managerjobs Manche Einheiten bieten sich dafür an, gemanagt zu werden: ein Unternehmen mit einem klaren Auftrag wie im Fall von IKEA oder eine eigenständige Filiale innerhalb der IKEA-Kette. Andere »Einheiten« bieten sich weniger an – ein zusammengewürfeltes Unternehmen etwa oder zwei Filialen in der IKEA-Kette.

Nehmen wir Ann Sheen vom NHS. Die Pflegeabteilung in einem Krankenhaus zu managen, erscheint hinreichend natürlich. Aber wie steht es mit dem Managen der Pflegeabteilungen in zwei Krankenhäusern im Abstand von mehreren Kilometern, die auf einem Blatt Papier auf wundersame Weise verschmolzen wurden? Die Krankenhäuser brauchten Ann Sheen möglicherweise in beiden Jobs, aber was machte sie zu *einem* Job? Was ist an einem solchen Managerjob natürlich?

Das ist ein Beispiel von den vielen Managerjobs, die auf einer geografischen Grundlage – häufig recht willkürlich – geschaffen wurden. Ein anderes Beispiel unter den 29 Managern war die Tätigkeit von Sandy Davis, die für die westkanadischen Parks zuständig war. Aber was bedeutet das? Der Banff-Nationalpark hat seinen eigenen Raum, seine Dienstleistungen, Touristen und Probleme. Aber was haben drei solcher Parks, die sich zufällig in drei von Kanadas zehn Provinzen befinden, gemeinsam? Es besteht die Gefahr, dass der Manager solcher Konstrukte sich veranlasst sieht, Gemeinsamkeiten zu sehen, wo keine sind – und Parkmanager in eigens einberufenen Treffen nach möglichen Synergien suchen zu lassen. Eine andere Gefahr ist die Versuchung zum Mikromanagement.

Nichts ist in einer Organisation gefährlicher als ein Manager, der wenig zu tun hat. Manager sind für gewöhnlich sehr tatkräftig – nur so sind sie ja überhaupt erst zu dem geworden, was sie sind, und je höher ihre Position, desto tatkräftiger pflegen sie zu sein. Wenn man sie nun auf solche geografische Positionen setzt, an denen sie wenig zu tun haben, werden sie schon Dinge finden, die sie tun können. Mal sind das Kontrolltätigkeiten, mal sind es andere Dinge. Der folgende Kasten beschreibt eine Variante von Letzterem.

Ein unnatürlicher Tag?

Als ich das erste Mal dem National Health Service of England einen Besuch abstattete, verfügte er über 175 »districts« und 14 »regions«; die 90 »areas« dazwischen waren kurz zuvor abgeschafft worden, nachdem ein Beratungsunternehmen dies empfohlen hatte. Als ich einige Jahre und einige Umstrukturierungen später erneut hinschaute, gab es nur noch »Strategic Health Authorities« – 28 an der Zahl (die wenig später auf zehn reduziert werden sollten). Die »regions« und »districts« hatten einer abgewandelten Neuauflage der »areas« Platz gemacht.

Aber medizinische Versorgung wird weder von Distrikten noch von Regionen oder Gebieten geleistet, sondern von Krankenhäusern, Kliniken und niedergelassenen Ärzten. Vielleicht ist der NHS immer noch damit beschäftigt, sich umzustrukturieren, weil er das Ei des Kolumbus noch nicht gefunden hat.

Peter Coe war der Manager einer dieser Distrikte mit Namen North Hertfordshire. Sein Arbeitstag sollte in Kürze mit seiner wichtigsten Besprechung des Tages beginnen.

Drei von Coes Mitarbeitern waren bereits in dem kleinen Raum anwesend, der eine zuständig für die Qualitätssicherung, der zweite für die Beschaffung und der dritte für die Informationssysteme. Ein Vertreter des Gesundheitsministeriums war von London angereist, um sich ein Bild von den Fortschritten des Distrikts bei der Umsetzung einer neuen NHS-Initiative zu machen.

Die Distrikte wurden zu »Einkäufern«, die mit den »Lieferanten« (insbesondere Krankenhäusern) die Konditionen für die Bereitstellung der Dienstleistungen aushandeln mussten. Jedenfalls war das die damalige Intention, die jedoch bislang wenig konkret war. North Hertfordshire galt als ein Pionierdistrikt in der Umsetzung dieser Vorgaben, und so war der Ministeriumsvertreter gekommen, um sich ein Bild von den Erfahrungen von Peter Coe und seinem Team zu machen. Für Coe bot dieses Treffen die Gelegenheit, Glaubwürdigkeit zu gewinnen und mehr Gelder für den Distrikt einzuwerben. Es wurde also ausgiebig von »Einkäufern« und »Lieferanten« gesprochen, auch wenn die Begriffe ihren surrealen Klang nicht ganz verloren, wie wenn eine Abstraktion verzweifelt zum Leben erweckt werden sollte, während das Thema Gesundheit in den Hintergrund trat.

Nach einer allgemeinen Diskussion beschrieb jeder Mitarbeiter, was er tat. Die Kommentare zur »Qualität« beispielsweise drehten sich um »zehn Schlüsselindikatoren«, die offensichtlich aus der Studie des Beratungsunternehmens stammten. Mit der Bereitstellung von medizinischen Leistungen schienen sie aber ebenso wenig zu tun zu haben wie die Diskussion zum Thema »Kunden-feedback«. (Die für den Einkauf zuständige Mitarbeiterin meinte irgendwann: »Mich interessiert, wie man mit den Menschen ins Gespräch kommen kann.« Und der Ministeriumsvertreter gab an anderer Stelle zu bedenken: »Ich glaube nicht, dass irgendwer von uns wirklich mit den Kunden gesprochen hat«, worauf besagte Einkäuferin erwiderte: »Ich schon … ist allerdings zehn Jahre her.« Dabei gehörten alle Teilnehmer im Raum zu diesen »Menschen« und »Kunden«, denn der NHS bedient so gut wie die gesamte englische Bevölkerung.)

Ein zentrales Stichwort der Diskussion war »Kontrolle« – zum Beispiel die staatliche Kontrolle des Gesundheitssystems, die Kontrolle des Systems über seine Nutzer und wie man andere Distrikte des NHS dazu bringen konnte, die Änderungen erfolgreich umzusetzen.

Nach der Mittagspause wurde kurz über Risiken gesprochen; ein Teilnehmer sprach von den »zwei obligatorischen Minuten fürs Risiko«. Auf die Frage, was »Risiko« bedeutet, antwortete ein Teilnehmer: »Das ist mir nicht klar«, und der Ministeriumsvertreter sagte: »Ich habe meine Vorstellung davon: Wir müssen eine Art Entscheidungsanalyseprozess einrichten, der die politischen Risiken berücksichtigt.« Dann wandte man sich den Informationssystemen zu, die einer der Teilnehmer als »Aufklärungsfunktion« bezeichnete. Die für den Einkauf zuständige Mitarbeiterin meinte in Bezug auf die Veränderungen, es koste sie »mehr Zeit, die Grundregeln zu vereinbaren, als den Vertrag auszuhandeln«. Vielleicht erfasste sie die Diskussion am besten mit ihrem Kommentar: »Es fühlt sich nicht richtig an.«

Peter Coe verließ nach dieser langen Besprechung die Distriktzentrale und fuhr zur regionalen Zentrale in London. (Unterwegs wies er mich auf ein Krankenhaus hin, das, wie sich herausstellte, das einzige Krankenhaus in diesem Distrikt war.) Hier nahm er an einem Treffen teil, bei dem er die Erfahrungen des Distrikts mit dem Einkauf von Dienstleistungen für ältere Patienten vortrug. Als er gerade dabei war, diverse Statistiken vorzutragen und über »Kundenstrategie« und den »Gegenwert des Geldes« zu sprechen, ertönte draußen eine Sirene, die die Anwesenden, sofern sie dafür ein Ohr hatten, daran erinnerte, dass zum Gesundheitswesen mehr gehört als das, worüber hier gerade gesprochen wurde.

Informationsdilemmata

Kommen wir nun zu den Informationsdilemmata: zum Distanzierungsdilemma, zum Delegierungsdilemma und zu den Mysterien des Messens.

Das Distanzierungsdilemma

Wie schon erwähnt, besteht ein Berufsrisiko des Managers darin, über immer mehr Dinge immer weniger zu wissen, bis er am Ende über alles nichts weiß. Darauf bezieht sich das Distanzierungsdilemma: **Wie kann der Manager informiert – in Kontakt, in »Berührung« – bleiben, wenn die Managertätigkeit als solche ihn von dem distanziert, was er managt?** Mit anderen Worten: Wie kann der Manager den inhaltlichen Anschluss aufrechterhalten, wenn es in der Natur der Sache liegt, dass er diesen verliert? (Watson 1994: 13)

Livingston (1971) spricht von der »Second-Hand-Natur« der konventionellen Managerausbildung. Er hätte besser von »dritter Hand« sprechen sollen, die Managertätigkeit selbst ist bereits von »zweiter Hand«. Unternehmen sind so gestaltet, dass die einen die eigentliche Arbeit verrichten und die anderen, die wir als Manager bezeichnen, sie darin in der einen oder anderen Weise beaufsichtigen – oder gar nur Manager beaufsichtigen, die ihrerseits die »Arbeiter« beaufsichtigen. Management bedeutet also, dafür zu sorgen, dass andere Menschen Arbeit verrichten, sei es auf der zwischenmenschlichen Ebene (Führen und Verknüpfen) oder auf der Informationsebene (Lenken und Kontrollieren sowie Kommunizieren). Selbst auf der Aktionsebene (Handeln und Verhandeln) agieren Manager in der Regel gemeinsam mit anderen, wie wir in Kapitel 3 gesehen haben. Und je weiter ein Manager in der Hierarchie aufsteigt, desto weiter entfernt er sich von dieser Aktion, bis zu dem Punkt, an dem, wie Paul Hirsch erklärte, der CEO »zum Blitzableiter wird, weil er nicht weiß, was vor sich geht« (Kommentar auf der Academy of Management Conference, Chicago, 15. August 1986).

Manche Menschen behaupten, die Distanz mache den Manager objektiver. Wohl wahr. Aber ein anderer meinte, Objektivität sei, wenn man Menschen wie Objekte behandle. Ist es das, was wir von einem Manager erwarten? Auch gibt es jene, die glauben, dass das Internet uns alle in Verbindung miteinander bringt, wo immer wir uns auch befinden. Es bringt uns in engen Kontakt mit einer Computertastatur, aber verbindet es uns auch mit den Einzelheiten des Betriebsalltags?

Sind alle Manager inkompetent – oder nur frustriert? Das Peter-Prinzip (Peter und Hull 1969) beschreibt, wie Angestellte in Hierarchien bis zur Ebene ihrer Inkompetenz aufsteigen: Sie werden so lange befördert, bis sie auf einem Posten landen, für den sie ungeeignet sind und auf dem sie deshalb hängen bleiben. Dasselbe gilt auch für den Aufstieg ins Management: Indem jemand von der konkreten Basis des Spezialisten in die abstrakten Ebenen des Generalisten aufsteigt, verliert er zunehmend den Kontakt zu dem, was er managt. In dieser Hinsicht sind alle Manager bis zu einem gewissen Grade inkompetent. Aber irgendwer muss ja managen. Und so haben wir hier unseren Widerspruch.

Wenn Sie die Experten fragen – nicht die Managementexperten, sondern die Fachkräfte der gemanagten Unternehmen –, werden viele über die Inkompetenz ihrer Manager klagen. Es entsteht der Eindruck, dass das Management schlicht entbehrlich wäre. Ein mir bekannter Arzt, kein Geringerer als der Chef des medizinischen Leitungsgremiums seines Krankenhauses, vertrat die Ansicht, ein Arzt, der Direktor der medizinischen Serviceabteilung würde, höre auf, Arzt zu sein. Solche Aussagen habe ich von Ärzten schon häufiger gehört. Den nächsten, der sich so äußert, werde ich fragen, was er stattdessen vorschlägt: den Job mit einem Buchhalter besetzen? Wie wäre es mit einem MBA? Besser noch: Lassen Sie uns ganz auf den Job verzichten und beauftragen wir den CEO mit dem Management der ärztlichen Angelegenheiten.[7]

In meiner Studie kam das Distanzierungsdilemma am klarsten im Frust von Gordon Irwin zum Ausdruck, der sich zwischen den Realitäten des Parks, die er so gut kannte, und seinen neuen, in die Abstraktionen der Verwaltung eingebetteten Zuständigkeiten eingezwängt sah. Aber dieser neue Manager war beileibe nicht der Einzige,

---

7 Auch an den Universitäten findet sich dieses Phänomen: Viele meiner Management unterrichtenden Kollegen denken folgendermaßen über Dekane: (1) Jeder, der den Job will, ist verdächtig. (2) Gute Dekane existieren nur im Rückblick.

der solchen Frust verspürte. Dr. Webb drückte ihn in seinem Handeln ebenso aus wie Bramwell Tovey in seinen Worten, wenn er mit nostalgischen Gefühlen seiner fachlichen Arbeit nachtrauerte, die er hinter sich gelassen hatte.

Es war aber natürlich nicht alles Frust. Wie im letzten Kapitel erwähnt, hatten die meisten der 29 Manager große Freude an ihrer Tätigkeit (Tovey inbegriffen). Sie durchschauten diesen Widerspruch und ließen sich von ihm nicht vereinnahmen. Peter Coe vom NHS war in dieser Hinsicht ein besonders interessanter Fall. Einerseits konnte er keine unmittelbare Kontrolle über die Einheiten in seinem eigenen Distrikt ausüben, die autonom agierten. Andererseits tat er mit Freude andere Dinge; an meinem Besuchstag beispielsweise warb er weiter oben in der Hierarchie um mehr Ressourcen. Er war nicht frustriert; er setzte seine Energie nur an anderer Stelle ein. Unter den gegebenen Umständen schien das sehr vernünftig zu sein.

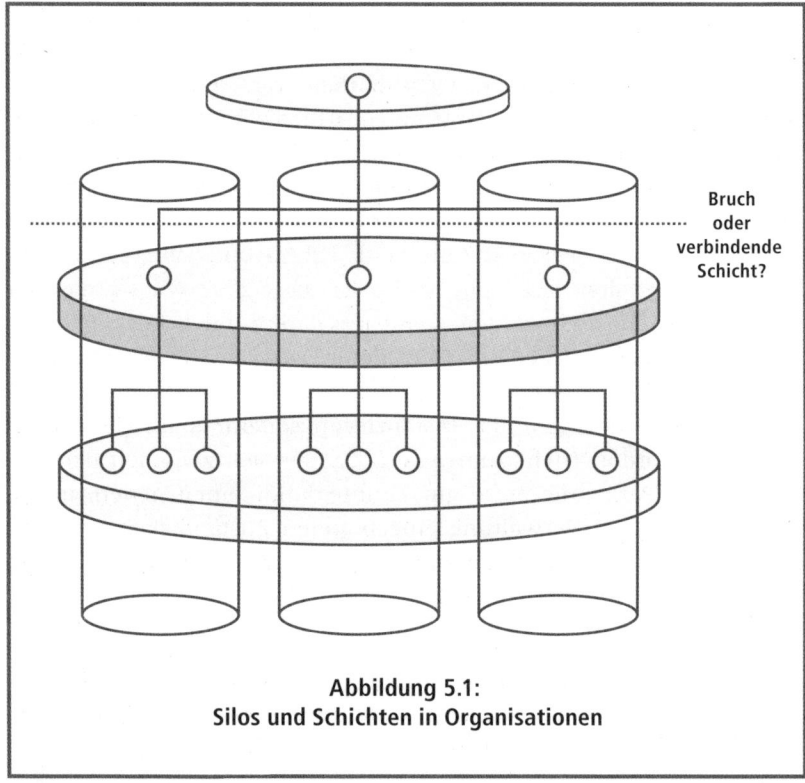

Abbildung 5.1:
Silos und Schichten in Organisationen

Silos Wir sprechen viel über »Silos« in den Organisationen – hoch aufragende Speicher über alle Hierarchieebenen hinweg, die die einzelnen Funktionen voneinander trennen. Hier aber geht es um eine andere Art von Spaltung, die die hierarchischen Ebenen horizontal voneinander trennen. Wir können sie als Scheiben oder Platten bezeichnen (vgl. Abbildung 5.1), denn es handelt sich häufig um isolierte Schichten von Manageraktivität – eine über der anderen, mit wachsendem Abstand zur betrieblichen Realität. Im NHS beispielsweise hatten wir Dr. Thick und Dr. Webb und vielleicht auch Ann Sheen auf einer Scheibe, Peter Coe auf einer anderen und Sir Duncan Nichol auf der obersten (mit weiteren Scheiben dazwischen). **Wenn diese hierarchischen Scheiben besonders dick werden, wie es häufig in Maschinenorganisationen vorkommt, kann das Distanzierungsdilemma die Organisation in den strategischen Kollaps führen: Schichten von Managern sitzen in ihrem eigenen Niemandsland; keiner verfügt über die Informationen und die Macht, um mit den anderen ausreichend in Kontakt zu treten.**

Weniger Distanz im unteren Management? Dieses Dilemma wirkt sich auf die unteren Managern noch am wenigsten aus, denn sie stehen in enger Verbindung mit den betrieblichen Abläufen. Das fiel mir besonders in der Zeit auf, die ich mit Stephen Omollo in den Flüchtlingslagern verbrachte, während er seine Streifzüge machte und mit großem Engagement Informationen sammelte. Nachdem wir eine Nahrungsausgabestelle passiert hatten, meinte er, an diesem Tag gebe es keine Probleme, denn es sei niemand zu ihm gekommen, um sich zu beschweren. Peters und Waterman (1982) sprachen vom »Management by Walking Around«; hier handelte es sich hingegen um ein »Management durch Vor-Ort-Präsenz« auf der Basis reinen Vertrauens. Wie dem auch immer sei – Linda Hill stieß bei den von ihr betrachteten neuen Mitarbeitern im unteren Management durchaus auf das Distanzierungsdilemma:

> Als die Monate verstrichen, fiel es den neuen Vertriebsleitern zunehmend schwer, ihre technischen Kenntnisse und Fähigkeiten auf dem neuesten Stand zu halten. Sie hatten nicht einmal Zeit, sich durch alle neuen Produktankündigungen zu lesen, geschweige denn sich Strategien für ihren Verkauf auszudenken. Es frustrierte sie, dass sie nach so kurzer Zeit bereits das Gefühl hatten, einzurosten. (2003: 141 f.)

Die neuen Manager »mussten folglich lernen, mit ihrer eigenen Ahnungslosig-keit zurechtzukommen« (S. 180). Laut McCall u. a. können solche neuen Manager sich nicht länger so verhalten wie in ihren früheren Jobs: »Waren sie früher dafür verantwortlich, die Arbeit zu erledigen, so müssen sie nun dafür sorgen, dass Systeme und Arbeitsprozesse korrekt funktionieren.« (1988: 54) Wie interessant, dass wir hier wieder bei dem Schwerpunkt landen, von dem es hieß, dass er besonders bei CEOs verbreitet ist.

Die verbindende Schicht oder die administrative Lücke? Im Gegen-satz dazu waren zahlreiche unter den 29 Managern vor allem auf den mittleren Ebenen großer Organisationen – wie beispielsweise Abbas Gullet (der Vorgesetzte von Stephen Omollo) und Doug Ward von der CBC Radiostation – sehr wohl in der Lage, sowohl ein Gespür für die betrieblichen Abläufe zu entwickeln als auch engen Kontakt zum Top-management zu halten. Ich vermute, dass solche Manager eine ganz entscheidende Rolle spielen. **Wahrscheinlich benötigt jede große Organisation eine Schicht von mittleren Managern, die die sogenannte Spitze mit der betrieblichen Basis verbinden können.**

Am besten ist es natürlich, wenn die Topmanager mit allen hierar-chischen Ebenen den Kontakt halten, wie ich es bei John Cleghorn beobachtete, als er seine Filialen besuchte. Aber wie häufig geschieht das, außer bei Start-up-Unternehmen, in denen die CEOs üblicherweise an allem beteiligt sind? (Dank Cleghorn hatte die Royal Bank ihre Topmanager angehalten, 25 Prozent ihrer Zeit vor Ort an der Basis verbringen zu lassen, wiewohl Cleghorn selbst in der zurückliegenden Periode nur auf 16 Prozent kam.) Und so ist diese verbindende Schicht der mittleren Manager möglicherweise der Schlüssel zur Vermeidung einer allzu großen Distanz zwischen dem konkreten Geschehen an der Basis und den konzeptionellen Fragestellungen auf den oberen Ebenen – ein Problem, das meiner Beobachtung nach heute in Un-ternehmen, staatlichen Organisationen und anderswo rasant um sich greift.

Weit verbreitet ist heute ein Phänomen, das ich als **administrative Lücke** bezeichne. Denken Sie an das Gesundheitswesen. Überall um uns herum scheint die Welt unter dieser Lücke zu leiden. **Zwischen jenen, die verwalten, und jenen, die die Arbeit an der Basis leisten, klafft eine gähnende Lücke.** Die Folge davon ist, dass man oberhalb dieser Lücke in abstrakten Begriffen denkt und redet (siehe die Diskussion beim NHS über »Qualität«, »Kunden« und »Risiko«), während die Mitarbeiter unterhalb dieser Lücke verwirrt und frustriert sind.[8]

Wie lässt sich diese Lücke schließen? Das ist – im Prinzip – einfach: (1) Man führe die Manager an die Basis, (2) man heiße die Mitarbeiter von der Basis in den höheren Sphären willkommen oder (3) man lasse die Lücke schrumpfen.

Eine Verflachung der Hierarchien – die Abschaffung mittlerer Managementebenen – ist ein Mittel, um die Lücke zu verringern. Es ist Bestandteil des bereits erwähnten Downsizings. Das kann durchaus hilfreich sein (denken Sie nur an jene unnatürlichen geografischen Ebenen, von denen die Rede war), solange es nicht die verbleibenden Mitarbeiter übermäßig belastet. Andernfalls aber müssen wir auch Fragen zur Größe der Organisation und nicht nur zu den Vorkehrungen stellen, die getroffen wurden, um eine solche Größe zu bewältigen. Viele Organisationen, ob im Gesundheitswesen oder anderswo, sind schlicht zu groß. Ist es sinnvoll, einen NHS für ganz England zu haben? Der schottische NHS arbeitet mit einem Zehntel der Bevölkerung.

In »Kontakt« kommen Wie bereits erwähnt, besteht die Möglichkeit, Mitarbeiter von der Basis in den höheren Sphären willkommen zu heißen, um diese Lücke zu schließen – indem man beispielsweise Nichtmanager zu strategischen Initiativen ermuntert. Aber wie steht es damit, die Manager an die Basis zu bringen?

Stephen Omollos erfolgreiche »Vor-Ort-Präsenz« lässt vermuten, dass die beste Art, mit dem Distanzierungsdilemma umzugehen, darin besteht, Manager aus ihren Büros und aus ihren Besprechungen herauszuholen und an jene Orte zu bringen, an denen ihre Organisation ihre Daseinsbestimmung erfüllt – nicht nur »vorbeizuschauen«, sondern mit Körper und Geist tatsächlich präsent zu sein. Eine Führungskraft beschrieb, wie Topmanager »bessere Strategen« werden, wenn sie sich »mit den Füßen in den Schlamm« stellen. »Ich gehe davon aus, dass eine Fabrik einen besonderen Charakter und eine Persönlichkeit bekommt, wenn das Topmanagement die Details des Arbeitsbetriebs ganz handfest erfährt, mit den eigenen Händen begreift; das

---

8 Ich erörtere dieses Problem in meiner in Kürze erscheinenden Abhandlung *Managing the Myths of Health Care* (der Verlag wird zu gegebener Zeit auf www.mintzberg.org bekannt gegeben).

System als Ganzes erreicht dadurch ein Maß an Integration, wie es mit einem losgelösten Management niemals möglich wäre.« (Zit. in: Peters 1980: 16)

Noch besser ist die folgende Lösung: Ich war gerade dabei, meinen Wagen zur Reparatur anzumelden, als der Inhaber der Werkstatt mich begrüßte. Wir plauderten, wie wir es manchmal taten, diesmal über Management, und er sagte etwas, was mir eigentlich schon längst hätte auffallen müssen:»Ich habe hier kein Büro.« Kein Wunder, dass er ständig die Runde machte und auf den Beinen war, ähnlich wie Fabienne Lavoie auf der Pflegestation.

Eine solche Form des Managements, bei dem sich der Manager zumindest in Hörweite der anderen befindet, ist nicht zu unterschätzen. Das schafft eine eher ganzheitliche Praxis. Natürlich sind nicht alle Manager in der glücklichen Lage, einen Großteil ihrer Kontakte so nahe bei sich zu haben. Aber auch das lässt sich häufig einrichten, wenn man nur will. **Warum muss Management in geschlossenen Büros und Sitzungsräumen stattfinden?** Bekannt sind die japanischen Unternehmen, die ihre Manager in offene Bereiche platzieren, damit sie leichter kommunizieren können. Ein solches Unternehmen, Kao, machte sich sogar einen Namen damit, dass es Managementbesprechungen im »Freien« abhielt; jeder Mitarbeiter, der des Weges kam, war eingeladen, daran teilzunehmen. Solche Unternehmen, wie jene Autowerkstatt, brauchen keine Politik der offenen Tür.

In unserem International Masters Program in Practicing Management (www.impm.org) nahm ein Manager von Fujitsu seine Kollegen mit, um ihnen den offenen Bereich zu zeigen, in dem er und seine Kollegen arbeiteten – ohne Trennwände, es gab nur Schreibtische.»Wer ist das?«, fragte eine Managerin von einer kanadischen Bank mit Blick auf jemanden, der sich stehend über jemanden beugte, der an einem Tisch saß.»Das ist unser Manager«, antwortete unser Gastgeber.»Wie können Sie arbeiten, wenn Ihnen Ihr Chef in dieser Weise über die Schulter schaut?«, erwiderte sie entsetzt.»Wo ist das Problem?«, fragte er. Was in ihren Augen wie Kontrolle aussah, stellte sich ihm als Hilfestellung dar. Dies war nicht Mikromanagement, sondern eine Form, das Distanzierungsdilemma zu vermeiden.[9]

---

9 Andy Grove macht den Unterschied am Zeitaufwand fest:»Zwei Tage in der Woche pro Untergebenen wären vermutlich gleichbedeutend mit Einmischung;

Das große Problem heute ist Makroleading: Manager, die den Kontakt zur Basis verloren haben, wissen nicht, was sich dort abspielt. »Nichteinmischung« ist allzu häufig gleichbedeutend mit »Nichtmitdenken«. Hier ist ein Kommentar zur *Challenger*-Katastrophe bei der NASA: »Das Beharren des Topmanagements [in einer Telekonferenz ›weit weg von der Welt der improvisierten Technik, der halben Lösungen und des stillschweigenden Einverständnisses, mit denen die Konstrukteure den Shuttle flugfertig machten‹] auf expliziten Argumenten als Ersatz für eigene unmittelbare Erfahrungen brachte die Kritik im Vorfeld der Tragödie zum Verstummen.« (Weick 1997: 395) Hätten sich die Manager zur Basis begeben oder hätten sie die Konstrukteure eingeladen, ihrerseits die administrative Lücke zu schließen – hätten sie ihnen ein Ohr geschenkt und sie an den Entscheidungen beteiligt –, die Tragödie hätte möglicherweise vermieden werden können.

Das Delegierungsdilemma

Das Delegierungsdilemma ist ebenso wie das Distanzierungsdilemma ein Informationsdilemma, allerdings mit umgekehrten Vorzeichen. Während bei Letzterem die Manager Probleme haben, weil ihr Job sie zu sehr von der Basis entfernt, ergeben sich die Probleme bei Ersterem daraus, dass die Manager selbst besser informiert sind als diejenigen, an die sie die Arbeit delegieren könnten.

Ist das ein Widerspruch? Nicht, wenn wir die Art von Informationen berücksichtigen, um die es hier geht. Der Manager sollte als Nervenzentrum seiner Einheit (wie in Kapitel 3 beschrieben) das Mitglied mit dem breitesten Wissen, aber nicht mit dem spezialisiertesten Wissen sein. Er hat formell Zugang zu allen Mitgliedern und verfügt zudem über ein reiches Spektrum an Kontakten außerhalb der Einheit, von denen viele wiederum das Nervenzentrum ihrer eigenen Einheit bilden. Aber viele dieser Informationen kommen aus zweiter Hand, die von anderen – zumeist mündlich – weitergereicht wurden. Und so fehlen dem Manager möglicherweise einige sehr konkrete Informationen oder implizites Wissen.

---

eine Stunde in der Woche bietet ausreichend Gelegenheit für Begleitung und Hilfestellung.« (1983: 66)

In Anbetracht der Breite seiner Informationen stellt sich jedoch die Frage: Was passiert, wenn für den Manager der Augenblick gekommen ist, an dem er delegieren muss, kann doch kein Manager alles leisten, was von ihm erwartet wird? **Wie kann er delegieren, wenn so viele relevante Informationen persönlicher, mündlicher und häufig privilegierter Natur sind?**

Betrachten Sie den folgenden Vorfall.[10] Ein Mitarbeiter erkundigt sich telefonisch beim CEO, ob eine bestimmte Stellenbesetzung durch ein bestimmtes Komitee zu genehmigen sei. Der CEO verneint. Auf eine zweite Frage bezüglich einer anderen Stellenbesetzung gibt der CEO eine bejahende Antwort. Der Mitarbeiter fragt schließlich noch wegen einer dritten Besetzung nach und der CEO antwortet wieder abschlägig. Als der CEO später gefragt wird, warum er mal so und mal anders entschieden habe, erklärte er, sein Wissen um die Persönlichkeit der betreffenden Kandidaten mache individuelle Entscheidungen notwendig.

So weit, so gut. Aber was war die Folge? Bei der nächsten vergleichbaren Situation musste der CEO wieder gefragt werden. Deutlich, wenn auch vielleicht unbewusst, votierte er dafür, die Zuständigkeit für derartige Entscheidungen nicht zu delegieren. Der offensichtliche Grund war, dass er sich selbst für besser informiert hielt.

Betrachten Sie eine andere Geschichte, die Charles Handy unter der Überschrift »The Paradox of Delegation« zum Besten gibt. (1994: 93 f.) Er begegnete einem CEO, der seinen Job sauber in die Funktionen Planung, Finanzkontrolle, Verkauf und so weiter unterteilt und jeweils die Zuständigkeit einem Mitarbeiter übertragen hatte, um sich auf diese Weise genug Freiraum zu schaffen, wobei er, so seine Worte, bei Bedarf »als Anwalt, Berater und Schlichter« einspringen wollte. Drei Monate später besuchte Handy den CEO erneut. »Das System ist gut«, berichtete dieser, aber »meine Leute sind nicht reif dafür; sie haben nicht den Blick fürs Ganze. Alles, was ich an sie weitergebe, kommt zu mir zurück in Form von Streitigkeiten, die ich dann schlichten soll. Ich habe jetzt mehr zu tun als in der Zeit, in der ich die Dinge noch nicht delegierte.« Handy erwiderte: »Aber das ist doch das, was Sie wollten. Sie delegieren alles außer der Koordination, der Kompromissfindung und der Verknüpfung; das bleibt Ihnen vorbehalten.« In

---

10 Diese und die folgende Passage stammen aus meinem Buch von 1973 (S. 74 f.).

diesem Fall delegierte der Manager, aber die Struktur verhinderte die Durchführung. Die Entscheidungen ließen sich nicht parallel zu den Unternehmensbereichen gliedern; sie mussten auf seiner Ebene wieder zusammenlaufen.

Wehe, Sie tun es; wehe, Sie tun es nicht Tätigkeiten, die nur eine spezialisierte Funktion betreffen, lassen sich leicht an jemanden delegieren, der über das erforderliche implizite und spezialisierte Wissen verfügt. Aber was ist mit Aufgaben, die nicht auf ein Spezialgebiet beschränkt sind und sich nur mithilfe des privilegierten Wissens des Managers lösen lassen? Wie kann man solche Tätigkeiten delegieren?

Es gäbe kein Problem, wenn der Manager mit der zu delegierenden Aufgabe zugleich die relevanten Informationen weiterreichen könnte. Aber häufig ist das nicht möglich, weil eben so viele dieser Informationen nur mündlich übermittelt werden und deshalb auch nur im Gedächtnis der betreffenden Person gespeichert sind. Dokumentierte Informationen, ob auf Papier oder im Computer, lassen sich leicht und systematisch übertragen; mündliche Informationen im menschlichen Gehirn jedoch nicht. Ihre Vermittlung ist ein langwieriger und ungenauer Prozess. Der Manager muss jemanden mündlich einweisen. Wie Karl Weick (1974b: 112) in einer Rezension meines Buches von 1973 schrieb: »Das Delegieren ist ein Problem, weil der Manager eine fehlerhafte und mobile Datenbank ist.« Weick vermutet sogar, dass »Manager mit schlechtem Gedächtnis mehr delegieren«, weil dann das Dilemma weniger ausgeprägt ist.

Manager scheinen dazu verdammt zu sein, entweder mit permanenter Arbeitsüberlastung oder aber mit fortgesetzter Frustration leben zu müssen. Im ersten Fall erledigen sie allzu viele Dinge selbst oder verbringen allzu viel Zeit mit der mündlichen Weitergabe von Informationen. Im zweiten Fall müssen sie zusehen, wie die delegierten Aufgaben von (verglichen mit ihnen selbst) uninformierten Leuten unbefriedigend gelöst werden. **Es ist leider ein häufiges Phänomen, dass Menschen für Fehler gescholten werden, die darauf zurückzuführen sind, dass sie unzureichenden Zugang zu den für die Lösung der delegierten Aufgaben erforderlichen Informationen hatten.** Delegieren bedeutet nicht, jemandem die Aufgabe vor die Füße zu werfen und dann zu gehen.

Hill kommt in ihrer Studie über neue Manager zu dem Schluss, dass diese angesichts der Notwendigkeit, sich zwischen Arbeitsüberlastung und riskantem Delegieren zu entscheiden, häufig das Letztere wählen, »meist weil die Umstände sie zum Delegieren zwingen; sie erkennen früher oder später, dass sie ihren Job allein schlicht nicht bewältigen« (2003: 141). Das Oberflächlichkeitssyndrom schlägt das Delegierungsdilemma.

Für Hills Manager stellte sich also nicht die Frage, ob, sondern wie sie delegieren sollten. Zuerst griffen sie zu extremen Maßnahmen – »Es ging häufig um alles oder nichts« –, aber mit der Zeit gewöhnten sie sich eine differenziertere Art des Delegierens an. (2003: 143)

Weick identifizierte das Dilemma des Delegierens als ein Informationsproblem, insbesondere im Bereich mündlicher Informationen. (1974: 113) Deshalb gibt es nur eine Lösung: Reichen Sie ihre privilegierten Informationen so regelmäßig und so umfassend wie möglich an andere Mitarbeiter in der Einheit weiter. Halten Sie sie regelmäßig auf dem Laufenden, und sorgen Sie dafür, dass Ihre Mitarbeiter sich auch untereinander regelmäßig austauschen. Und stellen Sie sicher, dass es eine Nummer 2 gibt, also jemanden, der so umfassend informiert ist wie möglich. Wenn dann delegiert werden muss, ist das halbe Problem bereits gelöst.

Erhöht dieser offene Umgang mit Informationen die Gefahr, dass diese in falsche Hände gelangen? Bisweilen sicher (wenngleich die Weigerung, Informationen zu teilen, häufig lediglich Vorwand für politische Ränkespiele ist). Aber vergleichen Sie dies mit dem Nutzen, den sie haben, wenn Sie von gut informierten Mitarbeitern umgeben sind.

Die Mysterien des Messens

Mancherorts ist die Einstellung verbreitet: Was man nicht messen kann, kann man auch nicht managen. Das ist seltsam, denn wer hat jemals die Leistung von Management selbst gemessen (wir werden darauf im nächsten Kapitel zurückkommen)? Das müsste dann ja heißen, dass Management nicht gemanagt werden kann. Und wer hat jemals auch nur *versucht*, die Leistung von Messverfahren zu messen? Wenn wir also jenen Spruch akzeptieren, müssen wir einräumen, dass die Tätigkeit des Messens ebenfalls nicht gemanagt werden kann. Wir müssen uns also von beidem verabschieden, vom Management und vom Messen – dem Messen sei Dank.

Die einzig verlässliche Schlussfolgerung, die wir daraus ziehen können, ist, dass der Messtätigkeit ihre eigenen Mysterien innewohnen, zu denen nicht zuletzt die Frage gehört: **Wie können wir etwas managen, was wir nicht zuverlässig messen können?**

Möglicherweise lassen sich jedoch mithilfe des Messens die letzten beiden Dilemmata auflösen. Denn sobald Manager Zugang zu verlässlichen Messdaten haben, können sie in ihren Büros sitzen und sich umfassend informieren. Keiner braucht seine Zeit damit zu verbringen, dass er herumläuft und sich vor Ort informiert. Und er kann delegieren, so viel er möchte: Ein Klick auf den Sendebutton und schon gehen die erforderlichen Informationen zusammen mit der delegierten Aufgabe auf Reise. Das ist es vermutlich auch, was die Möglichkeit des Messens so attraktiv macht – besonders für Manager fernab vom betrieblichen Alltag. Zahlen lügen schließlich nicht, oder? Die Daten sind verlässlich, objektiv, »hart«.

Der weiche Unterbau der »harten Daten«   Was genau sind »harte Daten«? Steine sind hart, aber Daten? Tinte auf Papier oder Elektronen in einem Computer sind schwerlich als hart zu bezeichnen.

Wenn es eine Metapher sein soll, versuchen Sie es mit Wolken am Himmel. Man kann sie aus der Entfernung klar erkennen; aus der Nähe aber sind sie schwerer auszumachen. Steckt man in ihnen, kann man die Hand ausstrecken, ohne etwas zu fühlen. »Hart« ist eine Illusion, die sich erst einstellt, nachdem wir Ereignisse und ihre Resultate in Statistiken verwandelt haben. Und die sind so klar und eindeutig wie Wolken. Und objektiv. Jener Angestellte ist kein unsympathischer Egozentriker, sondern ein 4,7 auf irgendeiner psychologischen Skala. Das Unternehmen hat sich nicht einfach nur gut entwickelt; es erzielte im letzten Jahr einen ROI von 16,7 Prozent. Ist das nicht klar genug?

Weiche Daten hingegen können verwirrend, mehrdeutig und subjektiv sein. Sie bedürfen in der Regel der Interpretation; die meisten lassen sich gar nicht elektronisch übermitteln. Manchmal handelt es sich lediglich um Gerüchte, Hörensagen, Eindrücke. Wie objektiv ist das?

Hier wird also mit gezinkten Karten gespielt. Die harten Daten gewinnen jedes Mal, jedenfalls so lange, bis sie auf das weiche Material des menschlichen Gehirns treffen, dass sie ursprünglich erzeugt hat und nun versucht, sie anzuwenden. Lassen Sie uns also den weichen Unterbau der harten Daten untersuchen. (Vgl. Mintzberg 1975a)

1. Harte Daten haben eine begrenzte Reichweite. Sie liefern zwar möglicherweise die Basis für die Beschreibung, aber nicht für die Erklärung einer Situation. Die Gewinne sind gestiegen. Aber warum? Weil der Markt gewachsen ist? Vermutlich lässt sich das numerisch beziffern. Weil ein wichtiger Wettbewerber schwere Fehler gemacht hat? Dazu sind keine Zahlen erhältlich. Weil Ihr Management so brillant war? Auch hierzu gibt es keine Zahlen (sofern es überhaupt stimmt). Wir brauchen also häufig weiche Informationen, um zu erklären, was hinter den harten Zahlen steckt: die Strategie des Konkurrenzunternehmens, der Ausdruck auf dem Gesicht eines Kunden. Im Vergleich dazu erweisen sich die harten Daten häufig als steril und nutzlos. »Ganz gleich, was ich ihm sagte«, beschwerte sich eine Teilnehmerin in der berühmten Kinsey-Studie zum Sexualverhalten von Männern, »er schaute mir nur in die Augen und fragte: ›Wie oft?‹« (Zit. in: Kaplan 1964)

2. Harte Daten sind häufig stark aggregiert. Wie werden diese Daten präsentiert? In der Regel werden viele Fakten kombiniert und auf einen einzigen Wert reduziert, die berühmte Zahl »unterm Strich«. Denken Sie, wie viel Leben verloren geht, um zu dieser Zahl zu gelangen.

Es ist schön, wenn man in den Bäumen den Wald sieht – es sei denn, Sie handeln mit Holz. Und die meisten Manager tun dies; sie müssen auch etwas über die Bäume wissen. Zu viel Management erfolgt wie aus einem Hubschrauber heraus, von wo die Bäume wie ein grüner Teppich aussehen. Wie Neustadt erklärte: Die Präsidenten der Vereinigten Staaten brauchen »nicht die farblosen Übersichten, sondern die konkreten Details, die in ihrer Gesamtheit die Kehrseiten jener Themen beleuchten, die ihnen auf den Tisch gelegt werden« (1960: 153 f.). Es sind die Letzteren und nicht die Ersteren, die den Manager aktiv werden lassen und ihn in die Lage versetzen, die für diese Tätigkeiten erforderlichen mentalen Modelle zu entwickeln.

3. Viele harte Informationen treffen zu spät ein. Informationen brauchen Zeit, um »auszuhärten«. Lassen Sie sich nicht von der Geschwindigkeit täuschen, mit der jene Elektronen durch das Internet rasen. Ereignisse und Resultate müssen erst als »Fakten« dokumentiert werden, um dann in Berichten aggregiert zu werden, die häufig einem festgelegten Zeitplan gehorchen (zum Beispiel zum Quartalsende). Bis dann ist die Konkurrenz mitsamt den Kunden möglicherweise schon über alle Berge.

4. Ein erstaunlich großer Anteil der harten Daten ist schlicht unzuverlässig. Sie sehen gut aus, all diese definitiven Zahlen. Aber woher stammen sie? Heben Sie den Stein der harten Daten einmal hoch, und schauen Sie nach, was darunter so herumkrabbelt:

> Behörden häufen mit Vorliebe Statistiken an – sie sammeln sie, addieren sie, erheben sie in die n-te Potenz, ziehen die Quadratwurzel und fertigen wundervolle Diagramme an. Dabei sollten Sie jedoch niemals vergessen, dass die ursprüngliche Quelle dieser Zahlen einfache Dorfwächter sind, die niederschreiben, was ihnen ins Konzept passt. (Sir Josiah Stamp 1928 zugeschrieben, zit. in: Maltz 1997)

Und nicht nur Behörden. Die Unternehmen von heute sind besessen von Zahlen. Wer aber macht sich die Mühe, zu recherchieren, was der Dorfwächter zu Protokoll gegeben hat? Und selbst wenn die protokollierten Fakten verlässlich waren, geht im Prozess der Quantifizierung stets etwas verloren. Zahlen werden abgerundet, Fehler schleichen sich ein, Nuancen verwischen. Jeder, der jemals ein quantitatives Maß produziert hat – ob eine Ausschusszählung in einer Fabrik oder die Publikationsliste eines Wissenschaftlers –, weiß, wie viele – absichtliche und unabsichtliche – Entstellungen möglich sind.

Ely Devons (1950) beleuchtet in seinem Bericht über Statistik und Planung im britischen Luftfahrtministerium während des Zweiten Weltkriegs das Potenzial für solche Entstellungen in ernüchternder Gründlichkeit. Das Sammeln solcher Daten war extrem schwierig und erforderte »ein hohes Maß an Geschicklichkeit«; dennoch wurde es als »niedrige, entwürdigende Routinearbeit gehandhabt, auf die die ineffizientesten Bürokräfte angesetzt werden konnten« (S. 134). Fehler schlichen sich auf jede nur denkbare Weise ein, und sei es, indem alle Monate gleich behandelt wurden, ganz gleich, welche Feier- oder anderen Ausnahmetage sie enthielten. »Die Zahlen waren häufig nur ein billiges Mittel, um Meinungen und Schätzungen zusammenzufassen.« Manchmal kommen sie gar »durch ›statistischen Tauschhandel‹ zustande. Aber sobald eine Zahl in der Welt war, gab es niemanden, der mit rationalen Argumenten begründen konnte, warum sie falsch war.« Und sobald diese Zahlen zur »Statistik« erklärt wurden, beanspruchten sie die Autorität und die Heiligkeit der Heiligen Schrift. (S. 155)

All dies soll kein Plädoyer für den Verzicht auf harte Informationen sein. Das wäre ebenso sinnlos wie ein Verzicht auf weiche Informationen. Aber: **Wir dürfen uns nicht länger von Zahlen hypnotisieren lassen und zulassen, dass die harten Informationen die weichen verdrängen, sondern wir müssen beide, wann immer möglich, kombinieren.** Wir alle wissen, was es heißt, weiche Vermutungen mittels harter Fakten zu überprüfen. Wie wäre es, wenn wir die harten Fakten mittels weicher Intuition überprüfen würden (indem wir beispielsweise die Statistiken »in Augenschein« nehmen)?

Die Gefahren spezifischer Informationen Wie kann ein Manager sicher sein, dass das, was er mit eigenen Augen sieht oder mit eigenen Ohren hört, repräsentativ ist für das, was in seiner Organisation vor sich geht? An meinem Beobachtungstag besuchte John Cleghorn die Filialen der Royal Bank, die er am besten kannte, die Orte in Montreal, wo er groß geworden war. Wie wäre es gewesen, wenn er eine Filiale in Moose Jaw in der kanadischen Provinz Saskatchewan besucht hätte? Natürlich ähneln sich Bankfilialen mitunter sehr: »Wer eine gesehen hat, hat sie alle gesehen.« Vielleicht. Aber wie steht es mit den Wal-Mart-Managern, die glaubten, ihr in Amerika erworbenes Wissen sei auch auf Deutschland anwendbar?

Solche Informationen können sicherlich problematisch sein. Aber ich denke, man sollte auch den umgekehrten Fall betrachten: Welche Gefahren bringt es mit sich, wenn ein Manager sich ständig in seinem Büro aufhält und den Betrieb nur aus aggregierten Berichten kennt? Was Manager mit ihren eigenen Sinnen sehen und hören, mag zwar einseitig sein, aber es kann ebenso gut konkret und reichhaltig sein und so der Abgehobenheit entgegenwirken, unter der heute so viele Chefetagen leiden. Denken Sie daran, wie viele Informationen Cleghorn in diesen Filialen sammeln konnte, die sonst nur gefiltert und entstellt, wenn überhaupt, ihren Weg in sein Büro gefunden hätten. Er brauchte auch die statistischen Berichte; und besonders hilfreich war es für ihn, diese Berichte mit seinen eigenen unmittelbaren Beobachtungen zu vergleichen.

Nochmals wehe! Auch mit diesem Widerspruch müssen die Manager schlicht leben. Sie können auf die harten Daten nicht verzichten – wie sollten sie sonst große Organisationen managen? –, aber sie dürfen sich auch nicht zu deren Gefangenen machen. Ebenso wenig dürfen sie sich ausschließlich auf ihre eigenen »weichen« Informationen verlassen. Die Mysterien des Messens lassen keine einfache Antwort, keinen einfachen Ausweg zu. Jeder Manager muss seinen eigenen Mittelweg finden und dabei nicht zuletzt sicherstellen, dass er von beiden Informationsarten genug hat, um die einen mit den anderen überprüfen zu können.

Zwischenmenschliche Dilemmata

Drei weitere Dilemmata betreffen hauptsächlich die zwischenmenschliche Ebene der Managertätigkeit. Sie heißen Ordnungsrätsel, Kontrollparadox (eine Erweiterung des vorigen) und Souveränitätsfalle.

Das Ordnungsrätsel

Organisationen brauchen Ordnung. Manchmal brauchen sie auch Unordnung – ein Aufrütteln –, aber die meisten von ihnen müssen sich doch überwiegend auf die verlässliche Bereitstellung ihrer Produkte und Dienstleistungen konzentrieren. Und die Gewährleistung dieser Ordnung liegt überwiegend in der Verantwortung ihrer Manager. Die Menschen, die in einer Einheit arbeiten, erwarten von ihren Managern Klarheit, Berechenbarkeit, Hinweise dazu, was ist, was sein kann und was sein sollte, damit sie mit ihrer Arbeit fortfahren und Leute einstellen, Betriebsabläufe planen und Output produzieren können.

Hier finden wir die traditionelle Gleichsetzung von *Management* mit Lenkung und Kontrolle. Diese Ordnung kommt größtenteils in Form von Strategien und Strukturen daher – die einen zur Bestimmung der Richtung, die anderen zur Festlegung der Zuständigkeiten.

Aber während sie damit beschäftigt sind, eine solche Ordnung zu etablieren, gehen die Manager selbst häufig ungeordnete Wege. Das ist die Botschaft vieler empirischer Studien, angefangen bei jener, die

Carlson in den Vierzigerjahren vorstellte und über die wir bereits in Kapitel 2 sprachen. Wie Tom Peters meint: In der Managertätigkeit »ist ›Schlamperei‹ normal, vermutlich unumgänglich und in der Regel sogar vernünftig« (1979: 171).

Warum? Weil die Organisation fortbestehen will, während sich die äußeren Kräfte unweigerlich verändern. Das Unternehmen braucht möglicherweise Berechenbarkeit, aber die Welt hat die lästige Angewohnheit, mitunter unberechenbar zu sein: Kunden verändern ihre Einstellung, neue Technologien kommen auf den Markt, Gewerkschaften streiken. Wie Leonard Sayles schreibt: »Alle Pläne sind unvollkommen. Es gibt immer unvorhergesehene und unvorhersehbare Schwachstellen.« (1979: 166) Das gilt sogar für etwas so Geordnetes wie die Organisationsstruktur selbst: »Untergebene sind auf eine klare Vorstellung von ihrer Tätigkeit und deren Grenzen angewiesen, aber eine Überschneidung der Tätigkeiten und ein Verwischen der Grenzen lässt sich gar nicht vermeiden.« (S. 4)

Jemand muss sich um das Unerwartete kümmern, und das ist häufig genug der Manager, jene Person, deren Zuständigkeiten breit genug und deren Job flexibel genug ist, um sich den Ungewissheiten und Unklarheiten widmen zu können. Man könnte also sagen: **Der Manager ist das Auffangbecken für die Unordnung in der Organisation. Wenn Managen heißt, aus Unordnung Ordnung zu machen, dann lautet das Ordnungsrätsel so: Wie kann der Manager Ordnung in die Arbeit anderer bringen, wenn seine eigene Tätigkeit so voller Unordnung ist?** (Watson 1996: 339)

Das ist ein im Management weithin bekannter Widerspruch, den Andy Grove treffend beschrieben hat. In einer sich rasch verändernden Welt müssen Manager »eine hohe Toleranz für Unordnung entwickeln«, während sie »ihr Bestes tun, um um sich herum Ordnung zu schaffen«. Sie müssen die Dinge wie eine gut geölte Maschine am Laufen halten und zugleich »mental und emotional auf Turbulenzen gefasst sein«. Groves Motto dafür? »Lassen Sie das Chaos walten und zügeln Sie es anschließend.« (1995: 141) Der perfekte Widerspruch!

Können ungeordnete Aktivitäten geordnete Ergebnisse hervorbringen? Natürlich, denn sonst würden Unternehmen nicht funktionieren. Und das gilt nicht nur für sie. Denken Sie an Künstler, Erfinder, Architekten (auch Autoren, wenn ich mir meine handschriftlichen Notizen anschaue, während ich versuche, meine Gedanken für Sie in eine lineare Ordnung zu bringen). Manche dieser Leute sind selbst so unstrukturiert, wie man es sich nur vorstellen kann, erzeugen aber die denkbar strukturiertesten Ergebnisse.[11]

Die ungeordnete Natur des Ordnungsrätsels Handelt es sich hier wirklich um einen Widerspruch oder nur um ein Kuriosum? Man könnte auf Letzteres tippen, wäre da nicht die Kontaminierung der geordneten Ergebnisse durch die ungeordneten Prozesse und andersherum.

Kommen wir zurück zu den Malern. Nicht wenige von ihnen stellen auf ihren Leinwänden ihre persönliche Ungeordnetheit – ihren inneren Aufruhr – zur Schau, man denke beispielsweise an die Werke van Goghs oder an Munchs *Schrei*. Aber selbst diese Bilder weisen eine erstaunliche Ordnung auf. Natürlich herrscht kein Mangel an ungeordneter Kunst, aber das meiste davon gerät rasch in Vergessenheit. In der Kunst spielt das vielleicht keine große Rolle, im Management hingegen schon. Zum Problem wird dies, wenn man bedenkt, wie leicht eine ungeordnete Managertätigkeit die Unordnung in die Organisation selbst trägt. Die Manager reichen ihre Konflikte und Unklarheiten einfach weiter.

Auch das Umgekehrte kann passieren, mit negativen Konsequenzen. Die Mitarbeiter einer Einheit können ihrem Manager eine künstliche Ordnung aufzwingen. Hierarchien arbeiten in beide Richtungen, und was nach unten geschickt wird, findet häufig den Weg zurück nach oben, wenn beispielsweise ein Manager einen hübschen Plan präsentiert und einen hübschen Bericht zurückerhält – darüber, wie der Plan angeblich hübsch ordentlich implementiert wurde. Verkompliziert wird die Situation noch dadurch, dass die Mitarbeiter der Einheit mitunter in ihrem Bedürfnis nach Ordnung auch dort noch eine Ordnung hineinlesen, wo sie vom Manager gar nicht intendiert war. Mit anderen Worten: Sie implementieren eine falsche Ordnung.[12]

---

11 Mit ihrer Tätigkeit beeinflussen diese Leute auf eine bestimmte Weise das Verhalten anderer – was diese sehen, wie sie leben, was sie denken oder lesen. Sie alle sind *Gestalter* der Ordnung anderer. Gleiches gilt auch für Manager, wie wir in Kapitel 3 gesehen haben. Dieser Widerspruch hängt mit dem Prozess des Gestaltens zusammen.

12 »Wenn Menschen handeln, ordnen sie Dinge neu und schaffen Verbindungen, die vorher möglicherweise nicht da waren. Die Präsenz dieser Verbindungen ist

Das Chaos walten lassen und es zugleich zügeln Wie also kann ein Manager mit diesem Widerspruch umgehen? Wie mit allen anderen Widersprüchen auch: indem er seine zwei Seiten gegeneinander relativiert. Er muss zwischen beidem hin- und herwechseln, indem er, um auf Groves Formulierung zurückzukommen, das Chaos walten lässt und es zugleich zügelt.

Ein Manager, der lediglich eine der beiden Seiten zur Geltung kommen lässt, kann seiner Organisation schweren Schaden zufügen. Zu viel Ordnung macht die Arbeit unflexibel und abstrakt. Bei zu wenig Ordnung können die Mitarbeiter nicht mehr funktionieren. Wir alle kennen Manager, die zulassen, dass das Chaos ihres Jobs und das der Außenwelt ungebremst in ihre Einheiten strömt. Das sind die Siebe, über die wir in Kapitel 3 sprachen. Und ebenso kennt jeder von uns Manager, die das Gegenteil tun: Sie schützen ihre Einheiten so stark, dass diese den Kontakt zur Realität verlieren. Alles scheint in bester Ordnung zu sein – bis es vor aller Augen auseinanderbricht.

Das alles durchdringende Ordnungsrätsel Dieses Dilemma scheint sich auf den ersten Blick vor allem auf CEOs zu beziehen. Als der wichtigste Repräsentant der Organisation gegenüber der Außenwelt muss er mit dem geballten Chaos um ihn herum zurechtkommen: mit sich wandelnden Technologien, anspruchsvollen Stakeholdern, schwankenden Märkten und so weiter. Wenn nicht der CEO den Weg durch dieses Chaos weisen – die »Mission« definieren, eine kohärente »Vision« präsentieren – kann, wer sonst sollte es dann tun?

Noch folgenreicher kann sich dieser Widerspruch jedoch an der Basis der Hierarchie auswirken, weil hier die Charakteristika der Managertätigkeit (vgl. Kapitel 2) – Hektik, Sprunghaftigkeit, Fragmentierung und so weiter – am ausgeprägtesten sein können. Denken Sie an Fabienne Lavoie auf der Krankenstation oder an die von Guest (1955–1956) untersuchten Fabrikvorarbeiter, die im Durchschnitt 48 Sekunden lang bei einer Aktivität blieben. »Die Charakteristika der Vorarbeitertätigkeit – Unterbrechung, Vielfalt, Diskontinuität – stehen

---

das, was als Ordnung wahrgenommen wird.« (Weick 1983) Um diesen schwierigen Widerspruch noch zu verkomplizieren: Weick vermutet, dass sich der Mangel an Ordnung aus dem »Versäumnis« des Managers, überhaupt zu handeln, »und nicht aus der Natur der äußeren Welt selbst« erklärt.

in direktem Gegensatz zu denen der meisten Akkordarbeiter, die hochgradig rationalisiert, repetitiv und unterbrechungsarm arbeiten und dem steten Rhythmus des Fließbands unterworfen sind.« (S. 481)

Und was ist mit den Managern dazwischen, die vielleicht nicht demselben Druck wie die CEOs oder demselben Tempo ausgesetzt sind wie die unteren Manager? Wird das Ordnungsrätsel dadurch entschärft? Nein, vielmehr wird es durch das Kontrollparadox zusätzlich verschärft.

Das Kontrollparadox

Das Ordnungsrätsel ist schwierig genug. Es beschreibt das Problem, die bestehende äußere Unordnung mit dem inneren Ordnungsbedarf zu vereinbaren. Nehmen Sie noch den Ordnungsdruck von oben hinzu – stapeln Sie einen Manager über den nächsten – und Sie erhalten das Kontrollparadox. Mit Ausnahme der ganz kleinen Organisationen neigen alle Unternehmen dazu, ihre Manager in Hierarchien anzuordnen, in denen die Anweisungen von oben nach unten wandern, um Ordnung zu verbreiten. Mit anderen Worten: Der Topmanager, der unter den Bedingungen einer kontrollierten Unordnung arbeitet, erwartet von seinen untergebenen Managern, dass sie unter den Bedingungen der kontrollierten Ordnung arbeiten. Das in Abbildung 5.2 (auf Seite 238) illustrierte Problem besteht darin, dass diese anderen Manager ihrerseits diversem Druck von der Seite ausgesetzt sind – von Kunden, gesellschaftlichem Umfeld und anderen. Die von oben erzwungene Ordnung macht die Dinge nur schlimmer. Die Manager möchten »die Situation lenken und kontrollieren« (Watson 1994: 84), aber ihre eigenen Vorgesetzten und nicht nur die äußeren Umstände stehen dem häufig im Wege. Folglich wird das Ordnungsrätsel zu einem Kontrollparadox: **Wie lässt sich der notwendige Zustand kontrollierter Unordnung aufrechterhalten, wenn der nächsthöhere Manager Ordnung erzwingt?**

Der Schaden des Forderns Hier ist der Punkt, wo ein Management durch Fordern besonders destruktiv werden kann. Es ist für Topmanager natürlich bequem, jede Unklarheit dadurch zu beseitigen, dass sie bestimmte Leistungsstandards schlicht einfordern. »Sie wünschen Ordnung? Gut, hier haben Sie sie. Die Zielvorgaben sind klar. Erfüllen Sie sie!«

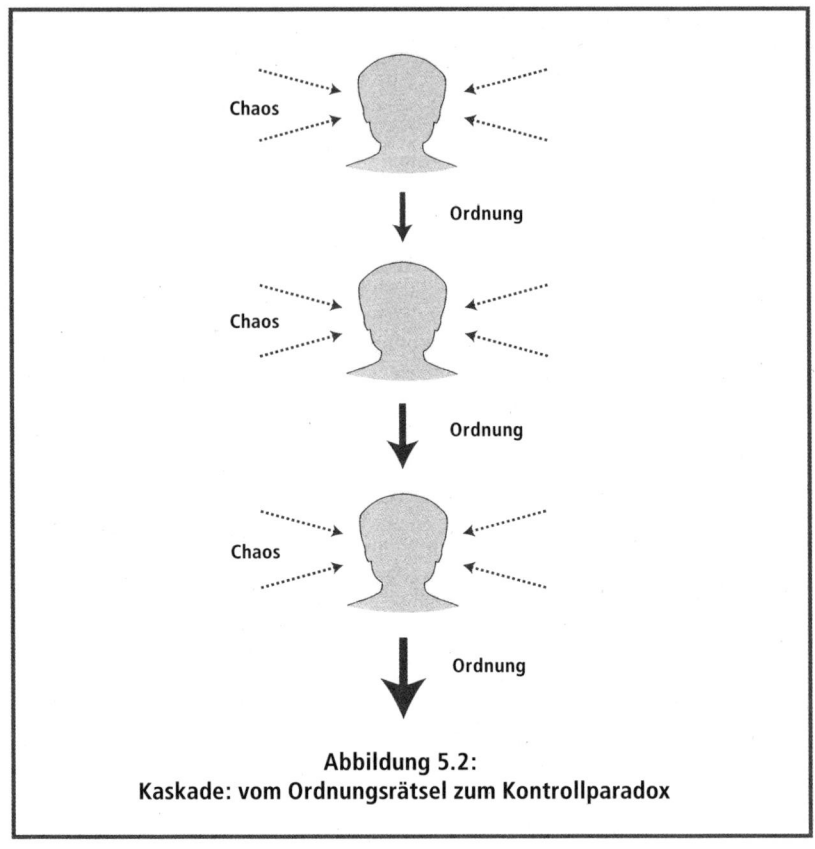

Abbildung 5.2:
Kaskade: vom Ordnungsrätsel zum Kontrollparadox

Aber wofür stehen diese Ziele – woher kommen diese Zahlen? Wie wir alle wissen, können sie mitunter beliebig oder gar widersprüchlich sein, willkürlich festgelegt ohne Rücksicht auf die schwierige Situation, in der sie realisiert werden müssen. Viele dieser festen Zielvorgaben, die in unseren großen Unternehmen zunehmend Verbreitung finden, sind nur Ausdruck dafür, dass sich die Topmanager aus der Verantwortung stehlen. Tengblad untersuchte acht CEOs großer Unternehmen, die unter dem Druck standen, Shareholder-Value zu produzieren. Er stellte fest, dass solcher Druck »die Hierarchie hinuntergereicht wurde«, mit der Folge, »dass einige Manager bis zur Erschöpfung arbeiteten und in Konformität und nichtkonstruktive Kommunikation flüchteten« (2004: 583).

Verkomplizierung des Widerspruchs Verglichen mit anderen Managern haben CEOs relativ freie Hand. Der Vorstand kann zwar Forderungen stellen, aber in der Regel nicht in dem Umfang wie die CEOs selbst. Sie müssen sich folglich meist nur mit dem Ordnungsrätsel herumschlagen. Das Kontrollparadox beginnt erst in der Hierarchie unter ihnen zu greifen.

Wenn der Druck zur Ordnung die Hierarchie hinunterwandert – wenn Manager »ihren Vorgesetzten gegenüber ihre Loyalität und ihr Verantwortungsgefühl beweisen, indem sie einen ansehnlichen Teil der Forderungen des höheren Managements an ihre Untergebenen weiterleiten« (Sayles 1979: 115) –, wird das Gewicht dieses Druckes immer stärker, bis die ganze »Kaskade« auf die Manager an der Basis fällt.[13] Die aber können sich am wenigsten verstecken, denn sie haben in der Regel unmittelbaren Kontakt zu den verärgerten Kunden, aufgebrachten Mitarbeitern und lautstarken Aktivisten. Denken Sie an den Banff-Nationalpark, wo sich die Umweltschützer mit den Bauarbeitern vor Ort wegen eines Parkplatzes zankten, während die höheren Manager in ihren Büros in den großen Städten saßen.

Die Topmanager hingegen können sich zumindest vorübergehend hinter ihren Systemen, ihren Abstraktionen zurückziehen. Sie können so tun, als wären Planung und Kontrolle ausreichend, um alle Unklarheiten zu beseitigen. Das funktioniert auch, zumindest auf dieser Ebene und für gewisse Zeit, bis diese Unklarheiten auf einer tieferen Ebene wieder auftauchen. Präsident Truman war berühmt für ein Schild auf seinem Tisch mit der Aufschrift: »The buck stops here« (»Der Schwarze Peter bleibt hier«). Aber heute ist es nur allzu häufig andersherum: **Fordernde Manager reichen den Schwarzen Peter weiter, Ebene für Ebene, bis er ganz unten ankommt,** wo sich die Umweltaktivisten mit den Bauarbeitern prügeln.

Wie schon erwähnt, ist es in den vergangenen Jahren Mode geworden, die Hierarchien zu verflachen und auf die eine oder andere Schicht von mittleren Managern zu verzichten. Erleichtert das die Lösung des Kontrollparadoxes? Der Effekt könnte auch hier der gegenteilige sein:

---

13 Vgl. Hambrick, Finkelstein und Mooney zur »Tendenz unter Führungskräften, im Verhältnis der Forderungen, die auf ihnen selbst lasten, Forderungen an ihre Untergebenen zu stellen«, was »einem Mobbing gleichkommen« und »kaskadenartig« durch die Hierarchie abwärtswandern kann. (2005: 482)

Die Arbeitsüberlastung der verbleibenden Manager nimmt zu; nichtsdestotrotz müssen sie mit dem Widerspruch zurechtkommen.

Rache von unten   Was können die unteren Manager angesichts des großen Drucks tun? Morris u. a. empfehlen ihnen, von Zeit zu Zeit die Befehlskette zu ignorieren, zumindest wenn sie »wissen, wo und wie sie Anweisungen missachten können«. Kluge und erfahrene Manager entwickeln eine entsprechende »Kunst« (1981: 143). Außerdem können sie (wir sprachen darüber im Zusammenhang mit dem Schwerpunkt »Aus der Mitte heraus managen«) den Spieß umdrehen und Veränderung von unten propagieren. Und Manager in gehobeneren Posten können sich klarmachen, welche Konsequenzen es hat, wenn sie Probleme nach unten weiterreichen, die sie eigentlich selbst lösen müssen.

Die Souveränitätsfalle

Das dritte zwischenmenschliche Dilemma, die Souveränitätsfalle, lässt sich leichter erklären, auch wenn die Handhabung nicht weniger schwierig ist.

Man braucht eine gehöre Portion Souveränität, um erfolgreich Management zu betreiben. Denken Sie an all die Zwänge, über die wir in Kapitel 2 sprachen, ganz zu schweigen von den hier diskutierten Widersprüchen und Dilemmata. Wie ich vielerorts beobachten konnte (in den Flüchtlingslagern, beim NHS, bei Greenpeace und so weiter), ist dies keine Arbeit für die Zaghaften und Unsicheren. Jeder, der dazu tendiert, Problemen aus dem Weg zu gehen, sie weiterzureichen oder die Hände in den Schoß zu legen, macht die Sache nur umso schwieriger für alle Übrigen.

Aber wie steht es mit denen, die die Selbstsicherheit gepachtet zu haben scheinen? Sie sind mitunter noch schlimmer. Bedenken Sie, wie schwankend der Boden solcher Souveränität ist: Informationen, auf die sich der Manager nie verlassen kann; Probleme voller Unklarheiten; Widersprüche, die auf ewig unauflösbar bleiben und den Manager häufig zum Improvisieren zwingen. Manch einer wäre froh, er hätte wie der Schauspieler, der seinen Text vergessen hat, einen Souffleur in den Kulissen, der ihm das Stichwort liefert. Den gibt es nicht, und doch muss der Manager stets so tun, als wüsste er, was er tut, damit ihm seine Leute mit Zuversicht folgen. Mit anderen Worten: Der Manager muss häufig Zuversicht vorspielen. Für den gewissenhaften Manager ist das keine leichte Übung; wer sehr von sich überzeugt ist, hat damit weniger Probleme, kann aber schnell abstürzen.

Überhaupt kann Selbstsicherheit leicht in einen manischen Zustand umkippen, in dem sich der Manager seiner Sache allzu sicher ist. Er verliert seine Fähigkeit zuzuhören und flüchtet stattdessen in die einsame Heldenattitüde.

Die Schwelle zwischen Souveränität und Arroganz ist nicht nur schmal, sondern mitunter schwer zu bestimmen. Manch ein Manager merkt nicht einmal, wenn er sie überschreitet. Und hat er sich erst einmal vergaloppiert, ist er häufig nicht mehr zu stoppen, bis er auch seinen Karren in den Graben gezogen hat. Die Souveränitätsfalle lautet also: **Wie lässt sich Selbstsicherheit aufrechterhalten, ohne dass sie in Arroganz umschlägt?**

Das ist nicht etwa ein hypothetisches Dilemma. Vermutlich beeinträchtigt es die Managementpraxis nicht weniger und erzeugt bei den Mitarbeitern nicht weniger Kummer und Frust als jedes der anderen Dilemmata auch. Das gilt besonders in unserer Zeit, wo die heroische Führungsattitüde so hoch im Kurs steht und selbst die gewissenhaftesten und bescheidensten Manager, wenn sie erst einmal erfolgreich sind, auf hohe Podeste gestellt werden, damit jeder sie bewundern kann.

Lob des bescheidenen Managers Wie kann ein Manager der Souveränitätsfalle entkommen? Ehrliche Freunde und Ratgeber können helfen. Wenn ein Manager Gefahr läuft, die Relationen zu verlieren, wie es jedem erfolgreichen Menschen von Zeit zu Zeit passieren kann, ist es hilfreich, jemanden zu haben, der einen zurückholt. Aber nur ein Manager, der ein bestimmtes Maß an Selbstvertrauen mitbringt, lässt sich auf Freunde und Ratgeber ein, die ihm im Zweifelsfall diesen Dienst erweisen können, und diese Art von Zuversicht ist häufig gepaart mit Bescheidenheit und Gewissenhaftigkeit. **Um den Gefahren der Souveränitätsfalle zu entgehen, sollten wir vielleicht häufiger Menschen mit Manageraufgaben betrauen, die Selbstsicherheit und Bescheidenheit miteinander zu verbinden vermögen. Aber wie viele bescheidene und gewissenhafte Menschen schaffen es im Zeitalter der heroischen Führungsattitüde auf die Managerpositionen?** (In Kapitel 6 werden wir eine einfache Methode vorstellen, wie man dies ändern könnte: Lassen Sie diejenigen bei der

Entscheidung für den einen oder anderen Manager mitreden, die die Kandidaten am besten kennen, nämlich die Mitarbeiter, die die Betreffenden bereits als Vorgesetzte erlebt haben.)

Aber selbst wenn mehr bescheidene Menschen auf Managerposten kommen, ist dieser Widerspruch damit noch nicht aus der Welt. Der Grund dafür ist die Angewohnheit, erfolgreiche Manager auf Podeste zu heben, zumindest in den Augen anderer. Der einzelne Manager muss aufpassen, dass er sich selbst nicht übermäßig ernst nimmt und sich die Heldenverehrung nicht zu Kopf steigen lässt. Und das wiederum erfordert ein gesundes Selbstvertrauen. Was wir brauchen, sind also Manager, die nicht nur nach außen hin Souveränität ausstrahlen, sondern die über ausreichend innere Zuversicht und Selbstvertrauen verfügen.

Aktionsdilemmata

Als Nächstes kommen wir zu den Widersprüchen, die sich auf die Aktionsebene der Managertätigkeit beziehen: zum Entscheidungsdilemma und zum Veränderungsdilemma.

Das Entscheidungsdilemma

Wenn es beim Managen darum geht, sicherzustellen, das bestimmte Dinge getan werden, dann muss der Manager Entschlossenheit demonstrieren. Er kann sich nicht ohne Ende absichern und er kann auch nur begrenzt reflektieren. Er muss Position beziehen, Entscheidungen treffen und zu Handlungen anleiten, die seine Einheit weiterbringen.

Das Problem ist, dass viele Situationen völlig unklar sind, ganz zu schweigen von den bereits genannten Widersprüchen. Und so finden wir hier ein weiteres Dilemma: **Wie kann man in einer komplizierten, nuancierten Welt entschlossen handeln?**

Das Moment der Ungewissheit Betrachten wir die *Entscheidung* als solche. Das Wort strahlt allein schon Bestimmtheit aus. Mit einer Entscheidung bekunden wir schließlich unsere Entschlossenheit zum Handeln. Aber sind Entscheidungen die notwendige Voraussetzung dafür, dass wir handeln? Stellen Sie sich doch einmal vor, wie Ihnen jemand gegen das Knie schlägt. Oder besuchen Sie eine Gerichtsverhandlung, in der es um Totschlag geht – also eine Handlung ohne vorausgegangene Entscheidung. Auch Organisationen bekommen manchmal eins gegen das Knie. Vor einigen Jahren war da die Geschichte vom Topmanagement eines großen europäischen Autoherstellers, der Berater anheuerte, um herauszufinden, wie ein neues Modell zustande gekommen war.

Wenn wir den Entschluss zum Handeln fassen, ist er dann immer so klar, wie er aussieht? In den kanadischen Parks wurden diverse Entscheidungen zu jenem Parkplatz getroffen. Na dann: Hals- und Beinbruch! Und bedeutet das Treffen einer Entscheidung, dass wir auch wirklich handeln? Zwischen Entscheidung und Ausführung kann viel passieren. Alan Whelan von BT beschloss, jenen Vertrag zu unterzeichnen. Fühlte sich sein Topmanagement daran gebunden? Wie Leonard Sayles es formulierte: »Manager müssen Entschlossenheit zeigen, aber es ist schwer zu sagen, wann eine Entscheidung gefallen ist; und viele Entscheidungen müssen überprüft und erneut getroffen werden.« (1979: 11) So sprach einer von Hills neuen Managern darüber, »wie desillusionierend und frustrierend es ist, sich den ganzen Tag mit Problemen und Konflikten herumzuschlagen und keine Möglichkeit zu haben, sie sauber zu lösen« (2003: 181).

Dieser Widerspruch verweist auf die Souveränitätsfalle – weil Zuversicht und Selbstvertrauen einen Manager befähigen, entschlossen zu handeln, während jedoch zu viel Entschlossenheit angesichts einer unklaren Ausgangslage leicht in Arroganz mündet, besonders wenn der Manager nicht in den betrieblichen Alltag eingebunden ist (womit wir wieder beim Distanzierungsdilemma wären). Denken Sie an all jene missglückten Unternehmensfusionen, wo in bemerkenswerter Arglosigkeit mutige Entscheidungen getroffen wurden, die sich später als falsch herausstellten. Oder an George W. Bushs Entscheidung von 2003, in den Krieg zu ziehen.

Manager hingegen, die nur zögerlich handeln, können alles zum Stehen bringen. Wenn ein Handeln unumgänglich ist, ist häufig jede Entscheidung besser als überhaupt keine Entscheidung, denn sie bringt zumindest die Menschen auf Trab. (Weick 1979) Aber Manager, die überstürzt handeln, treiben unter Umständen ihr Unternehmen in einer Situation, die sich gerade erst entwickelt, in die vorschnelle Aktion.

Natürlich entwickeln sich Situationen immer. Und wichtige Ereignisse entwickeln sich oftmals in unvorhersehbarer Weise. Die Kunst besteht also darin, zu wissen, wann es zu warten lohnt, die Kosten eines Aufschubs eingerechnet, und wann die Zeit zum Handeln gekommen ist, auch wenn dies mit unvorhersehbaren Konsequenzen verbunden sein kann. Und dafür gibt es kein Handbuch und keinen Schulungskurs, und auch keine praktischen fünf Schritte – sondern nur den gut informierten gesunden Menschenverstand.

Die Grenzen der Entschlossenheit   Am besten können wir diesem Dilemma zu Leibe rücken, indem wir unserer Entschlusskraft gewisse Grenzen setzen. Wenn die Organisation »nur eine bestimmte Zahl von Vorschlägen« seitens des Managements akzeptiert (Wrapp 1967: 93), dann muss sich dieses Management genau überlegen, wo es die Trumpfkarte der Entschlossenheit einsetzen will. Und wenn viele Entscheidungen ohnehin erneut betrachtet und gefällt werden müssen, was spricht dann dagegen, möglichst viele davon in sukzessiven Schritten zu treffen – mit ausreichend Zeit für Feedback dazwischen? In ihrem Artikel *Zen and the Art of Management* zitieren Pascale und Athos einen Manager, der Entscheidungen aufschob, um selbst Zeit zu haben, die Problematik zu durchdringen, und seiner Organisation die Möglichkeit zu geben, den Umgang damit zu lernen:

> Bis Sie alle Fakten genau kennen und sich hundertprozentig sicher sind, wie die richtige Reaktion im Detail auszusehen hat, sind Sie tot. ... Also habe ich »jongliert«. ... Was ich brauchte, war Zeit, um das Problem wieder auf die Ebene zu »bugsieren«, wo es ursprünglich entstanden war, damit das System aus dem Problem lernen und sich selbst korrigieren konnte. Gleichzeitig musste ich das Problem im »künstlichen Koma« halten. (1978: 89)

In Kapitel 2 fand die Metapher des Jonglierens bereits Verwendung, allerdings in Bezug auf die vielen Projekte und Probleme, mit denen sich der Manager gleichzeitig herumschlagen muss. Immer wenn ein Element nach unten fällt, wird es wieder nach oben befördert, es bekommt neue Energie, während der Manager die übrigen Elemente im Auge behält. Diese Art des Jonglierens und Integrierens geht Menschen mit einer Vorliebe für das kalkulierte Chaos der Managertätigkeit gut von der Hand. (Noël 1989: 45) Indem sich der Manager allmählich in komplexe Probleme einarbeitet, entschärft er nicht nur das Entscheidungsdilemma, sondern auch das Oberflächlichkeitssyndrom – wenn auch auf Kosten des Dekompositionslabyrinths.

Charles Lindblom bezeichnet dieses Verhalten als »unzusammenhängendes Herantasten« und beschreibt es als »eine im Regelfall niemals endende Abfolge sukzessiver Schritte, bei denen ständiges Knabbern den kräftigen Biss ersetzt« (1968: 25f.). Der Manager, der auf diese Weise bruchstückhafte Verbesserungen vornehme, taugt nicht unbedingt als Held, hat aber dennoch die Fähigkeit, »Probleme geschickt zu lösen und auf breiter Front mit einem Universum zu kämpfen, von dem er weiß, dass es zu groß ist für ihn« (S. 27; siehe auch Qinn [1980], der von einem »logischen Herantasten« spricht).

Das Veränderungsdilemma

Wir hören viel von Veränderung heutzutage. Es scheint, als könne kein Vortrag zum Thema Management ohne Verweis darauf beginnen, dass »wir in Zeiten großer Veränderungen leben«.

Stimmt das? Mein Auto verwendet im Prinzip noch dieselbe Verbrennungstechnik wie Fords legendäres Modell T; wir alle tragen weitestgehend dieselben Stoffe wie vor Jahrzehnten und selbst die jahreszeitlichen Moden ähneln noch denen von anno dazumal. (Warum in aller Welt tragen Männer Krawatten? Stellen Sie sich vor, jemand würde heute versuchen, sie einzuführen.) Jeden Morgen stehe ich auf, knöpfe mein Hemd zu, wie es meine Vorfahren taten (ihre Hemden wurden vielleicht auf einer Nähmaschine von Singer genäht, wie sie vor einem Jahrhundert auf der ganzen Welt verbreitet waren, nicht anders als die Produkte der »globalen« Unternehmen von heute). Selbst die These von den Veränderungen ist unverändert geblieben:

> Wenige Phänomene sind bemerkenswerter und wurden doch weniger bemerkt als der Umstand, dass sich die Entwicklung der materiellen Zivilisation und der Fortschritt der Menschheit, der die Räder schmiert und uns unseren täglichen Komfort beschert, ganz wesentlich im letzten halben Jahrhundert abgespielt hat. Wir können getrost behaupten, dass in den 50 Jahren unserer eigenen Lebenszeit mehr getan wurde und reichere und fruchtba-

rere Entdeckungen getätigt und größere Errungenschaften erzielt wurden als in der zurückliegenden Lebenszeit der Menschheit.

Das erschien im *Scientific American* – im Jahr 1868! *Plus ça change, plus c'est la même chose.* (Je mehr sich die Dinge verändern, desto mehr bleiben sie dieselben.)

Was ich sagen will, ist: **Wir bemerken nur, was sich verändert, aber nicht, was bleibt, und dazu gehört fast alles, was uns umgibt.** (Haben Sie sich heute Morgen gefragt, warum Sie in diesen Zeiten großer Veränderungen immer noch ihr Hemd zuknöpfen?) Natürlich gibt es Dinge, die sich verändern – das eine oder andere, mal hier, mal dort. Heute sind es vor allem die Informationstechnologie und die Wirtschaft. Wir alle haben damit zu tun. Aber nicht so sehr, dass wir blind werden für das, was sich nicht verändert, denn auch damit haben wir alle, und ganz besonders Manager, zu tun.

Wir hören viel von Problemen, die jenen drohen, die sich Veränderungen widersetzen. Es heißt, die Unternehmen müssten sich dem Wandel anpassen oder besser noch die Vorhut bilden. Wichtiger wäre allerdings die Warnung, dass zu viel Veränderung zu ständiger dysfunktionaler Angst und anderen Problemen führen kann. Kein Manager kann ausschließlich Veränderungen managen – das wäre Anarchie. Jeder Manager muss zugleich auch Kontinuität managen, womit wir beim Veränderungsdilemma wären: **Wie können wir Veränderung managen, wenn gleichzeitig die Notwendigkeit zur Wahrung von Kontinuität besteht?** Und wieder besteht die Kunst in der richtigen Balance.

Chester Barnard wurde bereits zitiert mit den Worten: »Die Führungskraft tut nicht dasselbe wie die Organisation; ihre Aufgabe ist es vielmehr, den Betrieb aufrechtzuerhalten.« (1938: 215) Das bedeutet, die Organisation auf Spur zu halten oder wieder auf Spur zu setzen, sollte sie davon abgekommen sein, sowie die Spur bei Bedarf zu verbessern und manchmal auch eine neue zu einem anderen Ort zu legen. Der Manager »bewirkt ständig kleine Verhaltensänderungen in Reaktion auf ein sich fortlaufend veränderndes Umfeld« (Sayles 1964: 259; vgl. auch Aram 1976: 119).

Mein Kollege Jonathan Gosling befragte eine Reihe von Managern dazu, wie sie Veränderung managten. Zu seiner Überraschung sprachen die meisten überwiegend darüber, wie sie Kontinuität managten. Auch an meinen 29 Beobachtungstagen sah ich Veränderung größtenteils eng verwoben mit Kontinuität. Abbas Gullet und Stephen Omollo in den Rotkreuzflüchtlingslagern traten für Veränderungen ein, um die Stabilität zu wahren, während John Cleghorn von der Royal Bank kleine und größere Veränderungen anstrebte – die Reparatur eines Schildes, die Übernahme eines Versicherungsunternehmens –, um die große Bank auf Kurs zu halten. Und Fabienne Lavoie hatte ein neues System für eine bessere Kontrolle auf der Pflegestation entworfen.

Die gleichzeitige Suche nach Sicherheit und Flexibilität In einem aufschlussreichen Buch aus dem Jahr 1967 mit dem Titel *Organizations in Action* bezeichnet James D. Thompson dieses Dilemma als »Verwaltungsparadox« – »die gleichzeitige Suche nach Sicherheit und Flexibilität«. Meistenteils beschreibt er, wie Organisationen bemüht sind, »die Unsicherheit zu reduzieren und in relative Sicherheit zu verkehren«, um die eigene Kernkompetenz zu schützen. Dennoch besteht »das zentrale Merkmal des administrativen Prozesses in der Suche nach Flexibilität« (S. 148).

Thompson ist überzeugt davon, dass sich dieses Paradox auflösen lässt, indem man den Schwerpunkt kurzfristig – zwecks operativer Effizienz – auf Sicherheit und langfristig – um der »Freiheit von Verpflichtungen« willen – auf Flexibilität legt. (S. 150) Das Problem ist nur, dass der langfristige Fall niemals eintritt (jedenfalls nicht zu unseren Lebzeiten, wie John Maynard Keynes meinte). Der Manager muss sich also mit diesem Dilemma, wie mit all den übrigen, kurzfristig auseinandersetzen, nämlich in seinem gegenwärtigen Verhalten.

Wie schon gesagt: In der Kontinuität gibt es immer auch etwas Veränderung, und sei es nur in Form verdeckter Innovationsbemühungen, und in der Veränderung gibt es stets auch Kontinuität – die eine oder andere Insel der Stabilität. Und somit können die Organisationen Perioden durchleben, in denen die Veränderung überwiegt, und andere Perioden, in denen relative Stabilität herrscht. Cyert und March (1963) beschreiben die »sequenzielle Verfolgung von Zielen« in Unternehmen, wobei den gegensätzlichen Bedürfnissen nach Veränderung und Kontinuität dadurch Genüge getan wird, dass die Aufmerksamkeit zwischen beiden zyklisch wechselt. Im Management gibt es demnach wie in der Bibel eine Zeit des Säens und eine Zeit des Erntens.

Wir sahen dies deutlich in unseren Studien, in denen wir Strategien in unterschiedlichen Organisationen über lange Zeiträume verfolgten (wie im Abschnitt zum »Planungsdilemma« beschrieben). Das National Film Board of Canada beispielsweise erlebte von 1939 bis 1975 eine überraschend regelmäßige Abfolge von Perioden, die jeweils rund sechs Jahre dauerten und in denen mal die Experimentierfreude und mal die Kontinuität im Vordergrund stand. Das scheint ein wiederkehrendes Muster von Adhokratien zu sein, die von Veränderung profitieren, im Gegensatz zu den Maschinenorganisationen sowie einigen unternehmerischen Organisationen, die lange Perioden relativer Stabilität mit Momenten sprunghafter Veränderung zu bevorzugen scheinen. (Mintzberg 2007: Kapitel 2–3 und 6–8)

Übergreifende Dilemmata

Wir kommen jetzt zu zwei übergreifenden Dilemmata, eines für Manager und eines für mich. Hier ist eine gewisse Aussöhnung möglich – wenigstens zwischen den beiden.

Das ultimative Dilemma

Wie kann ein Manager sein Gleichgewicht wahren, wenn er ständig gedrängt wird, der einen oder anderen Richtung den Vorzug zu geben? **Wie kann ein und derselbe Manager all diese Dilemmata zugleich managen?** »Dass die Managerrolle darin bestand, einen Ausgleich zwischen fundamentalen Spannungen herzustellen, gehörte zu den schwierigsten und wichtigsten Erkenntnissen der neuen Manager.« (Hill 2003: 80)

Das sind keine gefälligen Dilemmata, die einzeln und nach Terminplan in Erscheinung treten. Vielmehr bevölkern sie den Alltag des Managers in einem wilden Durcheinander. **Der Manager muss nicht nur einen Drahtseilakt vollführen, sondern dies auch noch auf den unterschiedlichsten Seilen in einem vieldimensionalen Raum.** Management hat ebenso viel mit Fingerspitzengefühl wie mit Entschiedenheit zu tun. Wie Paul Hirsch seinen neuen MBA-Studenten an der Nordwestern University zu sagen pflegte: »Willkommen beim Trimester der Irrtümer!« Oder um aus dem Buch *The Age of Paradox* von Charles Handy zu zitieren:

> Inzwischen bin ich davon überzeugt, dass das Phänomen des Paradoxes unvermeidbar, allgegenwärtig und ewig ist. ... Wir können und sollten den einen oder anderen Widerspruch ent-

schärfen, Inkonsistenzen minimieren und die Rätsel hinter den Paradoxien begreifen, aber wir können sie nicht zum Verschwinden bringen, sie komplett lösen oder ihnen entfliehen. Paradoxe sind wie das Wetter, etwas, mit dem wir leben müssen ... indem wir das Schlimmste abmildern und das Beste genießen und als Wegweiser nutzen. (1994: 12f.)

Ich habe mehrmals davon gesprochen, dass die Kunst darin besteht, die richtige Balance zu finden. Aber dabei handelt es sich nicht um eine stabile Balance, sondern eher schon um eine dynamische. Die Umstände zwingen die Manager häufig, in die eine oder andere Richtung zu gehen (beispielsweise zu mehr Selbstvertrauen angesichts großer Herausforderungen oder zu mehr Veränderungsbereitschaft angesichts großer Chancen), um später wieder zurückzukehren. Im vieldimensionalen Raum ist die Managertätigkeit ein Balanceakt der höchsten Ordnung. Wiederholt sprach ich auch, ebenso wie Charles Handy, von der Unauflösbarkeit solcher Dilemmata. Es gibt keine Lösungen, weil jedes Dilemma im jeweiligen Kontext behandelt werden muss und weil der Druck sich fortwährend ändert. **Diese Paradoxe und Dilemmata, Labyrinthe und Rätsel sind integraler Bestandteil der Managertätigkeit – sie *sind* die Managertätigkeit –, und das werden sie auch in Zukunft bleiben. Sie lassen sich abmildern, aber nicht aus der Welt schaffen, sie lassen sich versöhnen, aber nicht lösen.** Wer versucht, ihnen zu entkommen, verfällt einem Managementdogma, von denen wir schon mehr als genug hatten. Manager müssen sich den Dilemmata stellen, sie verstehen, über sie reflektieren und mit ihnen spielen.

In *Management of the Absurd* schreibt Farson, dass das, was er als Dilemmata bezeichnet, »interpretatives Denken erfordert ... die Fähigkeit, eine Situation in einen größeren Rahmen zu setzen, sie in ihren vielen Zusammenhängen zu verstehen, ihre tieferen und häufig paradoxen Gründe und Konsequenzen zu würdigen« (1996: 42).[14] Die

---

14 Weiter heißt es bei Farson: »Ich finde es beunruhigend, zu sehen, wie der Begriff ›Paradox‹ in die Managementliteratur in einer Weise Einzug hält, als ließen sich Widersprüche managen. Wirklich überraschen kann uns das allerdings nicht in Anbetracht der Allmachtsvorstellungen, die das amerikanische Management heimsuchen, der Vorstellung, keine Situation sei so komplex und so unberechenbar, dass sie sich nicht unter Managementkontrolle bringen ließe.« (S. 15)

Absicht dieses Kapitels war es, genau hierzu zu ermuntern. F. Scott Fitzgerald schreibt: »Das Kennzeichen einer erstklassigen Intelligenz ist die Fähigkeit, zwei entgegengesetzte Ideen gleichzeitig im Kopf zu haben und trotzdem noch zu funktionieren.« Können wir uns in der Welt des Managements eine andere Form der Intelligenz leisten?

All dies bedeutet natürlich, dass das ultimative Dilemma des Managers – wie er mit all diesen Dilemmata gleichzeitig fertig werden soll – bestehen bleibt. Vielleicht liegt dann die einzige Hoffnung in meinem letzten Dilemma.

Mein eigenes Dilemma

Zum Schluss mein eigenes Dilemma: **Was soll ich davon halten, dass diese Dilemmata zwar alle unterschiedliche Formulierungen haben, dabei aber dennoch aufs selbe hinauszulaufen scheinen?** Ich habe unzählige Male auf Ähnlichkeiten und Überschneidungen bei diesen Dilemmata hingewiesen und sogar eines präsentiert, das lediglich ein anderes zu paraphrasieren scheint. Vielleicht bilden alle zusammen ein einziges großes und vertracktes Managementdilemma. In diesem Fall brauchen Sie sich mit dem ultimativen Dilemma nicht zu beschäftigen – es genügen all die übrigen.

6. Erfolgreich managen

Das ist jetzt nicht das Ende.
Es ist nicht einmal der Anfang vom Ende.
Aber es ist vielleicht das Ende vom Anfang.
WINSTON CHURCHILL

Willkommen zum Ende des Anfangs.[1] Dieses Kapitel behandelt das diffizile Thema des Managererfolgs. Herauszufinden, was einen Manager erfolgreich macht, oder auch nur, ob ein Manager erfolgreich war, ist schwierig genug. Wer mit einfachen Antworten rechnet, tut sich mit den Fragen umso schwerer. Manager und diejenigen, die mit der Auswahl, Bewertung und Entwicklung von Managern zu tun haben, müssen sich der Vielschichtigkeit der Probleme stellen. Das vorliegende Kapitel will Ihnen dabei behilflich sein. Bevor ich Sie verschrecke, lassen Sie mich hinzufügen, dass mir das Schreiben dieses Kapitels viel Freude bereitet hat. Vielleicht hat mich die Kompliziertheit der Materie dazu animiert, ins Spielerische überzugehen – beim zwangsläufig unvollkommenen Manager, bei den Fallstricken der Spitzenleistung oder bei der Frage, was wir von glücklich gemanagten betrieblichen Familien lernen können. Ich vermute oder hoffe zumindest, dass Sie an der Lektüre dieses Kapitels Ihren Spaß haben werden.

---

1 Ich sollte an dieser Stelle anmerken, dass alle Zitate zu Beginn der sechs Kapitel dieses Buches und des Anhangs dieselben sind, die ich an den Anfang der sieben Kapitel meines 1973 erschienenen Buches *The Nature of Managerial Work* setzte (mit Ausnahme des letzten Zitats allerdings nicht in derselben Reihenfolge). Sie scheinen erstaunlich gut zu funktionieren – wenn auch in diesem Fall hoffentlich nicht allzu gut.

Wir beginnen mit dem vermeintlich erfolgreichen, aber in Wahrheit notgedrungen unvollkommenen Manager. Das führt uns zu einer kurzen Erörterung der aufgrund (1) der Person, (2) des Jobs, (3) der Besetzung oder (4) des Erfolgs unglücklich gemanagten betrieblichen Familien. Von hier geht es weiter zu den glücklich gemanagten Unternehmen, die sich dort finden lassen, wo abstrakte Reflexion auf bodenständiges Handeln trifft, unterstützt durch Analyse, Weltoffenheit und Kooperation und begleitet von persönlicher Energie auf der einen und gesellschaftlicher Integration auf der anderen Seite. Das bringt uns zu drei praktischen Problemen: der Auswahl, Bewertung und Entwicklung erfolgreicher Manager, wobei wir uns nebenbei fragen werden: Wo ist unser gesunder Menschenverstand, unsere natürliche Urteilskraft geblieben? Das Kapitel und das Buch schließen mit einem Kommentar zum »natürlichen Managen«.

Die vielen Qualitäten des vermeintlich erfolgreichen Managers

Listen von Qualitäten des erfolgreichen Managers kursieren zuhauf. Sie sind in der Regel kurz – wer würde schon Listen mit Dutzenden von Eigenschaften ernst nehmen? In einer Werbebroschüre für ihr EMBA-Programm unter der Überschrift »Was macht eine Führungskraft aus?« liefert die University of Toronto folgende Antwort: »Der Mut, den Status quo zu hinterfragen. Die Fähigkeit, in einem anspruchsvollen Umfeld zu gedeihen. Die Zusammenarbeit mit anderen, um die Ziele zu erreichen. Das Treffen klarer Richtungsentscheidungen in einer sich rasch verändernden Welt. Entscheidungsfreude.« (Rotman School, ohne Datum, um 2005)[2]

Aber diese Liste ist selbstverständlich unvollständig. Wo ist die natürliche Intelligenz, was ist mit der Eigenschaft, zuhören zu können,

---

2 Meine Universität, McGill, steht traditionell im Wettbewerb mit der University of Toronto, im Sport und auch sonst. Ich wählte die Broschüre jedoch nicht deshalb, sondern weil ich sie zufällig vor mir liegen habe und sie ihren Zweck erfüllt. Ich bin sicher, dass ähnliche Listen in den Werbebroschüren der meisten Wirtschaftsschulen auftauchen, meine eigene inbegriffen, auch wenn sie von vielen Fakultätsmitgliedern nicht ernst genommen werden. Das Problem ist nur, dass es genügend Studenten und andere gibt, die sie ernst nehmen.

was mit der persönlichen Energie? Das sind sicherlich auch für den Manager wichtige Voraussetzungen. Aber keine Sorge – sie erscheinen auf anderen Listen. Wenn wir also einer Liste vertrauen wollen, müssen wir sie alle kombinieren. Und genau das habe ich in Tabelle 6.1 (auf Seite 255) getan. Dort finden Sie die Qualitäten diverser Listen, die ich gefunden habe, zusammen mit einigen meiner Favoriten, die ich dort vermisst habe. Diese kombinierte Liste enthält 52 Einträge. Wenn Sie alle 52 Qualitäten aufweisen, müssten Sie eigentlich ein erfolgreicher – wenn auch vielleicht kein menschlicher – Manager sein.

Der zwangsläufig unvollkommene Manager

All dies ist Teil unserer »Führungsromantik« (Meindl u. a. 1985), die einerseits gewöhnliche Sterbliche auf Managerpodeste stellt (»Rudolph ist die perfekte Besetzung für den Job – er wird uns retten!«) und die es uns andererseits erlaubt, sie zu verteufeln, wenn sie unsere Hoffnungen enttäuschen (»Wie konnte Rudolph uns so im Stich lassen?«). Aber manche Manager bestehen tatsächlich die Probe – wenn auch vielleicht nicht auf jenem lächerlichen Podest. Und wie?

Die Antwort ist einfach: **Erfolgreiche Manager haben durchaus Schwächen – wir alle haben Schwächen –, aber diese speziellen Mankos erweisen sich nicht als fatal, zumindest nicht unter den gegebenen Umständen.** (Auch Superman hatte Schwachstellen – erinnern Sie sich noch an Kryptonite?) Peter Drucker erklärte auf einer Konferenz, die Aufgabe von Führung bestehe darin, »Stärken so zu verbinden, dass die Schwächen der Beteiligten bedeutungslos werden«. Er hätte hinzufügen können: »inklusive der eigenen Schwächen der Führungskraft«.

Wenn Sie jemandes Schwächen aufdecken wollen, sollten Sie ihn heiraten oder für ihn arbeiten. Seine Schwächen treten dann rasch zutage. Aber auch etwas anderes wird sich zeigen (zumindest wenn Sie ein reifer Mensch sind, der sich seine Entscheidung gut überlegt hat): In der Regel können Sie mit diesen Schwächen gut leben. Manager und Verheiratete sind erfolgreich. Die Welt dreht sich folglich auf ihre unnachahmlich unvollkommene Weise weiter.[3]

---

3 Nicht immer. Politiker scheinen über ein besonderes Geschick zu verfügen, Schwächen im Vorfeld von Wahlen zu verbergen, um anschließend im Amt da-

Auf fatale Weise unzulänglich sind jene Superman-Listen von Managereigenschaften, weil sie utopisch sind. Meistens sind sie auch noch falsch. Beispielsweise sollen Manager Entschlossenheit demonstrieren – wer könnte dagegen etwas einwenden? Zunächst einmal jeder, der die Machenschaften eines George W. Bush verfolgt hat, der in einem Harvard-Seminarraum gelernt hat, wie wichtig es ist, mit Bestimmtheit aufzutreten. Auf der Liste der University of Toronto heißt diese Eigenschaft »Entscheidungsfreude«. Mit seinem Einmarsch in den Irak hat Präsident Bush eine solche sicherlich bewiesen. Und was einige andere Einträge auf dieser Liste betrifft, so hatte Bushs afghanischer Erzfeind sicherlich »den Mut, den Status quo zu hinterfragen«, während Ingvar Kamprad, der aus IKEA eine der erfolgreichsten Einzelhandelsketten überhaupt gemacht hat, anscheinend fünfzehn Jahre brauchte, um »in einer sich rasch verändernden Welt klare Richtungsentscheidungen zu treffen«. (In Wahrheit war er erfolgreich, weil nicht die Möbelwelt sich veränderte; *er* veränderte sie.)

Vielleicht müssen wir also anders vorgehen.

Unglücklich gemanagte betriebliche Familien

Tolstoi beginnt seinen Roman *Anna Karenina* mit den unsterblichen Worten: »Alle glücklichen Familien gleichen einander; jede unglückliche Familie ist auf ihre eigene Weise unglücklich.«[4] Und so mag es

---

ran zu scheitern. Das Ziel politischer Debatten im Fernsehen beispielsweise besteht häufig darin, die Schwächen des Gegners bloßzustellen und sich selbst als untadelig zu präsentieren. Der Subtext lautet: Der unvollkommene Kandidat ist für das Amt ungeeignet. Vielleicht ist diese theatralische Farce einer der Gründe, warum so viele Menschen von Politik die Nase voll haben.

4 Ein Aufsatz mit dem Titel »Fünf Typen von Ehen« (Cuber und Harroff 1986) wird im Inhaltsverzeichnis des Buches, in dem er erschienen ist (Skolnick und Skolnick 1986) zusammengefasst mit dem Befund: »Glückliche Familien sind nicht alle gleich.« (S. xi) Von den dort beschriebenen Typen scheinen jedoch drei nicht besonders glücklich zu sein, während die beiden, die es zu sein scheinen – mit den Attributen »vital« und »total« (S. 269–274) –, bemerkenswert ähnlich klingen.

Tabelle 6.1: Kombinierte Liste der Qualitäten für den sicheren Managementerfolg

mutig	charismatisch
entschlossen	leidenschaftlich
neugierig	*inspirierend*
selbstbewusst	visionär
aufrichtig	
	tatkräftig / enthusiastisch
reflektierend	optimistisch
einfühlsam	ambitioniert
offen / tolerant (gegenüber Menschen, Vielseitigkeit, Ideen)	hartnäckig / standhaft/eifrig
innovativ	kooperationsbereit / partizipativ
kommunikativ (inkl. gut im Zuhören)	*engagiert / begeisternd*
eingebunden in den betrieblichen Alltag/ informiert	unterstützend / hilfreich / mitfühlend
feinfühlig	stabil
	verlässlich
	fair
nachdenklich / intelligent / weise	berechenbar
analytisch / objektiv	ethisch / ehrlich
pragmatisch	
resolut (handlungsorientiert)	konsequent
proaktiv	flexibel
	ausgewogen
	integrativ
	groß / hochgewachsen*

Quelle: Aus diversen Quellen zusammengetragen; *meine eigenen Favoriten sind kursiv gedruckt.*

* Dieser Punkt erscheint auf keiner der Listen, die ich gefunden habe. Aber vielleicht ist er wichtiger als viele der anderen Eigenschaften, haben doch Untersuchungen ergeben, dass Manager im Durchschnitt größer sind als andere Menschen. In einer Studie aus dem Jahr 1920 mit dem Titel *The Executive and his Control of Men*, die auf Erhebungen basierte, die mit sehr viel mehr Sorgfalt durchgeführt wurden als vieles, was wir heute in den großen Zeitschriften finden, befasst sich Enoch Burton Gowin mit der Frage: »Ist ein größerer Körper, wenn wir ihn als chemische Maschine betrachten, in der Lage, mehr Energie zu liefern?« Konkreter formuliert: Existiert möglicherweise »eine Beziehung zwischen der physischen Größe und dem Körpergewicht eines Managers einerseits und der Bedeutung der von ihm eingenommenen Position andererseits?« (1920: 20, 31) Die vom Autor mit diversen Statistiken nachgewiesene Antwort lautet Ja. Bischöfe beispielsweise waren im Durchschnitt von größerer Statur als die Priester kleiner Ortschaften; Superintendenten waren größer als Schulleiter. Andere Daten über Eisenbahnmanager, Gouverneure und so weiter stützen diesen Befund. Die »Chefs der Straßenreinigung« waren die Zweitgrößten von allen – hinter den »Reformern«. (Die »sozialistischen Organisatoren« standen ebenfalls sehr weit oben – unmittelbar nach den »Polizeichefs«.) Das untere Ende der Liste bildeten die Musiker. (S. 25)

auch mit Managern und ihren Unternehmen sein: Es gibt vermutlich unendlich viele Möglichkeiten des Scheiterns, wobei jeden Tag neue hinzuerfunden werden [5], aber nur wenige Formen des Erfolgs.

Geschichten von zwei Managern

Lassen Sie mich zwei Gruppen von Managern ins Bild bringen. Liz und Larry waren intelligente, gebildete, moderne Manager. Sie arbeiteten nahe beieinander in demselben Unternehmen, die eine an der Spitze einer größeren Stabsabteilung, der andere an der Spitze einer größeren Linienabteilung. Liz sprang, Larry schlich. Liz traf Entscheidungen überstürzt, sodass sie häufig revidiert werden mussten; Larry hatte Schwierigkeiten, überhaupt eine Entscheidung, und noch dazu eine unmissverständliche, zu treffen. Die Resultate waren vergleichbar: Die Mitarbeiter in beiden Einheiten fühlten sich ausgeschlossen, irritiert und entmutigt.

Jenseits der jeweils eigenen Einheit war Liz auf Konfrontation aus, während Larry ständig klein beigab. Sie stritt häufig mit ihren Kollegen – sie wusste es besser –, aber nicht mit dem CEO, dem gegenüber sie sich ehrerbietig zeigte. Larry hingegen achtete sorgfältig darauf, niemandem auf die Füße zu treten, und scheute auch da die Auseinandersetzung, wo sie notwendig gewesen wäre.

Beide würden sicherlich den jeweils anderen in dieser Beschreibung wiedererkennen. Aber würden sie sich auch selbst erkennen? Ich muss hinzufügen, dass in beiden Fällen das betriebliche Umfeld zwar nicht besonders glücklich mit ihnen war, dass sie ihre Sache aber

---

5 Man erzählte mir vom CEO eines größeren britischen Unternehmens, der seinen Beschäftigten nicht gestattete, an seiner Bürotür entlangzugehen. Stattdessen mussten sie eine Treppe hinunter- und eine andere wieder hinaufgehen. Wer in das Büro kam, musste sich auf einen Stuhl setzen, der niedriger war als der des CEOs, damit dieser von oben herab zu ihm sprechen konnte. Später wurde er Chairman eines noch größeren Unternehmens, um schließlich für seine Bemühungen geadelt zu werden. Als er den Chairmanposten aufgab, riet er seinem Nachfolger auf einer Vorstandssitzung, sich (1) ordentlich zu kleiden, (2) nicht zu rauchen und (3) mittels einer klaren Tagesordnung die Kontrolle zu behalten. Auf seiner ersten Vorstandssitzung zog besagter Nachfolger sein Jackett aus, zündete sich eine Zigarre an und fragte: »Nun, worüber wollen Sie sprechen?«

keineswegs schlecht machten. Keiner dieser Schwächen hatte fatale Auswirkungen. Alles wurde erledigt. Sie hätten es lediglich effektiver tun können – zur größeren allseitigen Zufriedenheit.

Die zweite Geschichte stammt aus einer Studie, die wir vor einigen Jahren über eine Tageszeitung in einer kleinen Stadt in Quebec erstellten. Die Zeitung gehörte nacheinander zwei durch Erbschaften reich gewordenen Männern, die sich einen Namen in der kanadischen Medienlandschaft machten. Ihre Managementansätze waren fast diametral entgegengesetzt. Der erste kümmerte sich um die Stadt, in der er aufgewachsen war, aber nicht länger lebte, war aber passiv in Bezug auf die Zeitung und ließ infolgedessen ihre Probleme vor sich hin schwelen. Der andere, sein Nachfolger, war äußerst aktiv; er machte mit starken Kosteneinsparungen auf sich aufmerksam und verkaufte das Unternehmen dann gewinnbringend. Wir fassten die Ergebnisse der Studie wie folgt zusammen:

Unsere Geschichte von den zwei kanadischen Tycoons handelt von sehr gegensätzlichen Führungsansätzen. Der eine war administrativ gleichgültig und emotional engagiert; der andere war emotional gleichgültig, aber administrativ engagiert. Der eine diente dem Unternehmen, solange keine Änderungen notwendig waren; der andere diente ihm, als Anpassungen erforderlich waren. Die Versäumnisse des ersten brachten den zweiten ins Spiel. In diesem Sinne ergänzten sich beide Ansätze, zumindest auf Zeit. Dennoch fragen wir uns, ob es gerade diese Ansätze (einzeln oder nacheinander) sind, die wir uns für unsere Gesellschaft wünschen. Vielleicht lautet die Botschaft dieser Studie, dass gesunde Unternehmen und eine gesunde Gesellschaft Führungskräfte brauchen, die sowohl handeln als auch emotional beteiligt sind. (Mintzberg, Taylor und Waters 1984: 27)

Getreu nach Tolstoi werde ich nicht versuchen, eine vollständige Liste der möglichen Gründe für gescheitertes Management zu präsentieren. Dieses Buch ist lang genug. Wenn Sie eine solche Liste wünschen, könnten Sie zu Tabelle 6.1 zurückblättern und alle dort aufgeführten Eigenschaften ins Gegenteil verkehren. Ersetzen Sie beispielsweise *resolut* durch *zaudernd* und *optimistisch* durch *niedergeschlagen*. Oder belassen Sie die Eigenschaften, wie Sie sind, aber übertreiben Sie sie. Steigern Sie *resolut* zu *voreilig* und *optimistisch* zu *manisch*. Manchmal reicht es auch, die bestehenden Eigenschaften im falschen Kontext anzuwenden. Wie derjenige, der in einer Situation, die er nicht versteht (Bush im Irak), Entschlossenheit und Entscheidungsfreude demonstriert oder wie der Bestattungsunternehmer, der stets seinen Optimismus zur Schau trägt. Skinner und Sasser schreiben in einem Artikel in der *Harvard Business Review*:

> Wenn wir die Muster des Scheiterns von Managern in ihrer Gesamtheit untersuchen, sind sie so zahlreich und widersprüchlich, dass man es mit der Angst bekommt. Manager lassen sich in zu viele oder zu wenige Details verwickeln. Sie sind allzu kritisch oder allzu unkritisch. Sie planen und analysieren und schieben die Dinge vor sich her oder sie handeln blind ohne Analyse oder Plan. (1977: 142)

Was ich hier anbiete, sind einige übergreifende Formen des Scheiterns, in deren jeder Platz ist für eine Vielzahl möglicher Desaster: persönliches Versagen, unmögliche Jobs, Fehlbesetzungen und erfolgsbedingtes Scheitern. Jede dieser Gruppen wird nur kurz vorgestellt, damit mehr Zeit für die positive Seite übrig bleibt: erfolgreich gemanagte betriebliche Familien.

Persönliches Versagen

Den Anfang bilden die Fehlschläge, die ausschließlich auf die Manager selbst zurückgehen. **Manch ein Manager befindet sich einfach im falschen Beruf.** Vielleicht will er gar nicht managen und hat keine Freude am Tempo, am Druck und an vielem anderen, was mit dem Managerberuf einhergeht. Vielleicht würde er lieber für sich allein arbeiten oder in einer Gruppe Gleichgestellter und ohne Verantwortung für andere.

Daneben gibt es die Menschen, die für den Job schlicht *ungeeignet* sind: Es fehlt ihnen an der entsprechenden Kompetenz oder sie mögen keine anderen Menschen. Das ist ein verbreitetes Phänomen, selbst unter Managern, die es in gehobene Positionen geschafft haben. In einem *Fortune*-Artikel unter der Überschrift »Warum CEOs scheitern« nennen Choran und Colvin zwei herausragende Gründe: »schlechte Ausführung« und »Probleme mit Menschen«. Zu Ersterem schreiben sie:

Wichtige Aufträge im Blick behalten, nachfassen, bewerten – ist das nicht ... langweilig? Wir können es ruhig zugeben: Ja. Es ist langweilig. Eine Plackerei. Jedenfalls erging es unzähligen intelligenten, versierten, erfolglosen CEOs so, und man kann es ihnen nicht verübeln. Nur hätten sie vielleicht nicht CEO werden sollen. (1999: 36)

Das Phänomen – nennen wir es »dünnes Management« oder Makroleading (wir sprachen bereits darüber) – scheint häufiger zu werden: Manager, die auf der »Überholspur« mit der »Schnelllösung« dahergebraust kommen. (Man erkennt sie an ihrer Vorliebe für solche Ausdrücke – der letzte »Managerschrei« sozusagen.) Als CEOs in Großunternehmen sind sie besonders rasch zur Stelle, wenn eine Diversifizierung, eine Fusion, eine Restrukturierung oder ein Downsizing ansteht. Diese Maßnahmen sind allesamt stark in Mode und sehr viel einfacher, als komplizierte Probleme innerhalb des Unternehmens zu lösen. Hier finden wir das Oberflächlichkeitssyndrom par excellence.

Neben den ungeeigneten Managern gibt es auch noch diejenigen, die in ihrer Berufspraxis *unausgewogen* sind. In Kapitel 3 kam ich zu dem Ergebnis, dass ein Manager alle Rollen auf allen Ebenen (Informationen, Menschen, Aktion) spielen und dabei tendenziell ein Gleichgewicht aufrechterhalten muss. Zu viel Gewicht auf der Führungsrolle lässt die Substanz hinter dem Stil zurücktreten, während zu viel Aktion den Job zentrifugal zerreißt.[6] In Kapitel 4 sprachen wir zudem über die problematischen Stile, die den Kunst-, den Handwerks- oder den Wissenschaftscharakter der Managertätigkeit überbetonen und die wir als den narzisstischen, den weitschweifigen/ermüdenden und den berechnenden Stil bezeichneten.

---

6 In einem Artikel unter der Überschrift »Missmanagement Styles« stellt Ichak Adizes (1977: 7–12) vergleichbare Formen eines unausgewogenen Managements vor: den exklusiven Produzenten (den »Eigenbrötler«), den exklusiven Administrator und Implementierer (den »Bürokraten«), den exklusiven Unternehmer (den »Krisenmacher«) und den exklusiven Integrator (den »Supergefolgsmann«). (Adizes hat noch eine weitere Kategorie namens »brilliert in keiner Rolle [»Totholz«, S. 12] – aber die gehört in Wahrheit in unsere erste Gruppe der inkompetenten Manager.) Auch wenn Adizes von »*den* Missmanagementstilen« spricht (S. 9, Hervorhebung von mir), handelt es sich nur um einige unter vielen möglichen.

Viele der verbreiteten Ungleichgewichte in der Managertätigkeit lassen sich unter dem Aspekt der Dilemmata aus Kapitel 5 betrachten. Wie dort erwähnt, muss auf jeden Fall scheitern, wer versucht, eines dieser Paradoxe wie beispielsweise das Veränderungsdilemma zu lösen, indem er zu viel oder gar nichts verändert. Und was die in Kapitel 2 diskutierten Charakteristika des Managens betrifft, so können ein zu hektisches Tempo, eine zu starke Fragmentierung, ein Zuviel an mündlicher Kommunikation und so weiter das Scheitern bedeuten (siehe Hambrick u. a. 2005: 481f.), wobei manche dieser Charakteristika heute infolge des Internets immer häufiger vorzukommen scheinen.

Das alles soll nicht heißen, dass es im Management auf die perfekte Balance ankäme. Das wäre in sich schon wieder eine Form der Unausgewogenheit, wenn der Manager keinen eigenen Schwerpunkt setzt, keinen eigenen Charakter zeigt und keinen eigenen Stil pflegt.[7]

Unmögliche Jobs mit unerfüllbaren Anforderungen

Manchmal ist jemand im Grundsatz ein guter Manager und verfolgt in Bezug auf seinen speziellen Job einen ausgewogenen Ansatz, scheitert aber dennoch, weil der Job schlicht nicht zu schaffen – nicht zu managen – ist.

---

7 Skinner und Sasser argumentieren ähnlich in Bezug auf die »Konsequenz«, die »den Manager scheitern lässt«. Aber sie beobachten dies in den Extremen und nicht in der ausgewogenen Mitte: »Jeder Manager, der ein Problem hatte, hatte es stets an demselben Ende der Skala. Mit anderen Worten: Leistungsschwache Manager neigen dazu, einen festen Stil oder Ansatz zu entwickeln, und wenn sie irren, dann immer in einer bestimmten Richtung. Konsequenz ist gerade der Schwachpunkt dieser Manager. Leistungsstarke Manager hingegen verfolgten in unseren Fällen nicht nur unterschiedliche Managementstile, sondern zeigten sich auch flexibel in Bezug auf den persönlichen Stil. Das Paradox ist aufschlussreich. Der leistungsstarke Manager geht in einer Situation ins Detail und bleibt in einer anderen auf der strategischen Ebene. Er delegiert mal viel und mal wenig.« (1977: 143) So vernünftig dies klingt, sollten wir uns dennoch an unsere Diskussion in Kapitel 4 erinnern, in der es um den Manager ging, der seine Stil wechselt wie der Golfspieler den Schläger – nur dass die Menschen häufig nicht so flexibel sind. Wie Skinner und Sasser schreiben: »Es ist eine seltsame, aber dennoch nachvollziehbare Tatsache, dass fast alle Manager mit der Zeit einen festen und beschränkten Arbeits- und Führungsstil entwickeln.« (S. 146)

Im letzten Kapitel sprachen wir über unnatürliche Managerjobs – solche, die es nicht geben sollte. Sie wurden geschaffen, um die Kontrolle über bestimmte Bereiche zusammenzufassen oder eine Art künstliche Managementübersicht zu schaffen – häufig in willkürlich definierten geografischen Regionen. Um einen früheren Kommentar zu wiederholen: Nichts ist gefährlicher als ein Manager, der nichts zu tun hat.

In Kapitel 4 sprachen wir über schwierige Managerjobs, bei denen der Manager ganz unterschiedlichen Anforderungen gerecht werden muss. John Tate vom kanadischen Justizministerium etwa war einerseits in seiner Eigenschaft als Strategieexperte für die Beratung des Ministers zuständig, andererseits aber für die Leitung des Ministeriums. Marc, der Geschäftsführer des Krankenhauses, musste nach außen den knallharten Interessenvertreter geben, im Innern aber die Forderungen ebensolcher Interessenvertreter unter einen Hut bringen. Lässt sich beides in einer Person verbinden?

Ein Manager kann auch scheitern, weil das Unternehmen oder eine äußere Situation es ihm unmöglich macht, seine Aufgabe zu erfüllen. Stellen Sie sich den Deckoffizier auf der *Titanic* vor, der für die ordentliche Aufstellung der Liegestühle verantwortlich ist, oder irgendeinen Vizepräsident von Enron, als das Unternehmen in den Abgrund stürzte. Und was soll der Vertriebsleiter eines Unternehmens tun, dessen Produkte samt und sonders Ramsch sind? Das Einzige, was man ihm vorwerfen könnte, ist, dass er den Job überhaupt angenommen hat. Die Varianten des Scheiterns aber sind hier schier endlos.

Fehlbesetzungen

Als Nächstes kommen die potenziell kompetenten, ausgewogenen Manager in sehr wohl machbaren Jobs, wobei jedoch Manager und Job nicht zusammenpassen. Die Manager entwickeln erst in dieser Situation eine Unausgewogenheit, die sie für diesen Job ungeeignet macht – eine Fehlbesetzung.

Auch hier gibt es Geschichten zuhauf, von denen einige in der Irrlehre vom professionellen Management wurzeln, der zufolge jeder hinreichend ausgebildete Manager jede Managementaufgabe erfüllen kann. Erwähnt wurde beispielsweise schon die Frage, ob sich ausgediente Militäroffiziere als Schulleiter eignen oder ob umgekehrt pensionierte Schulleiter gute Armeeoffiziere abgeben würden. Ich erinnere mich an den Dekan einer wirtschaftswissenschaftlichen Fakultät, der zuvor ein Fuhrunternehmen geleitet hatte. Er behauptete, Professoren zu managen sei nichts anderes, als Lastwagenfahrer zu managen. Daraufhin nahmen die meisten der kompetenten Trucker-Professoren ihren Hut. Daneben gibt es das im vorigen Kapitel erwähnte Peter-Prinzip, wonach ein Manager in der Regel bis zur Ebene seiner Inkompetenz aufsteigt. Eine Beförderung weniger wäre besser. Die Managererfahrung aus einer Ebene einer gegebenen Hierarchie befähigt einen nicht zwangsläufig zu einer Tätigkeit auf der nächsten Ebene.

Das in Kapitel 5 diskutierte Distanzierungsdilemma legt den Schluss nahe, dass allein die Beförderung auf die nächste Ebene einen Beschäftigten für diesen Job ungeeignet machen kann. Wenn wir dieses Prinzip durch die Hierarchie fortspinnen, begreifen wir, dass ein absolut kompetenter unterer Manager immer inkompetenter werden kann, je höher er aufsteigt und je weiter er sich damit von seiner Wissens- und Kompetenzsphäre entfernt, bis er ein vollkommen inkompetenter Topmanager ist. Schwächen, die weiter unten noch tolerabel waren – Selbstüberschätzung ist heute ein nur allzu verbreitetes Beispiel –, zeigen weiter oben fatale Wirkung.

Darüber hinaus kann aus einer ursprünglich richtigen Besetzung eine Fehlbesetzung werden, wenn sich die Bedingungen ändern. Einst positive Eigenschaften werden dann plötzlich zu Mankos. Man denke etwa an ein Unternehmen, das auch in der Krise noch von demselben Manager geleitet wird, dessen Stärke die ruhigen Friedenszeiten sind. Oder es wird ein großer Turnaround-Spezialist in eine Institution berufen, die sich gerade in vollkommen ruhigem Fahrwasser bewegt. Was nicht kaputt ist, wird hier gleichwohl repariert, ließe sich hier in Abwandlung eines Sprichworts sagen. Und was ist mit dem Armeeoffizier, der für den konventionellen Krieg ausgebildet wurde und sich mit Guerillakämpfern herumschlagen muss, oder mit dem Manager in der öffentlichen Verwaltung, der plötzlich in der Privatwirtschaft landet? Die Situation verändert sich, während sich der Manager vielleicht nicht ändern kann. (Vail 1989: 122f.)

Aber seien Sie hier vorsichtig: Auch offensichtliche Idealbesetzungen können sich als verfehlt erweisen. **Manchmal kommt man gerade mit »gezielten Fehlbesetzungen« weiter, also mit dem bewusst eingesetzten Gegenpart anstelle des Pendants.** Braucht eine Maschinenorganisation einen hochgradig kopfgesteuerten Chef? Vielleicht braucht sie einen, der sie vor Verengungen schützt, wie eine wilde Adhokratie *manchmal* von einem organisierten Chef profitieren kann, der den Deckel auf den brodelnden Kochtopf hält. Wie Lombardo und McCall schreiben: »Die erfolgreichsten Führungskräfte, die wir beobachtet haben, scheinen gegen die Intuition und gegen das Umfeld zu handeln. So führen beispielsweise erfolgreiche Führungskräfte in die berechenbarsten Abteilungen ein Moment strategischer Unberechenbarkeit ein.« (1982: 58)

Erfolgsbedingtes Scheitern

Ein spezieller Fall von Fehlbesetzung ist das Scheitern, das sich dem Erfolg verdankt. Ein Unternehmen wird zu groß für seine Gründer, oder dem Management eines Forschungsunternehmens steigt der Erfolg zu Kopf.

In einem fesselnden Buch namens *The Icarus Paradox* [8], das auch den Titel *Die Fallstricke der Spitzenleistung* hätte tragen können, demonstriert Danny Miller, wie sich Organisationen aufgrund ihres eigenen Erfolgs verändern können: Aus Stärken werden Schwächen, aus Erfolgen werden Misserfolge. Miller beschreibt vier »Flugbahnen«, auf denen dies geschieht und die tatsächlich recht genau den vier Formen von Organisationen entsprechen, die wir in Kapitel 4 eingeführt haben. »Wachstumsorientierte *Gründer*, deren Unternehmen von fantasievollen Führungspersönlichkeiten gemanagt werden«, entwickeln sich zu »impulsiven, raffgierigen Imperialisten, die sich blindlings in Branchen stürzen, von denen sie nichts verstehen«. Und aus »*Pionieren* [Adhokratien] mit unübertroffenen F&E-Abteilungen, flexiblen Ideenschmieden und modernsten Produkten« werden »utopische *Eskapisten*, deren Unternehmen von chaotischen Wissenschaftlercliquen geführt werden, die auf der hoffnungslosen Suche nach grandiosen und futuristischen Innovationen Ressourcen verschwenden«. (1990: 4f.) [9] Ähnlich kann es auch Managern ergehen: Die Macher

---

8 Das Buch wurde nach der Ikarus-Figur aus der griechischen Mythologie benannt. Ikarus flog so hoch, dass die Sonne das Wachs an seinen Flügel schmelzen ließ und er in den Tod stürzte.

9 Das meistverkaufte Managementbuch jener Zeit, *In Search of Excellence* von Peters und Waterman (1982), das von besonders erfolgreichen Unternehmen handelt, geriet in große Verlegenheit, als die *Business Week* (1984) eine Titelgeschichte

werden zu Übertreibern, die Vernetzer zu Nervensägen, die »Leader« zu »Chearleadern«.

Unter dem Ikarusparadox setzt eine Art *Arroganz der Zuschreibung* ein: »Wir müssen [oder ich muss] einfach wunderbar sein, wenn unsere [meine] Organisation so erfolgreich ist.« Vielleicht *war* das tatsächlich so, aber indem wir die eigene Organisation aufs Podest heben, ruinieren wir möglicherweise ihren Erfolg, der vielleicht gerade eine Folge der bisherigen Bescheidenheit war, die einen Geist der Offenheit erzeugte. **Bei Managern, die sich selbst zu ernst nehmen – oder, um ein häufigeres Beispiel zu nennen: bei neu bestellten Managern, die zu dem Erfolg, mit dem sie sich schmücken, nichts beigetragen haben –, besteht die Gefahr, dass ihr Selbstvertrauen in Arroganz umschlägt.**

Ist das unvermeidbar? Nichts ist unvermeidbar. Es gibt ungezählte Manager, die ihren gesunden Menschenverstand und ihre eigene innere Balance zu wahren verstehen. Aber es gibt genug andere, die illustrieren, wie leicht Erfolg zum Fluch werden kann.

In einer Erörterung über das »Scheitern als natürlichen Prozess« schreibt Spiros Makridakis: »In der biologischen Welt ist Scheitern gleichbedeutend mit Tod und gilt als natürliches Ereignis. ... Auch in vielen Organisationen scheint Scheitern natürlich zu sein.« (1990: 207) Nur leider ist das nicht notwendig mit Tod verbunden, wie wir in diesem neuen Jahrhundert anhand von Banken und Automobilherstellern feststellen konnten. Auch gescheiterte Manager leben häufig fort, nicht nur biologisch, sondern auch beruflich, wobei sie das Elend dann fortsetzen.

Abschließend sei angemerkt, dass die Praxis des Managements von vielen offensichtlichen Fallstricken gesäumt wird. Jemand definierte einst den Experten als jemanden, der es versteht, allen Fallstricken auszuweichen, nur um schließlich in die eine große Fallgrube zu stürzen. Das gilt nicht nur für Experten, sondern auch für Manager.

---

unter der Überschrift »Oops!« brachte, der zufolge »einige dieser Unternehmen schon gar nicht mehr so großartig aussahen«. Hatten sich Peters und Waterman in diesen Unternehmen geirrt oder hatte hier das Ikarusparadox hineingespielt? Hatte die Publicity des Buches die Probleme womöglich mitverursacht?

Glücklich gemanagte betriebliche Familien

Okay, genug des Scheiterns. Wir könnten damit unendlich fortfahren, doch was zählt, ist der Erfolg. Und auch daran herrscht im Großen und Ganzen kein Mangel. Wie die Geschichte von Liz und Larry verdeutlicht, können Manager mit Unzulänglichkeiten dennoch respektable Ergebnisse erzielen. Sie vermeiden genügend viele Fallstricke, um nicht geradewegs in den Abgrund zu stolpern. Viele der 29 Manager dieser Studie erfüllten mehr als nur die Mindestanforderungen: Sie schufen oder erhielten mit ihrer Managertätigkeit gesunde betriebliche Familien. Wie stellten sie das an?

Wäre es nicht schön, wenn ich jetzt die Antwort in fünf einfachen Schritten präsentieren könnte? Ich kann es nicht, aber ich kann gedankliche Rahmenüberlegungen dazu beisteuern.

Lewis, Beavers, Gossett und Phillips schreiben in der Einleitung ihres Buches *No Single Thread: Psychological Health in Family Systems*: »Es gibt reichlich Literatur zu pathologischen Familientypen, aber nur begrenzte Daten zur gesunden Familie.« (1976: xvii) Trotz einer Fülle von Spekulationen gibt es auch zu der Frage, wie sich Unternehmen erfolgreich managen lassen, nur wenig Datenmaterial.

Ich dachte anfänglich, dass ich mich hier von der Literatur zur Familie aus Disziplinen wie Psychologie oder Psychiatrie inspirieren lassen könnte. Ich habe die Idee jedoch rasch als nutzlos verworfen und mich auf das in Abbildung 6.1 (auf Seite 266) vorgestellte und in diesem Abschnitt diskutierte Rahmenkonzept gestützt. Ein Kollege riet mir dann zur Lektüre des soeben zitierten Buches von Lewis u.a. Ich war überrascht von den Parallelen zu dem von mir entwickelten Konzept, die so weit gingen, dass ich zu jeder Dimension meines Konzeptes ein Zitat aus dem Buch finden konnte, wie Sie sehen werden. Selbst meine Schlussfolgerung, dass die Erfolgswahrscheinlichkeit eines Managers im Kontext zu betrachten sei, findet ihre Entsprechung in der Bemerkung von Lewis u.a., dass sich »Familienstärken besser verstehen lassen, indem man das gesamte Familiensystem studiert statt der Einzelpersonen« (S. 216). Vielleicht sind diese Parallelen zufällig; für wahrscheinlicher halte ich es jedoch, dass die unterschiedlichen Arten von sozialen Systemen (Familien, Unternehmen, Einheiten) gewisse Eigenschaften gemeinsam haben.

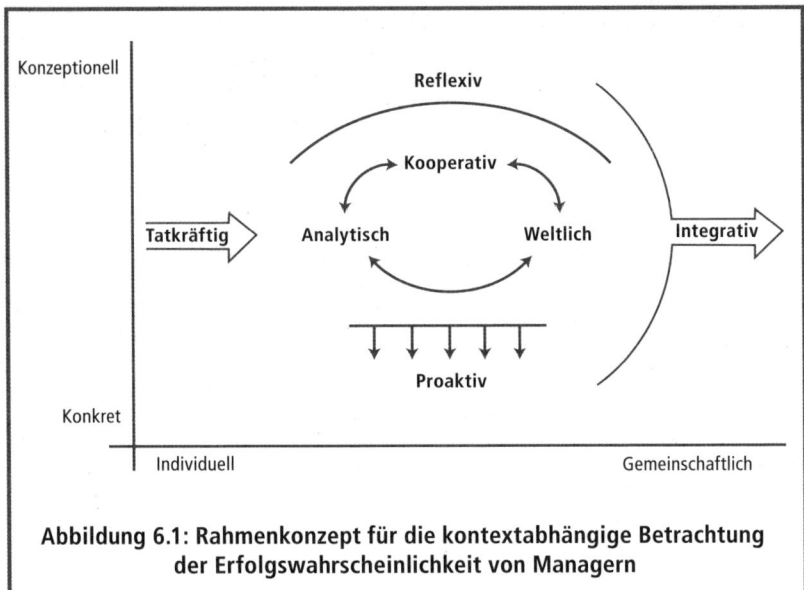

Abbildung 6.1: Rahmenkonzept für die kontextabhängige Betrachtung der Erfolgswahrscheinlichkeit von Managern

Ein Rahmenkonzept für den Erfolg

Ich biete hier keine Formel, keine Theorie und keine Lehrsätze an, sondern einen begrifflichen Rahmen, der es uns ermöglicht, uns über die Erfolgswahrscheinlichkeit eines Managers im konkreten Kontext Gedanken zu machen. Wie Abbildung 6.1 zeigt, befinden sich in der Mitte fünf »Fäden«, wie Lewis u. a. sich ausdrücken, oder »Einstellungen«, wie wir sie nennen wollen, die teils individuell, teils gemeinschaftlich ausgerichtet sind: die reflexive Einstellung, die analytische, die weltliche, die kooperative und die proaktive. (Vgl. Gosling und Mintzberg 2003; Mintzberg 2004b: Kapitel 11. Diese Grundeinstellungen dienten zur Strukturierung der Module unseres International Masters Program in Practicing Management.) Zwei zusätzliche Fäden werden gezeigt: die tatkräftige Einstellung am einen Ende und die integrative am anderen Ende.

Das mag meiner eigenen Liste von Managerqualitäten ähneln, geht aber in zweierlei Hinsicht über die schon besprochenen Listen hinaus. Erstens beziehen sich diese Fäden mehr auf die Praxis des Managements als auf das persönliche Wesen der Manager. Sie leiten sich aus den von den Managern ausgefüllten Rollen ab. Der analytische Faden beispielsweise entspricht der Rolle des Lenkens und Kontrollierens auf der Informationsebene, der kooperative Faden den Rollen des Führens und Vernetzens auf der zwischenmenschlichen Ebene und der proaktive Faden den Rollen des Handelns und Verhandelns auf der Aktionsebene.

Zweitens handelt es sich eher um ein Rahmenkonzept als um eine Liste, weil die Fäden ineinandergreifen. Die persönliche Tatkraft auf der linken Seite motiviert die fünf Einstellungen, und die soziale Integration auf der rechten bringt sie zusammen. Innerhalb der Einstellungen bilden Reflexion oben im abstrakten Bereich und Proaktivität unten an der Basis den Rahmen für Analyse, Weltlichkeit und Kooperation.

Alle Fäden werden der Reihe nach besprochen, wenngleich es wichtig ist, sie in ihrer Gesamtheit im Blick zu haben, wenn wir uns Gedanken über die Erfolgswahrscheinlichkeit des Managers machen. Auch hier präsentieren Lewis u. a. eine gute Erklärung:

> Wir haben keine isolierte Eigenschaft gefunden, die optimal funktionierende Familien von weniger glücklichen Familien unterscheidet. ... Die eindrucksvollen Unterschiede in Stil und Musterbildung innerhalb der optimalen Familien waren auf eine ganze Reihe von Variablen sowie auf deren Zusammenhang zurückzuführen. ... Gesundheit auf der Ebene der Familie war kein isolierter Faden ... Kompetenz muss als ein ganzer Teppich gesehen werden. (S. 205 f.)

Die Erörterung dieser Fäden dient zudem dazu, uns noch einmal einen Überblick über einige zentrale Ergebnisse dieses Buches zu verschaffen.

Der Faden der persönlichen Tatkraft

»Obgleich sich [erfolgreiche] Familien im Grad ihrer Tatkraft unterscheiden, demonstrierten sie alle ein konstruktiveres Vorgehen als klar funktionsgestörte Familien.« (Lewis u. a. 1976: 208 f.) Erfolgreiche Manager und die von ihnen gemanagten Einheiten zeigen ebenfalls unterschiedliche, aber durchgängig hohe Energiegrade.

Wenn das hektische Tempo, die Handlungsorientierung, die Vielfalt und die Fragmentierung der Aktivitäten eines verdeutlicht, dann das Ausmaß an Energie und Tatkraft, das erfolgreiche Manager in ihre Arbeit einbringen. Managen ist kein Job für bequeme Menschen.

Tatkraft ist ein überwiegend persönlicher Faden in unserem Teppich (oder in unserem Webstuhl) und sie markiert das eine Ende des Rahmenkonzepts. Natürlich ist im Management nichts ganz und gar persönlich. Wie Peter Brook, der legendäre Direktor der Royal Shakespeare Company, in seinem Buch *The Empty Space* (1968) schreibt, gibt das Publikum dem Schauspieler ebenso viel Energie wie dieser dem Publikum.

Dieser Faden hilft uns möglicherweise zu verstehen, wie Manager mit zwei der Dilemmata umgehen. Beim Distanzierungsdilemma geht es um die Frage, wie der Manager auch ohne unmittelbaren Kontakt zur Basis informiert bleiben kann, beim Veränderungsdilemma darum, wie er verändern und gleichzeitig Stabilität gewährleisten kann. Diese Art von Energie ist wichtig, um in Kontakt zu bleiben, zu verändern und Stabilität zu gewährleisten.

Der Faden der Reflexion

»Im Umgang mit familieninternen Problemen probierten die gesunden Familien zahlreiche Alternativen aus; wenn ein Ansatz nicht funktionierte, nahmen sie einen neuen Anlauf und probierten einen anderen Ansatz. Darin unterschieden sie sich von vielen funktionsgestörten Familien, die häufig mit sturer Verbissenheit nur einen einzigen Ansatz verfolgten.« (Lewis u.a. 1976: 208) Das klingt durchaus bekannt. Aus meinen eigenen Beobachtungen schließe ich: **Bemerkenswert viele Manager sind zur Reflexion fähig: Sie lernen aus ihren Erfahrungen, probieren mehrere Alternativen aus und können anhalten, wenn ein Weg nicht weiterführt, um dann einen anderen einzuschlagen.**

Wer zur Reflexion fähig ist, zeichnet sich in der Regel auch durch eine gewisse Bescheidenheit aus, nicht nur mit Blick auf das, was Manager wissen oder zu wissen glauben, sondern auch mit Blick auf das, was sie nicht wissen. Das ist der Grund, warum ich in diesem Buch so kritische Worte für das heroische Management finde.

Wie ich in *Managers Not MBAs* schreibe, bedeutet Reflexion »sich wundern, probieren, analysieren, synthetisieren, verbinden – ›sorgfältig und beharrlich über die Bedeutung einer Erfahrung für einen selbst nachzudenken‹« (Mintzberg 2004b: 254, Daudelin 1996: 41 zitierend). Im Lateinischen »bedeutet *reflectere* ›rückwärtsbiegen‹, was darauf hindeutet, dass die Aufmerksamkeit nach innen gebogen wird, damit sie anschließend wieder nach außen gerichtet werden kann, um Vertrautes anders zu sehen« (S. 301; diese Metapher stammt von Jonathan Gosling). Reflexion ist mehr als reine Intelligenz; sie zapft eine tiefere Weisheit an, die es einem Manager ermöglicht, Einsichten zu entwickeln – die Probleme von innen zu sehen. **Erfolgreiche Manager denken selbstständig.** (Vgl. den folgenden Kasten über »Das beste Managementbuch aller Zeiten«)

Das beste Managementbuch aller Zeiten

In einigen unserer Programme, in denen praktizierende Manager aus ihren eigenen Erfahrungen lernen können (wir werden darauf im Verlauf dieses Kapitels zurückkommen), beginnt jeder Tag mit einer »morgendlichen Reflexion« in drei Phasen.

Zuerst schreibt jeder Manager in aller Ruhe in sein »Erkenntnisbuch« – ein anfangs leeres Buch, auf dem lediglich der Name des Betreffenden steht –, was ihm für seinen Lernprozess von Bedeutung zu sein scheint: Ideen, Gedanken, die er sich über Nacht gemacht hat, Sorgen über eine Bemerkung, die er am Vortag fallen ließ, und so weiter. Nach ungefähr zehn Minuten tauschen sich die Manager, in kleinen Gruppen an runden Tischen sitzend, etwa eine Viertelstunde lang darüber aus. Dann beginnt die Plenarrunde, manchmal in einem großen Kreis, um aus den Notizen die besten Erkenntnisse herauszufiltern. Für diese letzte Phase sind rund zwanzig Minuten vorgesehen, aber häufig zieht sie sich über eine Stunde hin. Wir schreiten nicht ein, weil es sich hierbei um den Leim handelt, der die Lernprozesse des gesamten Programms miteinander verbindet.

Die Lufthansa schickt Manager in eines dieser Programme, das International Masters Program in Practicing Management (www.impm.org), seit dieses im Jahr 1996 ins Leben gerufen wurde. Jedes Jahr veranstaltet das Unternehmen im eigenen Haus eine Sitzung, auf der die Absolventen der Vorjahre die neuen Teilnehmer begrüßen. Einmal hielt Silke Lenhardt, eine ehemalige Teilnehmerin, ihr Erkenntnisbuch hoch und verkündete: »Das ist das beste Managementbuch, das ich jemals gelesen habe!« Sollte nicht jeder Manager das Buch, das er aus seinen eigenen Erfahrungen geschrieben hat, als das beste Managementbuch empfinden?

Wie schon wiederholt erläutert, ist die Managertätigkeit häufig von Hektik geprägt – »Nervkram ohne Ende«. Folglich haben es viele Manager bitter nötig, einen Schritt zurückzutreten und in aller Ruhe über ihre eigenen Erfahrungen nachzudenken. In Kapitel 5 wurde Saul Alinsky mit der These zitiert, dass Ereignisse erst durch Reflexion zu Erfahrungen werden.

Reflexion erweist sich mitunter als wirksames Gegenmittel gegen eine Reihe von Dilemmata: die Souveränitätsfalle, das Planungsdilemma, das Oberflächlichkeitssyndrom und das Distanzierungsdilemma. **Erfolgreiche Manager finden eine Möglichkeit, wie sie Zeit zum Nachdenken bekommen, obwohl der Job selbst dem entgegenwirkt.** Da Manager nur selten größere Zeitabschnitte zur Verfügung haben, um sich mit komplizierten Themen zu befassen, versteht es der reflektierende Manager, sich den Problemen phasenweise immer stärker anzunähern und dabei einen Lernprozess zu durchlaufen. Wie H. Edward Wrapp meinte: Er »wurschtelt sich zielorientiert durch« (1967: 95; siehe auch Sayles 1964: 259).

Tabelle 6.2 gibt eine Reihe von Fragen zum Selbststudium wieder, die ich aus meinem früheren Buch zur Managertätigkeit übernommen und angepasst habe. Einige dieser Fragen mögen einfacher oder sogar rhetorischer Natur sein, aber sie können zur Reflexion anregen. Ein Manager schrieb mir, dass er versucht, »die Fragen alle paar Tage erneut zu lesen. Mir scheint, dass mir dabei jedes Mal irgendeine neue Idee kommt.«

Der Faden der Analyse

In Kapitel 4 wurde das Dreieck von Kunst, Handwerk und Wissenschaft vorgestellt. Wie dort erwähnt, herrscht zwar kein Mangel an Managern, die die analytische Dimension überbetonen, aber ihre ungenügende Berücksichtigung führt unter Umständen zu einem unstrukturierten Managementstil. Und das bringt uns zurück zum Ordnungsrätsel: Wie kann man Ordnung in die Arbeit anderer bringen, wenn die Managertätigkeit selbst so ungeordnet ist?

Die Hoffnung, im Licht der Analyse den Schlüssel für eine erfolgreiche Managertätigkeit zu finden, mag vergeblich sein, aber noch zweckloser ist es, danach in der Dunkelheit der Intuition zu suchen. Auch hier ist eine gewisse Balance erforderlich: Wer managen will, muss die zwei grundsätzli-

Tabelle 6.2: Selbsttest für Manager

1. Woher und wie bekomme ich meine Informationen? Kann ich meine Kontakte besser nutzen? Wie erreiche ich, dass andere mir die benötigten Informationen zukommen lassen? Verfüge ich über effektive mentale Raster, um die für mich wichtigen Dinge einzuordnen?

2. Was für Informationen gebe ich weiter? Kann ich anderen mehr Informationen zukommen lassen, damit sie bessere Entscheidungen treffen können?

3. Neige ich dazu, vorschnell zu handeln, bevor die relevanten Informationen eingetroffen sind? Oder warte ich so lange auf alle Informationen, bis die Gelegenheit schon verstrichen ist?

4. Welches Veränderungstempo verlange ich meiner Einheit ab? Steht dem die nötige Stabilität entgegen?

5. Bin ich ausreichend informiert, um über die Vorschläge zu entscheiden, die mir unterbreitet werden? Kann ich die Befugnis zur endgültigen Entscheidung häufiger an andere abtreten?

6. Welche Ziele soll meine Einheit realisieren? Sollte ich sie expliziter formulieren, damit sich andere bei ihren Entscheidungen daran orientieren können?

7. Bin ich mir der Konsequenzen meines Handelns und meines allgemeinen Managementstils hinreichend bewusst? Halte ich die richtige Balance zwischen Ermunterung und Druck? Oder ersticke ich Initiativen?

8. Verbringe ich zu viel oder zu wenig Zeit mit der Pflege meiner Außenbeziehungen? Gibt es bestimmte Personen, die ich eingehender kennenlernen sollte?

9. Reagiere ich in meiner Zeitplanung lediglich auf dringliche Zwänge? Widme ich mich allen wichtigen Fragen mit der angemessenen Aufmerksamkeit, oder konzentriere ich mich zu sehr auf das, was mich besonders interessiert? Gibt es Tätigkeiten, die ich zu bestimmten Tageszeiten besser erledigen kann als zu anderen?

10. Arbeite ich zu viel? Wie wirkt sich meine Überarbeitung auf die Qualität meiner Arbeit und auf mein Familienleben aus?

11. Bin ich zu oberflächlich in dem, was ich tue? Kann ich mich stimmungsmäßig so rasch und häufig umstellen, wie es mein Terminkalender verlangt? Sollte ich versuchen, den Grad der Fragmentierung und die Zahl der Unterbrechungen zu reduzieren?

12. Bin ich ein Sklave der Hektik meines Jobs, sodass ich mich nicht länger auf bestimmte Themen konzentrieren kann? Sollte ich mehr Zeit mit Lesen und mit eingehenderen Beschäftigungen verbringen?

13. Nutze ich die verschiedenen Medien richtig? Weiß ich, wie ich aus schriftlicher Kommunikation und E-Mail das Optimum heraushole? Bin ich ein Gefangener des E-Mail-Tempos? Verlasse ich mich allzu sehr auf Gespräche von Angesicht zu Angesicht und erzeuge damit bei fast allen Mitarbeitern ein Informationsdefizit? Verbringe ich genügend Zeit damit, das Geschehen mit den eigenen Sinnen zu verfolgen?

14. Verschlingen meine Verpflichtungen alle verfügbare Zeit? Wie kann ich mich von ihnen freimachen, damit ich die Einheit dorthin führen kann, wo ich sie haben will? Wie kann ich meine Verpflichtungen zu meinem Vorteil gestalten?

Quelle: In abgewandelter Form übernommen aus Mintzberg (1973: 175 ff.)

chen Arten des Wissens berücksichtigen, nämlich das formelle und explizite Wissen einerseits und das informelle und implizite, stillschweigend vorausgesetzte Wissen andererseits. Das ist der Grund, warum die Begriffe »kalkuliertes Chaos« und »kontrollierte Unordnung« so gut zur Managertätigkeit passen. Interessanterweise beschreiben Lewis u. a. ganz ähnlich die meisten funktionsgestörten Familien als »chaotisch strukturiert« und die durchschnittlichen Familien als »unflexibel strukturiert«, während »die kompetentesten Familien flexible Strukturen aufwiesen« (S. 209).

Was bedeutet »analytisch« im Lichte dieser Notwendigkeit, flexibel zu sein? Mehrere Begriffe kommen infrage. Ein mögliches Synonym ist *»ordentlich«*, zumindest in dem Sinne, dass diejenigen, die Ordnung brauchen, Ordnung bekommen. Ein weiteres ist *»logisch«* – klar und artikuliert –, obwohl *»urteilend«*, wie wir den Begriff im weiteren Verlauf dieses Kapitels verwenden, passender sein könnte. Wrapp zufolge ist der erfolgreiche Manager ein »guter Analytiker, aber vielleicht noch talentierter im Konzeptualisieren« (1967: 96).

Die Gefahr einer zu großen Abhängigkeit von der Analyse zeigte sich besonders bei zwei Dilemmata: beim Dekompositionslabyrinth, wo so vieles, was den Manager umgibt, in nette kleine Häppchen zerlegt ist, und bei den Mysterien des Messens, wo der Manager mit dem weichen Innenleben der harten Daten zurechtkommen muss. Wie ich in *The Rise and Fall of Strategic Planning* (1994b: 386 f.) dargelegt habe, existiert in den Organisationen eine »Grenze der Formalisierung«, über die der Manager nicht hinausgehen darf. Bei zu viel Analyse und Formalisierung geht das Wesen eines Problems verloren. Lesen Sie beispielsweise all die simplen Führungsrezepte und die entsprechenden Texte über Ziele, Missionen, Visionen, Pläne und so weiter und so fort.

Während also Skinner und Sasser (1997) in ihrem Artikel in der *Harvard Business Review* gute Gründe für die These präsentieren, dass der erfolgreiche Manager »die Praxis der Analyse wirkungsvoll einsetzt« und »von analytischen Instrumenten diszipliniert und stetig Gebrauch macht«, liegen sie meines Erachtens in dem Augenblick falsch, wo sie behaupten, dass »Manager in erster Linie Analytiker sind« (S. 148, 143). Eine Überbetonung der Analyse in der Managertätigkeit hat den gesunden Menschenverstand aus den Organisationen verdrängt und auf diesem Wege viele Funktionsstörungen verursacht.

Der Faden der Weltlichkeit

»Es gibt eine weitere komplexe Familienvariable, die mit dem Respekt für die eigene Weltsicht und die von anderen zu tun hat.« (Lewis u. a. 1976: 207)

Wir hören heute viel davon, dass Manager *global* sein müssten; dabei ist es viel wichtiger, dass sie *weltoffen und bodenständig* sind. Globalisierung impliziert eine gewisse Homogenität. Das klingt nach Konformität, danach, dass »jeder dieselben Überzeugungen, denselben Stil und dieselben Werte unterschreibt. Vergessen Sie Ihren Hintergrund, Ihre Herkunft, Ihre Wurzeln; werden Sie modern, zeitgemäß, Teil des entstehenden ›Globus‹.« (Mintzberg und Moore 2006) Ist es das, was wir von unseren Managern erwarten? Mir scheint, dass wir davon schon viel zu viel haben.

»Reflexionsfähigkeit« haben wir – im Gegensatz dazu – als die Fähigkeit beschrieben, selbstständig zu denken. Am besten lässt sich diese sowie die im Management so dringend benötigte Urteilsfähigkeit mittels einer gewissen Weltlichkeit fördern. Gemeint ist damit eine Kombination aus Lebenserfahrung, Weltoffenheit und Praxisnähe.

Alle Manager bewegen sich entlang diverser Grenzen zwischen ihrer eigenen Welt und der anderer Menschen. Der weltoffene Manager versteht es, diese Grenzen von Zeit zu Zeit zu übertreten und in jene anderen Welten – in andere Kulturen, andere Unternehmen, andere Funktionen in der eigenen Organisation und vor allem in die Denkweisen anderer Menschen – vorzustoßen, um in der Folge auch die eigene Welt besser zu verstehen. Um ein Bild von T. S. Eliot zu gebrauchen: Der Manager sollte unablässig die Welt erkunden, um sein Zuhause besser kennenzulernen. Das ist die weltliche Einstellung.

»Wie können Sie in diesem Verkehr Auto fahren?«, fragte eine amerikanische Managerin einen indischen Professor unmittelbar nach ihrer Ankunft in Bangalore, wo sie ein Modul unseres IMPM-Programms über die weltliche Einstellung besuchte. »Ich passe mich dem Fluss an«, erwiderte er. Der weltliche Lernprozess hatte begonnen! Die Welten anderer Menschen haben ihre eigene Logik – eine Ordnung, wo wir vielleicht nur Chaos sehen. Wer sie versteht, ist ein besserer Manager – und zugleich menschlicher.

Um die Welten anderer Menschen zu verstehen, ist es nicht notwendig, ihre Privatsphäre zu verletzen oder sich »ihren Kopf« zu zerbrechen, was einer herablassenden Haltung gleichkommen kann.

Lewis u.a. sehen darin »destruktive Eigenschaften«, die sich nur in den »ernsthaft funktionsgestörten Familien beobachten ließen« (1976: 213). Bei den Familien im mittleren Bereich diagnostizieren sie einen Druck zur Konformität, ähnlich dem der Globalisierung in der Wirtschaft. Gesunde Familien zeigten stattdessen ein Verhalten, das sie als »respektvolles Verhandeln« beschreiben:

> Weil Distanz mit Nähe die Familiennorm war, wurden Unterschiede toleriert und Konflikte in Verhandlungen ausgetragen, die das Recht der anderen respektierten, anders zu fühlen, wahrzunehmen und zu reagieren. Es gab keinen Zwang zur bedingungslosen Familieneinigkeit ohne Rücksicht auf individuelle Unterschiede. (S. 211)

Wenn die Analyse in unserem Dreieck der Wissenschaft nahe steht, dann tendiert die Weltlichkeit mit ihrer Verwurzelung in konkreten Erfahrungen und implizitem Wissen zur Seite des Handwerks hin. In Abbildung 6.1 erscheint sie folglich auf der rechten Seite, während die Analyse, die sich auf explizites Wissen stützt, links auftaucht, wo im Dreieck auch die Wissenschaft angesiedelt war.

Ein Thema, das in allen in Kapitel 5 diskutierten Dilemmata und insbesondere im Entscheidungsdilemma (wie man in einer komplizierten und nuancierten Welt mit Entschlossenheit handeln kann) präsent ist, ist das Gefühl für die Feinheiten, über das der Manager unbedingt verfügen muss. Der weltliche Manager, der seinen eigenen Standpunkt begreift, weil er mit anderen Standpunkten Bekanntschaft gemacht hat, ist vielleicht am besten dazu in der Lage, mit diesem Dilemma fertig zu werden.

Der Faden der Kooperation

»Der Trend zur egalitären Ehe stand im überraschenden Kontrast sowohl zur distanzierteren (und enttäuschenderen) Ehe als auch zum Ehemuster der Dominanz und Unterwerfung, das sich so häufig in funktionsgestörten Familien beobachten ließ.« (Lewis u.a. 1976: 210)

Während wir auf unserem Teppich voranschreiten, treten die kooperativen und gemeinschaftlichen Aspekte der Managertätigkeit stärker in den Vordergrund. Bei der Kooperation geht es immer um die Beziehung zu anderen Menschen, ob in der eigenen Einheit oder darüber hinaus.

Hiro Itami, der das in Japan abgehaltene IMPM-Modul zur kooperativen Einstellung anfänglich leitete, erzählte den teilnehmenden Managern: »Management ist nicht Lenkung und Kontrolle von Mitarbeitern. Vielmehr geht es darum, sie zur Kooperation zu bewegen.« Er positionierte das Modul deshalb als »Management menschlicher Netzwerke«. Kaz Mishina, der das Modul später moderierte, sprach von »Führung im Hintergrund«. Dabei gehe es darum, »so viele gewöhnliche Mitarbeiter wie möglich an der Führung zu beteiligen« (zit. in: Mintzberg 2004: 308).

»Kooperation« meint nicht »Motivation von Mitarbeitern« oder »Empowerment«, denn das würde lediglich die Führungsrolle des Managers verstärken. Vielmehr geht es darum, die Zusammenarbeit der Mitarbeiter und anderer Stakeholder zu unterstützen.

Beim engagierten Managementstil (vgl. Abb. 4.3) engagiert sich der Manager selbst, um das Engagement der anderen zu fördern, wie in Tabelle 6.3 beschrieben. Es herrscht ein Geist des Respekts, des Vertrauens, der Fürsorge und der Anregung, vom Zuhören ganz zu schweigen. Das sind die Begriffe, die mich an meinen Tagen mit den 29 Managern wiederholt überraschten, beispielsweise an den Tagen mit Fabienne Lavoie auf der Pflegestation, Stephen Omollo in den Flüchtlingslagern, John Cleghorn in den Bankfilialen und Catherine Joint-Dieterle im Museum. Um noch einmal aus dem Buch von Lewis u.a. zu zitieren: »Gesunde Familien waren offen in ihrem affektiven Ausdruck. Die

---

Tabelle 6.3: Engagiertes Management

- Manager sind in dem Maße wichtig, wie sie anderen helfen, ihrerseits wichtig zu sein.

- Eine Organisation ist ein interagierendes Netzwerk und keine vertikale Hierarchie. Erfolgreiche Manager sitzen nicht an der Spitze, sondern sind überall zu finden.

- Aus diesem Netzwerk heraus bilden sich Strategien, indem Mitarbeiter kleine Probleme lösen, aus denen große Initiativen werden können; die Implementierung geht der Formulierung voraus.

- Managen heißt, die positive Energie der Mitarbeiter freizusetzen, die diese von Natur aus mitbringen. Management bedeutet also Engagement, das sich auf ein gutes Urteilsvermögen stützt und den Kontext im Blick hat.

- Führung ist hier ein heiliges Vertrauen, das sich aus der Achtung anderer speist.

Quelle: Aus diversen Quellen zusammengetragen; in abgewandelter Form übernommen aus Mintzberg (2004: 275)

vorherrschende Stimmung war von Wärme und Fürsorge gekennzeichnet. Zu beobachten war auch eine gut entwickelte Fähigkeit zur Empathie.« (1976: 214) **Management scheint besonders erfolgreich zu sein, wenn es den Menschen hilft, ihre natürliche Energie zum Einsatz zu bringen.**

An diesem Faden ist nichts Magisches, wir sprechen nicht von einer überragenden charismatischen Führungspersönlichkeit. Wie die anderen Fäden ist auch dieser vollkommen natürlich, vergleichbar mit dem Leben in einer gut funktionierenden Familie.

Kooperation reicht über die eigene Einheit hinaus, sie bezieht auch die Kollegen innerhalb des Unternehmens sowie die Geschäftspartner außerhalb der Firma mit ein. Manchmal sind diese Beziehungen formalisiert – wir sprechen schließlich auch bei Joint Ventures und Partnerschaften von *Kooperationen* –, aber häufig sind sie informell, wie beispielsweise in den von Managern gepflegten Netzwerken.

Wie im Abschnitt »Management ohne Manager« in Kapitel 4 erörtert, hat sich die Managertätigkeit im 20. Jahrhundert immer mehr von der Lenkung und Kontrolle fortbewegt – hin zum Management als Engagement. Es ist verstärkt die Rede von Wissensarbeitern, Freelancern, vernetzten und lernenden Organisationen und Teams, während viele »Untergebene« zu »Kollegen« wurden und viele »Zulieferer« zu »Partnern«. Begleitet wird dies von einer steten Übertragung von Macht vom Manager an den Nichtmanager, mit einer korrespondierenden Verlagerung in den Managerstilen vom Lenken und Kontrollieren zum Überzeugen, vom Führen zum Vernetzen, vom Empowerment zum Inspirieren. Aber diese Trends sind nicht neu. Mary Parker Follett schrieb bereits im Jahr 1920: »Der Test eines Vorarbeiters besteht nicht darin, wie gut er den Boss spielt, sondern darin, wie wenig er den Boss hervorzukehren braucht.«

Kooperation bietet zudem die Möglichkeit, mit einigen der Dilemmata zurechtzukommen. Insbesondere das Delegieren wird weniger problematisch, sobald der Manager aufgrund seiner natürlichen Kooperationsbereitschaft die Mitarbeiter der Einheit stets umfassend informiert. Und die Distanz zum betrieblichen Alltag verringert sich, sobald der kooperierende Manager besser vernetzt und somit auch besser informiert ist.

Der Faden der Proaktivität

»Gesunde Familien hatten wenig Passives an sich. Die Familie als Einheit bewies einen hohen Grad an Initiative in Reaktion auf äußeren Input.« (Lewis u.a. 1976: 208 f.)

Jede Manageraktivität bewegt sich, wie bereits mehrfach gezeigt und wie aus Abbildung 6.1 ersichtlich wird, zwischen abstrakter Reflexion und konkreten Handlungen. **Zu viel Reflexion führt dazu, dass nichts getan wird; zu viel Aktion führt dazu, dass gedankenlos gehandelt wird.** An dieser Stelle nun betrachten wir das konkrete Handeln an der Basis, wozu die Managerrollen des Handelns und Verhandelns gehören.

Ich habe mir diesen letzten der fünf mittleren Fäden bis zuletzt aufgespart, weil er, anders als die weitgehend individuelle Reflexion, im Grundsatz eine gemeinschaftliche Ausrichtung hat: Handeln im Management ist ohne die Beteiligung anderer nicht möglich. Manager, die alles allein erledigen wollen, flüchten in der Regel in eine übertriebene Lenkung und Kontrolle – indem sie Anweisungen erteilen und Leistungsziele vorgeben in der Hoffnung, dass ihre Autorität reicht, um die Erfüllung dieser Vorgaben zu erzwingen. Manchmal mag das funktionieren, aber es schöpft nur selten das Potenzial der beteiligten Mitarbeiter aus, besonders unter denkenden Menschen.

Ich spreche hier von *proaktiv* und nicht von *aktiv*, um deutlich zu machen, dass dieser Faden von Managern handelt, die von sich aus initiativ werden und nicht nur auf das reagieren, was an sie herangetragen wird, die Hindernisse durch gezielte Schritte umgehen und die Situation in der Hand haben.[10] Wie ich besonders in Kapitel 4 schon sagte: **Erfolgreiche Manager, ganz gleich, auf welcher Hierarchieebene und unter welchen Zwängen stehend, nutzen alle Freiheiten, die sie bekommen können.** Um Isaac Bashevis Singer mit Worten zu zitieren, die sich als Motto für den erfolgreichen Manager eignen würden: »Wir müssen an den freien Willen glauben; eine andere Wahl haben wir nicht.« Eine in diesem Kontext wichtige Unterscheidung stammt von Mary Parker

---

10 Boyatzis (1982: 71 ff.) präsentiert diverse Untersuchungen zum Zusammenhang von Proaktivität und Erfolg. Die Ergebnisse sind kaum überraschend, außer vielleicht Folgendes: »Unter den gerade erst gestarteten Managern zeigten Durchschnittskandidaten deutlich mehr Proaktivität als Spitzenkräfte und schwache Kandidaten.« (S. 73)

Follett: »Die Führungskraft sollte über Abenteuergeist verfügen, aber nicht unbedingt über das Temperament des Spielers. Gefragt ist vielmehr ein Pioniergeist, der neue Wege eröffnet.« (1920: 80; siehe auch Mintzberg 2009b)

Erfolgreiche Manager handeln also nicht wie Opfer. Sie sind »Veränderungssubjekte«, nicht »Veränderungsobjekte« (Hill 2003: xiii). **Sie gehen mit dem Strom** (wie im Verkehr von Bangalore), **aber sie erzeugen auch Ströme** (wie die Autofahrer in Bangalore). Die Managertätigkeit ist für Menschen, die Spaß haben an Tempo, Aktion und Herausforderungen, von wo auch immer sie kommen und wohin auch immer sie sie tragen.

Das offensichtlichste Dilemma ist hier das Entscheidungsdilemma: Wie soll man in einer komplizierten, nuancierten Welt entschlossen handeln? Weltoffenheit und Bodenständigkeit können sicherlich ebenso helfen wie Reflexion – um die Nuancen besser wahrzunehmen. Das Wort *»Proaktivität«* lässt womöglich an eine von oben oktroyierte – entschiedene, durchdachte und umfassende – Veränderung denken. Aber ich vermute, dass ein Großteil der proaktiven Managertätigkeit in umgekehrter Richtung erfolgt: Sie geschieht experimentell, sukzessive und aufstrebend und fließt von unten nach oben und von der Mitte nach außen. Topmanager sollten nicht nur selbst Veränderungen anstoßen, sondern mindestens ebenso sehr helfen, dass die von anderen angestoßenen Veränderungsinitiativen von Erfolg gekrönt werden.

Und vergessen Sie nicht das Veränderungsdilemma. Erfolgreiche Manager treiben möglicherweise Veränderungen an, aber sie müssen auch Stabilität gewährleisten, was unter Umständen ebenso viel Initiative voraussetzt, wie wir am Beispiel der Rotkreuzlager gesehen haben.

Der Faden der Integration

Lassen Sie mich vom Beginn dieser Diskussion die möglicherweise wichtigste Schlussfolgerung von Lewis u. a. wiederholen: »Gesundheit auf der Ebene der Familie war kein isolierter Faden … Kompetenz muss als ein ganzer Teppich gesehen werden.« (S. 206) **Management ist ein aus den Fäden der Reflexion, Analyse, Weltlichkeit, Kooperationsbereitschaft und Proaktivität geflochtener Teppich, durchdrungen von persönlicher Energie und Tatkraft und verbunden durch soziale Integration.**

Mit Blick »auf den Kern der Führungstätigkeit« maß Parker Follett »der Fähigkeit, die Gesamtsituation zu erfassen, die größte Bedeutung zu. Aus einem Durcheinander an Fakten, Erfahrungen, Wünschen und Zielen muss die Führungskraft den einigenden Faden herauspicken. Sie muss ein Ganzes sehen und nicht nur ein Kaleidoskop von Teilen«, um »die Erfahrungen der Gruppe zu strukturieren« (1920: 168). Außerdem muss der Manager »die sich entwickelnde Situation sehen und erkennen« (S. 169); mit anderen Worten: **Managen heißt nebenbei integrieren.** Parker Follett hatte – im Jahr 1920 – nur den (männlichen) Manager im Blick, aber was sie schreibt, bezieht sich genauso auf die Managerin und generell auf Gruppen von Mitarbeitern, die zusammenarbeiten, ob Manager oder nicht.

Aber wie integrieren? Darauf gibt es keine einfache Antwort, aber Parker Follett liefert einen hübschen Hinweis:

> In der Wirtschaft bewegen wir uns stets von einem signifikanten Augenblick zum nächsten, und die Aufgabe der Führungskraft besteht in der Hauptsache darin, den Augenblick der Bewegung zu verstehen. Die Führungskraft sieht, wie eine Situation in der nächsten aufgeht, und genau diese Situation muss sie beherrschen. (1920: 170)

Die Beherrschung des Augenblicks – Momente der Meisterschaft! Kaplan beschreibt den Spielerblick, der es einem Basketballspieler erlaubt, »das Feld aufzubrechen und zu sehen, wie sich das Spiel entwickelt und wie er sich in Bezug zu den anderen positionieren muss« (1986: 10). Wayne Gretzky, der legendäre kanadische Eishockeyspieler, drückte es schlichter aus: »Ich bewege mich dahin, wo der Puck gleich sein wird.«

Integration erfordert auch die Beherrschung der Übergänge zwischen den Augenblicken. Managen heißt, eine *dynamische* Balance herzustellen, wie bereits mehrmals in diesem Buch betont wurde: quer über die Informationsebene, die zwischenmenschliche Ebene und die Aktionsebene hinweg, wobei sich die verschiedenen Rollen vermischen; die konkurrierenden Erfordernisse der Kunst, des Handwerks und der Wissenschaft müssen auf einen Nenner gebracht und viele Themen gleichzeitig jongliert werden.

Das Wort »*Analyse*« erscheint hinreichend klar; das Wort »*Synthese*« hingegen ist gerade durch seine Verschwommenheit definiert. Was bedeutet es, eine Synthese zu erzielen, und erkennen wir sie, wenn wir sie vor uns haben?[11] **Ein entscheidender Zweck der Managertätigkeit besteht im fortgesetzten Streben nach Synthese, auch wenn sie niemals erreicht wird und wir auch nicht genau sagen können, wie nahe wir ihr sind.**

Es geschieht im Zusammenspiel von Reflexion und Aktion – von erstem und letztem Faden –, dass Manager nach Synthese streben. Wie in Kapitel 5 diskutiert, arbeiten Manager nicht nur deduktiv und kopfgesteuert von der Reflexion zur Aktion – von der Formulierung zur Implementierung, vom Konzept zur Konkretisierung. Sie arbeiten auch induktiv, einfühlsam, von der Aktion zur Reflexion, vom Konkreten zum Konzept, wie sie es aus der Erfahrung lernen. Vor allem wechseln sie zwischen beidem hin und her, wie Abbildung 6.2 zeigt, und durchlaufen dabei jene Momente der Meisterschaft.

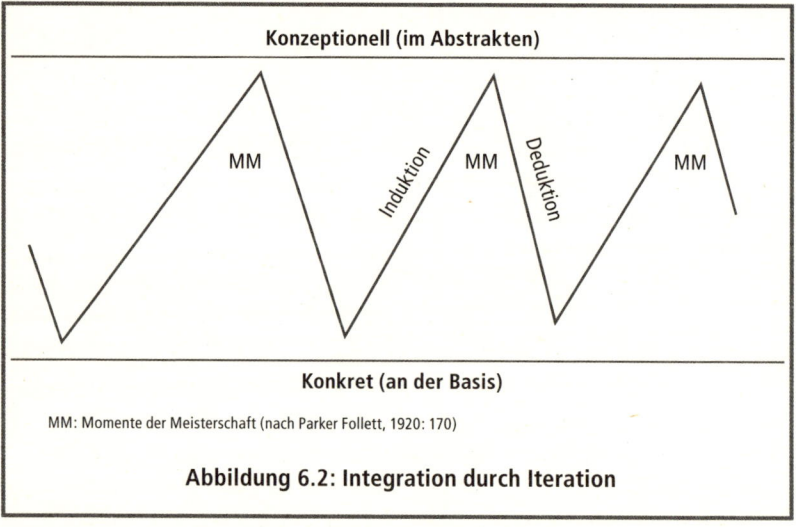

Abbildung 6.2: Integration durch Iteration

Aus dem ständigen Hin und Her zwischen Induktion und Deduktion folgt jedoch nicht, dass Reflexion und Aktion zwangsläufig zweierlei Dinge sind, die nur nacheinander geschehen können. Um auf die in

---

11 »Synthese« ist nicht nur eine Kombination von Elementen. Wenn jemand beispielsweise in einem Unternehmen oder einem MBA-Programm »funktionsübergreifend« agiert, gibt es immer noch einen klaren Bezug zu den einzelnen Funktionen.

Kapitel 3 zitierte Bemerkung von Karl Weick zurückzukommen: Das Denken findet im Management nicht losgelöst von der Aktion statt, sondern ist deren integraler Bestandteil. Manager denken, *während* sie handeln; »die Managertätigkeit kann mehr oder weniger denkend bewerkstelligt werden« (1982: 19).

Diese Diskussion konzentrierte sich überwiegend auf die durch den Manager selbst geleistete Integration. Aber Integration reicht über den individuellen Manager hinaus, wie am Schluss von Kapitel 4 erläutert. **Die Nutzbarmachung des »kollektiven Geistes« gehört zu den großen Herausforderungen moderner Organisationen** – wenn beispielsweise Strategien entwickelt und Kultur und Gemeinschaft etabliert werden. Ganz gleich, wie viele Menschen an einer Strategie mitarbeiten, ist unter Umständen ein integrativer Kopf erforderlich, um das Wissen zu einer strategischen Vision zu verdichten. Wir stellen uns darunter in der Regel einen Topmanager vor, aber tatsächlich eignet sich jeder dafür, der die Fähigkeit zur Synthese mitbringt, und gelegentlich tut es auch »die Weisheit der Vielen« (Surowiecki 2004). Die mit der Integration assoziierten Dilemmata scheinen ebenfalls auf der Hand zu liegen. Über das Dekompositionslabyrinth haben wir schon gesprochen; das Planungsdilemma fragt, wie ein Manager in einem so hektischen Job vorausdenken kann – und das beinhaltet auch integratives Denken. Weicks Vorstellung vom denkenden Handeln kann hier weiterhelfen.

Zum Abschluss dieser Erörterung der glücklich gemanagten betrieblichen Familie sollten wir noch einmal unterstreichen, dass diese Fäden nur funktionieren, wenn sie in einen kohärenten Teppich verwoben sind, wie auch immer dieser aussieht. Den Heiligen Gral des Managererfolgs gibt es nicht.

Auswahl, Bewertung und Entwicklung erfolgreicher Manager

Manager und die Menschen, die mit ihnen arbeiten, sind generell an der Frage interessiert, wie man Manager findet, die erfolgreich sein werden, wie man feststellt, ob ein Manager gegenwärtig erfolgreich ist, und wie man die Erfolgswahrscheinlichkeit eines Managers im Rahmen der Personalentwicklung verbessern kann. Wir werden alle diese Fragen im Lichte der Ergebnisse dieses Buches behandeln.

Auswahl

Zum Thema Rekrutierung von Managern gibt es zahlreiche Studien; diese sollen hier nicht wiedergegeben werden. Vielmehr möchte ich ein paar eigene Gedanken dazu beisteuern.

Im Zweifel für die bekannten Schwächen Der perfekte Manager ist noch nicht geboren. Wenn jedermanns Schwächen früher oder später zum Vorschein kommen, dann lieber früher. Folglich gilt: **Manager sollten ebenso für ihre Schwächen wie für ihre Stärken ausgewählt werden.** Häufig besteht jedoch die Tendenz, lediglich auf die Qualitäten zu schauen und sich dabei womöglich noch auf eine einzige zu kaprizieren und alles Übrige auszublenden. »Sally ist eine fantastische Netzwerkerin« oder »Joe ist ein Visionär«, was besonders dann gilt, wenn der gescheiterte Vorgänger ein lausiger Netzwerker war oder über keinerlei strategischen Weitblick verfügte. Niemand sollte jemals für einen Managerjob ausgewählt werden, solange nicht alle vernünftigen und ethisch vertretbaren Anstrengungen unternommen wurden, seine Schwächen zum Vorschein zu bringen.

Es gibt übrigens eine fatale Schwäche, die heute weit verbreitet ist, obgleich sie sich vergleichsweise leicht diagnostizieren lässt. Jeder, der sich auf den Posten eines CEO bewirbt und auf einem Gehalt weit über dem besteht, was andere im Unternehmen erhalten, und überdies noch einen besonderen Schutz für den Fall eines Scheiterns oder einer Entlassung verlangt, sollte sofort eine Absage erhalten. Hat dieser Kandidat nicht womöglich sogar verkündet, wie wichtig es für ihn ist, »ein Team zu schaffen«, »Mitarbeiter als die größte Ressource des Unternehmens zu behandeln« und »weit in die Zukunft zu blicken«? Stellen Sie sich vor, wie sich die Unternehmenslandschaft verändern würde, wenn solche Absichtserklärungen wirklich ernst genommen würden.

Die jeweils erkannten Schwächen sollten dann vor dem Hintergrund des zu besetzenden Jobs und der gegebenen Situation sorgfältig beurteilt werden. Damit beugen Sie Überraschungen durch Schwächen, die sich später einmal als fatal erweisen könnten, vor. Weil Schwächen immer nur im Kontext zur Geltung kommen, sagt die Leistung in einem früheren Job wenig darüber aus, welche Probleme in einem späteren Job zu erwarten sind. Natürlich ist es mitunter nicht einfach, sich davon ein Bild zu machen: Die Qualitäten der Menschen werden häufig falsch eingeschätzt, wie auch die Erfolgskriterien eines bestimmten Jobs. Dennoch gibt es eine überraschend einfache, wiewohl nur selten eingesetzte Methode, um diese Schwierigkeiten zu überwinden.

Die Mitarbeiter fragen Management geschieht nach innen, innerhalb der Einheit (durch die Rollen des Lenkens und Kontrollierens, Führens, Handelns und Kommunizierens), und nach außen, jenseits der Einheit (durch die Rollen des Vernetzens, Verhandelns und Kommunizierens). Aber die Auswahl der Manager erfolgt in aller Regel durch Menschen außerhalb der Einheit, sei es durch das Direktorium im Falle des CEO, sei es durch das Topmanagement im Falle mittlerer und unterer Manager. Doch welche Logik steckt dahinter, zumal es so viel leichter ist, Außenstehende zu beeindrucken, die den Kandidaten nicht näher kennen und ihn schon gar nicht im Berufsalltag erlebt haben? Ausstrahlung mag ein Auswahlkriterium sein, aber nicht das wichtigste. Folglich haben heute viel zu viele Organisationen Manager, die »nach oben buckeln und nach unten treten« – vor Selbstbewusstsein strotzende Schmeichler, die ihre Führungsqualitäten noch niemals unter Beweis stellen mussten. (Vgl. Tsui 1984; vgl. auch Luthans, Hodgetts und Rosenkrantz 1988: 66 ff. und 160 ff.)

Ein simples Rezept könnte die Erfolgswahrscheinlichkeit von Managern schlagartig verbessern: Man gibt denjenigen Mitarbeitern eine Stimme im Auswahlprozess, die ihn am besten kennen – nämlich denjenigen, die er bislang gemanagt hat. Manche Unternehmen lassen unternehmensfremde Kandidaten von Mitarbeitern der Einheit interviewen, um einen Eindruck davon zu bekommen, ob Einheit und Manager zueinanderpassen. Das empfiehlt sich besonders im Fall des CEO, wo blinder Optimismus heute so hoch im Kurs steht.

Kann man den Mitarbeitern ein Urteil über den potenziellen Vorgesetzten zutrauen? Über die Möglichkeiten einer Voreingenommenheit besteht kein Zweifel. Aber ist das schlimmer, als unzureichend informierten Außenstehenden zu vertrauen? Ich fordere hier nicht, Manager per Wahlurne zu berufen, sondern sie durch Betroffene und Außenstehende ausgewogen bewerten zu lassen. In Krankenhäusern, Universitäten und Rechtsanwaltskanzleien ist das im Übrigen gängige Praxis.

Es gibt ein berühmtes Unternehmen, das seit Jahrzehnten in seinen Gebiet führend ist, dessen CEO durch die Topmanager des Unternehmens in geheimer Abstimmung gewählt wird. Ich habe zahlreiche Geschäftsleute gefragt, um welches Unternehmen es sich wohl handle. Kaum jemand wusste die Antwort. Sie lautet: McKinsey & Company, deren geschäftsführender Direktor von den Seniorpartnern jeweils für drei Jahre gewählt wird. Für McKinsey hat sich das Verfahren offenbar bewährt. Hat eigentlich jemals ein McKinsey-Berater einem Kunden diese Vorgehensweise empfohlen?

Der Insider von außen In letzter Zeit ist die Tendenz zu beobachten, zumindest für gehobene Managementpositionen Kandidaten von außerhalb zu bevorzugen: Neue Besen kehren gut. Nur leider hat der Besen häufig Schwächen, die dem Auswahlgremium nicht bekannt sind, während der Fegende nicht genug weiß, um den wahren Dreck erkennen zu können. Außerdem besteht die Gefahr, besonders im Zeitalter der heroischen Führung, dass der neue Besen Herz und Seele des Unternehmens gleich mit entsorgt. Vielleicht müssen wir im Rahmen unserer Auswahlprozesse den uns bekannten Kandidaten – mit all ihren Schwächen – etwas mehr Aufmerksamkeit widmen, denn die kennen auch den Dreck.

Um einerseits vom unbefangenen Blick des Außenstehenden, der auch nicht in die internen Machtspielchen verstrickt ist, zu profitieren, andererseits aber auch Insiderwissen zu erhalten, kann das Auswahlgremium eines tun: Es kann jemanden wählen, der zuvor enttäuscht oder angewidert seinen Hut genommen hatte – einen Insider von außen. So jemand kennt die Situation, stimmte mit seinen Füßen dagegen und ist deshalb möglicherweise der ideale Kandidat für eine Kehrtwende: ein neuer Besen, der sich mit dem alten Dreck auskennt. Zudem gibt es in diesem Fall Insider, die die Stärken und Schwächen dieses Kandidaten einschätzen können. Steve Jobs von Apple kommt einem da in den Sinn: Er hatte allerdings nicht angewidert den Hut genommen, sondern wurde aus dem von ihm aufgebauten Unternehmen hinausgeworfen. Aber er konnte zurückkehren und das Unternehmen vor dem Untergang bewahren.

Wie bereits erwähnt, wird heute viel Aufsehen um die Führung gemacht. Häufig attestieren wir jedoch Menschen Führungsqualitäten, die wir kaum kennen. Denken Sie an die notorischen *Young Leader* – in meinen Augen ein Widerspruch in sich. Wie kann jemand so einfach gekürt werden, bevor er die Feuerprobe in der Praxis bestanden hat? Wie kann man wissen, welche Schwächen unter der Oberfläche lauern? Die Designierung selbst kann bereits Hybris hervorrufen und damit im Keime ersticken, was einmal echte Führung hätte werden können. Zur Wiederholung: Führung ist ein heiliges Vertrauen, das sich aus der Achtung der Geführten speist.

Bewertung

Sie sind Manager und wollen wissen, wie gut Sie als Manager sind. Andere um Sie herum sind noch brennender daran interessiert, dies herauszufinden. Es gibt viele simple Methoden, um dies zu bestimmen. Hüten Sie sich davor. **Die Erfolgswahrscheinlichkeit eines Managers lässt sich nur im Kontext beurteilen.** Diese Aussage klingt ganz banal, solange wir sie nicht in ihre Einzelteile zerlegen, was ich im Folgenden anhand von acht Unteraussagen tun will.

(1) Erfolgversprechend ist nicht der Manager; erfolgversprechend ist die Stellenbesetzung. Es gibt nicht den guten Ehemann oder die gute Ehefrau, sondern nur das gute Paar. Genauso verhält es sich mit dem Manager und seiner Einheit.

Es gibt Menschen, die sich für keinen Managerposten eignen, aber es gibt niemanden, der unterschiedslos allen Anforderungen gerecht wird. Das liegt daran, dass eine Unzulänglichkeit, die in der einen Situation verzeihlich ist – oder gar eine positive Eigenschaft darstellt –, in der anderen fatal sein kann. Alles hängt vom Zusammenspiel von Person und Umfeld ab, *zu einem bestimmten Zeitpunkt, für eine bestimmte Zeit.* Wie wir in Kapitel 4 gesehen haben: Erfolgversprechend ist der Manager, der das Notwendige leistet, und nicht der, der »es gut macht«.[12]

---

12 Ich sehe den Typus der »heroischen Führungskraft« in diesem Buch eher kritisch, weil ich überzeugt bin, dass er viele gesunde Unternehmen auf dem Gewissen hat. Michael Maccoby (2003) beschreibt ihn als »narzisstisch«, »emotional isoliert und äußert misstrauisch« und »zu Zornausbrüchen neigend« (S. 94), zudem als »schlechten Zuhörer, der keine Widerrede duldet« (S. 97). Das klingt nicht gut. »Dennoch kann Narzissmus sehr nützlich – und mitunter notwendig – sein«, behauptet Maccoby, »weil der Narzisst den Mut hat, die massiven Veränderungen in der Gesellschaft voranzutreiben, deren diese von Zeit zu Zeit bedarf.« (S. 94) Nicht mehr folgen kann ich Maccoby, wenn er sagt: »Angesichts dramatischer Umwälzungen um uns herum suchen heute immer mehr große Unternehmen ihr Glück in narzisstischen Führungspersönlichkeiten. Ihrer Ansicht nach gibt es zu ihnen im Zeitalter der Innovation keine Alternative.« Ich

Daraus folgt: **(2) Es gibt nicht den erfolgversprechenden Manager per se,** und das bedeutet zugleich: **(3) Es gibt nicht den professionellen Manager,** der alles managen kann. (Vgl. Watson 1994: 220f.; Whitley 1989; Mintzberg 2004b)

Natürlich gedeihen und scheitern der Manager und seine Einheit gemeinsam, was bedeutet: **(4) Wollen wir die Erfolgsaussichten eines Managers bestimmen, müssen wir auch die Erfolgsaussichten seiner Einheit berücksichtigen.** Der Manager hat die Aufgabe, dafür zu sorgen, dass die Einheit *ihren* zentralen Aufgaben gerecht wird. Wie Andy Grove von Intel schreibt: »Die Leistung des Managers = die Leistung seiner Organisation + die Leistung der Nachbarorganisationen unter seinem Einfluss« (1983: 40; vgl. auch Whitley 1989: 214).

Dies ist eine notwendige, aber noch keine hinreichende Voraussetzung für die Beurteilung der Erfolgswahrscheinlichkeit eines Managers. **(5) Ein Manager muss nach seinem Beitrag zum Erfolg oder Misserfolg seiner Einheit beurteilt werden, nicht nach dem absoluten Ergebnis.** Manche Einheit gedeiht trotz ihres Managers und manch andere würde ohne ihren Manager noch schlechter dastehen. Machen Sie nicht den Fehler, den Manager für alle Erfolge und Misserfolge seiner Einheit verantwortlich zu machen. Die Vergangenheit spielt ebenso eine Rolle wie kulturelle Aspekte, die Märkte oder das Wetter. Es kommt auf das *persönliche Zutun* des Managers an, nicht auf die absolute Leistung der Einheit.

Daraus folgt, dass viele numerische Performancekennzahlen (Umsatzwachstum, Kostenreduzierung und so weiter) für sich genommen gar nichts über die Qualität des Managers aussagen. Wie viele Manager verdanken ihren Erfolgsnimbus der Tatsache, dass es ihnen gelungen ist, erfolgversprechende Jobs an Land zu ziehen, in denen sie sich leid-

---

denke aber, dass die Art von narzisstischen Führungskräften, die wir heute bekommen – auf Eigennutz bedacht, heroisch, lebensfern und arrogant – zu keiner echten Innovation anspornt. Ein Problem sieht Maccoby allerdings ebenso wie ich: »Narzisstische Führungspersönlichkeiten – selbst die produktivsten unter ihnen – können selbstzerstörerisch sein und ihre Organisationen komplett in die Irre führen.« (S. 101) Vielleicht haben wir es heute aber auch mit einer narzisstischen Gesellschaft zu tun. Maccoby fügt hinzu: »Ein zur falschen Zeit geborener Visionär kann wie ein alberner Clown daherkommen.« (S. 101) Demnach sollten wir zwar offen sein für die Vorteile dieses Führungsstils, ihn aber mit Vorsicht anwenden.

lich durchschlugen, um anschließend die Lorbeeren einzuheimsen? (Hales 2001)

Selbst wenn der Beitrag des Managers zum Erfolg oder Misserfolg seiner Einheit erwiesen ist, gilt immer noch: **(6) Der Erfolg eines Managers ist immer relativ zu sehen, nicht nur vor dem Hintergrund der vorgefundenen Situation, sondern auch im Vergleich zu anderen möglichen Stellenkandidaten.** (Braybrooke 1964: 542) Vielleicht hätte ein abgelehnter Bewerber die Sache viel besser gemacht, womöglich sogar weil es sich um einen einfachen Job handelt? Diese Frage kann einen natürlich ohne Ende umtreiben. Wann kann man sich jemals sicher sein? Aber wenn es uns um eine realistische Bewertung der Qualität eines Managers geht, dürfen wir diesen Aspekt genauso wenig außer Acht lassen wie die anderen.

Darüber hinaus gilt: **(7) Die Qualität eines Managers richtet sich auch nach seiner breiteren Wirkung, die über die Einheit und die Organisation hinausreicht.** Was ist mit einem Manager, der seiner Einheit Erfolge auf Kosten des Gesamtunternehmens verschafft? Wenn beispielsweise die Verkaufsabteilung große Mengen eines Produkts verkauft, die Herstellung aber nicht mithalten kann und das Unternehmen so aus der Balance gerät? Aber können Sie dafür dem Verkaufsleiter die Schuld geben? Schließlich tut er doch nur das, wofür er bezahlt wird. Muss sich nicht das übergeordnete Management um Fragen dieser Art kümmern?

Nach konventioneller oder bürokratischer Sichtweise lautet die Antwort auf die letzte Frage: Ja. In Bürokratien sind alle Zuständigkeiten sauber verteilt. In der realen Welt der Unternehmensführung lautet die Antwort: Ja und nein. Keine Organisation ist perfekt; unerwartete Probleme können überall auftreten und müssen meist an Ort und Stelle behoben werden. Kein verantwortungsbewusster Manager kann sich Scheuklappen aufsetzen und nur seinen »normalen« Job verrichten, ohne nach links und rechts zu schauen. Ein Charlie Zinkan oder ein Gordon Irwin in den kanadischen Parks kann den Streit zwischen den Erschließungsunternehmen und den Umweltschützern nicht einfach zum ausschließlichen Zuständigkeitsbereich der Politiker erklären. **Eine gesunde Organisation ist keine Ansammlung isolierter Menschen, die sich nur um ihren eigenen Kram scheren; sie ist eine Gemeinschaft verantwortungsbewusster Menschen, die sich für das gesamte System und sein langfristiges Überleben interessieren.** (Watson 1999: 38)

Aber wir können hier nicht stehen bleiben. Wie steht es mit der Möglichkeit, dass etwas für die Organisation richtig, aber für das Umfeld oder die Welt falsch ist? Albert Speer war ein brillanter Manager, der die Waffenproduktion in Nazideutschland äußerst erfolgreich organisierte. (Singer und Wooton 1976) Nach dem Krieg setzten die Alliierten ihn dennoch hinter Gitter. Speer hätte der Welt und letztlich auch den Deutschen einen großen Gefallen getan, wenn er seine Einheit weniger erfolgreich organisiert oder besser noch etwas ganz anderes getan hätte.

Es wird viel geredet von der Verantwortung der Manager und davon, wie sie zur selbigen gezogen werden können, aber kaum jemand fragt danach, wem gegenüber diese Verantwortung besteht. Wenn wir »gesellschaftliche Verantwortung« einfordern, dann dürfen wir nicht bei der simplen Rhetorik verharren, sondern müssen uns mit den schwierigen Konflikten auseinandersetzen, die ein solches Engagement mit sich bringt. (Lesen Sie zur Illustration den Bericht im Anhang über meinen Tag bei Alan Whelan.)

Manche Wirtschaftswissenschaftler haben darauf eine einfache Antwort parat: Möge sich jedes Unternehmen um sein eigenes Geschäft und der Staat um die gesellschaftlichen Fragen kümmern. (Friedman 1962, 1970) Das ist eine klare Unterscheidung, die der Wirtschaftstheorie das Leben einfach macht. Nur leider hat sie der Gesellschaft bereits großen Schaden zugefügt.

Gibt es einen Wirtschaftswissenschaftler, der behaupten würde, gesellschaftliche Entscheidungen hätten keine ökonomischen Konsequenzen? Unwahrscheinlich: Alles hat seinen Preis. Kann dann ein Wirtschaftswissenschaftler behaupten, ökonomische Entscheidungen hätten keine gesellschaftlichen Konsequenzen? Und was passiert, wenn Manager sie ignorieren, selbst wenn sie sich innerhalb der gesetzlichen Vorgaben bewegen? Der russische Schriftsteller Alexander Solschenizyn, der seinerzeit in den Vereinigten Staaten lebte, hatte eine Antwort:

Ich habe mein gesamtes Leben unter einem kommunistischen Regime verbracht, und ich sage Ihnen, dass eine Gesellschaft ohne irgendeine objektive gesetzliche Messlatte etwas Furchtbares ist. Aber eine Gesellschaft, die ausschließlich die gesetzliche Messlatte kennt, ist ebenso wenig lebenswert. Eine Gesellschaft, die allein nach dem Buchstaben des Gesetzes funktioniert und keine darüber hinausreichenden Ambitionen hegt, macht von den menschlichen Möglichkeiten herzlich wenig Gebrauch. Der

Buchstabe des Gesetzes ist allzu kalt und unbarmherzig, um der Gesellschaft gutzutun. Wo immer das Gewebe des Lebens aus legalistischen Beziehungen gewebt ist, herrscht eine Atmosphäre der moralischen Mittelmäßigkeit, die die edelsten Impulse des Menschen lähmt.[13]

Berücksichtigen wir all diese Aussagen, dann stellt sich die Frage: Wie kann man da noch einen Manager bewerten? Die Antwort klingt auch hier *im Prinzip* einfach: mit dem urteilenden Verstand. **(8) Die Qualität eines Managers muss beurteilt und nicht lediglich gemessen werden.**

Wir können sicherlich für einige der besprochenen Aspekte geeignete Messverfahren finden, etwa wenn es um die kurzfristige Performance der Einheit geht. Aber wie können wir den Rest messen, und wie sieht das Gesamtmaß aus, mit dem wir die magische Frage beantworten können? Schauen Sie jemandem wie Fabienne Lavoie auf ihrer Krankenstation einige Stunden oder besser noch einige Monate über die Schulter, und sagen Sie mir, wie Sie die Qualität ihrer Arbeit *messen* wollen? Selbst in einer zahlenbestimmten Branche wie dem Bankgeschäft stellt sich die Frage: Wie wollen Sie die Güte eines John Cleghorn messen? Nach dem Verlauf des Aktienkurses? (Der stieg gerade auch bei jenen amerikanischen Banken, die in zweitklassige Hypothekendarlehen investierten.)

Wenn Sie die acht Kriterien für die Bewertung der Qualität von Managern für übertrieben oder für akademisch halten, dann sollten Sie einmal an die übertriebenen und abgehobenen Boni denken, die den Managern ohne Rücksicht auf diese Kriterien gewährt wurden. Ihnen lagen denkbar einfache Kriterien zugrunde wie der eher kurzfristige Anstieg des Aktienkurses. **Was ein Manager wirklich leistet, zeigt sich erst nach längerer Zeit, und wir wissen nicht, wie wir Performance über längere Zeiträume messen sollen; dies gilt zumindest für eine Form, die dem konkreten Manager zugeordnet werden kann. Managerboni gehören folglich abgeschafft. Punkt.**

Wo ist unser gesunder Menschenverstand geblieben? Es gab mal so etwas wie eine Urteilskraft – jenseits aller Zahlen und Messwerte, quasi aus dem Dunkeln heraus.

---

13 Vgl. www.columbia.edu/cu/augustine/arch/sozhenitsyn/harvard1978.html.

Und dann kamen die Zahlen und Maße mit ihrem grellen Licht. Das war gut, solange sie nur zusätzliche Anhaltspunkte für die Beurteilung boten. **Messen Sie ruhig, was Sie messen können, aber überlassen Sie den Rest dann Ihrem Urteilsvermögen. Lassen Sie sich nicht von Messwerten und Zahlen paralysieren. Leider passiert das viel zu häufig, mit der Folge, dass wir den eigenen Verstand ausschalten.**

Im Jahr 1981 veröffentlichte der Business Roundtable, ein Kreis von CEOs der angesehensten Unternehmen Amerikas, sein »Bekenntnis zur unternehmerischen Verantwortung«.

> Die Abwägung des Anspruchs der Aktionäre auf maximale Rendite gegen andere Prioritäten gehört zu den grundlegenden Problemen des Unternehmensmanagements. Der Anteilseigner muss eine gute Rendite erhalten, aber die legitimen Ansprüche der übrigen Beteiligten (der Kunden, Mitarbeiter, Anwohner, Zulieferer und der Gesellschaft insgesamt) müssen ebenfalls gebührend berücksichtigt werden. ... Führende Manager sind davon überzeugt, dass den Interessen der Anteilseigner am besten gedient ist, wenn die legitimen Ansprüche sämtlicher Beteiligter gewissenhaft berücksichtigt und gegeneinander abgewogen werden. (Zit. nach: Mintzberg, Simons und Basu 2002: 71, da der Text von der Website des Business Roundtable genommen wurde)

Im Jahr 1997 veröffentlichte der Business Roundtable mit den »Grundsätzen der Unternehmensführung« eine weitere Erklärung. Darin heißt es, die wichtigste Pflicht des Managements und der Unternehmensvorstände sei es, die Interessen der Anteilseigner zu wahren:

> Die Vorstellung, dass die Unternehmensführung die Interessen der Aktionäre gegen die Interessen anderer Beteiligter abwägen müsse, beruht auf einem falschen Verständnis von der Rolle der Topmanager. Im Übrigen handelt es sich um eine praxisuntaugliche Vorstellung, weil sie keine Kriterien für die Lösung von Konflikten zwischen den Interessen der Anteilseigner und denen der übrigen Beteiligten oder zwischen unterschiedlichen Gruppen unter den Letzteren liefert. (Auch dieser Text ist unter www.businessroundtable.org nicht mehr zu finden; vgl. daher beispielsweise www.fastcompany.com/magazine/59/ceo. html?page=0%2C1.)

Keine Kriterien, fürwahr – abgesehen vom Urteil des gesunden Menschenverstands. Irgendwann zwischen 1981 und 1997 muss dieser Kreis von Amerikas prominentesten CEOs das Urteilsvermögen verloren haben. Die gegenwärtige ökonomische Krise in Amerika überrascht einen dann nicht mehr. (Vgl. »How Productivity Killed American Enterprise« auf www.mintzberg.org)

Die Botschaft dieses Unsinns lautet: **Wer in welcher Managerposition auch immer erfolgreich sein will, braucht ein gesundes Urteilsvermögen – keine Ideologien, keine Lehren, keine zur hohen Kunst stilisierte Habgier, keine modische Technik, nicht den ganzen Führungshype, sondern den guten alten Menschenverstand.** Manche Dinge lassen sich leichter messen als andere, aber Zahlen allein führen wahrlich nicht weiter.

Wir wollen gleich ein Beispiel bringen. Ich schreibe Bücher und entwickle Programme für Manager. Manchmal fragen mich die Leute nach Performancemaßen für Letztere: »Wie stark wird unser Aktienkurs steigen, wenn wir Joanne in Ihr Programm schicken?« Ich antworte mit einem Verweis auf Erstere: »Denken Sie an ein Buch, das Sie in letzter Zeit gelesen haben: Können Sie seine Kosten quantifizieren?« Klar, Sie haben soundso viel Geld dafür ausgegeben, soundso viel Zeit damit verbracht. »Gut. Jetzt quantifizieren Sie bitte den Nutzen. Wenn Ihnen das gelungen ist und Sie die Wirkung auf sich selbst gemessen haben, geben Sie mir Bescheid, und ich werde dasselbe für das Programm tun.« Als Leser finden Sie dieses Buch möglicherweise ganz fantastisch – Sie würden ihm 4,9 von 5 Punkten geben –, ohne dass Sie jemals etwas damit anzufangen wissen. Oder Sie fanden jedes Wort unerträglich – 2,3 Punkte (Sie brauchten allerdings einige Zeit, um das festzustellen) –, verwenden aber ein Jahr später eine Idee daraus, ohne sich dessen bewusst zu sein.

Sollten wir aufhören, Bücher zu lesen, deren Wirkung wir nicht messen können? Sollten wir fernerhin keine Unternehmen mehr managen, weil wir uns der langfristigen Auswirkungen niemals sicher sein können? Die Lektüre eines Buches ist ja verglichen mit der Praxis des Managens eine sehr einfache Sache. Lassen Sie meinetwegen das Lesen sein, aber auf die Managertätigkeit können wir nicht verzichten. Die Tatsache, dass es keine verlässlichen Maße gibt, öffnet natürlich allen möglichen Spielchen Tür und Tor, beispielsweise aus der Luft gegriffenen Entschuldigungen dafür, warum ein Manager gescheitert ist, oder der Umdeutung einer Niederlage in einen Erfolg; aber indem wir das Messen überbewerten, ermöglichen wir noch viel schlimmere

Spielchen. Lassen Sie also neben den Zahlen das Urteil des gesunden Menschenverstands wieder zu Ehren kommen.

Entwicklung und Schulung

Wie sollte die Personalentwicklung bei Managern aussehen? Im Jahr 1996 beschlossen wir, die Welt der Managerausbildung und -schulung zu überdenken und die Praxis des Managens in der in diesem Buch beschriebenen Richtung zu verändern. Wir begannen bei uns selbst – mit der »Management«-Ausbildung an der wirtschaftswissenschaftlichen Fakultät. Manche von uns an der McGill University in Montreal hatten ernste Vorbehalte gegen MBA-Programme. Beim konventionellen *»Master of Business Administration«* (MBA) geht es um eben das: um die Unternehmensverwaltung. Man erfährt dort eine ganze Menge über die Unternehmensfunktionen, aber wenig über die Praxis des Managens. Indem der Student den Eindruck vermittelt bekommt, er lerne etwas über Management und sei anschließend für Führungsaufgaben gewappnet, wird nur die Hybris gefördert. Überdies bezieht der Student seine Lerninhalte aus den Erfahrungen anderer, sei es in Form von konkreten Fallbeispielen, sei es über den Umweg einer Theorie.

Zusammen mit Kollegen aus aller Welt[14] gründeten wir das International Masters Program in Practicing Management (www.impm.org). Es bildete die Basis für eine Reihe weiterer Initiativen. Vier davon werden im Kasten auf Seite 296–298 kurz vorgestellt. Doch zuvor sollen die Prämissen dargelegt werden, auf denen sie alle beruhen. Bei all diesen Initiativen geht es um eine *natürliche Entwicklung*.

1. Weder Manager noch Führungskräfte lassen sich in einem Seminarraum heranzüchten.   Wenn Management eine Praxis ist, kann man es nicht wie eine Wissenschaft oder einen Beruf erlernen. Man kann Management schlicht und einfach nicht lehren.[15] MBA- und andere

---

14 Die Kollegen kamen von der Lancaster University in England, vom INSEAD in Frankreich und vom Indian Institute of Management in Bangalore. Außerdem beteiligte sich noch eine Gruppe japanischer Kollegen.

15 In einem häufig zitierten Artikel unter der Überschrift »How Business Schools

Programme, die das Gegenteil behaupten, fördern lediglich die Hybris – mit destruktiven Folgen. Manche der besten Manager beziehungsweise Führungskräfte haben nie auch nur einen Tag in einem Seminarraum verbracht, während kein Mangel an schlechten herrscht, die ihre zwei Jahre dort folgsam abgesessen haben.[16]

2. Die Managertätigkeit erlernt man in der Praxis durch vielfältige Erfahrungen und Aufgaben. Niemand wird Chirurg oder Buchhalter, ohne entsprechende Seminare besucht zu haben. Im Management sieht die Sache anders aus. Der Job ist, wie wir gesehen haben, zu facettenreich, zu komplex und zu dynamisch, als dass man sich theoretisch darauf vorbereiten könnte. Der logische Ausgangspunkt ist also, sicherzustellen, dass ein Manager die bestmöglichen Praxiserfahrungen erhält. Wie sowohl Hill (2003: 228) als auch McCall (1988) betonen, kann die erste Managerstelle prägend sein, weil der Manager zu diesem Zeitpunkt am aufgeschlossensten für neue Erfahrungen und das Erlernen der Grundlagen ist« (Hill, S. 288). Außerdem kann das Lernen durch eine Vielfalt zu bestehender Herausforderungen gefördert[17] (McCall 1988; McCall u. a. 1988) und durch Mentoren und Managerkollegen unterstützt werden (Hill, S. 227).

Lost Their Way« fragen Bennis und O'Toole (2005): »Warum gibt es nicht mehr Professoren, die ihren Studenten beibringen, mit dem Blick des Generalisten die großen Zusammenhänge wahrzunehmen?« Die Antwort lautet: Solche Dinge lassen sich nicht lehren.

16 Vgl. *Managers Not MBAs* (Mintzberg 2004b: 1–194). Auf den Seiten 114–119 wird eine Studie präsentiert, die ich zusammen mit Joseph Lampel erstellt habe. Wir knöpften uns eine Liste mit Superstars der Harvard Business School vor, die wir in dem 1990 erschienenen Buch eines Insiders gefunden hatten, und verfolgten die Performance der 19 CEOs auf der Liste, von denen einige ziemlich berühmt sind, über zehn Jahre lang. Zehn scheiterten total (die Unternehmen machten pleite, der CEO wurde gefeuert, eine Fusion erwies sich als kapitale Fehlentscheidung und so weiter); weitere vier erzielten bestenfalls ein Unentschieden. Nur fünf der 19 schienen zu reüssieren.

17 Solange sie Substanz bieten: Unter Berücksichtigung des Oberflächlichkeitssyndroms könnte sich die gegenwärtige Sitte in manchen Unternehmen, Manager alle zwei Jahre auf andere Posten zu setzen, als kontraproduktiv herausstellen.

3. Schulungen können den Managern helfen, ihre Erfahrungen zu deuten, indem sie sich selbstständig und zusammen mit Kollegen darüber Gedanken machen. Der Seminarraum eignet sich hervorragend dazu, Wahrnehmungen und Fähigkeiten von Menschen zu verstärken und zu vertiefen, die bereits in der Managementpraxis stehen, besonders wenn die Teilnehmer ihre eigenen Erfahrungen einbringen.

Bei der Personalentwicklung von Managern geht es um ihre Leistungsbereitschaft, um ihren Einsatz: für den Job, für die Mitarbeiter, für die »Sache« natürlich, aber auch für die Organisation und darüber hinaus für die Belange der Gesellschaft.

Die Managerschulung zielt darauf, Ereignisse durch Reflexion in Erfahrungen zu verwandeln, und das heißt wiederum, dass der viel beschäftigte Manager lernen muss, den Fuß vom Gaspedal zu nehmen und sich in aller Ruhe mit seinen Erfahrungen auseinanderzusetzen. Die Schulung muss dementsprechend so ablaufen, dass der Manager zwischen seinen Arbeitsaktivitäten und den Betrachtungen an einem ruhigeren Ort hin- und herwechseln kann. Das ist sowohl an einem speziell dafür vorgesehenen Ort im Rahmen eines offiziellen Programms möglich als auch im unmittelbaren Umfeld des Arbeitsplatzes (etwa in Form einer teilweise dafür genutzten Mittagspause). Am besten, so haben wir herausgefunden, funktioniert das mit einer kleinen Gruppe von Managern, die gemeinsam um einen runden Tisch sitzen und ihre Erfahrungen austauschen.

4. Integraler Bestandteil dieser Schulung muss es sein, den Lernprozess selbst an den Arbeitsplatz zu tragen und auf die Organisation auszudehnen. Ein gewichtiges Problem der Managerschulung liegt darin, dass sie häufig isoliert erfolgt. Der Manager wird geschult, lernt möglicherweise grundlegende Dinge neu, um anschließend an einen unveränderten Arbeitsplatz zurückzukehren. Die Managerschulung sollte mit einer Weiterentwicklung der Organisation einhergehen: Von Managerteams darf erwartet werden, dass sie ihre Organisation verändern.

5. All dies muss so organisiert werden, wie es der Natur der Managertätigkeit selbst entspricht – beispielsweise abgestimmt auf die Grundeinstellung des Managers. Ein Großteil der Managerausbildung und der Managerschulung ist um die Unternehmensfunktionen herum organisiert. Das ist gut, um etwas über das Unternehmen zu lernen, aber

Marketing + Finanzen + Buchhaltung und so weiter sind noch lange nicht = Management. Die Konzentration auf die Unternehmensfunktionen impliziert zudem eine Konzentration auf die Analyse. Das ist sicherlich ein wichtiger Aspekt im Denken des Managers, aber nur einer unter mehreren. Dass er sich am leichtesten unterrichten lässt, darf nicht dazu führen, dass er zum wichtigsten Lernfach wird. Wir haben schon mehr als genug rechnende Manager. Wir brauchen stattdessen solche, die sich im kalkulierten Chaos des Managens – in seiner Kunst und seinem Handwerk – auskennen und um die Bedeutung der Reflexion, der Weltlichkeit, der Kooperation und des Handelns wissen.

All dies ist Bestandteil jener von uns entwickelten Programme, die nun vorgestellt werden. Linda Hill erklärt dazu:

> Wie diese Studie zeigt, sollten sich Manager intensiv um die eigene Schulung und Entwicklung kümmern. Sie müssen lernen, aus ihren praktischen Lernerfahrungen Kapital zu schlagen. Das setzt ein Bemühen um fortgesetztes Lernen, Selbstdiagnose und Selbstmanagement voraus. Dieser Weg ist gelinde gesagt steinig und die wenigsten Organisationen unterstützen ihre Leute dabei. (2003: 234)

Offenbar nicht ganz so steinig ist er, sobald der Manager erkennt, dass er das Subjekt statt das Objekt der Veränderung sein kann. Die hier beschriebene Gruppe von Initiativen soll genau das leisten, was Hill einfordert – bis dahin, dass der Manager die Verantwortung für seine eigene Schulung übernimmt.

Um es noch einmal zu wiederholen: Management wird hier niemandem beigebracht – weder von einem Professor noch von irgendeinem Fachmann für Personalentwicklung, einem offiziellen Coach oder womöglich dem eigenen Vorgesetzten des Managers. Der Manager lernt in erster Linie aus eigenem Antrieb. Wir haben gesehen, wie sich ein solcher Lernprozess in einem Seminarraum moderieren lässt, aber wir haben auch gelernt, wie viel wirkungsvoller es sein kann, wenn er sich spontan bei der Arbeit abspielt, wenn Manager über ihre Erfahrungen reflektieren, voneinander lernen und gemeinsam in ihren Organisationen und in der Gesellschaft Dinge verbessern. Die Botschaft unserer eigenen Erfahrungen lautet: **Nichts ist so wirkungsvoll und so natürlich wie engagierte Manager, die darum bemüht sind, sich selbst, ihre Organisationen und ihr gesellschaftliches Umfeld weiterzuentwickeln.**

Personalentwicklung: Vom Management zum Unternehmen, von dort zur Gesellschaft und dann zurück zum einzelnen Manager

Mitte der Neunzigerjahre begannen wir, die Managerausbildung als Ganzes neu zu überdenken. Dies führte zur Entwicklung einer Gruppe neuer Programme, von denen wir hier vier beschreiben wollen.

IMPM: Managerausbildung plus Managerentwicklung Im Jahr 1996 begannen wir mit dem International Masters Program in Practicing Management (www. impm.org), mit dem wir die Wirtschaftsausbildung in Richtung Managementausbildung verschieben und durch eine Managementschulung erweitern wollten. Das IMPM sollte den Managern helfen, ihren Job in ihren jeweiligen Organisationen besser zu *machen*, nicht anderswo einen besseren Job zu *bekommen*.

Beim MBA liegt der Schwerpunkt der Lehre auf Unternehmensfunktionen wie Marketing, Finanzen und Personalmanagement. Das IMPM orientiert sich stattdessen an den Grundeinstellungen des Managers, mit den Schwerpunkten Reflexion, Analyse, Weltlichkeit, Kooperation und Handeln. Die Programme dauern insgesamt sechzehn Monate und finden in England, Kanada, Indien, Japan und Korea sowie in Frankreich statt. Praktizierende Manager, die vorzugsweise in Gruppen von ihren Unternehmen entsandt werden, pendeln frei zwischen diesen Modulen und ihrer Arbeit.

In kleinen Gruppen am runden Tisch lernen die Manager voneinander, indem sie ihre Gedanken zu den eigenen Erfahrungen kundtun. Gelegentlich tauschen sie sich über bestimmte Fähigkeiten aus (wie man Kontaktnetze pflegt oder in einem geschäftigen Arbeitsumfeld Raum für eigene Gedanken findet), um sich die eigene Berufspraxis bewusster zu machen. Es kommt auch zu »Austauschprogrammen«, bei denen sich jeweils zwei Manager zusammentun und sich gegenseitig für mehrere Tage besuchen, um die eigene Weltlichkeit, also Weltoffenheit in Verbindung mit Bodenständigkeit, zu erhöhen.[18]

ALP: Managerentwicklung plus Organisationsentwicklung Sogenannte Advanced Management Programs sind häufig nur Kopien des konventionellen MBA: Sie

---

18 Zu den Ablegern dieses Programms gehören neben den hier vorgestellten das McGill-HEC EMBA Program, das ähnlich aufgebaut ist und die teilnehmenden Manager ebenfalls an Unternehmensfragen arbeiten lässt, die für ihre Arbeitgeber von Interesse sind (www.embamcgillhec.ca), und EMBA Roundtables, wo Teilnehmer verschiedener EMBA-Programme aus aller Welt für eine Woche zusammenkommen (www.business-school.exeter.ac.uk/executive/roundtables).

verwenden dieselben Fallstudien und überwiegend dieselbe Theorie, sie sind nach Unternehmensfunktionen strukturiert und praktizieren dieselbe Art von Frontalunterricht.

Unser Advanced Leadership Program (www.alp-impm.com) baut auf unseren Erfahrungen aus dem IMPM auf. Hier buchen die Kundenunternehmen nicht einzelne Plätze, sondern ganze Tische; sie schicken Teams aus sechs Managern, wobei jedes Team für ein zentrales Thema im Unternehmen zuständig ist. In drei über ein halbes Jahr verteilten Einheiten von je einer Woche arbeiten die Teams in einem Prozess, den wir als »freundschaftliche Beratung« bezeichnen, gemeinsam an den Problemen der einzelnen Teammitglieder, um dann neue Ideen in ihre Unternehmen zu bringen. Unsere Erfahrung ist, dass die Manager sowohl als Berater für die Kollegen als auch als Teammitglieder sehr tief in diesen Prozess eintauchen und in ihren Unternehmen anschließend wichtige Veränderungen bewirken.

IMHL: Gesellschaftliche Entwicklung Unser drittes Programm, International Masters for Health Leadership (www.mcgill.ca/imhl), entstand nach dem Muster des IMPM, aber für praktizierende Manager, meist mit klinischem Hintergrund, aus allen Sparten des Gesundheitswesens und aus allen Gegenden der Welt.

Dieses Programm greift auf die »freundschaftliche Beratung« des ALP-Programms zurück und überträgt sie auf die gesellschaftliche Entwicklung. Die Manager sprechen nicht nur über Themen, die mit ihrer Tätigkeit und mit ihrer Organisation zu tun haben, sondern sie beschäftigen sich im Rahmen des Kurses auch mit gesundheitlichen Problemen ihres Umfelds und der Gesellschaft insgesamt. Eine Gruppe aus Quebec beispielsweise präsentierte die Resultate ihrer Gespräche, in denen es um die Dezentralisierung der staatlichen Gesundheitsdienste ging, einer staatlichen Kommission. Die Kommissionsmitglieder wollten mehr erfahren und wurden zu den Gesprächsrunden der Gruppe eingeladen. Eine Woche später fand eine gemeinsame freundschaftliche Beratung an runden Tischen statt. Eine andere Gruppe, diesmal aus Uganda, wandte das hier erlebte Konzept zu Hause auf sechzig Manager aus dem Gesundheitswesen aus sieben afrikanischen Ländern an.

Coaching Ourselves: Eigenentwicklung Diese früheren Initiativen wurden vom Konstruktionsleiter eines Hightech-Unternehmens zu ihrer natürlichen Vollendung gebracht. Er musste seine eigenen Manager schulen, hatte aber kein Budget dafür. Als er hörte, was wir in diesen Programmen veranstalteten, machte er es ebenso – auf eigene Faust. Die Gruppe traf sich alle ein bis zwei Wochen zum Mittagessen, um sich über ihre Erfahrungen auszutauschen, und verwendete zur Belebung der Diskussion auch Materialien aus unseren IMPM- und ALP-Programmen. Das ging so zwei Jahre lang, wobei einige Teilnehmer der Anfangsgruppe in der Zwischenzeit ihre eigenen Gruppen gründeten.

Der Erfolg ermutigte uns, die Initiative unter www.coachingourselves.com aufzugreifen, um Managergruppen aus anderen Organisationen ebenfalls die Chance zu geben, ihren Lernprozess selbst zu leiten. Die Website bietet Downloads zu diversen Themen wie »Dealing with the Pressures of Managing« oder »Time for Dialogue« an, mit denen die Manager sich dann in informellen, rund 75 Minuten dauernden Gesprächsrunden beschäftigen können. Dabei bildet sich in der Gruppe ein Teamzusammenhalt aus, der das Gemeinschaftsgefühl fördert und Veränderungen in der Organisation unterstützt. Manche Unternehmen führen solche Programme mittlerweile in ihren mittleren Managementebenen flächendeckend durch und nutzen sie, um Veränderungsprozesse zu fördern.

Natürlich managen

Wenn die Managerschulung und -entwicklung natürlicher wird, besteht auch Hoffnung für die Managertätigkeit selbst.

Welche Spezies ist außer Kontrolle?

Wir Menschen sind vermutlich ursprünglich in Gruppen oder Gemeinschaften aufgebrochen, um zu jagen und zu sammeln oder Konkurrenten zu vertreiben, die in unserem Revier jagten und sammelten. Wahrscheinlich waren wir ähnlich organisiert wie die Gänse heute: Der Stärkste führte die Gruppe an, bis ein anderer stärker wurde als er. Das heißt nicht, dass Führung, Charisma, Empowerment, Management und all das Übrige nicht existierten, sondern dass sie sich auf natürliche Weise in die gesellschaftlichen Prozesse einfügten. Unsere Urahnen hatten das Glück, dass ihnen noch nicht jene Tausende von Büchern zur Verfügung standen, die all dies glorifizierten, und so kamen sie auch ohne das ganz gut zurecht.

Wir hingegen haben diese Bücher und tun uns damit häufig schwer. Es ergeht uns ähnlich wie jener Tausendfüßlerin im Anfangszitat von Kapitel 5, die sich irritiert fragt, wie sie ihre Beine bewegen soll.

Im Lauf der Jahre wurden wir immer organisierter, und vielleicht auch immer verdrehter. Zuerst waren da vermutlich die Gruppenleiter, die, so gut es ging, die Feinde abwehrten und von denen einige irgendwann damit begannen, ihre eigenen Leute einzuschüchtern. Im Laufe von Jahrtausenden wurden daraus Häuptlinge, Herrscher, Priester, Pharaonen, Kaiser, Imperatoren, Könige, Königinnen, Shogune, Zaren, Maharadschas, Scheichs, Sultane, Vizekönige, Diktatoren, Führer, Premierminister und Präsidenten, ganz zu schweigen von Managern, Direktoren, Führungskräften, Chefs, Oligarchen, CEOs, COOs, CFOs und CLOs.

Sollten all diese Etiketten uns nicht etwas sagen – nämlich dass *wir* die Spezies sind, die außer Kontrolle geraten ist? An früherer Stelle erwähnte ich den Banff-Nationalpark, wo Gordon Irwin vom »Bärenstau« erzählte: einem von einem Bären verursachten Verkehrsstau. Einer trottet bis zur Straße und die Touristen halten an – manche steigen sogar zum Fotografieren aus –, während die Lkw-Fahrer fluchen. Aber das ist doch widersinnig: Jahrtausende lang regelten sich solche Situationen von selbst und ohne unser »Management«. Heute brauchen wir einen »Bärenmanagementplan«!

Überlegen Sie, was in einem Umfeld, das uns so »natürlich« vorkommt, aus Management und Führung geworden ist. Wir haben aus einfachen Situationen komplizierte gemacht, indem wir »Führungskräfte« auf Podeste stellten, und haben dabei gleich noch das gute alte Management untergraben, indem wir aus Menschen Human Resources machten und uns dem Irrglauben hingaben, Management sei ein erlernbarer Beruf und Manager ließen sich in Seminarräumen heranzüchten, und indem wir Bärenmanagementpläne entwickelten, während die Menschen sich um das angemaßte Recht streiten, die Natur zu »managen«.

Wenn Sie Management wirklich verstehen wollen, sollten Sie sich in die Niederungen begeben, wo Hirsche in den Städten grasen und Lkw-Fahrer gegen die Touristen kämpfen. Vielleicht können Sie sich von da aus dann in die Höhe arbeiten bis zu den abstrakten Vorstellungen von Management, die uns so faszinieren – wo Menschen weit überdurchschnittliche Einkommen erzielen, weil ihre Arbeit scheinbar eminent wichtig ist, in Wirklichkeit aber vielleicht, weil sie sich mit so viel mehr Unsinn herumplagen müssen, von dem nicht wenig auf das Konto ihrer eigenen formalisierten Systeme geht. Was vermeintlich dazu entwickelt wurde, um mit einer komplexen Wirklichkeit zurechtzukommen, ist in Wahrheit vielleicht nur ein konzeptioneller Deckmantel für eine außer Kontrolle geratene Spezies, die sich ihrem natürlichen Umfeld entfremdet hat. Die Bären wissen sehr genau, dass das eigentliche Problem der »Menschenstau« ist.

Managen als natürlicher Akt

Ist es nicht an der Zeit, dass wir uns auf unser Menschsein besinnen und unsere kindische Vernarrtheit in das Führungsprinzip ad acta legen? Können wir nicht einfach so vernünftig wie die Bienen in ihrem Schwarm sein? **Was wäre natürlicher, als unsere Unternehmen nicht als mystische Hierarchien, sondern als tatkräftige Gemeinschaften zu betrachten, in denen jeder geachtet ist und diese Achtung erwidert?** (Vgl. »Rebuilding Companies as Communities«, Mintzberg 2009c) Natürlich brauchen wir Menschen, die einen Teil unserer Anstrengungen koordinieren, in komplexen gesellschaftlichen Systemen Orientierung geben und jene unterstützen, die einfach nur nützliche Arbeit verrichten wollen. Aber das sind Manager, die mit uns arbeiten; es ist nicht notwendig, dass sie uns beherrschen.

> Management ist eine sehr praktische, bodenständige Tätigkeit. Es gibt da keine tiefgründigen Wahrheiten und verborgenen Geheimnisse zu entdecken. Management ist eine sehr einfache Tätigkeit, die darin besteht, Menschen und Ressourcen zusammenzubringen, um Waren und Dienstleistungen zu produzieren. ... Die Botschaft lautet: Nehmen Sie es nicht so schwer – seien Sie verspielt, beweglich und wach. (Watson 1994: 215f.)

Richard Boyatzis von der Case Western Reserve University schreibt: »Zum Management scheint es keine Bilder, Metaphern und Modelle aus der Natur zu geben.« Und weiter: »Management ist ein unnatürlicher Akt. Jedenfalls gibt es keine Anleitung für das Verhalten eines Managers.« (1995: 50) Ich habe von Anfang an betont, dass es das Anleitungsbuch für den Manager nicht gibt, und sicherlich ist die Managertätigkeit – intellektuell und gesellschaftlich, wenn nicht gar körperlich – ein erhebliches Stück anspruchsvoller, als eine Schar Gänse zu führen oder einen chemischen Stoff zu verströmen, um einen Bienenschwarm zusammenzuhalten.

Aber ich bin davon überzeugt, dass Management ein natürlicher Akt ist, den wir lediglich zu etwas Unnatürlichem machen, indem wir ihn aus seinem natürlichen Kontext herauslösen und nicht als das sehen, was er in Wahrheit ist.

Wenn Management und Führung natürliche Vorgänge sind, verschwenden wir dann nicht möglicherweise unsere Zeit, indem wir versuchen, herausragende Manager und Führungskräfte zu finden oder gar zu formen? Vielleicht sollten wir uns vielmehr eingestehen, dass auch ganz normale Leute, die den einen oder anderen Fehler machen, ihrer Rolle als Manager und Führungskraft gerecht werden, und das nicht selten mit beachtlichem Erfolg. Um es noch deutlicher zu formulieren: **Um ein erfolgreicher Manager oder eine fähige Führungskraft zu sein, ist vielleicht viel weniger einzigartige Begabung als vielmehr emotionale Gesundheit und ein klarer Verstand vonnöten.** Das ist es jedenfalls, was ich bei vielen der von mir beobachteten 29 Manager feststellen konnte.

Natürlich gibt es den einen oder anderen speziellen Menschentyp – den Narzissten beispielsweise –, der für eine bestimmte Zeit besonders erfolgreich zu sein scheint, vielleicht im Falle sehr schwieriger Umstände. Aber wenn sie mir einen von ihnen zeigen, zeige ich Ihnen viele andere desselben Typs, die kläglich gescheitert sind, indem sie diese schwierigen Umstände überhaupt erst herbeigeführt haben.

Vielleicht sollten wir uns einen guten Manager als eine gewöhnliche, natürliche Führungskraft auf dem richtigen Posten vorstellen, die vom MBA-Studium und von Leadership-Moden verschont geblieben ist. Vielleicht sagte sich der Mensch, der das Management erfunden hat, einfach nur schlicht: »Keine Organisation kann überleben, solange nur Genies und Supermänner in der Lage sind, sie zu managen. Wir müssen sie so organisieren, dass sie sich von gewöhnlichen Menschen führen lässt.« (Drucker 1946: 26; vgl. auch Winnicott 1967)

Denken Sie an den kleinen Jungen in dem Märchen von Hans Christian Andersen, der laut aussprach, dass der Kaiser keine Kleider trug. Er hätte zur großen Führungsfigur erhoben werden können. Wurde er das? War er besonders intelligent? Oder besonders mutig? Vielleicht tat er, im Gegensatz zu all den Menschen um ihn herum – den Kaiser inbegriffen –, lediglich das Naheliegende.

Wie kommen wir zu einer solchen natürlichen Führung? Peter Drucker empfiehlt als ersten Schritt, Organisationen nicht länger auf heroische Leader zuzuschneiden. Kein Wunder, dass wir an ihnen nicht vorbeikommen: Wenn ein Held scheitert, suchen wir verzweifelt nach dem nächsten. In der Zwischenzeit gerät die Organisation – Schule, Regierung, Krankenhaus – ins Straucheln. **Indem wir das Führungsprinzip hochhalten, halten wir alle anderen Beteiligten unten. Wir erzeugen Scharen von Gefolgsleuten, die zur Leistung angetrieben werden müssen, anstatt auf den natürlichen Drang des Menschen zur Kooperation in Gemeinschaften zu setzen. So gesehen scheint erfolgreiches Management dadurch gekennzeich-**

net zu sein, dass es ebenso Engagement erzeugt, wie es selbst engagiert ist, dass es andere vernetzt und selbst vernetzt ist, dass es unterstützt und Unterstützung erhält.

Wir reden in unseren Gesellschaften auch viel über Demokratie, aber auch hier verlassen wir uns allzu sehr auf das Führungsprinzip. In unseren Organisationen – in denen wir so viel Lebenszeit verbringen und die unser Leben insgesamt so stark beeinflussen – herrscht heute weder Demokratie noch Gemeinschaftsgeist. Das vorherrschende Modell ist die Autokratie – und sie färbt zunehmend auch auf unsere staatlichen Organe ab.

Ich bin überzeugt, dass das Thema dieses Buches ins Herz unseres modernen Lebens – eines zunehmend »organisierten« Lebens – trifft. Wir müssen Management und Organisation ebenso überdenken wie Führung und Gemeinschaftsgeist, indem wir erkennen, wie einfach, natürlich und gesund all das sein kann.

ANHANG

Acht Managementtage

BEOBACHTER: *Herr R., wir haben kurz über dieses Unternehmen und seine Betriebsweise gesprochen. Wollen Sie uns jetzt bitte sagen, was Sie tun?*
MANAGER: *Was ich tue?*
BEOBACHTER: *Ja.*
MANAGER: *Das ist nicht einfach.*
BEOBACHTER: *Ich bitte Sie dennoch darum.*
MANAGER: *Als Präsident bin ich natürlich für viele Dinge verantwortlich.*
BEOBACHTER: *Das ist mir bewusst. Aber was genau tun Sie?*
MANAGER: *Nun ja, ich muss schauen, dass die Dinge laufen.*
BEOBACHTER: *Können Sie mir ein Beispiel nennen?*
MANAGER: *Ich muss schauen, dass wir uns in einer gesunden finanziellen Lage befinden.*
BEOBACHTER: *Was genau tun Sie in diesem Zusammenhang?*
MANAGER: *Das ist schwer zu sagen.*
BEOBACHTER: *Lassen Sie es uns anders versuchen. Was taten Sie gestern?*
SHARTLE (1956: 82)

Wie bereits mehrfach erwähnt, habe ich 29 Manager jeweils einen Tag lang besucht, um anschließend das Geschehen (und den Inhalt unserer Gespräche) in nüchternen *Beschreibungen* festzuhalten und durch konzeptionelle *Interpretationen* zu ergänzen. Hier im Anhang präsentiere ich nun die Beschreibungen von acht dieser Tage, um die Basis dieses Buches zu veranschaulichen und die Vielfältigkeit der Managertätigkeit an ein paar Beispielen zu illustrieren. Die Beschreibungen aller 29 Tage mitsamt meinen konzeptionellen Interpretationen finden

Sie auf www.mintzberg-managing.com; zusammen sind sie beinahe noch einmal so lang wie der Text dieses Buches.

Bevor ich zu den Beschreibungen dieser acht Tage komme, lassen Sie mich ein paar Worte zum Vorgehen sagen.

Auswahl der Manager für die Studie

Zuerst ging es mir darum, eine nach Sektor, Größe der Organisation, Hierarchieebene und Ort gemischte Gruppe von Managern zusammenzustellen (wie aus Tabelle 1.1 auf Seite [6] ersichtlich). Unter dieser Maßgabe einer gelungenen Mischung habe ich dann meine Chancen ergriffen. Es gibt so viele Manager an so vielen unterschiedlichen Orten, dass ich gar nicht erst den Versuch unternahm, eine wissenschaftliche Stichprobe zu erzielen oder auch nur die Kriterien einer wissenschaftlichen Stichprobe zu ermitteln. Jedenfalls verfolgte ich nicht die Absicht, eine Hypothese zu testen oder etwas Konkretes zu beweisen, ich wollte schlicht und einfach einen Eindruck von der Vielfalt der Managertätigkeit gewinnen.[1]

In manchen Fällen wandte ich mich an Leute, die ich kannte: einen Bankier, »dessen« Lehrstuhl ich bekleide, einen Freund, der eine Radiostation leitete, einen Verwandten, der eine Einzelhandelskette aufgebaut hatte, und so weiter. In anderen Fällen haben Bekannte von mir den Kontakt zu den Managern hergestellt – unter anderem bei Greenpeace, im englischen National Health Service und in der kanadischen Regierung. Ich wollte zudem eine Vorstellung gewinnen von Menschen, die unser neues International Masters Program in Practicing Management besuchten, und so beobachtete ich zwei von ihnen, bevor wir anfingen (einer davon besuchte das Programm dann doch nicht, aber das wurde kompensiert durch einen anderen, den ich nach seiner Teilnahme am Programm beobachtete, und einen weiteren, den ich während meines Aufenthalts im Flüchtlingslager kennenlernte und der dann später noch das Programm besuchte).

---

1 Meine Antworten auf einige Kommentare zur Stichprobe, beispielsweise zur Abwesenheit jeglicher Amerikaner und zu dem Umstand, dass die Beobachtungen aus den Neunzigerjahren stammen, finden Sie in Anmerkung 11 in Kapitel 1; für ausführlichere Erläuterungen vgl. www.mintzberg-managing.com.

Hat eine dieser persönlichen Beziehungen meinen beobachtenden Blick beeinträchtigt oder meine Interpretationen beeinflusst? Im Sinne meiner Intention, mir anzuschauen, wie Management in der Praxis aussieht, wohl nicht. Schon eher haben mich alle beobachteten Manager beeinflusst, indem ich dazu neige, verstärkt die positive Seite ihrer Tätigkeit wahrzunehmen.

Die Wahl des Beobachtungstages

Wie wählt man einen typischen Tag im Leben eines Managers aus? Vergessen Sie es. Erstens hat der Beobachter möglicherweise gar keine Wahl und muss sich mit dem zufriedengeben, was die Schnittmenge zweier Terminkalender zulässt – ohne heikle Sitzungen oder geplante Reisen. In einem Fall etwa wollte ich in den kanadischen Parks die Chefin der Westregion, einen ihr unterstellten Parkleiter und einen wiederum diesem unterstellten Front Country Manager beobachten. Da bot es sich an, dies an drei aufeinanderfolgenden Tagen zu tun. Wo immer möglich, warf ich gemeinsam mit dem Manager oder einer Assistentin vorab einen Blick auf den Terminkalender, um einen Tag zu finden, der mich Zeuge einer Vielfalt von Aktivitäten werden ließ.

Was ist ein Tag im Leben eines Managers? Nicht viel, gewiss. Wobei auch eine Woche noch nicht viel mehr ist, und selbst ein Jahr reicht möglicherweise nicht aus, um den Arbeitsalltag eines Managers wirklich nachzuvollziehen. Darum ging es mir allerdings auch nicht, und ich beabsichtigte auch keineswegs, das Leben eines dieser Manager in seinen Grundzügen wiederzugeben. Ich wollte einzig und allein ein Gespür für ihre Tätigkeit entwickeln, einen kurzen Blick auf ihre Praxis werfen. Aber ich hoffe, dass Sie mir zustimmen, wenn ich behaupte, dass 29 solcher kurzen Blicke zusammengenommen einen guten Einblick in die Managementpraxis gewähren. Und 29 Tage Management sind dann doch eine Menge Zeit.

Was ich während des Tages tat

Meistens beobachtete ich die Manager und notierte mir fortlaufend, was ich sah und wie ich es sah. Ich war die Fliege an der Wand – und in der Luft –, während ich den Managern auf Schritt und Tritt folgte. Das ist keine besonders originelle Forschungsmethode, aber sie erfüllte ihren Zweck. (Vgl. Mintzberg 2005 zu den Nachteilen origineller Forschungsmethoden) Etwas Ähnliches habe ich in meiner ersten, 1973 erschienenen Arbeit über Manager gemacht, nur dass ich dort recht präzise die Zeiten und andere Faktoren wie beispielsweise die verwendeten Kommunikationsmedien und die Kontakte notierte, um dann Tabellen und Statistiken zu erstellen. Damals beobachtete ich fünf Manager jeweils eine Woche lang. (Vgl. Mintzberg 1973: Anhang C, oder Mintzberg 1970 zu den sieben für das Studium der Managertätigkeit verwendeten Methoden)

In manchen Fällen habe ich mir den Terminkalender des Managers über einen längeren Zeitraum (eine Woche oder einen Monat) angeschaut, um ein besseres Gespür für den Job zu bekommen und häufige Aktivitäten zu entdecken, die am Beobachtungstag aber eben nicht vorkamen. In manchen Fällen tat ich dies im Voraus zusammen mit einem Assistenten, in anderen mit dem Manager selbst während meines Beobachtungstages, zum Beispiel bei einem Mittagessen oder während kurzer Fahrten. Diese und andere Pausen nutzte ich zudem, um Fragen zu stellen, Probleme anzusprechen und herauszufinden, wie der Manager selbst seinen Job und das Management insgesamt sah. Ich hatte keine vorgefertigten Fragen, sondern ließ mich von dem leiten, was des Weges kam und interessant erschien – und das führte zu vielen aufschlussreichen Gesprächen.

Hatte meine Gegenwart Einfluss auf das, was ich sah?   Natürlich hatte sie das. Wiewohl es sich nicht um Physik handelte, galt die heisenbergsche Unschärferelation auch hier. Aber mir ging es ja wie gesagt nicht um Beweise, sondern um Eindrücke. Dort, wo meine Gegenwart also tatsächlich einen Einfluss auf den Ablauf des Tages hatte – was nach meiner Einschätzung nur selten der Fall war –, wirkte sich das auf meine Ziele nicht weiter aus.

In einem Fall gab es sogar positive Auswirkungen: Der Assistent von John Cleghorn, dem CEO der Royal Bank of Canada, plante meinen Besuchstag lange Zeit im Voraus, als der Terminkalender noch nicht gefüllt war, und plante diverse Aktivitäten ein, um den Tag »typisch« zu machen. Konnte da noch von »typisch« die Rede sein? Die Aktivitäten waren typisch, wenn auch nicht unbedingt die Kombination. (Aber wie ich schon in Kapitel 2 sagte: Manageraktivitäten pflegen sowieso keiner typischen Ordnung zu gehorchen.) Diesen Umstand nahm ich im Übrigen zum Anlass, um in meiner konzeptionellen Interpretation meines Tages mit Cleghorn der Frage nachzugehen, was »typisch« in Bezug auf die Arbeit eines Managers überhaupt heißen kann.

Wie ich mit den Daten verfuhr

Wie ich schon sagte: Ich grübelte und sinnierte. Ich versuchte jeden Tag, wie immer er auch im Einzelnen aussah, dazu zu nutzen, um über Fragestellungen im Zusammenhang mit der Managertätigkeit nachzudenken, Betrachtungen anzustellen und zu träumen.

Während eines Beobachtungstages machte ich mir zu allen Ereignissen Notizen. In einem Fall kamen auf diese Weise vierzig stenografierte Seiten zustande; an zahlreichen anderen Tagen war die Zahl kaum kleiner. Im Anschluss an meinen Besuch verfasste ich auf der Grundlage dieser Notizen zwei Texte. Zuerst beschrieb ich den Tag chronologisch und möglichst detailliert. Dann interpretierte ich ihn, wobei ich gelegentlich zwei oder drei Tage, bei denen sich dies anbot, zusammenfasste (wie beispielsweise bei jenen drei Managern in den kanadischen Parks), um zu ergründen, was mir das Erlebte über das Wesen der Managertätigkeit verriet. Für diese Arbeit habe ich durchaus einiges an Zeit eingesetzt – in der Regel mindestens eine Woche für jeden Beobachtungstag.

Vor allem ließ ich jeden Tag oder jede Gruppe von Tagen für sich selbst sprechen, so klar, wie mir dies gelang. So stellte ich beispielsweise fest, dass das gute alte Management by Exception in einer chaotischen Welt sehr modern sein kann und dass sich staatliche Realpolitik mitunter weniger in den großen Debatten in der Hauptstadt als vielmehr irgendwo auf einer Straße in einem Park abspielt, wo Lkw-Fahrer und Touristen aufeinanderstoßen. Mir ging es nicht um wiederkehrende Muster, sondern um lebensechte Eindrücke, und so ließ ich jeden Bericht für sich sprechen.

Wie gesagt, sind alle 29 Berichte zusammen mit den konzeptionellen Interpretationen auf www.mintzberg-managing.com abrufbar. Der

Leser kann sich in die Tage einlesen, die ihn besonders interessieren. Wer sich mit Managementprozessen beschäftigt, kann die Beschreibungen als Beispiele für den Ablauf eines Managertages, als eine Art »Fallstudie« betrachten; und der Forscher kann aus ihnen Daten für weitere Untersuchungen beziehen. Während ich die Beschreibungen erneut lese, fällt mir auf, welcher größtenteils noch unerforschte Schatz an Daten sich dahinter verbirgt.

Ich habe bei der Abfassung dieses Buches immer wieder auf diese Beschreibungen und Interpretationen zurückgegriffen, um zentrale Aspekte der Managertätigkeit zu illustrieren. In diesem Anhang nun beschränke ich mich auf acht dieser Beschreibungen, mit denen ich Ihnen eine Idee von der Managertätigkeit und der Vielfalt seiner Ausprägungen vermitteln und einen Einblick in meine Vorgehensweise gewähren möchte.

Die Entscheidung für genau diese acht Tage ist mir nicht leichtgefallen. Abgesehen von einigen der früheren Tage, deren Beschreibungen sehr viel kürzer geraten sind, hätte ich sie am liebsten alle abgedruckt. Aber um diesen Anhang überschaubar zu halten, habe ich meine Auswahl so getroffen, dass die verschiedenen Ebenen, Sektoren, Orte und Organisationen Berücksichtigung finden. Natürlich habe ich versucht, möglichst interessante Tage auszuwählen, sowohl in Bezug auf Situation und Kulisse als auch auf das, was sich an den betreffenden Tagen dann tatsächlich ereignete. Und dennoch mögen einige dieser minutiösen Beschreibungen so manchem Leser ermüdend vorkommen (auch das gehört zur Managertätigkeit). Ich empfehle also nicht unbedingt, dass Sie alles von vorn bis hinten durchlesen. Aber ich bin sicher, dass mancher von Ihnen fasziniert sein wird vom Wesen und von der Vielfalt der Managertätigkeit, wie sie sich an diesen Tagen darstellt.

Verdeckte Führung[2]

Bramwell Tovey, Dirigent des Winnipeg Symphony Orchestra (14. April 1996)

> Die Beobachtung eines echten Dirigenten im Vergleich mit
> der Dirigentenmetapher entlarvte mehrere Mythen über die
> Managertätigkeit – zu Lenkung und Kontrolle, Führung,
> Struktur, Macht und Hierarchie, ganz zu schweigen von der
> Metapher selbst.

Nachdem ich Bramwell Tovey in einem CBC-Radiointerview gehört hatte, fragte ich ihn schriftlich, ob er mir gestatten würde, ihn einen Tag lang zu beobachten. Er reagierte begeistert (acht Monate später), und zwei Jahre danach fand die Beobachtung statt, anderntags gefolgt von einer öffentlichen Podiumsveranstaltung, auf der wir unsere Überlegungen zur »Musik des Managements« austauschen konnten, und einem abendlichen Konzert.

Tovey holte mich in meinem Hotel ab, und wir fuhren die fünf Minuten bis zum Konzerthaus, wo ihn das überaus freundliche Gesicht des Parkplatzwächters begrüßte, das die Wärme widerspiegelte, die Tovey den ganzen Tag über ausstrahlte. Wir betraten den Bürotrakt, der noch leer und dunkel war (wenige Minuten später strömte das Leben herein), und gingen über einen Flur in ein kleines fensterloses Büro an dessen Ende. »Hier arbeite ich allerdings nur selten«, erklärte Bramwell Tovey und erläuterte, dass er sein Büro zu Hause vorziehe.

Bramwell Tovey beschrieb seinen Job, indem er Tätigkeiten aufzählte wie die Zusammenstellung des Programms, die Auswahl der Gastkünstler, die Besetzung des Orchesters mitsamt der Platzierung der Musiker (innerhalb der gewerkschaftlich vorgegebenen Grenzen), die Probenarbeit und die Aufführungen, aber bisweilen auch die Mittelbeschaffung, Marketing und PR.

Für administrative und finanzielle Fragen war der Geschäftsführer

---

2 Mein Artikel »Covert Leadership: Notes on Managing Professionals« in der *Harvard Business Review* (November/Dezember 1998: 146 f.) präsentiert einige Schlussfolgerungen aus diesem Tag.

Max Tapper zuständig, der das Orchester zusammen mit Tovey als dem »Künstlerischen Direktor« managte. Ihr Verhältnis, wie Tovey es beschrieb und wie ich es an diesem Tag sah, schien ausgewogen und konstruktiv zu sein.

Max Tapper schaute um 9.05 Uhr herein, erwähnte, dass demnächst »Prinz Charles zum Dinner in der Stadt« sein würde, und sie besprachen die Bearbeitung eines Musikstücks für ein Orchester. Kurz danach ging Tapper, und Tovey sprach weiter über seinen Job. »Das Anstrengende«, sagte er, »sind die Proben«, nicht die Aufführungen. Ich erwähnte etwas, was ich gelesen hatte über Musiker, die als Solisten ausgebildet wurden und sich dann den Zwängen eines großen Orchesters unterordnen müssen, und er fügte hinzu: »Man muss sich dem Komponisten unterordnen. Interpret zu sein, ist lediglich eine andere Form der Unterordnung.«

Führung war für Tovey während unserer Gespräche ein Thema, das stets präsent war. Er verwies auf die Qualifikationen vieler seiner Musiker (Juilliard School, Curtis Institute of Music, Doktortitel und so weiter) und brachte sein Unbehagen darüber zum Ausdruck, dass er unter offensichtlich Gleichen als Chef auftreten musste. »Ich verstehe mich als Fußballtrainer, der selbst spielt«, mit den Proben als »Schlachtfeld«. »Es gibt Augenblicke, in denen ich meine Autorität deutlich zur Geltung bringen muss … auch wenn ich mich stets frage, warum das so ist.« Am bezeichnendsten ist vielleicht, wie Tovey die ganze Führungsproblematik zusammenfasste: »Wir sprechen nie über unsere Positionen.«

Um 9.30 Uhr kamen zwei Frauen herein, um über ein Abenderereignis zu sprechen – das St. Boniface Hospital Awards Dinner. José Carreras, der berühmte Tenor, sollte eingeflogen werden, um einen Preis entgegenzunehmen, und Bramwell Tovey wurde gebeten, bei der Organisation behilflich zu sein. Man sprach über den Saalschmuck und darüber, dass drei Nationalhymnen gespielt werden sollten, die Bramwell für Streichquartett und Chor arrangieren wollte. (Er summte ein paar Töne von »The Stars and Stripes Forever«, worauf eine der Frauen erwiderte: »Das klingt ja bedrohlich!«)

Was die Musik betraf, die gespielt werden sollte, war Tovey voller Ideen und Vorschläge: »Wir sollten von Andrew Lloyd Webber den Song ›Friends for Life‹ bringen; das würde perfekt passen. … Ich könnte das für euch arrangieren.« Und ein andermal erklärte er: »O, bloß keine Konserven. Lasst euer Streichquartett spielen.« Nachdem die

Abfolge des Abends vollständig besprochen worden war, bemerkte Tovey zum Abschluss: »Ich finde, ihr habt das alles gut gemacht«, und sie lachten. »Ich spreche mit Tracy und ich spreche mit Milly, das mache ich am Wochenende, und dann melde ich mich Montag bei euch.« Sie gingen um 9.47 Uhr.

Kerry King, Toveys persönlicher Assistent, kam herein. Sie bestellten Sandwiches zu Mittag, denn es gab zwischen den Proben nur eine kurze Pause, und sie besprachen Terminfragen. Dann ging es zur Probe, durch das Büro, das mittlerweile voller Menschen war, von denen einige Tovey grüßten. Er machte mich mit der Verwalterin und ihrer Assistentin – »meiner rechten und meiner linken Hand« – bekannt. Wir gingen an der Bühne entlang in »mein Zimmer«, wie Bramwell Tovey es nannte, in dem es nichts gab außer einem Sofa und einem Make-up-Tisch; außerdem gehörte noch ein privates Badezimmer dazu. Ich zog mich in den Saal zurück und nahm auf einem der 2222 leeren roten Samtstühle Platz, während sich die rund siebzig Musiker unterhielten und ihre Instrumente stimmten.

Bramwell Tovey kam fünf Minuten später und grüßte im Vorbeigehen eine Person. Das Stimmen wurde leiser, mit Ausnahme einiger Streichinstrumente, und verstummte ganz, als Tovey sich auf ein Podest stellte und seinen Stab in die Hand nahm. »Guten Morgen, ich würde gern mit Hindemith beginnen«, sagte er ziemlich kurz, anders als es sonst seine Art ist. (Es handelte sich um »Mathis der Maler«, eine von den Nazis als subversiv verbotene Symphonie.)

Der Stab ging in die Höhe und siebzig Musiker setzten wie ein Mann ein. Es war faszinierend, zu sehen, wie alles so plötzlich zusammenfand – zumindest für ein paar Sekunden: Schon bald wurden sie wieder unterbrochen. Spiel und Unterbrechung wechselten sich in rascher Folge ab. Wer sich für die Macht des Managers interessierte, musste diese absolute Kontrolle über das Ensemble unweigerlich bewundern.

Tovey dirigierte mit viel Energie; und mit ebenso viel Energie machte er deutlich, wo er andere Akzente haben wollte: »ba ba« und »po po pa pa pam«. Gelegentlich warf jemand ein Wort ein, und nach rund fünfzehn Minuten trat Tovey vom Podest herunter, um mit einigen der Bratschisten zu sprechen und in ihre Noten zu schauen, bevor er fortfuhr. Die Probe ging weiter, und ständig waren seine Kommentare zu hören, manchmal an einzelne Gruppen und manchmal an das ganze Orchester gerichtet, beispielsweise: »Das Bes mehr betonen – ein bisschen mehr Crescendo.« Gelegentlich sagten auch die Musiker etwas, vereinzelt gab es kurze Gespräche. Insgesamt aber blieb der Dirigent eher unpersönlich auf seinem Dirigentenpodest.

Bramwell Tovey hatte mir empfohlen, schon vorher in Aufnahmen der Musik hineinzuhören, um mich mit ihr vertraut zu machen. Das Stück von Hindemith hatte ich mir zu Hause mehrmals angehört, und es gefiel mir umso besser, je öfter ich es hörte. Als aber jetzt die Musik live erklang und in der leeren Halle ihren Höhepunkt erreichte, während der Dirigent mit ausgestreckten Armen den Taktstock schwang (ohne theatralisch zu wirken), war ich absolut fasziniert – nicht zuletzt von der Schönheit der hindemithschen Musik!

Um 11.20 Uhr erklärte Tovey, dass jetzt eine Pause von 25 Minuten anstehe, und Max Tapper, der offenbar von der Seite zugehört hatte, trat heran. Tovey sprach mit ihm über Termine und diverse Personen, und dann zog sich Tovey in seinen Raum zurück, wo wir unser Gespräch fortsetzten.

Zu privaten Feiern mit den Musikern komme er nicht, meinte Tovey; dazu seien die Rollen und Interessen zu unterschiedlich. (Als er das Orchester auf dessen Wunsch hin übernommen habe, so Bramwell weiter, hatte es seit Jahren so gut wie keine personellen Veränderungen gegeben. Er musste fünf Musiker entlassen, was ihm schwergefallen sei, auch mit Blick auf die mächtige North American Union, deren Vertreter in Winnipeg den Schritt allerdings unterstützt hätten.)

Kommentare während der Probe seien besser an Instrumentengruppen als an einzelne Musiker zu richten, erzählte er mir. Letzteres sei sogar in manchen Gewerkschaftsverträgen (nicht dem von Winnipeg) ausdrücklich untersagt. Aber »zwei- oder dreimal im Jahr, wenn jemand die generelle Botschaft partout nicht mitbekommt«, geschehe es trotzdem. Die Praxis des Dirigierens habe sich seit den Tagen der großen Autokraten entschieden verändert, erläuterte Bramwell Tovey. (Dazu muss man wissen, dass der Beruf mit rund anderthalb Jahrhunderten nicht besonders alt ist. Davor übernahm einfach ein Mitglied des Orchesters die Rolle des »Taktschlägers« [Rubin 1974: 45]. Aus Toveys Sicht ging das auf Kosten der Harmonie, auch wenn es andere Vorteile hatte. Ein Symphonieorchester ist nun mal kein Jazzquartett; bei so vielen Leuten muss jemand die Führung übernehmen.)[3]

---

3 Fellini drehte einen Film namens *Prova d'Orchestra*, in dem die Musiker einen Kampf mit dem Dirigenten austragen, Chaos produzieren und am Ende nach-

Nach einigen weiteren Gesprächen in der Halle war Tovey nach genau 25 Minuten (die Pausenzeit laut Gewerkschaftsvertrag, wie auch die Gesamtprobenzeit festgelegt war) wieder zurück auf seinem Dirigentenstuhl. Er rief: »Strawinski!« (»Le Baiser de la fée: Divertimento«), und die Probe ging weiter, ungefähr so wie zuvor, nur mit weniger Unterbrechungen. (Tovey sagte später, der Beginn des Hindemith-Stückes sei besonders schwierig.)

Einmal klang etwas besonders unschön. Alle schauten auf, und Bramwell Tovey machte einen Scherz, auf den ein anderer mit einem ebensolchen antwortete, und dann ging es weiter. Später sagte Tovey zu den Geigern hinten links: »Ein bisschen mehr Länge auf den oberen Akzenten«, und kurz darauf drehte sich der Konzertmeister um und sagte: »Niemand sollte zu hören sein. Ich höre jemanden. Bitte sehr weich und sehr schnell.«

Punkt 12.30 Uhr war Schluss: »Wir setzen nach dem Mittagessen genau hier wieder ein.« Aber für Tovey gab es kein Mittagessen. Er sprach mit dem Konzertmeister, und bald trat Judith Forst hinzu, die Opernsolistin der Aufführungen, die an den folgenden zwei Abenden auf dem Programm standen. Um 12.40 Uhr gingen die beiden in einen anderen Raum, der bis auf einen Flügel leer war. Bramwell setzte sich und spielte, während sie zwei Stücke probte, unterbrochen durch kurze Diskussionen, in denen es meistenteils ums Timing – Pausen, Tempo, Synchronisation – ging, damit Tovey so dirigieren konnte, wie es ihr am liebsten war. Um 13.07 Uhr waren sie fertig. Tovey sagte: »Fantastisch!«, und Forst erklärte: »Das ist eines meiner Lieblingsstücke!« Sie plauderten noch eine Weile über Leute und über Musikalisches, bis Tovey um 13.30 Uhr direkt in die Probe ging. Hier wurden die beiden Gesangsstücke noch einmal mit dem gesamten Orchester wiederholt, mehr oder weniger in einem Durchlauf, wobei die Musiker nach jedem Stück mit den Füßen Beifall stampften.

Eine weitere Pause folgte um 14.25 Uhr, in der Kerry King und Tovey kurz über Terminfragen sprachen. Toveys Frau und sein Sohn erwarteten ihn in seinem Raum, wo es schließlich so etwas wie ein Mittagessen gab. Um 15.00 Uhr ging dann die Orchesterprobe weiter, mit einem Kommentar rund eine halbe Stunde später, der in seiner

---

geben: nachdem sie erkannt haben, dass sie ihn brauchen, um schöne Musik zu machen.

Art an diesem Tag einzigartig war: »Kommt, Jungs – nicht schlafen. Wir müssen das üben. Das reicht so noch nicht.« Später erklärte Tovey, dass die Ermahnung sehr wichtig gewesen sei. Andernfalls bliebe nur das Mittel des »fingierten Ausbruchs! Wenn ich immer so redete, wäre das zu viel des Guten.« Entscheidend waren bei alledem »Gesten« und »verdeckte Führung«, erläuterte Tovey. Die Angst davor, vom Dirigenten kritisiert zu werden, ist groß: »Die Instrumente sind die Verlängerung ihrer Seele!«

Um 15.59 Uhr wurden alle mit einem »Danke, wir sehen uns morgen« entlassen. Wir gingen zurück ins Büro, wo Max Tapper vorbeischaute, um Verschiedenes zu besprechen, wie beispielsweise die Feier am Abend, und um 16.30 Uhr zogen die Toveys nach Hause, mit mir im Schlepptau: Ich war zum Tee eingeladen.

Hier hatten wir Gelegenheit, in seinen Kalender zu schauen, damit ich mir eine Vorstellung von seinen übrigen Aktivitäten machen konnte. So sprach er mit einem Musiker, der Schwierigkeiten mit seinem Vertrag hatte, traf sich mit jemandem, der für »Peter und der Wolf« als Erzähler vorgesehen war, hörte sich einen Geiger an, dessen Lehrer ihn um seinen Rat gebeten hatte, hielt eine Rede über Winnipeg als kulturelles Zentrum im 21. Jahrhundert und verbrachte sieben Stunden damit, sich 27 Posaunisten anzuhören, um einen davon einzustellen.

Um 19.00 Uhr besuchten wir Bob Kozminski und seine Gattin, die großzügigsten Förderer des Orchesters, die »The Maestro's Circle« ausrichteten. Es waren rund fünfzig Personen anwesend. Hier plauderte der »Maestro« mit den Förderern des Orchesters, hielt eine kurze Ansprache und setzte sich anschließend ans Klavier, um Judith Forst bei ein paar heiteren Opernstücken zu begleiten.

Management und Pflege[4]

Fabienne Lavoie, Oberschwester, Station 4 NW, Jewish General Hospital (Montreal, 24. Februar 1993)

> Alles brummte auf dieser Krankenhausstation, während ihrer Leiterin eine gute Mischung aus Führung, Kommunikation und etwas Vernetzung (mit wenig Kontrollbedarf) gelang – den ganzen Tag über, vital und tatkräftig.

»Durch Lenkung und Kontrolle können wir Manager daran hindern, sich in ihren Beruf zu verlieben«, verkündete der Planungschef eines großen britischen Unternehmens. (Zit. in: Gould 1990) Glücklicherweise hatte er keinen Einfluss auf Fabienne Lavoie, die ihren Beruf liebt – genauer gesagt: ihre Berufung. Sie leitet die Station 4 NW in der chirurgischen Abteilung (prä- und postoperative Pflege) am Jewish General Hospital in Montreal.

Fabienne Lavoie schlug vor, dass ich um 7.30 Uhr kommen sollte, aber sie war bereits da, als ich eintraf (sie kam um 7.20 Uhr). Um 17.10 Uhr sagte sie, sie sei müde und würde bald gehen, und wir setzten uns hin und sprachen über den Tag. Als ich um 18 Uhr ging, erklärte sie, sie würde noch kurz ein paar Dinge mit ihrem Assistenten besprechen. Anderntags berichtete sie mir, dass sie um 18.45 Uhr gegangen sei – dieser Arbeitstag hatte also elfeinhalb Stunden. Das war aber weniger als am Vortag, als ein persönliches Problem mit einer Schwester sie bis 19 Uhr festgehalten hatte.

Diese langen Arbeitszeiten spiegeln ihren Charakter ebenso wie ihre bewussten Entscheidungen wider. Lavoie ist Chefin von 31 Pflegekräften, die die Station rund um die Uhr betreuen, sowie sieben Krankenträgern und drei Empfangsmitarbeitern. Fabienne Lavoie kommt gewöhnlich so frühzeitig, dass sie noch die Mitarbeiter der Nachtschicht antrifft, und wartet stets die Abendschicht ab, die um 15.30 Uhr kommt. Die Schreibarbeit hebt sie sich für danach auf.

Lavoie hatte an diesem Tag ein paar wenige Termine und verbrachte

---

4 Dieser Text erschien in anderer Form bereits im *Journal of Nursing Administration* (September 1994: 29–36).

die übrige Zeit auf der Station, um spontan reagieren zu können, wenn ihr Eingreifen gefragt war. Freie Zwischenzeiten füllte sie mit administrativen Tätigkeiten wie beispielsweise der Dienstzeitplanung der Pflegekräfte. Muster, Tempo und Stil waren vom Augenblick meines Eintreffens an klar. Lavoie stand – man könnte sagen: schwebte – im Zentrum des Geschehens. Nur selten war es möglich, alle Interaktionen mitzubekommen, dauerten doch die meisten von ihnen, zumindest in der ersten Hälfte des Tages, nur Sekunden: eine Bemerkung hier, eine Frage dort, dazwischen eine Bitte. Alles schien ineinanderzufließen, die Fragen auf der einen Seite wurden zu Antworten auf der anderen, ob zum Dienstplan, zur Medikation eines Patienten, zum Operations- oder Entlassungstermin eines anderen und so weiter.

Der Raum war zu dieser Zeit überwiegend mit Pflegekräften gefüllt, deren Schichten sich überlagerten, die konzentriert arbeiteten, während die Ärzte zu kürzeren Stippvisiten kamen, um zu plaudern oder Informationen einzuholen (vor und nach der eigentlichen Arbeit in den Operationssälen). Die Koordination zwischen all diesen Gruppen erledigte Fabienne Lavoie nebenbei, in flottem Tempo, aber ohne Hektik.

In der einen Minute sprach Lavoie mit einem Chirurgen über einen Verband, in der nächsten las sie die Krankenhauskarte eines Patienten ein; dann beschäftigte sie sich mit dem Terminplan und suchte aus den Ablagefächern Pflegeinformationen heraus. Danach wiederum verließ sie den Raum, um mit jemandem an der Rezeption zu sprechen und anschließend den Korridor entlangzugehen und bei einem Patienten vorbeizuschauen, von dem man ihr gesagt hatte, dass er Fieber hätte; zwischendurch telefonierte sie mehrmals mit Pflegekräften aus der Abendschicht, um jemanden zu finden, der eine Vertretung übernehmen könnte. Sie sagte: »Ich will Chantal zu fassen kriegen«, damit sie in 01D ein Medikament verabreicht, und dann wurde ihr ein Telefon übergeben, damit sie mit einem Angehörigen über die Medikation eines Patienten sprechen konnte. All dies geschah binnen weniger Minuten. Ihre eigene Rolle charakterisierte Lavoie so: »Dieser Ort braucht jemanden, der Bescheid weiß und den Verkehr lenken kann.« In dieser Gangart ging es eine halbe Stunde weiter, bis alles etwas ruhiger wurde.

Als es so weit war – mittlerweile waren nur noch fünf Personen im Raum –, schien sich Fabienne Lavoie etwas zu entspannen, ihr Bewegungstempo sank ein klein wenig. Sie ging in den Medikamentenraum, erledigte dort etwas, setzte sich danach mit einer Krankenschwester hin, um über die psychischen Probleme eines Patienten zu sprechen, gab der Mitarbeiterin von der Anmeldung, die sich über einen Kollegen ärgerte, einen Tipp, fragte einen Arzt, ob Herr A. immer noch bei ihm sei, und schaute anschließend bei einigen Patienten vorbei, insbesondere solchen, deren Operation unmittelbar bevorstand. In all dieser Zeit war ihr Stil direkt, konzentriert und warm ohne Rührseligkeit. Alles geschah rasch, ohne überstürzt zu wirken.

Um 8.30 Uhr versammelten sich die Pflegekräfte in einem Raum – am Ende waren es neun – zu ihrer Tagesbesprechung, in der sie die einzelnen Patienten durchgingen. Das geschah systematisch, der Reihe nach und vergleichsweise gründlich, unter Berücksichtigung des Zustands, der Medikation, besonderer Probleme, der Familiensituation, der geplanten Aufenthaltsdauer und so weiter. Lavoie leitete das Gespräch, wobei sie gelegentlich auf ihre Unterlagen blickte, stellte Fragen und gab bisweilen einen Rat oder bot Hilfe an. (»Ich spreche mit der Patientin«, sagte sie. »Kannst du Italienisch?!«, fragte die Schwester. »Nicht perfekt, aber …!«) Jede Krankenschwester hatte ein Blatt Papier auf dem Schoß und leitete die Besprechung, wenn es um die jeweils eigenen Patienten ging.[5] Im Vordergrund stand dabei der Austausch von Informationen; häufig sprachen bis zu drei Schwestern und manchmal auch Fabienne Lavoie über einen Patienten.

Um 9.10 Uhr endete die Besprechung schlagartig und alle verließen den Raum. Lavoie sollte eigentlich als Vertreterin des Pflegepersonals von 9.00 bis 10.30 Uhr an einer Besprechung des Pharmazieausschusses des Krankenhauses teilnehmen, die jedoch überraschend abgesagt wurde, sodass sie nun unerwartet neunzig freie Minuten hatte. Ich war neugierig, wie sie sie füllen würde. Aber auch diese Zeit verging rasch und wie selbstverständlich, als sie den Schwestern bei der Kaffeepause Gesellschaft leistete und sich im Übrigen um das kümmerte, was gerade anfiel. Um 11 Uhr eilte sie zum Vortragssaal des Krankenhauses, wo eine ihr bekannte Krankenschwester im Rahmen der wöchentlichen »Nursing Rounds« eine neue Behandlungsmethode vorstellte. Die Veranstaltung wurde von rund fünfzig Pflegekräften, Verwaltungsangestellten und einem Arzt besucht und endete um

---

5 Alle Pflegekräfte, denen ich an diesem Tag begegnete, waren Frauen, die Ärzte waren bis auf eine Ausnahme männlich.

11.30 Uhr. Nach mehreren kurzen Begegnungen auf dem Flur begab sich Lavoie zusammen mit dem Chefchirurgen, einem Assistenzarzt und einem Medizinstudenten auf Visite. Das machte sie nur bei diesem Chefarzt, erläuterte sie – er war ein altgedienter Arzt im Krankenhaus, der dies so gewohnt war. Das dauerte rund fünfzehn Minuten, woraufhin sie sich zurückzog, um etwas Büroarbeit zu erledigen und mir nebenher die Budgetplanung zu erklären.

Sie erstellte jedes Jahr dreizehn Budgets und war verantwortlich für die Ausgaben ihrer Einheit, damit die Balance zwischen Patientenwohl und notwendiger Kostenkontrolle unmittelbar vor Ort stattfinden konnte. Sie zeigte mir Verfahren, die sie selbst entwickelt hatte, darunter ein Formular, das sie entworfen hatte – in Abwandlung des Standardformulars des Krankenhauses für die Berichterstattung, das sie an ihre Bedürfnisse angepasst hatte. Sie bereitete außerdem für die nächsten »Nursing Rounds« einen Vortrag über die Auswirkungen der neuesten Gesetzesänderungen auf den Pflegealltag im Krankenhaus vor.

Ich musste nun gehen, um an einer Sitzung des Medical Executive Committee teilzunehmen, die mich drei Stunden von der Station fernhielt. Fabienne Lavoie sagte, diese Zeit würde bei ihr ähnlich aussehen wie das, was ich schon gesehen hatte, außer dass sie auf Bitten einer überlasteten Schwester zugestimmt hatte, für Entlastung zu sorgen und in diesem Zusammenhang beim Community Health Center wegen Hausbesuchen anzurufen. Sie sagte, so etwas täte sie sehr selten – es war das erste Mal in zwei Monaten. Später ging sie mit der für die Abendschicht zuständigen Schwester die Liste der Patienten durch, während zwischendurch einige weitere Schwestern eintrafen. Der Raum begann sich erneut zu füllen, diesmal mit mehr Chirurgen, die aus ihren Operationssälen kamen, sodass sich zweimal kurzfristig sechzehn Leute darin aufhielten.

Irgendwann nach 16 Uhr legte sich der Trubel und Fabienne Lavoie wandte sich wieder ihrer Schreibarbeit (beziehungsweise an diesem speziellen Tag dem Gespräch mit mir) zu. Auf die Frage, mit wem sie außerhalb des Krankenhauses Kontakt hatte (abgesehen vom Community Health Center), nannte sie Reha-Zentren, Angehörige von Patienten, jüdische Hilfsgruppen, Schwesternschülerinnen und Vertreter. Aber sie erklärte, »diese ganze PR« würde sie nicht verrückt machen, und beschrieb einen »guten Tag« als einen, an dem sie wenig davon abhält, auf ihrer Station präsent zu sein.

Ich ging um 18 Uhr, nachdem Fabienne Lavoie angekündigt hatte, dass auch sie bald gehen werde, aber sie blieb dann eben doch noch eine Dreiviertelstunde, um irgendetwas mit ihrem Assistenten zu besprechen.

Ein »typischer« Tag[6]

John E. Cleghorn, CEO der Royal Bank of Canada (Montreal, 12. August 1997)

> Der CEO einer großen Bank kümmerte sich um überraschend viele Details, war höchst konzentriert bei der Sache und sehr mitarbeiterorientiert. Gefühle und Gedanken lagen während des gesamten Tages eng beieinander. Ist das die Methode, um eine große Organisation zu leiten und ihre Strategien zu entwickeln? Möglicherweise ja.

John Cleghorn wurde im Jahr 1994 CEO der Royal Bank of Canada (RBC), der größten kanadischen Bank, nachdem er zwanzig Jahre zuvor dort seine erste Stelle angetreten hatte. Im Jahr dieser Studie meldete die Bank einen Rekordgewinn von 1,7 Milliarden US-Dollar, den höchsten, den je eine kanadische Bank eingefahren hat. Sie beschäftigte 51 000 Mitarbeiter.

Nach zwei Verschiebungen wurde der Beobachtungstag ein knappes Jahr im Voraus mit Cleghorns Verwaltungsassistentin Debbie McKibbon vereinbart, die versuchte, ihn »typisch« zu gestalten. Er sollte in Montreal stattfinden, wo die RBC ihre offizielle Zentrale hatte, auch wenn ein Großteil der zentralen Funktionen wenige Jahre zuvor nach Toronto umgesiedelt worden war.

Cleghorn und ich trafen uns um 9 Uhr am Eingang einer RBC-Filiale in einem Einkaufszentrum nicht weit vom Zentrum der Stadt. Das war eine von 21 Filialen in der Provinz Quebec mit vollem Dienstleistungs-

---

6 Veröffentlicht unter dem Titel »A Day in the Life of John Cleghorn« in: *Decision*, Herbst 1997: 18–25.

angebot (Broker- und Treuhanddienstleistungen sowie Privat- und Geschäftskundenbetreuung). John Cleghorn wollte die Schilder am Vordereingang überprüfen, aber als Area Manager Bob Watson erschien, ging er mit ihm in die Filiale. Er wurde allen Managern vorgestellt, die ihn erwarteten, und scherte aus der Runde aus, um den Mitarbeiter an der Empfangstheke nebenan zu begrüßen. »Wann wurde hier zuletzt renoviert?«, fragte er jemanden, und nachdem er die Antwort bekommen hatte, erwiderte er: »Richtig, ich habe damals hereingeschaut, das muss um die Weihnachtszeit gewesen sein.«

Es folgte ein Rundgang durch die Filiale, bei dem Cleghorn zahlreiche konkrete Fragen stellte (beispielsweise zur neuen Tür eines Büros) und in vielen Dingen eine erstaunliche Detailkenntnis bewies. Später sagte er: »Wissen Sie, was schlecht aussieht? Das Banklogo unten – so versteckt. Jedes Mal, wenn ich daran vorbeigehe, macht es mich verrückt. Warum nehmen Sie es nicht ab?«, worauf Bob erwiderte: »Schon geschehen!« Cleghorn bestand darauf, mit jedem zu sprechen, und fragte viele, wie lange sie schon für die Bank arbeiteten. Ein Schalterangestellter antwortete, dass er seit sieben Jahren hier tätig sei, und Cleghorn erwiderte: »Das ist gut, dann kennen Sie die Kunden.«

Um 9.30 Uhr gingen Cleghorn und mehrere Manager, die ihn begleiteten, ein Stockwerk höher in die Broker- und Treuhandabteilung, die in der Filiale eingerichtet worden war, um Synergien mit kürzlich hinzugekauften Unternehmen zu nutzen. Eine Viertelstunde später versammelten sie sich mit verschiedenen anderen in einem kleinen Sitzungsraum am runden Tisch, um über die Entwicklung der Filiale zu sprechen. Reihum gab jeder seinen Kommentar ab und John Cleghorn stellte auch hier wieder sehr konkrete Fragen. Man erzählte ihm von der Schwierigkeit, die verschiedenen Geschäftssysteme miteinander zu verbinden, vom »Austausch der Zahlen« unter den Gruppen (»Sehr gut!«, erwiderte er) und vom Job-Shadowing als Methode, um voneinander zu lernen. Cleghorn machte ein paar abschließende Bemerkungen und die Sitzung endete um 10.30 Uhr. Cleghorn blieb allerdings noch einen Moment, um über aktuelle Ereignisse wie beispielsweise die bevorstehende Übernahme eines Versicherers zu reden.

Anschließend setzten wir uns wieder in Watsons Auto und fuhren fünf Minuten bis zur nächsten Filiale. Bob Watson fragte: »Kennen Sie Mrs. Brownlee?« Cleghorn kannte die ältere Kundin in der Tat. »Ich gehe einmal im Monat ihr Sparbuch abholen.«

Als wir die Filiale betreten hatten, kam eine Frau auf Cleghorn zu. »Margo! Wie geht es dir?«, fragte er sie und erklärte mir, dass sie die Filiale seit zehn Jahren leite. Er sprach kurz mit einem Schalterangestellten und stieg dann die Treppe empor, um Mitarbeiter zu treffen, die sich um Investmentfonts, Anlageverwaltung und Maklergeschäfte kümmerten. Anschließend gab es wieder einen runden Tisch.

Um 11.55 Uhr kehrten wir ins Stadtzentrum zurück. John Cleghorn und ich sprachen über andere Tage in seinem Terminkalender, darunter die vergangene Woche mit Investoren und Kunden in New York und eine internationale Währungskonferenz, die er vor Kurzem in London besucht hatte. Dann erwähnte er, dass Debbie McKibbon über seine Zeit genau Buch führe. Zum einen wertete sie dafür seinen Terminkalender aus, zum anderen seine mündlichen Informationen über seine Wochenendarbeit. (Ich konsultierte sie später und stellte fest, dass Cleghorn 16 Prozent seiner Zeit mit Kunden und Filialmitarbeitern verbrachte – 9 Prozentpunkte unterhalb seiner selbst gesteckten Zielmarke von 25 Prozent –, 12 Prozent am Schreibtisch, im Büro und zu Hause, 18 Prozent auf Reisen, 7 Prozent mit den Group Office Executives, 8 Prozent mit dem Board und seinen Komitees und so weiter. 42 Prozent seiner Zeit verbrachte Cleghorn in Toronto, 14 Prozent in Montreal, 24 Prozent im übrigen Kanada und 20 Prozent im Ausland.)

Von Auto aus rief Cleghorn bei McKibbon an, um seine Rückkehr anzukündigen. »Es ist gut, die Leute vor Ort zu sehen«, sagte er. »Der Enthusiasmus steckt an.« Um 12 Uhr erreichten wir Montreals prominentesten Büroturm, Place Ville Marie, wo die Bank ihre offizielle Zentrale unterhält, und betraten den eleganten Empfangsbereich im 41. Stock, wo John Cleghorn mit rund einem Dutzend Anlegern plauderte, die eingeladen worden waren, bevor sie sich gemeinsam um 12.30 Uhr zu Tisch setzten.

Monique Leroux, General Manager für die Quebec-Region, übernahm einen Großteil des ersten Briefings, nachdem Cleghorn die Sitzung eröffnet hatte, und beantwortete später Fragen vornehmlich zur Integration der verschiedenen Geschäftsbereiche.

Als John Cleghorn sich wieder einschaltete, verwies er mehrmals auf die Eindrücke vom Morgen, beispielsweise indem er von einem Schalterangestellten berichtete, der die Geistesgegenwart gehabt hatte, einen Kunden in die Brokerage-Abteilung im oberen Stockwerk zu verweisen – mit dem Ergebnis, dass dieser für 200 000 US-Dollar Schatzbriefe erwarb. Er sprach dann über ein zuvor verteiltes 33-seitiges Dokument mit Informationen für Aktionäre, dort ging es um die Performance und um Kennzahlen.

Cleghorn sprach ohne Hektik und nahm sich die Zeit, alle Fragen zu beantworten. Die Kunden interessierten sich für die Einstellung der Bank zum globalen Wettbewerb (»Wenn wir Ausländer zu uns hereinlassen, dann deshalb, weil sie einen besseren Job machen als wir«), für die geplante Übernahme eines Lebensversicherers (»Weil wir mobile Verkaufskräfte brauchen«; »noch vor einem Jahr unvorstellbar«), für den Aktienbesitz durch Mitarbeiter (90 Prozent der Mitarbeiter besaßen Aktien; der CEO musste mindestens in dreifacher Höhe seines Gehalts Aktien halten, andere Topmanager in zweifacher Höhe). Die Veranstaltung endete um 14.20 Uhr.

Von hier ging es in sein kleines Büro im dritten Stock, wo John Cleghorn seine Post durchsah und ein paar Telefonate tätigte, so zum Beispiel mit Don Wells, dem für strategische Investitionen zuständigen Executive Vice President, über eine mögliche Übernahme in den Vereinigten Staaten.

Kurz vor 15 Uhr machte sich Cleghorn auf den Weg in den zehnten Stock zu einer Besprechung mit dreizehn Teilnehmern über wissensbasierte Branchen in Quebec. »Wir veranstalten einen ›typischen Tag‹«, wandte sich Cleghorn an mich: »Höchste Zeit, dass ich mich ein wenig dem Commercial Business widme.«

Einer der Teilnehmer begann eine formelle Präsentation über IT-Unternehmen, insbesondere in den Bereichen Biotechnologie, Medien und Unterhaltung, und erläuterte, inwiefern die Bank hier aktiv war. Nach einer Diskussion endete die Sitzung um 15.45 Uhr.

Fünf Minuten später begann eine weitere Sitzung im selben Raum über Bankgeschäfte in Quebec, an dem neben einigen der schon bekannten Gesichter auch Vertreter aus dem Privatkundengeschäft, aus den Finanz- und Planungsabteilungen und aus anderen Bereichen teilnahmen. Monique Leroux führte in die Sitzung ein, dann kam eine Präsentation und anschließend stellte Cleghorn einige Fragen.

Das Thema Wettbewerb kam zur Sprache, als es um konkurrierende Direktbanken ging. Deren Entwicklung verfolge er sehr aufmerksam, erklärte Cleghorn. Ihr Einfluss auf den Markt sei »gut für uns«. Die Präsentation endete um 16.40 Uhr; John Cleghorn beschrieb sie als »gut … sehr klar«, und er gratulierte dem Vortragenden scherzend: »Sie werden besser: Ich habe bemerkt, dass Sie nicht mehr so häufig in Ihre Notizen schauen!«

Nach einem Kurzdurchgang durch die regionalen Geschäftsmärkte begann um 16.50 Uhr eine Präsentation über private Finanzdienstleistungen in Quebec. Einmal wurden FTEs *(full-time equivalent)* erwähnt, ein Ausdruck, den Cleghorn nicht mochte. »Nein«, sagte er, »das klingt nach leblosen Körpern. Das ist entmenschlichend.« Die Sitzung endete um 17.40 Uhr. »Wunderbar!«, kommentierte John, und: »Eine Stunde überzogen.« Die Antwort lautete: »Es war deine Zeit, John.« Zu Monique Leroux sagte er: »Das war überfällig«, und zu mir: »Danke für den willkommenen Vorwand.«

Dann ging Cleghorn zurück in sein Büro, warf einen Blick auf die Telefonnachrichten, sprach seinerseits Don Wells aufs Band und ging, um mit dem Vice Chairman zu sprechen.

An diesem Punkt ergab sich für uns die Gelegenheit, ein paar Worte zu wechseln. »Es macht auf mich nicht den Eindruck eines Großunternehmens«, sagte John. Als ich ihn auf die Fragen an den runden Tischen ansprach, meinte er: »Mich kann keine Frage aus der Fassung bringen.« Vielleicht werde die Frage im Interesse eines anderen gestellt. »75 bis 80 Prozent aller Beschwerden sind gerechtfertigt«, fügte er hinzu. Bezüglich der Nachmittagssitzungen verwies er darauf, dass Monique Leroux neu war und er sehen wollte, wie sie sich machte, wie sie sich in ihrem jetzigen Umfeld zurechtfand. Ich fragte ihn mit Blick auf die Morgenbesuche, ob er auch in die Problemgegenden ging. Er sagte, das täte er, und häufig mit mehr Zeit. Zum Nachmittag sagte er noch, dass diese Art von Sitzungen regelmäßig stattfänden.

Um 19 Uhr wurde John Cleghorn von seiner Frau Pattie am Eingang des Gebäudes im Subaru-Kombi abgeholt. Als sie mich an meinem Büro absetzten, verabschiedete sich Cleghorn mit den Worten: »Danke für den typischen Tag.« Seine Frau jedoch erklärte: »Wenn es ein wirklich typischer Tag gewesen wäre, wäre etwas dazwischengekommen, was ihn gezwungen hätte, seine Treffen abzusagen und woandershin zu gehen!«

Die institutionelle Umwelt erhalten[7]

Paul Gilding, Executive Director, Greenpeace International (Amsterdam, 1. November 1993)

Ein Tag mit dem Geschäftsführer und ein weiterer mit einem Programmdirektor von Greenpeace (hier nicht beschrieben) machten dem Beobachter bewusst, dass sich die Managertätigkeit in diesem Fall nicht auf das übliche Handeln, Denken und Taktieren beschränkte, sondern eng mit der Frage verbunden war, wie eine Organisation, der es um den Erhalt der natürlichen Umwelt ging, zugleich sich selbst erhalten konnte.

Greenpeace bedarf keiner Einführung. Es handelt sich sicherlich um die sichtbarste und vielleicht auch um die erfolgreichste Umweltschutzorganisation. Möglicherweise ist sie zugleich die einzig wirklich »globale« Organisation, verfolgt sie doch Aktivitäten auf allen sieben Kontinenten sowie auf hoher See. Greenpeace ist eine multinationale Organisation par excellence und hat infolgedessen auch mit allen Schwierigkeiten einer solchen zu kämpfen: Konflikte zwischen globalen und lokalen Interessen, zwischen missionarischem Eifer und der Politik des »Machbaren«. Paul Gilding war im Jahr zuvor Geschäftsführer von Greenpeace International geworden, nachdem er vorher den australischen Ableger von Greenpeace geleitet hatte.

Ich traf wie vereinbart um 9 Uhr ein und fand Gilding an einem Tisch neben seinem Schreibtisch sitzend vor. Er unterhielt sich mit seinem Gesprächspartner. »Strafanzeigen wurden noch nicht gestellt?«, war das Erste, was ich aufschnappte; dabei ging es um die Nachricht, dass ein gegen Ölbohrungen protestierendes Greenpeace-Schiff von den norwegischen Behörden aufgebracht worden war. Gildings Besucher verließ alsbald das Büro, und Steve, der Greenpeace in den Vereinigten Staaten geleitet hatte, bevor er hier den Posten des stellvertretenden Geschäftsführers übernahm, erschien um 9.10 Uhr. Sie unterhielten sich über strategische Fragen, eine Umstrukturierung

---

7 Dieser von Frances Westley mitverfasste Bericht (sie war insbesondere bei der konzeptionellen Interpretation beteiligt) erschien zuerst in: *Organizational Studies* (2000: 71–94).

und ob dieses Thema dem Board vorgelegt werden sollte. Becky, Paul Gildings Assistentin, trat leise ein, hörte dem Gespräch zu und äußerte auf die Frage, wie sie zu der Restrukturierung stehe, den Vorschlag, das Material an die Vorstände weiterzureichen.

Um 9.13 Uhr wurde vernehmlich an die Tür geklopft, und Mara trat ein, die auf der Rückreise von der Jahreshauptversammlung (JHV), die in der Woche zuvor auf Kreta stattgefunden hatte, ins australische Büro hier eine Zwischenstation einlegte. Über diese JHV wurde nun kurz gesprochen; und nachdem Steve gegangen war, erkundigte sich Paul Gilding nach Maras Ergehen, gab ihr einige Ratschläge, wie sie sich mit dem internationalen Büro in Verbindung setzen konnte, wies sie auf eine »einflussreiche Person« hin und erkundigte sich nach jemandem aus der Finanzabteilung.

Kurz danach ging auch Mara, und Gilding unterhielt sich einige Minuten lang mit mir. »Ich bin mehr für ›praktische‹ Aktivitäten«, sagte er und verwies auf die bevorstehende Reise von Paul Hohnen (einem Direktor) nach British Columbia. Anlass war der Kahlschlag der Wälder. Hier ging es darum, die Analysen der Zentrale mit Aktionen vor Ort zu verbinden. Die entscheidende Frage für Gilding lautete, wie der Zusammenhalt des Systems gestärkt werden konnte, ohne im Zentrum eine gewaltige Kontrollstruktur zu schaffen. In Bezug auf die Struktur fügte er hinzu, er sei »ein Mann der kleinen Einheiten gewesen«, aber mittlerweile wisse er, wie entscheidend es sei, die Arbeitsweisen der Beteiligten aufeinander abzustimmen.

Dann kam Becky zurück, und beide sprachen darüber, was an diesem Tag zu tun war. Sie überbrachte die gute Nachricht, dass die US-Regierung eine bestimmte Substanz verboten hatte. Paul Gilding meinte, man solle Richard, den Chef der in London ansässigen Kommunikationseinheit, sogleich verständigen.

Bouwe, amtierender Finance Director, trat um 9.50 Uhr ein und berichtete von einer guten Besprechung mit seinen Leuten am selbigen Morgen, die Spannungen beseitigt und den Weg für eine bessere Kommunikation in der Einheit geebnet habe. Bouwe sprach über die Klagen der Finanzleute – ihre »Unsicherheit« und ihren »unterschwelligen Frust« – und über die Einsetzung eines permanenten Finanzchefs. Gilding bezeichnete die Situation als »sehr schwierig«, sagte aber zu Bouwe, als dieser um 10 Uhr ging: »Ich denke, du machst das schon richtig.« An mich gewandt erklärte er anschließend jedoch, es habe einige ernste Probleme im Finanzbereich gegeben.

Paul Gilding erinnerte Becky daran, Richard anzurufen. Gilding wurde gefragt, ob er am Mittagessen eines Greenpeace-Mitarbeiters mit einem Umweltminister teilnehmen wolle, was er jedoch ablehnte. Er wollte sich lieber auf den Strukturplan konzentrieren. Er tätigte einen weiteren Anruf, sichtete seine E-Mails und erinnerte Becky erneut an den Anruf bei Richard, die sagte, sie habe ihn zu Hause nicht erreicht, aber »er will unbedingt mit dir sprechen«. Um 10.12 Uhr versuchte Gilding es in Richards Büro, musste aber mit dem Anrufbeantworter vorliebnehmen. Dann arbeitete er an seinem PC und notierte auf einem Flipchart einige Dinge, die bis zur nächsten JHV zu tun waren. »Im Wesentlichen besteht unser Job darin, zu verfolgen, was die anderen tun«, sagte er und fügte hinzu: »Ich versuche es zu vermeiden, selbst Hand anzulegen.« Es kam wieder ein Anruf, der Paul Gilding über eine Großspende in Kenntnis setzte, und sie diskutierten, ob diese »publik zu machen« sei.

Einmal öffnete Annelieke, die andere stellvertretende Geschäftsführerin, die Tür und kam mit einem Stapel Flipchartblätter sowie einigen Keksen und Äpfeln herein. Einen Augenblick später beendete Gilding ein Telefonat und auch Steve erschien. Während sie sich über einen Greenpeace-kritischen dänischen Dokumentarfilm unterhielten, der demnächst erscheinen sollte, und wie darauf zu reagieren sei, hängte Annelieke die Chartblätter auf. Das erste trug die Überschrift »Basic Planning Exercise«. Alle vier (auch Becky) versammelten sich nun für die Sitzung (zufällig alle in den Mittdreißigern, alle in Jeans, nur Paul Gilding in dunkelblauem Hemd und mit heller Krawatte).

Annelieke begann mit der Erklärung der Charts, aber Gilding unterbrach sie: »Bevor wir anfangen, eine Frage: Was ist das Ziel der ganzen Übung?« »Einen Arbeitsplan für die ganze Organisation zu entwickeln – wer was tut«, antwortete Annelieke. Anschließend erkundigte sich Gilding nach dem Zeitrahmen, der, wie ihm erläutert wurde, sechs bis neun Monate umfasste. Annelieke fuhr mit der Erklärung der neun Blätter fort, sodass besprochen werden konnte, was infolge des strategischen Plans jeweils zu tun war (unter anderem in den Bereichen »Fundraising« und »politische Struktur«). Die Diskussion drehte sich jedoch vor allem um die Organisationsstruktur.

Als sie über das Thema Planung sprachen, meinte Paul Gilding: »Wir müssen den strategischen Plan durchdenken, bevor wir ihn implementieren«, und: »Wir sollten für den strategischen Plan Performanceziele haben.« Annelieke notierte daraufhin auf der Tafel: »1. Ziele / Mission;

2. Etappenziele; 3. Kommunikation«, und sie sprachen über das weitere Vorgehen, wobei Annelieke das Gespräch leitete. »Sammeln wir Ideen oder gehen wir alles der Reihe nach durch?«, fragte sie einmal und bevorzugte ganz offensichtlich das Letztere, während Steve mehr für ein Brainstorming war. Ein andermal sagte Annelieke: »Ich denke, wir sollten weitermachen; wir könnten zwei Tage lang [über Kampagnen, das erste Schaubild] diskutieren. Kommen wir zur Ressourcenzuteilung [dem zweiten Schaubild] …« Also sprachen sie jetzt darüber und suchten weiter nach Aktionsprogrammen.

Um 11.13 Uhr klingelte das Telefon, Becky reichte den Hörer an Paul Gilding weiter – es war Richard, endlich. Während die Übrigen sich weiter mit den Schaubildern beschäftigten, sprachen Paul Gilding und Richard über den dänischen Dokumentarfilm, wobei Gilding meistens zuhörte und nur gelegentlich auf Mitarbeiter verwies, die jeweils bestimmte Aufgaben übernehmen könnten. Dann sprachen sie über das von den Norwegern beschlagnahmte Schiff und wie man den Fall pressetechnisch behandeln sollte. Das Gespräch endete nach 25 Minuten um 11.38 Uhr.

Die Unterhaltung ging so weiter wie zuvor, nur dass es alsbald um einen Streit ging, der sich auf dem Kreta-Treffen zwischen Uta Bellion, der hauptamtlichen Vorstandschefin in London, und Paul Gilding als dem Geschäftsführer in Amsterdam entsponnen hatte. Gilding erklärte, er würde Bellion anrufen. Mit einem »Okay« von Annelieke standen um 12.07 Uhr alle auf und verließen bald den Raum.

Dann rief Gilding Uta Bellion an und erzählte ihr, woran er in dieser Woche arbeitete, darunter die »Priorisierung« der Dinge, die er dem Board vorlegen wollte. »Ich arbeite an einem Entwurf [für den strategischen Plan ›zur Gewährleistung einer einheitlichen Linie‹], den du im Tagesverlauf erhalten wirst, aber noch ohne die Details der Implementierung. Es wäre gut, wenn ich ihn bis spätestens morgen zurück hätte.« Der Anruf dauerte sechs Minuten.

Wie alles bei Greenpeace ist es eine Frage der »Persönlichkeiten«, sagte Gilding, und fügte hinzu, dass das »Problem die Struktur betrifft«, die auf »politische Entscheidungen« zurückgeht, wonach ein hauptamtlicher Vorstandschef neben einem Geschäftsführer existiert. Zum Verhältnis zu Becky sagte Gilding, sie hätten vor drei oder vier Monaten begonnen, zusammenzuarbeiten (sie war bereits mehrere Jahre bei Greenpeace), und dass es seit ungefähr einem Monat gut funktioniere, »eine fließende, chaotische Beziehung«.

Um 12.30 Uhr rief Gilding erneut bei Uta Bellion an, um das Vorgehen im Fall des dänischen Dokumentarfilms abzustimmen: »Ich denke, du solltest es machen«, sagte er, und fügte später hinzu: »Ehrlichkeit zahlt sich immer aus.« Nach der kurzen Unterredung erläuterte er, dass normalerweise er die externen Medieninterviews gebe, dass Bellion aber länger dabei sei und Greenpeace besser kenne und dass es in Anbetracht der gegenwärtigen Spannungen gut wäre, ihr den Vortritt zu lassen.

Gilding erledigte einen weiteren Anruf, während er weitertippte, um Annelieke zu Budget und Leitbild zu befragen, und dann steckte Iris den Kopf herein, um sich von ihm einen Barvorschuss für Paul Hohnens Kanadareise abzeichnen zu lassen.

Um 13.03 Uhr kam Ann de Wachter, die Chefin von Greenpeace Australien (was sie schon war, als Paul dort noch Geschäftsführer war), ebenfalls auf dem Heimweg von Kreta, und sie gingen zum Mittagessen nach unten (in eine umweltfreundliche, frostige Umgebung).

Ann de Wachter informierte Paul Gilding über den Stand der Dinge in Australien und Neuseeland, vor allem, was die Mitarbeiter und Personalfragen betraf. Außerdem überreichte sie ihm den Vorschlag eines ehemaligen australischen Board-Mitglieds, der einen Fallschirmsprung aus einem Ballon heraus in die Stratosphäre plante und Greenpeace um Unterstützung bat, wenngleich nicht zwangsläufig finanzieller Art. Sie sprachen auch über den Konflikt zwischen Gilding und Uta Bellion. Ann de Wachter schilderte, dass sie versucht hatte, im Gespräch mit Uta Bellion zu einer Lösung des Konflikts zu gelangen, woraus sich eine Diskussion über Board-Aktivitäten im Allgemeinen entspann. Nachdem Becky erschienen war, um Gilding vorsichtig an eine soeben begonnene Sitzung zu gemahnen, verließen sie die Cafeteria um 14.05 Uhr.

Paul Gilding stieß zu der Sitzung hinzu – Annelieke sprach –, in der es um einen Rückblick auf die JHV für alle diejenigen ging, die daran teilgenommen hatten, insgesamt elf an der Zahl. Nach ihrem Bericht übernahm Steve die Gesprächsleitung und der Reihe nach schilderten alle ihre Eindrücke. Am Ende gab auch Gilding seinen Kommentar ab.

Diese Sitzung endete um 15.07 Uhr, eine weitere Sitzung begann im selben Raum. Sieben Teilnehmer der beendeten Besprechung konnten gleich dort bleiben. Paul Gilding sprach über die »nächsten Schritte« bei der Implementierung des strategischen Plans, insbesondere mit Blick auf die strukturelle Umgestaltung, als Ulrich, verantwortlich für die Bereiche Klima, Atomindustrie, Abrüstung und Meeresfragen, ziemlich aggressiv einwarf: »Ihr müsst eure Entscheidungen rasch treffen. Ihr könnt nicht bis Februar oder März warten. ... Die Leute vertrauen euch, aber ihr habt ein Jahr – danach könnte es schwierig werden. ... Verwechselt nicht die Unterstützung für euch mit Unterstützung für euren Plan.« Er hatte damit eine Vielzahl von Themen angesprochen, darunter Stellen, die Paul Gilding zu besetzen hatte, und die Radikalität der Kampagnen. Gilding stimmte ihm zu, wandte aber ein, entscheidend sei nicht die Klärung der Struktur, sondern dass gehandelt würde. Nach weiterem Hin und Her endete die Sitzung um 15.50 Uhr.

Anschließend sprach Gilding mit mir über die Schwierigkeiten, eine Organisation wie Greenpeace zu managen. Die Menschen haben Vorbehalte gegenüber Systemen, aber ohne Systeme geraten die Finanzen und andere Dinge in Unordnung. Es gibt also einen Konflikt zwischen den Aktivisten und der Verwaltung. Wenn Aktivisten Greenpeace führen, treiben sie jeden in den Wahnsinn; aber wenn die Systematiker führen, vertreiben sie die Leute. Deshalb benötige Greenpeace an der Spitze jemanden, der beides könne. Darüber hinaus seien eine Vision und Professionalität wichtig. Gilding formulierte Enttäuschung darüber, dass Greenpeace infolge unzureichender Strukturierung so langsam und bürokratisch geworden sei. Er bezeichnete sich selbst als Aktivisten, der auch Bürokrat sein könne; er habe eine Vorliebe für Struktur und Planung. Allerdings habe er die Verwaltung verringert, weil er erkannt habe, dass Greenpeace eine lockere Struktur und Planung brauche. Insofern sehe er auch die Sitzung vom Vormittag mit gemischten Gefühlen, sei aber auch nicht wirklich dagegen.

Dann kam Becky herein, um Terminfragen abzusprechen, und Steve erschien, »um mit dir über die Sitzung zu sprechen«. Paul Gilding fragte: »Mit oder ohne Henry?«, und weil Steve mit meiner Gegenwart kein Problem hatte, sagte Gilding: »Dann lass uns jetzt starten.« Steve mochte Paul Gilding, nahm jedoch kein Blatt vor den Mund. Im Grundsatz gab er Ulrich recht, meinte, dass an dem, was dieser sagte, »etwas dran« sei, nämlich, dass Gilding mehr Entschlossenheit an den Tag legen müsse. Dann kamen sie zu der Sitzung am Morgen und zu den Flipchartblättern. Steve erklärte: »In gewisser Weise beunruhigt mich das.« Ich fragte, ob jenes Prozedere sie vorwärtsbringe oder eher zurückwerfe, und Steve erwiderte: »Ich habe mich gefragt, was wir heute Morgen taten. Ich fürchte, es bremst uns«, und Paul fügte hinzu: »Aber es hilft mir auch, Ordnung in das zu bringen, was zu tun ist.«

Steve ging um 16.15 Uhr, und Gilding wandte sich wieder der Arbeit am JHV-Memo für die Mitarbeiter zu, klagte mir gegenüber aber darüber, dass diesem Memo von Uta Bellion und ihm der »richtige Schwung« fehle. Um 16.21 Uhr rief er seine Frau an, um ihr zu sagen, dass Mara zum Abendessen und Ann vorher schon zum Drink käme, dann wandte er sich wieder seinem PC zu, voll konzentriert zwischen den Unterbrechungen, deren nächste Becky war, die ihn in Termindingen sprechen wollte.

Anschließend widmete er sich seinen E-Mails: über das aufgebrachte Schiff in Norwegen, zum weiteren Vorgehen bei der strategischen Planung, zu einem zu unterzeichnenden Brief in einer australischen Angelegenheit, vier Nachrichten hintereinander zum dänischen Dokumentarfilm (später noch eine fünfte), zwei Nachrichten zur Rolle der Führungsgremien auf der JHV, eine Info zum Kampagnenerfolg in Sachen Nuklearabfall und eine Anfrage zur Spendensammlung in Japan.

Um 16.56 Uhr verließ Gilding sein Büro, um mit Paul Hohnen über dessen »persönliche Karriereentwicklung« zu sprechen, und kam kurz darauf zu Steve und Annelieke zurück, die wieder beim Thema der morgendlichen Sitzung waren.

»Kann ich etwas sagen?«, fragte Steve. »Ich denke, wir verwechseln hier die Errichtung der Struktur mit diesem Projekt [wobei er auf die Schaubilder an der Wand zeigte]. Versteht ihr, was ich sagen will?« Gilding antwortete mit einem vagen »Nun ja« und Annelieke mit einem »Ungefähr«, und Steve fügte erklärend hinzu: »Man kann jemandem die Zuständigkeit für ein Projekt übertragen, aber das ist nicht die Struktur.« Gilding schlug eine Interimsstruktur vor, die den Leuten etwas Sicherheit biete. An dieser Stelle brachte ich unter Missachtung des Heisenberg-Prinzips die Idee eines Organigraphen (das den Workflow in einer Organisation verdeutlicht; vgl. Mintzberg und Van der Hyden 1999, 2000) ins Spiel. Paul Gilding blätterte das Flipchart bis zu einem leeren Blatt vor, und wir begannen, eines zu entwerfen. Irgendwann sagte Gilding: »Der Fehler war, dass wir dieses hübsch ordentliche System [das konventionelle Organigramm] hatten« anstelle von etwas Lockererem, Flexiblerem. Als Mara um 17.30 Uhr hereinkam, endete die Diskussion und auch Paul Gildings Arbeitstag.

Nachtrag Sechs Monate später gewann Uta Bellion die Schlacht; Paul Gilding war nicht länger Geschäftsführer von Greenpeace International. Das *Time Magazine* schrieb (am 12. Juni 1995: 42), dass das Board Paul Gilding »vorwarf, den Weg in Richtung Kooperation mit Wirtschaft und Politik zu rasch gegangen zu sein«, worin der Konflikt zwischen den neuen »Modernisierern« und den alten »Konfrontationalisten« zum Ausdruck kam. Nachdem einige nationale Büros Druck auf das internationale Board gemacht hatten, trat Uta Bellion zurück, und nach einem Jahr Vakanz trat schließlich Thilo Bode, ein »Modernisierer aus dem deutschen Büro«, Gildings Nachfolge an.[8]

Aus der Mitte heraus managen

Alan Whelan, Salesmanager, Global Computing and Electronics Sector, BT (Bracknell, England, 15. März 1996)

Ein dramatischer Tag mit einem einfühlsamen Verkaufsleiter, der in vielerlei Hinsicht aus der Mitte heraus arbeitete, zeigte, dass vor dem eigentlichen Verkauf ein interner »Verkauf« erfolgen muss.

Als aus British Telecom BT wurde und von 225 000 Angestellten 100 000 gehen mussten, wollte das Unternehmen zum einen über Großbritannien hinaus expandieren, zum anderen aber auch über das reine Telefongeschäft hinaus. Alan Whelans Job bestand in der Leitung eines Teams, das komplexe Kommunikationssysteme an multinationale Unternehmen im Computer- und Unterhaltungselektroniksektor verkaufen sollte.

---

8 Er schrieb mir am 27. August 1996 und charakterisierte meinen Bericht über Paul als »faszinierend zu lesen, aber inhaltlich bedrückend«. Seine eigene »Herausforderung« sah er darin, den Job so zu verändern, »dass er dichter an der politischen Realität und dementsprechend spannender ist. Ich mache mir weniger Sorgen um die Struktur der Organisation; ich verfolge vielmehr den Ansatz, die Verhaltensweisen zu verändern und Ziele zu definieren, und irgendwie wird sich dann auch die reale Struktur entwickeln.« Thilo Bode blieb bis 2001 im Amt.

Gemeinsam erreichten wir um 8.55 Uhr Whelans Büro, das in einem kleinen Gebäude außerhalb Londons untergebracht ist. Für den gesamten Vormittag war eine Sitzung von Whelans Managementteam angesetzt, auf der der Jahresbericht erstellt und die Pläne für das nächste Geschäftsjahr diskutiert werden sollten.

Als die Mitarbeiter allmählich eintrafen, wandte sich Alan Whelan an einen von ihnen: »Wir haben ein Problem. Er will es nicht abzeichnen.« »Was? Schon wieder nicht?«, war die Antwort.

Die Sitzung wurde von Alan S. geleitet, der Alan Whelan während seiner Abwesenheit in den kommenden zwei Wochen vertreten sollte.[9] Neun Personen saßen im Konferenzraum um einen Tisch, darunter Carol, Whelans Sekretärin, und Peter, Whelans Vorgesetzter, alle recht jung, manche langjährige BT-Mitarbeiter, andere Neuzugänge. Alan Whelan selbst war erst vor achtzehn Monaten von ICL gekommen.

Die Sitzung begann mit Peters Bericht. »Wir fangen mit den Zahlen an«, sagte er und stellte eine Reihe von Schaubildern mit Verkaufszahlen, Budgets und Gewinnprognosen auf. Die Ergebnisse sahen gut aus und die Runde quittierte dies mit Tischklopfen. Einzelne Verträge wurden gesondert besprochen; Sorgen über den ein oder anderen Trend wurden zum Ausdruck gebracht, beispielsweise über Kostensteigerungen. Es folgte eine Diskussion darüber, »wie sich der Umsatz um zwanzig Prozent steigern« ließe. Peter brachte eine Scorecard mit vier Messkriterien ins Spiel: Finanzperspektive, Kundenperspektive – »Wenn wir hier kämpfen müssen, wird's problematisch« –, Erneuerungsperspektive und Prozessperspektive. Es wurde viel diskutiert, aber als Peter kurz nach 10 Uhr ging, wurde die Stimmung etwas entspannter.

Alan S. präsentierte eine Reihe von Schaubildern zu Mission, Ertragslage und Prognose – je leichter die Stimmung, desto schwerer wurden die Schaubilder. Eine Liste wichtiger potenzieller Kunden brachte die Diskussion dann auf eine pragmatischere Ebene. Zuletzt fasste Whelan die Diskussion zusammen, sagte, was aus seiner Sicht für das nächste Jahr anstand, und erklärte, dass man jetzt bis 11 Uhr eine Pause einlegen würde.

---

9 Whelan hatte den ersten Kurs unseres International Masters Program in Practicing Management (www.impm.org) gebucht. Ich beobachtete ihn, um ein Gespür für die Menschen zu entwickeln, die an dem Programm teilnehmen würden.

Alan Whelan, der die Hoffnung nicht aufgegeben hatte, dass sein Vertrag noch abgezeichnet würde, suchte nach Peter, den er schließlich auch fand. »Irgendetwas Neues?« Nein. Sie sprachen über die Sitzung.

Nachdem Whelan im September 1994 bei BT angefangen hatte, hatte er einen Monat lang an einem großen Vertrag gearbeitet, der Teil eines Angebots an das Post Office war, bei dem es um ein System zur Unterbindung von Sozialhilfebetrug ging. Einer von Whelans Kunden war der wichtigste Anbieter, der BT als Subunternehmen einbinden wollte. BT nannte seinen Teil das »Dryden-Projekt«. Zwei andere Konsortien bewarben sich um den Auftrag, das eine davon mit einem anderen Teil von BT als Subunternehmen. Alan Whelan schätzte den Gesamtwert des Auftrags auf rund 500 Millionen und BTs Anteil auf 100 Millionen britische Pfund. Wegen der Größe und des Ausnahmecharakters des Angebots musste der Finanzdirektor der BT-Gruppe sein Plazet geben, aber der zögerte. Die Zeit drängte.

Die Sitzung wurde um 11.10 Uhr fortgesetzt, und die Teilnehmer präsentierten Ergebnisse, formelle Pläne und informelle Absichten aus ihren jeweiligen Bereichen (beispielsweise Telefonie, Datendienste, mobile Dienste). Die Diskussion blieb überwiegend auf der allgemeinen Ebene mit nur gelegentlicher Bezugnahme auf konkrete Kunden oder Aufträge. Whelans Beteiligung war mehr inhaltlicher als moderierender Art, wobei er die eine oder andere richtungsweisende Anmerkung machte (»In der Regel gilt: Je stärker wir uns auf den Kunden konzentrieren, desto besser – ich wäre dafür«). Es gab einen kurzen Bericht von Elaine, die das Marketing repräsentierte, eine Stabsfunktion, über die Teamstruktur und die Mitarbeiter, gefolgt von den abschließenden Bemerkungen Alan Whelans, der überwiegend die Leistung des Teams pries, aber auch auf Schwächen und Risiken bei Rekrutierung, PR und Budgetplanung hinwies. Die Sitzung endete kurz vor 13 Uhr.

Whelan begab sich schnurstracks in Peters Büro, um zu erfahren, ob sich inzwischen etwas getan hatte. Aber weder gab es Neuigkeiten, noch war Carol zurück in ihrem Büro, und so hörte Alan seine Mailbox ab. Am späten Nachmittag sollte ein Treffen mit dem Kunden stattfinden, und die erste Nachricht betraf die Frage, ob es bei dem Termin bliebe. Alan Whelan hinterließ Richard, dem für den Kunden zuständigen Executive Director, eine Nachricht, in der er fragte: »Gibt's was Neues? ... Ich sitze auf heißen Kohlen.« Ein weiterer Versuch, Peter zu erreichen, diesmal per Telefon, glückte. »Gibt's was Neues?«, fragte Whelan und hörte eine Weile zu. Sein erster Kommentar war:

»Sehr gefährlich.« Dann: »Warum hat er mit [X] und nicht mit dir gesprochen? ... Wann war das? ... Verdammt ... Ich habe [Y] ausdrücklich gefragt, ob er mehr Details braucht« und so weiter. Um 13.14 Uhr legte Whelan enttäuscht auf.

Die Vertragsunterzeichnung musste an diesem Tag erfolgen, erzählte mir Alan Whelan; andernfalls bliebe dem Vertragspartner lediglich eine Woche, um für BT Ersatz zu finden. Peter war in dieser Sache beim CEO gewesen, den alle sehr sympathisch fanden, aber weil er erst vor kurzem bei BT angefangen hatte, zögerte er, beim Finanzdirektor der Gruppe zu intervenieren. Alan Whelan war sich nicht sicher, wie er nun weiter vorgehen sollte. Einerseits wollte er so lange wie möglich warten, in der Hoffnung, die Unterschrift noch zu bekommen, andererseits fühlte er sich auch dem Kunden gegenüber verpflichtet. Deshalb die Frist bis Ende des Tages, die er sich gesetzt hatte.

Nach einigen weiteren vergeblichen Anrufen begann Whelan, in den wenigen Minuten, die ihm bis zur nächsten Sitzung verblieben, mir seine Rolle sowie deren Einfluss auf das Gesamtunternehmen in eher strategischen Begriffen zu beschreiben.

Die Zeiten, in denen die Anbieter die Produkte definierten und die Kunden mit dem vorliebnehmen mussten, was ihnen angeboten wurde, seien lange vorbei, sagte er. Jetzt wollten die Geschäftskunden Lösungen für einen Bedarf, den sie selbst definierten. Die Macht hatte sich auf die Kunden verlagert. Netzdienste wie die von BT waren nur Teillösungen, weil die Kunden End-to-End-Dienstleistungen aus einer Hand wollten. Folglich waren Integratoren gefragt, die die verschiedenen Dienste bündelten und zu diesem Zweck mit unterschiedlichen Zulieferern zusammenarbeiteten.

BT, früher selbst Vertragspartner der Endkunden, war an diese Arbeitsaufteilung noch nicht gewöhnt, erläuterte mir Alan Whelan. So mancher Verantwortliche sah darin einen Kontrollverlust. Diese Unsicherheit wurde noch verschärft durch gesetzliche Bestimmungen, die es den Kunden erlaubten, zu anderen Netzbetreibern zu wechseln. Whelan sah seine Rolle darin, die alten Denkmuster – und in Wahrheit die traditionelle BT-Kultur – auf den Prüfstand zu stellen.

Die Sitzung am frühen Nachmittag war angesetzt worden, um das Dryden-Projekt zu besprechen: was zu tun wäre, wenn der Vertrag zustande kam. Kurz vor 14 Uhr saßen vier Personen um einen Tisch in Whelans Büro. Dieser erklärte, wer was zu tun hätte, und berichtete anschließend über den Stand der Dinge. »Es liegt immer noch in der

Hand der Götter, und ich habe allen Beteiligten klargemacht, dass die Entscheidung heute fallen muss.«

Die Diskussion ging weiter, unterbrochen von gelegentlichen Telefonanrufen, darunter einem zur späteren Sitzung, die nun doch in Whelans Büro stattfinden sollte. »Ich bin nicht besonders wild darauf, zum Kunden zu gehen, wenn ich ihm keine Antwort geben kann«, sagte er. Die Sitzung endete kurz vor 15 Uhr.

An diesem Punkt plauderten wir kurz. Ich fragte, wie typisch es für einen Verkaufsleiter wie Alan Whelan war, einen so großen Teil des Tages mit internen Angelegenheit zu verbringen. »Ich schaffe das Umfeld für die Geschäfte«, sagte er, und schätzte, dass er rund achtzig Prozent seiner Zeit für interne Dinge brauche. Die Außenbeziehungen nahmen hier weniger Platz ein als zuvor bei ICL, außer bei Großprojekten (wie dem, das ihm an diesem Tag so viele Probleme bereitete).

Whelan fand, dass zu seinem Job neben individueller Kreativität auch eine gute Dosis Teamarbeit gehörte. Er beschrieb die Struktur seiner Einheit als Matrix, in der manche Mitarbeiter für Kunden und andere für Projekte zuständig sind. Er sagte, er wolle den Lenkungs- und Kontrollaspekt seines Jobs lieber nicht überbewerten.

Von 15.05 Uhr an schauten verschiedentlich Mitarbeiter herein, von denen der eine über den Arbeitsvertrag für einen neuen Mitarbeiter sprechen wollte. Whelan las den Vertrag sorgfältig durch und unterzeichnete ihn anschließend. Ein anderer Mitarbeiter kam vorbei, um seine Bedenken im Zusammenhang mit dem Dryden-Vertrag zu äußern. Whelan erwähnte, eigentlich sei geplant gewesen, dass er sich an diesem Tag eine halbe Stunde lang mit Windows 95 vertraut machte, dass er dies aber ausfallen lassen werde. Und dann wählte er noch einmal Peters Nummer: »Sind keine Neuigkeiten gute Neuigkeiten?« Nein, wurde ihm beschieden, keine Neuigkeiten sind keine Neuigkeiten!

Fiona und Mike betraten um 15.18 Uhr Whelans Büro, um über Dryden zu reden. Fiona hatte neue Informationen, die darauf schließen ließen, dass eine fehlende Unterschrift nicht das Aus bedeuten musste. Hierüber wurde diskutiert, und es wurde besprochen, was Fiona während Whelans Abwesenheit tun könnte; das vorherrschende Gefühl war aber das der Lähmung. Um 15.31 Uhr klingelte das Telefon. Whelan wurde darüber informiert, dass das anberaumte Treffen eines BT-Mitarbeiters mit dem Dryden-Kunden gestrichen war. Fiona und Mike gingen um 15.34 Uhr.

Alan Whelan arbeitete nun an seinem Schreibtisch und immer wieder schaute jemand herein. Ein Angestellter beschwerte sich über die Dauer seines Beförderungsverfahrens und wurde von Whelan mit aufmunternden Worten vertröstet.

Um 16.07 Uhr wurde Whelan mitgeteilt, dass der Mitarbeiter von BT, der den Kunden treffen sollte, beim Empfang wartete. Whelan holte ihn dort ab und kehrte mit ihm ins Büro zurück, als Peter anrief: »Ich habe gerade noch eine fünfzehnminütige Besprechung und komme gleich anschließend herunter.« Gemeinsam mit Fiona, die hinzukam, unterrichtete Whelan den Mitarbeiter über die Dryden-Situation und dieser erklärte seinerseits seine »Neutralität«: Er war an einem früheren erfolglosen BT-Angebot für diesen Auftrag beteiligt gewesen. Unterbrochen von einem weiteren Anruf von Peter, der den Tag mit einem halbstündigen Treffen mit Alan und Fiona beschließen wollte, sprachen sie noch bis 16.33 Uhr über dieses Projekt.

Dann machten sich Alan Whelan und Fiona auf zu Peters Büro. Die Nachrichten waren nicht gut. Die Finanzleiter der Produktlinie hatte mit dem Finanzdirektor der Gruppe gesprochen, jedoch ohne Erfolg. Peter meinte, die Entscheidung falle möglicherweise nicht vor Montag.

Im Prinzip ging es um das zentrale Problem, mit dem das Unternehmen zu kämpfen hatte: Auf der einen Seite war da die bestehende BT-Gruppe, ein Unternehmen, das in einer soliden, etablierten Branche nur sehr bedächtig agierte, auf der anderen Seite die BT-Gruppe, wie Alan Whelan und Peter sie vor sich sahen – schlanker, schneller, bereit zu größeren Risiken bei der Erschließung neuer Märkte. All dies spitzte sich auf diesen einen Vertrag zu, den die eine Fraktion auf höchster Managementebene befürwortete und die andere ablehnte.

»Wir versuchen, jemanden zu finden, der eine Entscheidung fällen kann«, erklärte Whelan, worauf Peter entgegnete: »Wir haben jemanden gefunden. Aber seine Entscheidung gefällt uns nicht!« »Es ist die falsche«, wandte Alan ein, und Peter sagte, er glaube nicht, dass der Betreffende seine Meinung ändern werde.

Sie befanden sich also in einer Zwickmühle. Sie konnten bis Montag warten, ob der Finanzdirektor der Gruppe nicht vielleicht doch noch zu einem anderen Entschluss kam oder sich zumindest überreden ließ. Oder sie konnten den Kunden davon in Kenntnis setzen, dass sie Schwierigkeiten hatten, die Zustimmung für den Vertrag zu erhalten, es aber weiter versuchen würden, wissend, dass der Kunde keine andere Wahl hätte, als sich mit einem anderen Anbieter ins Vernehmen zu setzen. Im zweiten Fall bestünde die Gefahr, dass der Auftrag auch dann verloren gehen könnte, wenn der Vertrag am Ende noch die nötige Zustimmung im Hause erhalten würde.

Peter erklärte, sie müssten nun »tun, was richtig ist«, und es bestand kein Zweifel, dass auch Whelan dieser Ansicht war. Aber zuerst musste er sich innerlich mit dem Gedanken vertraut machen, bewusst etwas preiszugeben, wofür er so lange und hart gearbeitet hatte – er musste die Entscheidung vor sich selbst rechtfertigen.

Peter: »Findest du, dass wir die Pflicht haben, ihnen noch heute etwas zu sagen?«

Alan Whelan (nachdenklich während des gesamten Gesprächs): »Ich will nicht, dass wir der Grund sind«, wenn sie den Auftrag verlieren.

Fiona: »Sie werden bis Sonntagabend einen anderen Zulieferer finden.«

Allmählich schälte sich eine Entscheidung heraus, nachdem sie darüber gesprochen hatten, ob sie den Anruf tätigen wollten und wie dies geschehen sollte. Der Anruf fand statt (mittlerweile war es 17 Uhr), und es wurde eine Nachricht hinterlassen.

Die Atmosphäre entspannte sich etwas. »Also gut«, sagte Peter. »Weißt du, wie man damit arbeitet?« Alan Whelan bekam zu guter Letzt seine Windows-95-Lektion auf seinem neuen Computer, und zwar vom »computerunkundigsten Menschen im ganzen Unternehmen«. Peter bekam daraufhin einen weiteren Anruf, in dem ihm mitgeteilt wurde, dass ein weiterer Anlauf, den Finanzdirektor der Gruppe im Gespräch zu überzeugen, erfolglos verlaufen war und dass ein neuerlicher Versuch erst am Montag erfolgen könnte. Vor Montag würde sich die Situation also nicht mehr ändern.

Mit einem »Es ist bei Weitem die bessere Entscheidung …«, gefolgt von einem »So ein Mist!«, erledigte Whelan einen Anruf. »Guten Abend. Ich hätte gern mit … gesprochen.« Seine Kontaktperson war immer noch in der Besprechung, derentwegen sie die frühere Sitzung hatte absagen müssen, und so hinterließ Whelan eine Nachricht.

Fiona verließ den Raum und Peter und Alan Whelan wandten sich wieder Windows 95 zu. Um 17.30 Uhr wurde der Computer mit der Bemerkung »Das ist eigentlich schon alles« heruntergefahren. Sie sprachen kurz über eine Etaterhöhung, um die sich Peter während Alan Whelans Abwesenheit kümmern wollte.

Um 17.43 Uhr kehrte Whelan in sein Büro zurück, wo ihn die Nachricht erwartete, dass er den Mitarbeiter von ICL auf dessen Mobiltelefon erreichen könne, »um über die Zusicherung zu sprechen, dass Sie uns die vereinbarte Leistung auch wirklich liefern werden. Wir benötigen bis Ende des Tages eine definitive Auskunft.« Whelan saß einen Augenblick da und wählte dann die Nummer, erreichte jedoch nur den Anrufbeantworter. Er hinterließ keine Nachricht. »Ich will nicht nur mit der Maschine sprechen«, sondern mit dem Menschen selbst, meinte Alan zu mir.

»Und was haben Sie für einen Eindruck von einem Tag im Leben eines Salesmanagers?«, fragte Alan mich. »Wenn es immer so ist wie heute, droht zumindest keine Langeweile«, antwortete ich. Er stimmte mir zu, und während er seine Papiere zusammensuchte, erklärte er noch einmal: »Meistens hat man mit internen Dingen zu tun. Das gilt für so gut wie jeden Verkaufsjob.«

Fiona steckte ihren Kopf zur Tür herein, um sich zu verabschieden. »Alles aus«, rief ihr Alan Whelan hinterher. Dann kam Alan S. herein, und sie gingen kurz durch, was es für diesen während Whelans Abwesenheit zu tun gab – Gehaltserhöhungen, Budgetplanung für das nächste Jahr und so weiter. Alan S. fragte: »Warst du mit heute zufrieden?«, wobei er den Vormittag meinte, und Whelan erwiderte, er wünsche sich »einen mehr vorwärts- und weniger rückwärtsgerichteten Blick. Statt Parolen wie ›Effektiver arbeiten‹ will ich Ideen hören.« Nachdem er den Rest seiner Papiere zusammengesammelt und noch einmal die Nummer probiert hatte, verließ Alan um 18.24 Uhr sein Büro.

Nachtrag Es war noch lange nicht »alles aus«. Alan Whelan erreichte den Kunden am späteren Abend und überzeugte ihn davon, auf die Suche nach einem alternativen Partner zu verzichten, denn er sei sicher, dass der Vertrag am Montag abgezeichnet würde. So geschah es und BT konnte ein abschließendes Angebot abgeben. Auch das war erfolgreich, im Mai 1996 wurde im britischen Unterhaus das Siegerkonsortium ausgerufen. Im Juli unterzeichnete Alan Whelan mit seinem Kunden einen Liefervertrag über Europas größtes ISDN-Netz im Wert von 100 000 britischen Pfund, BTs größter Einzelvertrag unter der Private-Finance-Initiative der Regierung Ihrer Majestät.

Aber auch damit war die Sache noch nicht zu Ende. Die britische Regulierungsbehörde für Telekommunikation OFTEL hatte BT gestattet, die ISDN-Preise ab September desselben Jahres zu senken. Die Wettbewerber von BT reichten viele Klagen ein und in einem beispiellosen Schritt nahm OFTEL seine Genehmigung wieder zurück. Einen Monat später lösten Alan Whelan und sein Geschäftspartner den Vertrag im gegenseitigen Einvernehmen auf.

Laterales Management par excellence

Brian A. Adams, Direktor, Global Express, Bombardier Aerospace (Montreal, 8. März 1996)

Dieser Tag war ganz dem Programmmanagement zuzuordnen; es ging um die Entwicklung eines neuen Flugzeugs, und dies in einer Struktur, die man als »erweiterte Adhokratie« bezeichnen könnte. Das Management war stärker lateral als hierarchisch ausgerichtet; sein Schwerpunkt war die Vernetzung und das Verhandeln, insbesondere mit Partnern im Programm.

Mit der Übernahme von Canadair in Montreal, de Havilland in Toronto, Lear Jet in den Vereinigten Staaten und der Shorts-Gruppe in Nordirland war die Bombardier-Aerospace-Gruppe zum drittgrößten Hersteller ziviler Flugzeuge in der Welt aufgestiegen.

Brian Adams war verantwortlich für die Entwicklung des neuen Global-Express-Flugzeugs. Dazu gehörten auch die Beschaffung, die Beziehungen mit den Zulieferern sowie Herstellung, Finanzen und Vermarktung. Das Flugzeug sollte eine größere Kabine haben und mehr Reichweite bieten als alle bislang gebauten Flugzeuge der Corporate-Jet-Familie.

Nach einem Studium in Quality Engineering war Brian Adams im Jahr 1980 als junger Mann zu Canadair gekommen. Die Global Express wurde Anfang 1991 konzipiert; Mitte 1995, neun Monate vor meinem Besuch hier, wurde ihre Entwicklung Adams übertragen, weil die Bereichsleitung den Eindruck hatte, dass das Programm ein stärkeres Management – straffere Zügel – gebrauchen konnte.

Brian Adams empfing mich um 8.30 Uhr am Eingang des Gebäudes, einer gigantischen Einrichtung am Stadtrand von Montreal. Wir gingen in sein Büro. Es war recht klein und mit einem Schreib- sowie einem Konferenztisch ausgestattet. Adams' Aufgabe war es, eine große Gruppe zusammenzubringen, zu der nicht nur die vier Bombardier-Hersteller gehörten, sondern auch Mitsubishi (Japan) für die Flügel und den Mittelteil des Rumpfes, Lucas (Großbritannien) für das elektrische System, Honeywell (USA) für die Bordelektronik, ein Joint Venture aus BMW und Rolls-Royce für die Antriebe und acht andere internationale Partner.

Adams setzte eher auf Kontaktpflege und Koordination unter Gleichgestellten als auf Autoritätsausübung gegenüber Untergebenen. Dennoch lag die Zuständigkeit letztlich bei ihm. Auf einer Sitzung im weiteren Tagesverlauf drückte er sich so aus: »Was wir zu tun haben, ist, einen Prototypen in die Luft zu bekommen und von da aus weiterzumachen.« Die gesetzte Frist hierfür war der September 1996. Brian Adams erläuterte, er müsse das gesamte Programm überwachen und sein technisches Team (die »Konstruktionsgurus«) in die nichttechnischen Fragen einbeziehen. Jeder dieser Mitarbeiter sei gegenwärtig für einen Teil des Flugzeugs verantwortlich, inklusive der Abstimmung mit dem Partner, der ihn entworfen und hergestellt hat.

Adams sorgte sich um eine Verspätung bei der Lieferung der Motoren. Gulfstream war mit seinem Konkurrenzflugzeug, der gestreckten Version eines existierenden Modells, Bombardier voraus, und so war es von entscheidender Bedeutung, dass der Testflug im September stattfinden würde, um den Kunden konkrete Resultate zu präsentieren.

Es gab diverse kurze Telefongespräche; zudem schauten einige Mitarbeiter herein, um über eine anstehende Besprechung und über die Spezifikationen für ein »reduziertes vertikales Separationsminimum« und dergleichen zu reden. Dann kam Stephane, Brians »rechte Hand« (der den Großteil des Tages mit ihm verbringen würde), der soeben aus Toronto zurückgekehrt war, herein, um anhand von Schaubildern über eine Vorfassung des Unternehmensberichts zu sprechen. Sie sprachen darüber, wer geliefert hatte, wer im Verzug war und was in der Präsentation besonders herausgestellt werden sollte. Brian Adams erkundigte sich, ob man die Tests irgendwie beschleunigen könne, und Stephane erwiderte: »Es gibt Probleme mit einem Teil: Es hat die Tests nicht bestanden. Wir müssen es neu konstruieren.« Adams holte einen Brief hervor, den er Stephane zeigte: »Hier, eine Liste aller Probleme!«

Um 9.20 Uhr fuhr Brian Adams die kurze Strecke zur Aerospace-Zentrale, wo er sich mit zwei hochrangigen Finanzleuten traf, um über besagte Vorfassung für die bevorstehende Sitzung mit dem Bombardier-Vorstand inklusive Chairman und Präsidenten zu sprechen.

Nachdem sie kurz einige Raumprobleme sowie kleinere Spannungen mit Havilland in Toronto angerissen hatten, wandten sie sich den Finanzen zu, und Adams schlug vor, wer auf der Sitzung was präsentieren könnte. Dann erkundigte er sich: »Gibt es irgendetwas Schockierendes?« »Nichts«, war die Antwort, und: »Wir sind im Zeitplan und im Budgetrahmen!«

Um 10 Uhr ging es die Treppe hinunter in die Projektbüros, wo zahlreiche Mitarbeiter herumliefen. Eine Mitarbeiterbesprechung war gerade zu Ende, und eine nächste sollte gleich beginnen, an einem langen Tisch mit einem Dutzend Teilnehmern, darunter Brian Adams und Stephane. Ein dicker Stapel Papiere wurde herumgereicht – insgesamt 34 Seiten mit detaillierten Diagrammen, Schaubildern und Tabellen unter der Überschrift »Zentrale Konstruktionsplanung und Kontrollaspekte« im Zusammenhang mit Global Express, »Woche bis zum 21. März 1996«.

Es handelte sich um eine informelle, bisweilen ungestüme Gruppe von Ingenieuren, die meisten zwischen vierzig und fünfzig Jahre alt. Zudem herrschte ein ständiges Kommen und Gehen. Sie waren offensichtlich an diese wöchentlichen Treffen gewöhnt, die dazu dienten, die Arbeit der verschiedenen Konstruktionsteams zu koordinieren. Hier gingen sie die verschiedenen technischen Aspekte des Projekts durch, um Probleme zu erkennen und sicherzustellen, dass der Zeitplan dennoch eingehalten wurde. Je nach Thema wurden Leute hinzugezogen: »Wen brauchen wir hier?« »Sieht hier jemand Bedarf für einen Prototyp der Fußbodenpaneele?« Brian Adams saß etwas weiter hinten als die anderen, nicht am Tisch. Die meiste Zeit hörte er zu; gelegentlich gab er Direktiven: »Vorrangig ist, dass [ein bestimmter] Test so rasch wie möglich vorbereitet und durchgeführt wird.«

Nun meldete sich David, der bislang schweigend zugehört hatte, mit einiger Theatralik in der Stimme zu Wort: »Momentan sind alle Gulfstream-Maschinen am Boden. Keine fliegt … keine ist flugbereit.« (Ein beim Motorenhersteller stationierter Bombardier-Konstrukteur hatte das tags zuvor in einem Pub gehört und David davon berichtet.) Damit wollte er sagen, dass nicht nur Gulfstream ein Problem hatte, sondern dass auch Bombardier betroffen sein könnte, kamen dort doch dieselben Motoren zum Einsatz, und je länger es dauerte, bis die ersten an Gulfstream geliefert waren, desto länger würde es auch dauern, bis Bombardier seine Motoren erhielt. Diese Nachricht schlug ein. »Das bedeutet«, fügte David hinzu, »dass wir uns auf ein Desaster gefasst machen müssen.« Alles ließe sich hinauszögern, meinte er, aber er wisse nicht, wie lange. Es wurde über die Notwendigkeit gesprochen, »die Situation aufmerksam zu verfolgen« und ein Team in die Motorenfabrik zu schicken, sobald es die Erlaubnis dazu erhielte. Jemand sagte etwas von einem »schwarzen Freitag«.

Es war jetzt fast 12.30 Uhr, und eine Sekretärin kam herein, um mitzuteilen, dass es Zeit war, den Raum für eine weitere Sitzung freizumachen. Der Leiter der Besprechung reagierte darauf, indem er die Tür von innen zuschloss, nachdem die Sekretärin gegangen war. Dennoch endete das Treffen kurze Zeit später, um 12.43 Uhr.

Nach einem kurzen Mittagessen ging Brian Adams mit Stephane zurück in das andere Gebäude, wo er um 13.30 Uhr eine weitere Sitzung mit rund zwanzig Teilnehmern eröffnete, darunter einige von de Havilland, die in der einen oder anderen Weise für die nächsten Schritte verantwortlich waren. Die meisten gehörten zur Herstellung, einige stammten auch aus Verkauf und Marketing. (Der Einzige im Raum, der Adams unterstand, war Stephane.) Der konkrete Zweck dieser Sitzung war ein ganz anderer als bei dem Meeting zuvor; hier ging es um Informationen zum zukünftigen Vorgehen. Auch die vertretenen Funktionen waren andere. Dennoch gab es Parallelen: Der übergeordnete Zweck – die Koordination der Anstrengungen – und die Komplexität dessen, was zu tun war, schienen sich in beiden Fällen zu ähneln.

Adams begann mit einer Vorstellung des Global-Express-Programms und zeigte dann einen kurzen Werbefilm, an dessen Ende der erste Flug für September 1996 angekündigt wurde. Das Treffen wurde angesetzt, erklärte er, damit alle gemeinsam daran arbeiten könnten, diese Vision Wirklichkeit werden zu lassen, und um sicherzustellen, dass alle wüssten, was auf sie zukam. Anschließend reichte er das Wort an den Leiter der Versuchswerkstätten weiter, der die einzelnen Testphasen aufzählte, von »(1) Vervollkommnung der Rahmenstatik« bis »(10) Dynamische Tests«. Dann ergriff ein anderer Teilnehmer das Wort und präsentierte weitere Folien, überwiegend Checklisten für die Strukturierung der Diskussion. Anschließend wurden zahlreiche Fragen gestellt, einige ziemlich aggressiv, beispielsweise zur »Struktur, die wir verändern sollten – und zwar sofort«.

Um 15.12 Uhr waren wir zurück in Adams' Büro. Wenig später erreiche ihn ein kurzer Anruf. »Es ist mein Chef«, erklärte er mir. Die meiste Zeit sprach Brian Adams: »Gerade hatten wir eine gute Besprechung«, sagte er, »in der Herstellung ist jetzt allen bewusst, wie viel Arbeit auf sie zukommt. Am Montag setzen wir uns in einer kleineren Gruppe zusammen und machen die Detailplanung [mit den benötigten Arbeitskräften].« Überwiegend besprachen sie konkrete Probleme, über Zulieferer, die Gewerkschaft und »elftausend Stunden bevorstehender Arbeit«.

Dann kam Stephane herein, und sie tauschten sich kurz über die Nachmittagssitzung aus, die Stephane als »einwandfrei, aber unterkühlt« bezeichnete. Um circa 15.30 Uhr kam wie geplant der Manager von der Qualitätskontrolle und brachte einen neunseitigen Aktionsplan mit, der wichtige Meilensteine und Herausforderungen auflistete sowie Verantwortlichkeiten festlegte. Gemeinsam gingen sie den Plan durch und korrigierten ihn stellenweise. Brian Adams und Stephane zeigten sich eher resolut und verlangten wiederholt nach »klaren Fristen« anstelle von »vagen Zeitrahmen«. Die Sitzung endete um 16.06 Uhr.

Mehrere Anrufe folgten, und mehrmals schaute jemand herein, bis es allmählich ruhiger wurde – zum ersten Mal seit dem frühen Morgen. Adams erzählte mir von der Zeit, als er das Programm übernommen hatte. Zusammen mit seinem Team habe er sich an einen abgelegenen Ort zurückgezogen. Dort wurde ihm klar, dass sie eine bessere Struktur und keine klarere Zuständigkeitsverteilung brauchten. »Wir teilten also das Flugzeug auf«, sodass fortan die Mitarbeiter für verschiedene Teile sowie die Verbindung zu den jeweiligen Partnern, die sie herstellten, verantwortlich waren.

Um 16.30 Uhr kam ein Anruf aus Los Angeles, von einem »Problemzulieferer« – einem Sub-Subunternehmen, erklärte Brian. Fünf Wochen zuvor, als er eine Krise befürchtete und Sorge hatte, dass das Subunternehmen ihr nicht gewachsen wäre, hatte er auf alle Nettigkeiten verzichtet (und die Frage, wer die Kosten begleichen würde, erst einmal offengelassen) und einen seiner Leute nach Los Angeles geschickt, der seither dort ausharrte. Der Anruf beinhaltete die Bitte, das Mandat zu verlängern. Adams versprach, das Notwendige in die Wege zu leiten: »Ich setze mich dafür ein, dass der Konstrukteur bei Ihnen bleiben kann.« Nach dem fünfminütigen Gespräch erklärte mir Brian Adams, dass alle drei seiner gegenwärtigen Probleme mit Sub-Subunternehmen, nicht mit Partnern zu tun hatten. In diesem Fall hatte er anlässlich eines Treffens mit dem Partner ein Problem gerochen und war selbst nach Los Angeles geflogen. Eine Stunde später wusste er, dass er recht hatte – mit ihm redeten sie offen, nicht aber mit dem Partner –, woran man sieht, dass ein »Partner« mitunter nicht viel mehr ist als ein Subunternehmen.

Stephane kam für einen Augenblick herein, um die Termine für seine Fahrt nach Toronto in der nächsten Woche zu besprechen, und um 16.50 Uhr schlug Adams einen »kurzen Fabrikrundgang« vor, der dann aber fast eine halbe Stunde dauerte. Die Anlage war gewaltig: 25 Fußballfelder – groß genug, um ein anständiges Flugzeug zu montieren und eigene Regengüsse zu haben!

Als wir um circa 17.15 Uhr unsere Tour beendet hatten, wollte Brian Adams gehen, um mit Stephane noch ein Bier zu trinken und ein paar persönliche Dinge zu besprechen. »Was für ein Tag!«, sagte ich, als wir zu seinem Büro gingen, und er erwiderte: »Gar nicht so übel; ich musste nur dasitzen und zuhören. An manchen Tagen …« Als wir das Büro betraten, hörten wir Stephane am Telefon sagen: »Er kommt gerade zurück.«

Nachtrag Am 31. Juli 1998 erhielt die Global Express die Zulassung des kanadischen Verkehrsministeriums, keine zwei Monate nach dem fünf Jahre zuvor gesetzten Zieldatum.

Schnittstellenmanagement

Charlie Zinkan, Superintendent des Banff-Nationalparks
(Banff, Alberta, 13. August 1993)

> Wenn Sie Politik wirklich live erleben wollen, sollten Sie die
> Debattierklubs in der Hauptstadt ignorieren und stattdessen
> aufs Land kommen, wo sich Umweltschützer und Unternehmer
> einen harten Kampf liefern.

Charlie Zinkan war Chef des Banff-Nationalparks, des international
vermutlich bekanntesten und ältesten Nationalparks Kanadas. Ein
umstrittenes Thema war aktuell ein vorgeschlagener neuer Parkplatz
neben einem Skihügel im Banff-Nationalpark. Sein Besitzer war ein
ziemlich rüder Geschäftsmann mit guten Beziehungen zur Progressive
Conservative Party und zur Parlamentsabgeordneten seines Bezirks,
die selbst für ihren aggressiven Stil bekannt war. Gegen den Parkplatz
zogen Umweltschutzgruppen ins Feld, die behaupteten, er würde eine
von mehreren Tierarten genutzte Trasse blockieren und ein weiteres
Stück natürlich gewachsenen Waldes vernichten.

Die Zentrale des Banff-Nationalparks sitzt unmittelbar oberhalb der
Altstadt von Banff, Alberta, in einem imposanten Gebäude, das einst
als Kurhaus errichtet und vor Kurzem renoviert worden war. Von
Charlie Zinkans großem Büro aus schaute man auf die Hauptstraße.
Drinnen war die Atmosphäre jedoch leicht und freundlich, und man
hatte fast den Eindruck, als befände man sich mitten im Park. Zinkan
selbst trug eine Parkwächteruniform (er hatte sein ganzes Berufsleben
im Parks Service gearbeitet).

Charlie Zinkan hatte vorgeschlagen, dass ich um 8 Uhr kommen möge,
wenn seine tägliche Französischstunde beginnt. Weil das für seine bi-
linguale Position vorgeschrieben war, fand er, man könne es auch als
Teil seiner Managertätigkeit betrachten.

Die Stunde endete um 9.05 Uhr und wir setzten unser Gespräch (auf
Englisch) fort. Er erwartete für den Tag ein leichtes Programm, auch
wenn »es an manchen Tagen unmöglich ist, diesem Ort zu entrinnen«.
Einst gab es sieben Managementebenen im Park, sagte er, von denen
heute bei einem Budget von 10 Millionen Dollar, 270 Vollzeitbeschäf-
tigten, 500 zusätzlichen Saisonkräften und rund 30 bis 50 Managern

noch drei, manchmal vier übrig geblieben waren. Es gab eine Reihe von Einheiten, die sich mit der zentralen Verwaltung beschäftigten (Finanzen, Personalwesen, Planung, Kommunikation), und andere in der Parkbetreuung (Verpachtung, Straßen, Campingplätze, Ordnung und Sicherheit, Naturschutz sowie den Front Country Service und den Back Country Service).

Um 9.20 Uhr, als wir gerade die Schaubilder durchgingen, kam der Mann, der für das Serviceprogramm zuständig war, für fünf Minuten herein. Er sprach über einen Konflikt (mit einem Unternehmer), sagte etwas von »Wunden lecken« und dass er Zinkan nur wissen lassen wollte, was getan worden war, womit dieser auch einverstanden war. Zinkans Besucher fügte noch hinzu: »Besser, wir tun das als du.« Außerdem sprachen sie noch über ein Problem mit dem Buchhaltungssystem.

Dann kam ein Anruf vom Manager eines Energieunternehmens, der um ein Treffen bat, weil eine Gruppe von Umweltschützern versuchte, ein Energieprojekt zu stoppen. Zinkan erläuterte einige der Befürchtungen der Umweltschützer und schlug Mitte September als besten Zeitpunkt für ein Treffen vor. Der Manager redete weiter und sprach von der Rolle seines Unternehmens, das sich nicht in das Parkmanagement einmischen wollte, sondern vielmehr innerhalb des Parks seine Dienste anbot. Er erwähnte auch einen Kollegen, der gern mit den Säbeln rasselte und sich auf Bundesebene in die Politik einmischte. Der Anruf dauerte 21 Minuten, in denen Zinkan meistenteils höflich zuhörte.

Zwischen weiteren Anrufen (überwiegend Terminfragen) plauderten wir. Vor der Umstrukturierung war die Motivation ein ernstes Problem im Park gewesen, sagte Charlie Zinkan. Die Manager ließen sich nur schwer dazu bewegen, weniger selbstherrlich zu agieren, insbesondere angesichts des politischen Drucks, Entscheidungen zu zentralisieren, sowie des Umstands, dass die Wissenschaft den ökologischen Fragen, die sich hier stellten, nicht ganz gewachsen war. Zinkan war überzeugt davon, dass klassische hierarchische Kontrollmechanismen unvereinbar waren mit den hoch qualifizierten Mitarbeitern, die sich für die Arbeit in den Parks bewarben, selbst wo es sich um simple Jobs handelte, die in der Hoffnung angenommen wurden, später an interessantere Tätigkeiten heranzukommen. »Diesen Leuten gegenüber sollten Sie das Wort ›Empowerment‹ mit Vorsicht gebrauchen«, meinte Charlie. »Wir haben Mechaniker, die die *Harvard Business Review* lesen!« Die Mitarbeiter draußen vor Ort haben ihre eigenen Werte: »Es sind die ›Lone Rangers‹ in der Organisation.«

Charlie Zinkan erklärte mir, dass der Banff-Park als der älteste und bekannteste Nationalpark Kanadas in mancher Hinsicht besonders heikel war. Hier kam alles zusammen: Touristen, Unternehmer, die einzige transkontinentale Bundesstraße Kanadas. Diese Konflikte zeigten sich vor allem in drei Parks, nämlich in Yellowstone, Yosemite und Banff, wobei die beiden ersten in den Vereinigten Staaten liegen. »Manchmal ist mein Alltag wochenlang nur von Problemen geprägt.« Die ökologischen Interessen des Bow Valley (im Banff-Park) sind möglicherweise nicht zu managen, meinte er, und bezog sich dabei auf Konflikte zwischen den Parlamentsvertretern von Alberta, alle von der Progressive Conservative Party, und den Umweltschutzorganisationen, besonders wegen des Parkplatzes, aber auch wegen des Vorschlags, den Trans-Canada Highway auszubauen, um die Verkehrskapazität zu erhöhen.

Um 10.30 Uhr begann Zinkan, Pachtverträge zu unterzeichnen, eine notwendige Formalität. Sandy Davis, seine Vorgesetzte, rief um 10.40 Uhr wegen eines Gesprächs an, das sie mit der zuständigen Parlamentsabgeordneten geführt hatte, und bat Zinkan, ebenfalls mit ihr zu sprechen, was dieser auch sofort tat. »Ich fasse noch einmal nach«, sagte er und berichtete der Frau über ein Beratungsunternehmen, das von Ottawa engagiert worden war, und einem Treffen mit dem Besitzer des Skihangs und der »sehr positiven Arbeitsatmosphäre«. Dieses Telefonat endete kurz vor 11 Uhr, gefolgt von einem weiteren, das ebenfalls rund fünfzehn Minuten dauerte, mit dem Chef des Skicenters, der sich besorgt zeigte wegen des Umweltberichts und der Änderungspläne für die Straße.

Charlie Zinkan traf sich dann mit dem Chef eines Bungalow-Campingplatzes, um über indianische Landansprüche in der Nähe der Einrichtung zu sprechen. Der Ton dieser Begegnung war ein ganz anderer; diesmal hörte der Besucher ruhig zu, während Zinkan die Ansprüche sowie die Position der Regierung eingehend erläuterte und dabei versuchte, dem Mann seine Ängste zu nehmen. Vor 26 Jahren hatte ihm ein Anwalt von den Ansprüchen und von der Möglichkeit erzählt, dass man ihm sein Land wegnähme, aber seither hatte niemand mehr mit ihm darüber gesprochen, und auch er war der Sache nicht weiter nachgegangen. Er war Zinkan dankbar, dass dieser die Initiative ergriffen hatte und ihm die Zusammenhänge erklärte.

Der Campingplatzbetreiber sprach noch ein weiteres Problem an. Die Eisenbahn kreuzte in der Nähe seines Campingplatzes die Kontinentalscheide, und die Zugführer hatten die Angewohnheit, dabei jedes Mal die Pfeife ertönen zu lassen, auch nachts. »Wir werben damit, dass wir ein reines Naturerlebnis bieten, und dann dieser Lärm!« Könnte Zinkan in dieser Sache etwas unternehmen? Dieser erwiderte, darüber müsse er zuerst mit den Leuten von der Eisenbahn reden. »Vielleicht finde ich heraus, wer für die PR zuständig ist, und kann dem Betreffenden zu einer Übernachtung einladen, damit er die Zugpfeifen hören kann«, scherzte er.

Nach einem kurzen Mittagessen machten wir uns auf den Weg zur Parkranch am anderen Ende der Stadt, wo Charlie Zinkan einige Reittermine vereinbaren wollte, um in Form zu kommen, denn es stand ein fünftägiger Ausritt ins Hinterland auf dem Plan. Zinkan wollte sich diesen Teil des Parks ansehen und sich dort seinerseits blicken lassen. Aber das war nicht nur »Management by Riding around«; seine Begleitung bestand aus zwei Wächtern von der RCMP und einem Geschäftsmann – als Gelegenheit zum Ideenaustausch.

Als wir kurz nach 15 Uhr wieder zurück im Büro waren, schaute der regionale Sicherheitsexperte herein, um über die Kostenerstattung von Noteinsätzen (Suche und Bergung) zu reden. Er hatte bereits mit anderen Gruppen (beispielsweise der Küstenwache) darüber gesprochen und einige Ideen entwickelt – etwa die, eine Maut von allen Fahrzeugen zu kassieren, die den Park passierten. Er erhoffte sich Zinkans Zustimmung, um mit der Idee »hausieren« zu gehen. Nach einer weiteren Unterredung, in der es um Räume für die Geräteunterbringung ging, nutzten wir eine Unterbrechung, um Zinkans Terminkalender näher unter die Lupe zu nehmen, wobei wir mit den Terminen der laufenden Woche (wir hatten Freitag) begannen. Jeder Tag begann mit Französisch. Am Montag gab es eine Besprechung zum Thema Schulung und eine Teambildungssitzung, darüber hinaus eine Diskussion über ein Problem, das ein Manager mit einem seiner Mitarbeiter hatte. Ein japanischer Attaché von der Washingtoner Botschaft kam, um über einige Punkte zu sprechen (unter anderem über japanisches kommerzielles Eigentum im Dorf Banff), was Zinkan als eine Art VIP-Besuch verstand. Charlie Zinkan traf sich zudem mit dem Besitzer des Skihangs und mit seinen eigenen Managern aus der Immobilienverwaltung. Am Dienstag gab es eine Konferenzschaltung zur Zukunft der »heißen Becken«, eine Wiederholungsübung in »Null-Basis-

Budgetierung«, noch mehr Aufmerksamkeit für jenen Parkplatz, ein Telefonat mit dem Auditor-General's Office in Ottawa, ein Treffen mit einer lokalen Organisation wegen eines Raumtauschs und am Abend ein Treffen mit dem Heritage Department in Ottawa (dem die Parks Services unterstellt waren). Am Mittwoch stand eine PC-Schulung im Kalender, des Weiteren ein Mittagessen mit Sandy Davis in Calgary (neunzig Autominuten entfernt), um über den Parkplatz zu reden, sowie ein weiterer Abend mit dem Heritage Department. Am Donnerstag fanden eine Telefonkonferenz mit Sandy Davis zum Parkplatz (»Sie sehen, wie ein Thema den Großteil meiner Zeit beanspruchen kann«) und Besprechungen in Lake Louise (fast eine Autostunde in die entgegengesetzte Richtung) über Gewerkschaftsfragen und mit einem Hotelbesitzer über Spaziergänger, die über sein Grundstück liefen, statt.

Der Terminplan der nächsten Woche sah vor: ein Executive-Treffen zu Planungsfragen, ein Treffen mit dem Skihangbesitzer und einem Berater, der den Auftrag hatte, denkbare Varianten der Parkplatzlage auszuloten; einen Besuch von Sandy Davis mit einem Empfang beim Kulturzentrum von Banff, ein weiteres Telefonat mit dem Auditor-General's Office in Ottawa, ein Mittagessen mit einem US-Kongressmitglied, bei dem es um die Erhaltung von Nationalparks gehen sollte, sowie eine Parade im Kadettenlager, wo Charlie Zinkan eine zeremonielle Rolle übernehmen würde.

Anschließend sprachen wir über seinen Job und die positive Reaktion auf einige der von den Unternehmern initiierten Projekte sowie über die Menschen, die im Park arbeiten. Die Reduzierung der Hierarchieebenen, so Zinkans Eindruck, habe seinen Job anstrengender gemacht, weil ihm mehr Mitarbeiter unmittelbar unterstellt sind. Wie er später mir gegenüber formulierte: »Das Problem ist vielleicht, dass Zuständigkeiten abwärts auf Manager übertragen wurden, denen dazu die Fähigkeiten und das Selbstvertrauen fehlt und die deshalb versuchen, nach oben zu delegieren.« Um 16.45 Uhr kam ein Berater der Region herein. Sie sprachen bis 17.25 Uhr über Management in der Parkverwaltung; damit endete Zinkans Arbeitstag.

Außergewöhnliches Management[10]

Abbas Gullet, Head of Subdelegation
(Ngara, Tansania, 8. Oktober 1996)

Dieser Bericht handelt von einem Manager von Flüchtlingslager des Roten Kreuzes in Tansania, dessen Tätigkeitsschwer-
punkte in den Bereichen Kommunikation sowie Lenkung
und Kontrolle lagen, mit dem Ziel, eine potenziell chaotische
Situation zumindest zeitweise stabil zu halten. Für den Titel
»Außergewöhnliches Management« existieren drei Gründe.
Erstens geht es um das klassische Management by Exception.
Zweitens um Management unter außergewöhnlichen Umständen. Und drittens um außergewöhnliche Mitarbeiter in einer
außergewöhnlichen Organisation.

Die Internationale Föderation der Rotkreuz- und Rothalbmond-Ge-
sellschaften (IFRC oder einfach Föderation) vereint 175 nationale Gesellschaften zum Zweck der Entwicklungsförderung und der Katastrophenhilfe. Dieser Bericht handelt von einem ihrer »Abgesandten«, der
zwei Flüchtlingslager im tansanischen Ngara leitet. Deren Bewohner
waren dem Chaos in Ruanda und Burundi nach dem von Hutus ver-
übten Völkermord an den Tutsis und der anschließenden erneuten
Machtübernahme durch die Tutsis entronnen. Benaco beherbergte
175 000 Ruander, Lukole 29 000 Burundier.

Die Führung eines Lagers ist mit der Führung einer kompletten Ge-
meinde vergleichbar; zur Verwaltungsarbeit gehören Verpflegung,
Sanitäranlagen, Wegebau und -unterhaltung, Wohnen und Gesundheit. An der von Abbas Gullet geleiteten Operation waren 17 Föderationsvertreter aus acht Ländern beteiligt, er selbst (ein Kenianer)
mitgerechnet, sowie 516 Vollzeitkräfte vom tansanischen Roten Kreuz
(einige als »Begleiter« der 17 Föderationsvertreter) und 1500 bezahlte
Teilzeitkräfte aus den Lagern selbst.

---

10 In ähnlicher Form ist dieser Bericht unter der Überschrift »Managing exceptionally« bereits erschienen in: *Organizational Science, 12* (November/Dezember
2001): 759–771.

Die Fluktuation unter den Föderationsvertretern war groß. (Mit elf Monaten war Abbas Gullet am längsten dabei.) Sie lebten auf einem Grundstück, das freundlich, aber bescheiden ausgestattet war: mit Zaun und Wächter, aber ohne Waffen. Auf einem Teil des Geländes befand sich der Verwaltungsbereich, wo die Büros mitsamt den Telekommunikationsanlagen ein Viereck bildeten.

Gullet hatte den Großteil seines Lebens beim Roten Kreuz verbracht und war schon als jugendlicher Freiwilliger bis nach Deutschland, Großbritannien und später Kanada gekommen. Für die Föderation arbeitete er seit sechs Jahren, inklusive einem Aufenthalt in der Genfer Zentrale.

Der Tag begann mit einem Frühstück um 7.25 Uhr und einem anschließenden kurzen Weg ins Büro, wo Abbas Gullet die neuen PACTOR-Nachrichten – gedruckte Korrespondenz, ähnlich wie Telex – durchging. Darunter war eine Rechnung, eine Materiallieferung und ein zu versendender Bericht. Er wandte sich dann seinem Computer zu und bereitete seinen wöchentlichen Bericht an das Zentralbüro in Genf vor. Um 7.45 Uhr kamen seine wichtigsten Mitarbeiter zur täglichen Besprechung: Gier, ein Norweger, der für den Bereich Gesundheit verantwortlich war, Georges, ein Kanadier, zuständig für Finanzen und Verwaltung, Sasha aus Russland, zuständig für die Logistik, und Stephen aus Nordirland (mit afrikanischen Wurzeln), zuständig für soziale Unterstützungsleistungen.

Sie gingen um den Tisch, und Sasha sprach über Angebot und Nachfrage bei den SUVs (die Geländelimousinen waren eine sorgsam gehütete Ressource in Ngara), und Georges erwähnte, dass das Budget fertig sei. Im Mittelpunkt aber stand hauptsächlich Abbas Gullet, der viele Details erläutern musste (»Wer muss unterschreiben?« »Wohin geht dieses Formular?«). Gier und Georges waren relativ neu, während Sasha und Stephen ihre Chefs vertraten, die sich auswärts aufhielten.

Als Gullet an der Reihe war, informierte er die anderen über einen »Lagermanagement«-Workshop, der auf dem tansanischen Anwesen stattfinden sollte, um Erfahrungen verschiedener ostafrikanischer Rotkreuzgesellschaften auszutauschen. Ein Amerikaner namens Bill und ein Mexikaner namens Juan nahmen als Vertreter der Föderation teil. Abbas Gullet erklärte, warum er seine Leute nicht so gern drei Tage freistellte – zu viel Arbeit. Dann ermahnte er Sasha, die Fahrzeuge nicht überzustrapazieren. Er gab Nachrichten zur Personalsituation bekannt, darunter Neubesetzungen, die genehmigt worden waren.

Keine Neuigkeiten gab es bislang zu seiner eigenen Nachfolge und der von Stephen und Frank (Stephens Chef), deren Zeit auslief. Gullet erläuterte außerdem die »strengere Gangart« der tansanischen Regierung in Bezug auf den Vier-Kilometer-Ring, der vor Kurzem um die Lager gelegt worden war. (Die Flüchtlinge durften sich frei bewegen, um beispielsweise das ihnen zugeteilte Land zu bestellen, auf lokalen Märkten Handel zu treiben oder Feuerholz zu sammeln, aber nur innerhalb dieser vier Kilometer, wobei allerdings nicht klar war, wie dies zu kontrollieren war.) Dann wandte sich Abbas Gullet an Stephen und sagte: »Du solltest einfach dein Ohr nah bei den Leuten haben, Stephen, und mehr über die Gefühle der Flüchtlinge in Erfahrung bringen.«

Die Besprechung endete um 8.13 Uhr. Gullet setzte sich wieder an seinen Bericht für Genf, während zwischendurch immer wieder Menschen kamen und gingen. Der Bericht wurde um 8.30 Uhr abgeschickt, woraufhin Gullet zu dem viel größeren tansanischen Anwesen nebenan ging, um den Workshop zu eröffnen. Er hieß die Teilnehmer offiziell willkommen und erläuterte die jüngste Geschichte der Region. Nach den großen Unruhen hatte sich die Lage etwas beruhigt, aber weil die Spannungen in Burundi in jüngster Zeit wieder zunahmen, hielt sich das Rote Kreuz für einen raschen Einsatz bereit. Nach rund zehn Minuten übergab Abbas Gullet die Gesprächsleitung an Juan und verließ mit der an mich gerichteten Bemerkung »Zurück an die Arbeit!« den Raum.

Die Arbeit wartete in Benaco. Gullets Auto stand außerhalb der Halle bereit und wir erreichten die Essensausgabestation um 9.55 Uhr. Aus den Reihen der Flüchtlinge rekrutierte Wachleute schlenderten herum und warteten auf die Ankunft der UNWFP-Lastwagen, die offensichtlich Verspätung hatten. (UNWFP steht für das Welternährungsprogramm der Vereinten Nationen.) Gullet ging in die »Läden« – große Planenzelte, die fast leer waren (sieht man von den »Waagen« ab) – und erkundigte sich nach dem »Rattenproblem« (»Immer noch ein Problem«, wurde ihm beschieden) und anderen Einzelheiten.

Als die Lastwagen eintrafen, wurde die Nahrung in Zentnersäcken unmittelbar in die »Schütten« getragen – flache, abgedeckte Behälter, neunzehn an der Zahl. Über sie gelangte die Nahrung für die wöchentliche Austeilung zu den »Teamleitern«, die sie ihrerseits an ihre hinter einem Zaun wartende »Familiengruppe« austeilten. Aber heute fand Abbas Gullet das System *allzu* effizient, weil die Lebensmittel erst in die

Läden sollten, um die Menge zu registrieren. Er wandte sich also mit diversen Fragen an die Frau, die die Essensausgabe managte, darunter auch die Frage, warum die Mitarbeiter keine Rotkreuzschürzen trugen. Sie müssten klar erkennbar sein, verlangte Gullet, und er ermunterte seine Gesprächspartnerin, regelmäßig Besprechungen mit ihren Mitarbeitern abzuhalten.

Abbas Gullet sprach noch mit der Frau vom UNWFP über die Verteilung der Lebensmittel und über die Probleme, die sie mit einem Lieferanten hatten. Auf ihre Bitte hin (»Vielleicht hören sie dir zu«) versprach er, mit den UN-Leuten zu reden. Wir gingen dann die Schütten entlang und durch ein Tor, an dem viele Menschen auf ihr Essen warteten und für uns eine Gasse bildeten, bis zu einem freien Platz. (Dies war offensichtlich der belebteste Bereich des Lagers, gefolgt vielleicht vom Marktbereich, wo frische Nahrungsmittel, die jenseits der Tore angebaut und gehandelt wurden, zusammen mit erstaunlich vielen anderen Dingen verkauft wurden.)

Nach einem Rundgang gingen wir zum Auto zurück und fuhren zu einem anderen Bereich des Lagers, wo mir Abbas Gullet die Wohnanlagen zeigte: Reihen kleiner Hütten entlang einer breiten Mittelachse mit Latrinen an einer Seite und Kochgelegenheiten (zwei pro Haushalt) auf der anderen. Aus der Entfernung hatte das Lager groß gewirkt, aber von Nahem betrachtet schien es abgesehen von den Essensausgabestellen nicht besonders bevölkert. Wir verließen das Lager, und nach einer kurzen Besichtigung der Wasseraufbereitungsanlage, aus der die Verwaltungsanlage versorgt wurde, kehrten wir um 12.30 Uhr zu Abbas Gullets Büro zurück.

Dort gab es die üblichen Kurzgespräche mit Leuten, die vorbeikamen, und ein Blick auf einige PACTOR-Nachrichten, die in der Zwischenzeit eingetroffen waren, eine von jemandem, der einen neuen Pass brauchte, eine andere zu einer Hotelbuchung, eine dritte zur Möglichkeit, ein paar Öltanks von einem italienischen Unternehmen zu übernehmen, das seine Zelte in Tansania abbrach – falls Gullet sich beeilte. Sasha schaute zufällig in diesem Moment herein, und Gullet trug ihm auf, nach den Öltanks zu schauen.

Diverse Leute und PACTOR-Nachrichten (zu Flugbuchungen, Budgets, Kosten und einem kaputten Maschinenteil) folgten und dann aß Abbas Gullet gegen 13 Uhr mit mehreren Leuten zu Mittag. Hans von den Workshops fragte Gullet, ob dieser ihm helfen könne, sich einige dringend benötigte Generatoren zu sichern. Bill ging die Pläne für den

Workshop durch und bat Gullet um die Erlaubnis, dass seine Leute teilnehmen dürften. »Ich bin einverstanden. Sag ihnen nur, dass sie langsam und deutlich sprechen sollen.« Um 13.30 Uhr machte er eine Pause und kehrte um 14 Uhr zurück ins Büro.

Gier kam mit »diversen kleinen und ein paar großen Sorgen« herein: Haben die Flüchtlinge, die für das Rote Kreuz arbeiten, Fünftagewochen? Gibt es für Benaco Evakuierungspläne? Plante Abbas Gullet eine Gehaltserhöhung für »den Professor« (ein Akademiker unter den ruandischen Flüchtlingen, der die Software für die Gesundheitsüberwachung betreute)? Was ist mit einer Entwässerung und der Installation einer Nachtbeleuchtung für das »Gulf Hotel« (der Spitzname für die Krankenstation)? Gullet erklärte Gier, der erst einen Monat dabei war, verschiedene Dinge. Zu einigen dieser Fragen gab er klare Antworten (etwa wenn es um Ausgaben ging), bei den meisten aber wollte er Giers Meinung wissen und ermunterte ihn, selbst zu entscheiden.

Das größte Problem betraf die *Matron* (Oberschwester) der Krankenstation. Sie hatte es sich bei verschiedenen Anlässen mit den tansanischen Mitarbeitern verscherzt, die sie loswerden wollten. Gier berichtete auch von einem offensichtlichen Mangel tansanischer Ansprechpartner auf der Krankenstation. Er lieferte eine kurze Liste von Kandidaten, unter denen der *Assistent Matron* nicht vorkam, der demnach ebenfalls dabei war, sich zu verabschieden. Gullet berichtete Gier, was er von der Situation wusste (und das schien eine Menge zu sein) und dass dieses Problem bereits existierte, als er vor achtzehn Monaten hierhergekommen sei. Er meinte, weil die *Matron* den Job schon achtzehn Monate machte, könnte man in ihrer Auswechslung eine normale Rotation sehen und sie weiterhin als Krankenschwester arbeiten lassen.

Um 14.34 Uhr leitete Abbas Gullet zu einer Reihe anderer Probleme über. Da war beispielsweise die Frage, wie sich die Produktion von Betonplatten für die Latrinen, die hinter dem Plan zurückgefallen war, beschleunigen ließe. Gier kommentierte die sanitären Verhältnisse im Lager anerkennend: »Es riecht nicht, es gibt keine Fliegen, es liegt kein Müll herum.« Durchfall war kein großes Problem, aber mehr Wasser wäre hilfreich, was Gullet dazu veranlasste, über die Schwierigkeiten im Umgang mit den UN-Leuten sprechen. In einem der Lager war eine Zunahme von Hautkrankheiten zu verzeichnen, und Gullet fragte sich, ob da möglicherweise Seife entwendet und verschoben worden war.

Das Gespräch kehrte zum »Gulf Hotel« zurück, sie unterhielten sich kurz über das medizinische Personal und die Frage, ob man einen Anästhesisten einstellen sollte. (Bislang erledigten die Schwestern diese Aufgabe.) Man sprach über die Kosten, insbesondere über die immensen Ausgaben für Medikamente und die Möglichkeit des Diebstahls, außerdem über ein Problem mit einem Fahrer für die Krankenstation, der angeblich versucht hatte, einen Sicherheitsbeamten zu bestechen. Abbas Gullet sagte Gier, dass in diesem Fall der Falsche entlassen worden sei und dass die Entscheidung revidiert werden müsse. Gier ging um 15.18 Uhr.

Sasha, der draußen gewartet hatte, kam herein, um über verschiedene Dinge zu sprechen: über eintreffende Fahrzeuge von Ärzte ohne Grenzen Holland, die Treibstoff einlagerten, wo er nicht gestohlen werden konnte, und »eine nicht so gute Nachricht – eines der Fahrzeuge hat einen Motorschaden«. Gullet bat ihn, zu prüfen, ob der Motor gewartet worden war. Sasha ging um 15.43 Uhr hinaus, um nach einem Memo zu schauen, und als Gullet dort Leute mit Kissen vorbeigehen sah, ging er ebenfalls kurz hinaus, um mit ihnen zu sprechen. Er befürchtete einen Diebstahl, aber es stellte sich heraus, dass sie auf Anweisung der Workshop-Leute gehandelt hatten. Dann kam Sasha mit dem Memo zurück, das die Bitte um Fahrzeuge für die Workshops enthielt, worauf Gullet entgegnete: »Auf keinen Fall.« Er erklärte auch, wie die Benzinkosten dem Workshop in Rechnung zu stellen seien. Sasha ging um 15.47 Uhr.

Nachdem für den Tag keine weiteren Besprechungen mehr angesetzt waren, war jetzt Zeit, um die PACTOR-Nachrichten und andere Meldungen durchzusehen (unter anderem über Chlortabletten, die in der gewünschten Größe nicht verfügbar waren, Flugarrangements für abreisendes Personal, den Besuch eines Bonner Mitarbeiters, eine Nachricht vom tansanischen Rotkreuzbüro in Dar-es-Salaam, dass ein Arzt, der sich für einen Job bewerben wollte, vorbeikomme). Um 16.17 Uhr kam Gier herein und Abbas Gullet erkundigte sich nach dem Besuch des Arztes: Kam der Vorschlag von Gier oder von jemand anderem? Der Absender der Botschaft hatte sich offensichtlich nicht einmal bei Gullets direktem Vertreter in Dar-es-Salaam rückversichert. »Den werde ich mir vornehmen – ich hoffe, das gibt keinen Ärger für mich!«

Um 16.25 Uhr begann Gullet mit einem Zwischenbericht für einen Abgesandten, aber da dauernd Leute vorbeikamen, war klar, dass er damit heute nicht fertig würde. Felicitus, die die Krankenstation im Auftrag des deutschen Roten Kreuzes leitete, reichte ein Schreiben herein, das zugetackert war und das Gullet glücklicherweise gleich öffnete und durchlas. Dort erfuhr er, dass ein neuer *Assistant Matron* und eine neue *Matron* gefunden werden sollten. Abbas Gullet rief Felicitus und Gier zurück in sein Büro.

»Warum willst du den *Assistant Matron* aus der Krankenstation heraus haben?«, fragte er Felicitus. Gier, der von Felicitus' Schreiben nichts wusste, erwiderte: »Damit hat es keine Eile«, aber Felicitus sagte: »Er wird als *Matron* niemals Akzeptanz finden.« Offenbar gab es zwischen ihnen ein Missverständnis. Abbas Gullet entgegnete darauf in dem resolutesten Tonfall, den ich an diesem Tag von ihm hörte, dass er den Mann, der auch Stephen hieß, kenne, dass er eine exzellente Kraft sei und dass er ihn beschützen werde, solange er selbst hier sei. Als sich Felicitus bedrückt davonmachte, fügte Gullet hinzu: »Es sei denn, du hast es ihm schon gesagt.« Felicitus war im Nu zurück. »Das habe ich.« Offenbar hatte sie etwas, was Gier ihr zuvor gesagt hatte, als Aufforderung missverstanden, ihn zu entlassen.

Abbas Gullet bot an, mit dem *Assistant Matron* zu sprechen, um die Situation zu klären, und eine offensichtlich erleichterte Felicitus (die sagte, auch sie schätze seine Begabung) bedankte sich: »Es wäre schön, wenn du das tun könntest.« Es wurde also vereinbart, dass Gullet anderntags versuchen sollte, alles wieder geradezurücken. Am Ende einigten sie sich gar darauf, Stephen zur »kommissarischen Oberschwester« zu befördern. »Warum nicht zur Oberschwester?«, erkundigte sich Felicitus, und Abbas Gullet antwortete: »Ein Schritt nach dem anderen.« Er wollte sich erst bei seinem Vorgesetzten (der auswärts war) rückversichern.

Nun wandte sich Gullet wieder seinem Computer und dem Zwischenbericht zu und erklärte noch, wie sehr er diese ruhige Zeit zum Ausklang des Tages schätze, da er dann etwas Schreibtischarbeit erledigen könne. Er hatte kaum eine Zeile getippt, als sich am Telefon Nairobi wegen irgendwelcher Flüge meldete. Dieser Anruf dauerte zwanzig Minuten, und anschließend schaute Sasha herein, um von den angebotenen Lastwagen zu berichten. Sie unterhielten sich noch darüber, als Felicitus um 18 Uhr ihren Kopf durch die Tür streckte: »Stephen ist hier!«

Abbas Gullet setzte sich also mit Stephen, der sorgenvoll dreinschaute, an den Tisch. »Wie läuft es zurzeit auf der Krankenstation?«, fragte Gullet, und sie sprachen unter anderem über einen Meningitisausbruch. »Bist du erschöpft oder überarbeitet?«, erkundigte sich Abbas Gullet. Stephen verneinte. Was ihm Sorgen mache, sei Felicitus' bevorstehende Abreise und der fehlende Ersatz, und Gullet drängte ihn, hier aktiver zu werden. Er stellte noch weitere Fragen zu den administrativen Regelungen auf der Krankenstation und zur Rolle der tansanischen Mitarbeiter.

Dann wandte sich Gullet dem eigentlichen Thema zu, fragte nach den Details seines Arbeitsvertrags und was Felicitus ihm gesagt habe. Stephen erwiderte, er habe begriffen, dass er fortan nicht mehr *Assistant Matron* sein solle, aber nicht, dass er seinen Job verlieren würde; er hoffte, wieder in seinem alten Job als Krankenpfleger arbeiten zu können. Er habe in der Zwischenzeit Felicitus geholfen, eine Liste möglicher neuer *Matrons* und *Assistant Matrons* zu erstellen. Sie gingen die Namen durch. Als Gullet nach Problemen mit der Leitung der Krankenstation fragte, war Stephen offensichtlich unbehaglich zumute, und Gullet schlug vor, dass sie auf Suaheli (der gemeinsamen Sprache von Kenianern und Tansaniern, gefolgt von Englisch) sprechen. Auch so zögerte Stephen, wie Gullet mir im Nachhinein berichtete, über seine Probleme mit der *Matron* zu sprechen, obgleich Gullet ihn später (schon wieder auf Englisch) drängte, in diesen Fragen mit Felicitus offen zu sein. »Wenn du ihr nicht sagst, was du weißt, was erwartest du dann von ihr?« Nachdem er geklärt hatte, was Stephen gesagt worden war und was andere gehört hatten, sagte Gullet: »Ich schlage vor, dass du den alten Posten als *Assistant Matron* behältst und dich auf den Posten des *Matron* vorbereitest. … Aber du musst mit Felicitus offen sein. Wir wissen, dass es auf der Krankenstation nicht immer mit rechten Dingen zugegangen ist – der Fahrer, der jemanden bestechen wollte, wird entlassen.« Stephen erklärte, dass er das verstehe. Abbas Gullet hakte nach, ob er noch etwas auf dem Herzen habe. Mit einem »Nein« ließ ein sehr erleichterter Stephen um 18.44 Uhr einen sehr erleichterten Abbas Gullet zurück, dessen Tag jetzt endete, wenn man von der abendlichen Feier für einen der abreisenden »Abgesandten« absah.

Bibliografie

Adizes, I. (1976): »Mismanagement Styles«, *California Management Reviews* 19, Nr. 2, S. 5–20.

Alexander, L. D. (1979): »The Effect Level in the Hierarchy and Functional Area Have on the Extent Mintzberg's Roles Are Required by Managerial Jobs«, *Academy of Management Proceedings*, S. 186–189.

Alinsky, S. D. (1971): *Rules for Radicals. A Pragmatic Primer for Realistic Radicals*, New York: Random House (dt.: *Die Stunde der Radikalen. Ein praktischer Leitfaden für realistische Radikale*, Gelnhausen / Berlin: Burckhardthaus-Verlag, 1974).

Allan, P. (1981): »Managers at Work. A Large-Scale Study of the Managerial Job in New York City Government«, *Academy of Management Journal* 24, Nr. 3, S. 613–319.

Alvesson, M., und Sveningsson, S. (2003): »Managers Doing Leadership. The Extra-Ordinarization of the Mundane«, *Human Relations* 56, Nr. 12, S. 1435–1459.

Andrews, F. (1976): »Management. How a Boss Works in Calculated Chaos«, *New York Times*, 29. Oktober.

Andrews, K. (1987): *The Concept of Corporate Strategy*, Homewood (IL): Dow-Jones-Irwin.

Aram, J. D. (1976): *Dilemmas of Administrative Behavior*, Englewood Cliffs (NJ): Prentice Hall.

Augier, M. (2004): »James March on Leadership, Education, and Don Quixote. Introduction and Interview«, *Academy of Management Learning and Education* 3, Nr. 2, S. 169–177.

Barnard, C. I. (1938): *The Functions of the Executive*, Cambridge (MA): Harvard University Press (dt.: *Die Führung großer Organisationen*, Essen: Girardet, 1970).

Barney, D. D. (2004): »The Vanishing Table, or Community in a World That Is No World«, in: Feenberg, A., und Barney, D. D. (Hg.): *Community in the Digital Age. Philosophy and Practice* (S. 31–52), Lanham (MD): Rowman & Littlefield.

Barry, D., Cramton, C.D., und Carroll, S.J. (1997): »Navigating the Garbage Can. How Agendas Help Managers Cope with Job Realities«, *Academy of Management Executives* 11, Nr. 2, S. 26–42.

Beaudry, A., und Pinsonneault, A. (2005): »Understanding User Responses to Information Technology. A Coping Model of User Adaptation«, *MIS Quarterly* 29, Nr. 3, S. 493–534.

Bennis, W.G. (1989): *On Becoming a Leader*, Reading (MA): Addison-Wesley (dt.: *Führen lernen*, Frankfurt a.M./New York: Campus, 1990).

Bennis, W.G., und O'Toole, J. (2005): »How Business Schools Lost Their Way«, *Harvard Business Review* 83, Nr. 5, S. 96–104.

Biggart, N.W. (1981): »Management Style as Strategic Interaction. The Case of Governor Ronald Reagan«, *Journal of Applied Behavioral Science* 17, Nr. 3, S. 291–308.

Boase, J., und Wellman, B. (2006): »Personal Relationships. On and off the Internet«, in: Vangelisti, A.L., und Perlman, D. (Hg.): *The Cambridge Handbook of Personal Relationships* (S. 709–725), Cambridge: Cambridge University Press.

Boettinger, H.M. (1975): »Is Management Really an Art?«, *Harvard Business Review*, Januar/Februar, S. 54–60.

Boisot, M., und Liang, X.G. (1992): »The Nature of Managerial Work in the Chinese Enterprise Reforms. A Study of Six Directors«, *Organization Studies* 13, Nr. 2, S. 161–184.

Bolman, L.G., und Deal, T.E. (1991): *Reframing Organizations. Artistry, Choice, and Leadership*, San Francisco: Jossey-Bass.

Bower, J.L., und Weinberg, M.W. (1988): »Statecraft, Strategy and Corporate Leadership«, *California Management Review* 30 (Winter), S. 39–56.

Bowman, E.H. (1986): »Concerns of the CEO«, *Human Resource Management* 25, Nr. 2, S. 267–285.

Bowman, E.H., und Bussard, D.T. (1991): »Managerial Agenda Setting. An Exploratory Study«, in: Shrivastava, P., Huff, A., und Dutton, J. (Hg.): *Advances in Strategic Management* (Bd. 7, S. 61–93), Greenwich (CT): JAI Press.

Boyatzis, R.E. (1982): *The Competent Manager*, New York: Wiley.

Boyatzis, R.E. (1995): »Cornerstones of Change. Building the Path for Self-Directed Learning«, in: Boyatzis, R.E., Cowen, S.S., und Kolb, D.A. (Hg.): *Innovation in Professional Education. Steps on a Journey from Teaching to Learning* (S. 50–91), San Francisco: Jossey-Bass.

Braybrooke, D. (1964): »The Mystery of Executive Success Re-Examined«, *Administrative Science Quarterly* 8, Nr. 4, S. 522–560.

Brooke, P. (1968): *The Empty Space*, New York: Atheneum.

Brunsson, K. (2007): *The Notion of General Management*, Malmö: Liber, Copenhagen Business School Press und Universitetsforlaget.

Buckingham, M. (2005): »What Great Managers Do«, *Harward Business Review* 83, Nr. 3, S. 70–79.

Burns, T. (1957): »Management in Action«, *Operational Research Quarterly* 8, S. 45–60.

Business Week (1984): »Oops! Who's Excellent Now?«, 5. November, S. 76–88.

Carlson, S. (1951): *Executive Behaviour. A Study of the Work Load and the Working Methods of Managing Directors*, Stockholm: Strombergs. Nachdr. mit Kommentaren von Mintzberg, H., und Stewart, R., Uppsala: Uppsala University, 1991.

Carroll, G.R., und Teo, A.C. (1996): »On the Social Network of Managers«, *Academy of Management Journal* 39, Nr. 2, S. 421–440.

Carroll, S.J., und Gillen, D.A. (1987): »Are the Classical Management Functions Useful in Describing Managerial Work?«, *Academy of Management Review* 12, Nr. 1, S. 38–51.

Chandler, M.K., und Sayles, L.R. (1971): *Managing Large Systems*, New York: Harper & Row.

Choran, R., und Colvin, G. (1999): »Why CEOs Fail«, *Fortune* 21, S. 69–82.

Clifford, P., und Friesen, S.L. (1993): »A Curious Plan. Managing on the Twelfth«, *Harvard Educational Review* 63, Nr. 3, S. 339–358.

Cohen, M.D., und March, J.G. (1974): *Leadership and Ambiguity. The American College President*, Hightstown (NJ): McGraw-Hill.

Cohen, M.D., und March, J.G. (1986): *Leadership and Ambiguity. The American College President* (2. Aufl.), Boston: Harvard Business School Press.

Compton, J.A., und Rule, E.G. (1991): *Comparative Advantage in Canadian Leadership Styles*, Montreal: Coopers & Lybrand.

Craster, E. (1871): »Pinafore Poems«, *Cassell's Weekly.*

Cuber, J., und Harroff, P. (1986): »Five Types of Marriage«, in: Skolnick, A.S., und Skolnick, J.H. (Hg.): *Family in Transition. Rethinking Marriage, Sexuality, Child Rearing, and Family Organization* (5. Aufl., S. 263–274), Boston: Little, Brown.

Cyert, R.M., und March, J.G. (1963): *A Behavioral Theory of the Firm*, Englewood Cliffs (NJ): Prentice Hall.

Dalton, M. (1959): *Men Who Manage. Fusions of Feeling and Theory in Administration*, New York: Wiley.

Daudelin, M.W., (1996): »Learning from Experience through Reflection«, *Organizational Dynamics* 24, Nr. 3, S. 36–48.

Delbecq, A.L. (1992): »Telling It Like It Is. A Diary of a CEO within a Professional Organization«, *Journal of Management Inquiry* 1, Nr. 1, S. 9–11.

DePree, M. (1990): »Today's Leaders Look to Tomorrow's Managing«, *Fortune*, 26. März, S. 30.

Devons, E. (1950): *Planning in Practice. Essays in Aircraft Planning in Wartime*, Cambridge: Cambridge University Press.

DiPietro, R.A., und Milutinovich, J.S. (1973): »Marketing and Finance Managers. A Review of the Literature and Comparative Analysis«, *Quarterly Journal of Management Development*, November.

Dodgson, R.C., Levinson, D.J., und Zaleznik, A. (1965): *The Executive Role Constellation. An Analysis of Personality and Role Relations in Management*, Boston: Harvard Business School, Research Division.

Doktor, R.H. (1990): »Asian and American CEOs. A Comparative Study«, *Organizational Dynamics* 18 (Winter), S. 46–58.

Drucker, P.F. (1946): *Concept of the Corporation*, New York: Day (dt.: *Das Großunternehmen. Sinn, Arbeitsweise und Zielsetzung in unserer Zeit*, Düsseldorf/Wien: Econ, 1966).

Drucker, P.F. (1954): *Practice of Management*, New York: Harper & Row (dt.: *Praxis des Management. Ein Leitfaden für die Führungs-Aufgaben in der modernen Wirtschaft*, Düsseldorf: Econ, 1956).

Drucker, P.F. (1963): »Management for Business Effectiveness«, *Harvard Business Review* 41 (Mai/Juni), S. 53–60.

Drucker, P.F. (1974): *Management. Tasks, Responsibilities, Practices*, New York: Harper & Row.

Drucker, P.F. (1992): »There's More Than One Kind of Team«, *Wall Street Journal*, 11. Februar, S. 16.

Duncan, W.J., Ginter, P.M., und Capper, S.A. (1994): »General and Functional Level Health Care Managers. Neither ›Manage‹ Very Much«, *Health Services Management Research* 7, Nr. 2, S. 91–100.

Dutton, J.E., und Ashford, S.J. (1993): »Selling Issues to Top Management«, *Academy of Management Review* 18, Nr. 3, S. 397–428.

Dutton, J.E., Ashford, S.J., O'Neill, R.M., Hayes, E., und Wirba, E.E. (1997): »Reading the Wind. How Middle Managers Assess the Context for Selling Issues to Top Managers«, *Strategic Management Journal* 18, Nr. 5, S. 407–425.

Eastlack Jr., J., und McDonald, P.R. (1970): »CEO's Role in Corporate Growth«, *Harvard Business Review*, Mai/Juni, S. 150–163.

Ezzamel, M., Lilley, S., und Willmott, H. (1994): »The ›New Organization‹ and the ›New Managerial Work‹«, *European Management Journal* 12, Nr. 4, S. 454–461.

Farson, R.E. (1996): *Management of the Absurd. Paradoxes in Leadership*, New York: Simon & Schuster (dt.: *Die meisten Probleme sind keine. So überstehen Sie den unberechenbaren Management-Wahnsinn*, Wien: Ueberreuter, 1997).

Fayol, H. (1916): »Administration industrielle et générale«, *Bulletin de la Société de l'Industrie Minérale* 10, S. 5–164.

Fayol, H. (1949): *General and Industrial Management*, London: Pitman.

Fine, S.A. (1973): *Functional Job Analyses Scales. A Desk Aid*, Kalamazoo (MI): W.E. Upjohn Institute or Employment Research.

Fleishman, E.A. (1953): »The Description of Supervisory Behavior«, *Journal of Applied Psychology* 37, S. 1–6.

Floyd, S.W., und Wooldridge, B. (1994): »Dinosaurs or Dynamos? Recognizing Middle Management's Strategic Role«, *Academy of Management Executive* 8, Nr. 4, S. 47–57.

Floyd, S.W., und Wooldridge, B. (1996): *The Strategic Middle Manager. How to Create and Sustain Competitive Advantage*, San Francisco: Jossey-Bass.

Fondas, N. (1992): »A Behavioral Job Description for Managers«, *Organizational Dynamics*, Sommer, S. 47–58.

Friedman, M. (1962): *Capitalism and Freedom*, Chicago. University of Chicago Press.

Friedman, M. (1970): »A Friedman Doctrine«, *New York Times Magazine*, 13. September, S. 32ff.

Gabarro, J.J. (1985): »When a New Manager Takes Charge«, *Harvard Business Review*, Mai/Juni, S. 110–123.

Ganster, D.C. (2005): »Executive Job Demands. Suggestions form a Stress and Decision-Making Perspective«, *Academy of Management Review* 30, Nr. 3, S. 492–502.

Garratt, B. (1990): *Creating a Learning Organisation. A Guide to Leadership, Learning and Development*, Hemel Hempstead: Director Books.

Geertz, C. (1973): »Thick Description. Toward an Interpretive Theory of Culture«, in: *The Interpretation of Culture. Selected Essays*, New York: Basic Books, S. 3–30.

Gimpl, M.L., und Dakin, S.R. (1984): »Management and Magic«, *California Management Review* 27, Nr. 1, S. 125–136.

Glouberman, S., und Mintzberg, H. (2001): »Managing the Care of Health and the Cure of Disease. Part I: Differentiation; Part II: Integration«, *Health Care Management Review* 26 (Winter), S. 56–84.

Goffman, E. (1961): »The Characteristics of Total Institutions«, in: Etzioni, A. (Hg.): *Complex Organizations. A Sociological Reader* (S. 312–340), New York: Holt, Rinehart & Winston.

Goleman, D. (2000): »Leadership That Gets Results«, *Harvard Business Review*, März / April, S. 78–90.

González, V. M., und Mark, G. (2004): *Constant, Constant, Multi-tasking Craziness. Managing Multiple Working Spheres*, Proceedings der SIGCHI-Konferenz über Human Factors in Computing Systems.

Goodsell, C. T. (1989): »Administration as Ritual«, *Public Administration Review* 49, Nr. 2, S. 161–166.

Gosling, J., und Mintzberg, H. (2003): »Five Minds of a Manager«, *Harvard Business Review* 81, Nr. 11, S. 54–63.

Gould, M. (1990): *Strategic Control Processes*, Arbeitspapier, Strategic Management Centre, London.

Gouldner, A. W. (1957): »Cosmopolitans and Locals. Toward an Analysis of Latent Social Roles«, *Administrative Science Quarterly* 2, Nr. 3, S. 281–306.

Gowin, E. B. (1920): *The Executive and His Control of Men. A Study in Personal Efficiency*, New York: Macmillan.

Granovetter, M. S. (1973): »The Strength of Weak Ties«, *American Journal of Sociology* 78, Nr. 6, S. 1360–1380.

Greenleaf, R. K. (2002): *Servant Leadership. A Journey into the Nature of Legitimate Power and Greatness* (Jubil.-Ausg.), New York: Paulist Press.

Grey, C. (1999): »We Are All Managers Now; We Always Were. On the Development and Demise of Management«, *Journal of Management Studies* 36, Nr. 5, S. 562–585.

Grint, K. (2005): »Problems, Problems, Problems. The Social Construction of Leadership«, *Human Relations* 58, Nr. 11, S. 1467–1494.

Gronn, P. C. (1982): »Methodological Perspective. Neo-Taylorism in Educational Administration«, *Educational Administrative Quarterly* 18, Nr. 4, S. 17–35.

Grove, A. S. (1983): *High Output Management*, New York: Random House (dt.: *Die Kunst des Management. Ideen, Prinzipien und Techniken aus dem Managementkonzept von Intel, eines der erfolgreichsten Mikroelektronik-Unternehmen der Welt*, Haar bei München: Markt und Technik Verlag, 1985).

Grove, A. S. (1995): »A High-Tech CEO Updates His Views on Managing and Careers«, *Fortune* 123, Nr. 6, S. 229.

Guest, R. H. (1955–1956): »Of Time and the Foreman«, *Personnel* 32, S. 478–486.

Gulick, L., und Urwick, L. (1937): *Papers on the Science of Administration*, New York: Institute of Public Administration.

Hales, C. (1986): »What Do Managers Do? A Critical Review of the Evidence«, *Journal of Management Studies* 23, Nr. 1, S. 88–115.

Hales, C. (1989): »Management Processes, Management Divisions of Labour and Managerial Work. Towards a Synthesis«, *International Journal of Sociology and Social Policy* 9, Nr. 5/6, S. 9–38.

Hales, C. (1999): »Why Do Managers Do What They Do? Reconciling Evidence and Theory in Accounts of Managerial Work«, *British Journal of Management* 10, S. 335–350.

Hales, C. (2000): »Management and Empowerment Programs«, *Work, Employment & Society* 14, Nr. 3, S. 501–519.

Hales, C. (2001): »Does It Matter What Managers Do?«, *Business Strategy Review* 12, Nr. 2, S. 50–58.

Hales, C. (2002): »Bureaucracy-lite and Continuities in Managerial Work«, *British Journal of Management* 13, S. 51–66.

Hales, C. (2005): »Rooted in Supervision, Branching into Management. Continuity and Change in the Role of First-Line Managers«, *Journal of Management Studies* 42, Nr. 3, S. 471–506.

Hales, C., und Mustapha, N.A. (2000): »Commonalities and Variations in Managerial Work. A Study of Middle Managers in Malaysia«, *Asia Pacific Journal of Human Resources* 38, Nr. 1, S. 1–25.

Hales, C., und Tamangani, Z. (1996): »An Investigation of the Relationship between Organizational Structure, Managerial Role Expectations and Managers' Work Activities«, *Journal of Management Studies* 33, Nr. 6, S. 731–756.

Hamblin, R.L. (1958): »Leadership and Crises«, *Sociometry* 21, S. 322–335.

Hambrick, D.C. (2007): »Upper Echelons Theory. An Update«, *Academy of Management Review* 32, Nr. 2, S. 334–343.

Hambrick, D.C., Finkelstein, S., und Mooney, A.C. (2005a): »Executive Job Demands. New Insights for Explaining Strategic Decisions and Leader Behaviors«, *Academy of Management Review*, 30, Nr. 3, S. 472–491.

Hambrick, D.C., Finkelstein, S., und Mooney, A.C. (2005b): »Reply. Executives Sometimes Lose It, Just Like the Rest of Us«, *Academy of Management Review* 30, Nr. 3, S. 503–508.

Hamel, G. (2000): »Waking Up IBM. How a Gang of Unlikely Rebels Transformed Big Blue«, *Harvard Business Review* 78 (Juli/August), S. 37–144.

Handy, C.B. (1985): *Gods of Management. The Changing Work of Organisations* (rev. Ausg.), London: Pan (dt.: *Management-Stile*, Hamburg/New York u.a.: McGraw-Hill, 1988).

Handy, C.B. (1994): *The Age of Paradox*, Boston: Harvard Business School Press.

Hannaway, J. (1989): *Managers Managing: The Workings of an Administrative System*, New York: Oxford University Press.

Harrison, M.T., und Beyer, J.M. (1991): »Cultural Leadership in Organizations«, *Organization Science* 2, Nr. 2, S. 149–169.

Hart, S.L., und Quinn, R.E. (1993): »Roles Executives Play. CEOs, Behavioral Complexity, and Firm Performance«, *Human Relations* 46, S. 543–574.

Harvard Business School Publishing (2006): *Leadership Insights. Fifteen Unique Perspectives on Effective Leadership*, Boston: Author.

Hebb, D.O. (1961): »The Mind's Eye«, *Psychology Today* 2, Nr. 12, S. 54–68.

Hebb, D.O. (1969): »Hebb on Hocus-Pocus. A Conversation with Elizabeth Hall«, *Psychology Today* 3, Nr. 6, S. 20–28.

Helgesen, S. (1990): *The Female Advantage. Women's Ways of Leadership*, New York: Doubleday/Currency (dt.: *Frauen führen anders. Vorteile eines neuen Führungsstils*, Frankfurt a. M./New York: Campus, 1991).

Helgesen, S. (1995): *The Web of Inclusion. A New Architecture for Building Great Organizations*, New York: Doubleday/Currency.

Hickson, D.J., und Pugh, D.S. (1995): *Management Worldwide. The Impact of Societal Culture on Organizations around the Globe*, London: Penguin.

Hill, L.A. (1992): *Becoming a Manager. Mastery of a New Identity*, Boston: Harvard Business School Press.

Hill, L.A. (2003): *Becoming a Manager. How New Managers Master the Challenge of Leadership* (2., erw. Aufl.), Boston: Harvard Business School Press.

Hill, L.A. (2007): »Becoming the Boss«, *Harvard Business Review* 85 (Januar), S. 49–56.

Hodgson, R.C., Levinson, D.J., und Zaleznik, A. (1965): *The Executive Role Constellation*, Boston: Harvard Business School Press.

Hofstede, G. (1980): *Culture's Consequences. International Differences in Work-Related Values*, Beverly Hills (CA): Sage.

Hofstede, G. (1993): »Cultural Constraints in Management Theories«, *Academy of Management Executive* 7, Nr. 1, S. 81–94.

Homans, G.C. (1950): *The Human Group*, New York: Harcourt Brace Jovanovich (dt.: *Theorie der sozialen Gruppe* [7. Aufl.], Köln/Opladen: Westdeutscher Verlag, 1978).

Homans, G.C. (1958): »Social Behavior as Exchange«, *American Journal of Sociology* 62, S. 597–606.

Hopwood, B. (1981): *Whatever Happened to the British Motorcycle Industry?*, San Leandro (CA): Haynes.

Horne, J.H., und Lupton, T. (1965): »The Work Activities of ›Middle‹ Managers. An Exploratory Study«, *Journal of Management Studies* 7, S. 347–363.

Hurst, D.K. (1988): *Changing Management Metaphors. To Hell with the Helmsman*, unveröffentl. Manuskript, Oakville (TN).

Huy, Q.N. (2001): »In Praise of Middle Managers«, *Harvard Business Review* 79, Nr. 8, S. 72–79.

Iacocca, L., Taylor III, A., und Bellis, W. (1988): »Iacocca in His Own Words«, *Fortune*, 29. August, S. 38–43.

Inkson, K., Heising, A., und Rousseau, D. (2001): »The Interim Manager. Prototype of the 21st-Century Worker?«, *Human Relations* 54, Nr. 3, S. 259–284.

Isenberg, D.J. (1984): »How Senior Managers Think«, *Harvard Business Review* 62, Nr. 6, S. 81–90.

Ives, B., und Olson, M. (1981): »Manager or Technician? The Nature of the Information Systems Manager's Job«, *MIS Quarterly* 5, Nr. 4, S. 49–63.

Kaplan, A. (1964): *The Conduct of Inquiry. Methodology for Behavioral Science*, San Francisco: Chandler.

Kaplan, R.E. (1983): »Creativity in the Everyday Business of Managing«, *Issues & Observations* 3, Nr. 2, S. 1 ff.

Kaplan, R.E. (1984): »Trade Routes. The Manager's Network of Relationships«, *Organizational Dynamics* 12, Nr. 4, S. 37–52.

Kaplan, R.E. (1986): *The Warp and Woof of the General Manager's Job*, Center for Creative Leadership, Forschungsbericht, 27. August.

Keough, M., Doman, A., und Forrester, J.W. (1992): »The CEO as Organization Designer. An Interview with Professor Jay W. Forrester, the Founder of System Dynamics«, *McKinsey Quarterly* 2, S. 3–30.

Khandwalla, P.N. (1977): *The Design of Organizations*, New York: Harcourt Brace Jovanovich.

Kiesler, S., Zubrow, D., Moses, A.M., und Geller, V. (1985): »Affect in Computer-Mediated Communication. An Experiment in Synchronous Terminal-to-Terminal Discussion«, *Human-Computer-Interaction* 1, Nr. 1, S. 77–107.

Kotter, J.P. (1982a): *The General Managers*, New York: Free Press.

Kotter, J.P. (1982b): »What Effective General Managers Really Do«, Harvard Business Review 60, Nr. 6, S. 156–162.

Kotter, J.P., und Lawrence, P.R. (1974): *Mayors in Action. Five Approaches to Urban Governance*, New York: Wiley.

Kraut, A.I., Pedigo, P.R., McKenna, D.D., und Dunnette, M.D. (2005): »The Role of the Manager. What's Really Important in Different Management Jobs«, *Academy of Management Executive* 19, Nr. 4, S. 122–129.

Kurke, L.B., und Aldrich, H.E. (1983): »Mintzberg Was Right! A Replication and Extension of the Nature of Managerial Work«, *Management Science* 29, Nr. 8, S. 975–984.

Lalonde, M. (1997): »6-Year Deal for City Boss«, *Montreal Gazette*, 22. September, S. A 1 ff.

Lau, A.W., Newman, A.R., und Broedling, L.A. (1980): »The Nature of Managerial Work in the Public Sector«, *Public Administration Forum* 19, S. 513–521.

Lebrecht, N. (1991): *The Maestro Myth. Great Conductors in Pursuit of Power*, Secaucus (NJ): Carol (dt.: *Der Mythos vom Maestro*, Zürich, Atlantis Musikbuch-Verlag, 1993).

Lewin, D. (1979): »On the Place of Design in Engineering«, *Design Studies* 1, Nr. 2, S. 113–117.

Lewis, J.M., Beavers, W.R., Gossett, J.T., und Phillips, V.A. (1976): *No Single Thread. Psychological Health in Family Systems*, New York: Brunner / Mazel.

Lewis, R., und Stewart, R. (1958): *The Boss. The Life and Time of the British Businessman*, London: Phoenix House.

Likert, R. (1961): *New Patterns of Management*, New York: McGraw-Hill (dt.: *Neue Ansätze der Unternehmensführung*, Bern / Stuttgart: Haupt, 1972).

Lindblom, C.E. (1968): *The Policy-Making Process*, Englewood Cliffs (NJ): Prentice Hall.

Lindell, M., und Arvonen, J. (1996): »The Nordic Management Style. An Investigation«, in: Jönsson, S. (Hg.): *Perspectives of Scandinavian Management* (S. 11–36), Göteborg: Gothenburg Research Institute / Gothenburg School of Economics and Commercial Law.

Livingston, J.S. (1971): »Myth of the Well-Educated Manager«, *Harvard Business Review* 49 (Januar / Februar), S. 79–89.

Lombardo, M., und McCall Jr., M. (1982): »Leaders on Line. Observations from a Simulation of Managerial Work«, in: Hunt, J.G., Schriesheim, C.A., und Sekaran, U. (Hg.): *Leadership beyond Establishment Views* (S. 50–67), Carbondale: Southern Illinois University Press.

Losada, C. (2004): *A Contribution to the Study of the Differences in Managerial Function. Political Managers' Function and Civil Service Managers' Function*, unveröffentl. Dissertation, Universitat Ramon Llull, Barcelona.

Lubatkin, M.H., Ndiaye, M., und Vengroff, R. (1997): »The Nature of Managerial Work in Developing Countries. A Limited Test of the Universalist Hypothesis«, *Journal of International Business Studies* 28, Nr. 4, S. 711–733.

Luthans, F., Hodgetts, R.M., und Rosenkrantz, S.A. (1988): *Real Managers*. Cambridge: Ballinger.

Luthans, F., Welsh, D.H.B., und Rosenkrantz, S.A. (1993): »What Do Russian Managers Really Do? An Observational Study with Comparisons to U.S. Managers«, *Journal of International Business Studies* 24, Nr. 4, S. 741–761.

Maccoby, M. (1976): *The Gamesman*, New York: Simon & Schuster (dt.: *Gewinner um jeden Preis. Der neue Führungstyp in den Großunternehmen der Zukunftstechnologie*, Reinbek: Rowohlt, 1982).

Maccoby, M. (2000): »Narcissistic Leaders. The Incredible Pros, the Inevitable Cons«, *Harvard Business Review* 78, Nr. 1, S. 68–77.

Maccoby, M. (2003): *The Productive Narcissist. The Promise and Peril of Visionary Leadership*, New York: Broadway Books.

Maeterlinck, M. (1901): *The Life of the Bee*, New York: Dodd, Mead & Co.

Maital, S. (1988): »Cooperation and Internal Efficiency«, *Sloan Management Review* (Winter), S. 57f.

Makridakis, S. (1990): *Forecasting, Planning and Strategy for the 21st Century*, New York: Free Press.

Maltz, M.D. (1997): *Bridging Gaps in Police Crime Data. Executive Summary*, Diskussionspapier, BJS Fellow Program, Bureau of Justice Statistics, Washington (DC): U.S. Department of Justice, Office of Justice Programs.

Mangham, I. (1990): »Managing as a Performing Art«, *British Journal of Management* 1, Nr. 2, S. 105–115.

Marples, D.L. (1967): »Studies of Managers. A Fresh Start?«, *Journal of Management Studies* 4, S. 282–299.

Marshall, J., und Stewart, R. (1981): »Managers' Job Perceptions. Part II: Opportunities for, and Attitudes to Choice«, *Journal of Management Studies* 18, Nr. 3, S. 263–275.

Martin, S. (1983): *Managing without Managers. Alternative Work Arrangements in Public Organizations*, Beverly Hills (CA): Sage.

Martinko, M.J., und Gardner, W.L. (1985): »Beyond Structured Observation. Methodological Issues and New Directions«, *Academy of Management Review* 10, Nr. 4, S. 676–695.

McCall Jr., M.W. (1977): »Leaders and Leadership. Of Substance and Shadow«, in: Hackman, J., Lawler, E., und Porter, L. (Hg.): *Perspectives on Behavior in Organizations*, New York: McGraw-Hill.

McCall Jr., M.W. (1988): »Developing Executives through Work Experiences«, *Human Resources Planning* 11, Nr. 1, S. 1–11.

McCall Jr., M.W., Lombardo, M.M., und Morrison, A.M. (1988): *The Lessons of Experience. How Successful Executives Develop on the Job*, Lexington (MA): Lexington (dt.: *Erfolg aus Erfahrung*, Stuttgart: Klett-Cotta, 1995).

McCall Jr., M.W., Morrison, A.M., und Hannan, R.L. (1978): *Studies of Managerial Work. Results and Methods* (Bd. 9, Mai), Greensboro (NC): Center for Creative Leadership.

McCall Jr., M.W., und Segrist, C.A. (1980): *In Pursuit of the Manager's Job.*

Building on Mintzberg (Bd. 14, März), Greensboro (NC): Center for Creative Leadership.

McCauley, C.D., Moxley, R.S., und Van Velsor, E. (Hg.): *The Center for Creative Leadership Handbook of Leadership Development*, San Francisco: Jossey-Bass.

McGregor, D. (1960): *The Human Side of Enterprise*, New York: McGraw-Hill (dt.: *Der Mensch im Unternehmen*, Düsseldorf/Wien: Econ, 1970).

McLuhan, H.M. (1962): *The Gutenberg Galaxy. The Making of Typographic Man*, Toronto: Toronto University Press (dt.: *Die Gutenberg-Galaxis. Das Ende des Buchzeitalters*, Düsseldorf/Wien: Econ, 1968).

Meindl, J.R., Ehrlich, S.B., und Dukerich, J.M. (1985): »The Romance of Leadership«, *Administrative Science Quarterly 30*, S. 78–102.

Miles, R., und Snow, C. (1978): *Organizational Strategy, Structure and Process*, London: McGraw-Hill (dt.: *Unternehmensstrategien*, Hamburg/New York u.a.: McGraw-Hill, 1986).

Miller, D. (1990): *The Icarus Paradox*, New York: HarperCollins.

Miller, G.A. (1956): »The Magic Number Seven, Plus or Minus Two. Some Limits on Our Capacity for Processing Information«, *Psychological Review 63*, S. 81–97.

Mintzberg, H. (1970): »Structured Observation as a Method to Study Managerial Work«, *Journal of Management Studies*, Februar.

Mintzberg, H. (1973): *The Nature of Managerial Work*, New York: Harper & Row (Nachdr.: Prentice-Hall, 1980).

Mintzberg, H. (1975a): *Impediments to the Use of Management Information*, Monografie, National Association of Accountants (USA)/Society of Industrial Accountants (Kanada).

Mintzberg, H. (1975b): »The Manager's Job. Folklore and Fact«, *Harvard Business Review 53*, Nr. 2, S. 100–110.

Mintzberg, H. (1979): *The Structuring of Organizations. A Synthesis of the Research*, Englewood Cliffs (NJ): Prentice Hall.

Mintzberg, H. (1983a): *Power in and around Organizations*, Englewood Cliffs (NJ): Prentice Hall.

Mintzberg, H. (1983b): *Structure in Fives. Designing Effective Organizations*, Englewood Cliffs (NJ): Prentice Hall (dt.: *Die Mintzberg-Struktur. Organisation effektiver gestalten*, Landsberg am Lech: Verlag Moderne Industrie, 1992).

Mintzberg, H. (1987): »Crafting Strategy«, *Harvard Business Review 65*, Nr. 4, S. 66–75.

Mintzberg, H. (1989): *Mintzberg on Management. Inside Our Strange World of Organizations*, New York: Free Press (dt.: *Mintzberg über Management. Führung und Organisation, Mythos und Realität*, Wiesbaden: Gabler, 1991).

Mintzberg, H. (1991): »Managerial Work. Forty Years Later«, in: Carlson, S., *Executive Behaviour*, Uppsala: Uppsala University Press.

Mintzberg, H. (1994a): »Managing as Blended Care«, *Journal of Nursing Administration* 24, Nr. 9, S. 29–36.

Mintzberg, H. (1994b): *The Rise and Fall of Strategic Planning. Reconceiving Roles for Planning, Plans, Planners*, New York: Free Press (dt.: *Die strategische Planung. Aufstieg, Niedergang und Neubestimmung*, München/Wien: Hanser, 1995).

Mintzberg, H. (1994c): »Rounding Out the Manager's Job«, *Sloan Management Review* 36, Nr. 1, S. 11–26.

Mintzberg, H. (1996a): »Une Journée avec un dirigeant«, *Revue Française de Gestion* 22, Nr. 111, S. 106–114.

Mintzberg, H. (1996b): »Managing Government, Governing Management«, *Harvard Business Review* 74, Nr. 3, S. 75–83.

Mintzberg, H. (1997a): »A Day in the Life of John Cleghorn«, *Decision*, Herbst.

Mintzberg, H. (1997b): »Managing on the Edges«, *International Journal of Public Sector Management* 10, Nr. 3, S. 131–153.

Mintzberg, H. (1997c): »Toward Healthier Hospitals«, *Health Care Management Review* 22, Nr. 4, S. 9–18.

Mintzberg, H. (1998): »Covert Leadership. Notes on Managing Professionals«, *Harvard Business Review* 76, Nr. 6, S. 140–147.

Mintzberg, H. (2001a): »Managing Exceptionally«, *Organization Science* 12, Nr. 6, S. 759–771.

Mintzberg, H. (2001b): »The Yin and the Yang of Managing«, *Organizational Dynamics* 29, Nr. 4, S. 306–312.

Mintzberg, H. (2004a): »Enough Leadership«, *Harvard Business Review* 82, Nr. 11, S. 22.

Mintzberg, H. (2004b): *Managers Not MBAs. A Hard Look at the Soft Practice of Managing and Management Development*, San Fancisco: Berrett-Koehler (dt.: *Manager statt MBAs. Eine kritische Analyse*, Frankfurt a.M./New York: Campus, 2005).

Mintzberg, H. (2005): »Developing Theory about the Development of Theory«, in: Smith, K.G., und Hitt, M.A. (Hg.): *Great Minds in Management. The Process of Theory Development*, New York: Oxford University Press.

Mintzberg, H. (2007): *Tracking Strategies. Toward a General Theory*, New York: Oxford University Press.

Mintzberg, H. (2009a): »America's Monumental Failure of Management«, *Globe and Mail*, 16. März, S. A 13.

Mintzberg, H. (2009b): »It's Time to Call the Bluff of those Highrolling CEOs«, *Globe and Mail*, 3. April.

Mintzberg, H. (2009c): »Rebuilding Companies as Communities«, *Harvard Business Review*, Juli / August.

Mintzberg, H., Ahlstrand, B., und Lampel, J. (2009): *Strategy Safari. A Guided Tour through the Wilds of Management*, New York: Free Press (dt.: *Strategy Safari. Eine Reise durch die Wildnis des strategischen Managements*, Heidelberg: Redline, 2007).

Mintzberg, H., Bourgault, J. (2000): *Managing Publicly*, Toronto: IPAC.

Mintzberg, H., und Jørgensen, J. (1987): »Emergent Strategy for Public Policy«, *Canadian Public Administration* 30, Nr. 2, S. 214–229.

Mintzberg, H., und McHugh, A. (1985): »Strategy Formation in an Adhocracy«, *Administrative Science Quarterly* 30, S. 160–197.

Mintzberg, H., und Moore, K. (2006): »Global or Worldly?«, *World Business* 1, Nr. 1, S. 17.

Mintzberg, H., Simons, R., und Basu, K. (2002): »Beyond Selfishness«, *Sloan Management Review* 44, S. 67–74.

Mintzberg, H., Taylor, W., und Waters, J. (1984): »Tracking Strategies in the Birthplace of Canadian Tycoons. The Sherbrooke Record 1946–1976«, *Canadian Journal of Administrative Sciences* 1, Nr. 1, S. 11–28.

Mintzberg, H., und Van der Heyden, L. (1999): »Organigraphs. Drawing How Organizations Really Work«, *Harvard Business Review*, September/Oktober, S. 87–94.

Mintzberg, H., und Van der Heyden, L. (2000): »Re-viewing the Organization. Is It a Chain, a Hub or a Web?«, *Ivey Business Journal*, 65, Nr. 1, S. 24–29.

Mintzberg, H., und Waters, J.A. (1985): »Of Strategies, Deliberate and Emergent«, *Strategic Management Journal* 6, Nr. 3, S. 257–272.

Mintzberg, H., und Westley, F. (2000): »Sustaining the Institutional Environment«, *Organization Studies* 21, S. 71–94.

Moir, A., und Jessel, D. (1991): *Brain Sex. The Real Difference between Men and Women*, New York: Carol (dt.: Brain Sex. Der wahre Unterschied zwischen Mann und Frau, München: Econ, 1993).

Moore, K. (2006): »CAE's Robert Brown Has Hunger to Lead – and Win«, *Globe and Mail*, 17. Juli, S. B 10.

Morris, V.C., Crowson, R.L., Hurwitz Jr., E., und Porter-Gehrie, C. (1981): *The Urban Principal. Discretionary Decision-Making in a Large Educational Organization*, Chicago: University of Illinois, College of Education.

Morris, V.C., Crowson, R.L., Hurwitz Jr., E., und Porter-Gehrie, C. (1982): »The Urban Principal. Middle Manager in the Education Bureaucracy«, *Phi Delta Kappan* 64, Nr. 10, S. 689–692.

Moskowitz, M.A. (1986): »The Managerial Roles of Academic Library Directors. The Mintzberg Model«, *College and Research Libraries* 47, Nr. 5, S. 452–459.

Neustadt, R.E. (1960): *Presidential Power. The Politics of Leadership*, New York: Wiley.

Noël, A. (1989): »Strategic Cores and Magnificent Obsessions. Discovering Strategy Formation through Daily Activities of CEOs«, *Strategic Management Journal* 10, Nr. 1, S. 33–49.

Nonaka, I. (1988): »Towards Middle-Up-Down Management. Accelerating Information Creation«, *Sloan Management Review*, Herbst, S. 9–18.

Nonaka, I., und Takeuchi, H. (1995): *The Knowledge-Creating Company*, New York: Oxford University Press (dt.: *Die Organisation des Wissens. Wie japanische Unternehmen eine brachliegende Ressource nutzbar machen*, Frankfurt a.M./New York: Campus, 1997).

Noordegraaf, M. (1994): *Functioning of Male and Female Managers in the Public and Private Sector. Explorative Research Report*, Rotterdam: Erasmus University, Department of Public Administration.

Noordegraaf, M. (2006): »Professional Management of Professionals. Hybrid Organisations and Professional Management in Care and Welfare«, in: Duyvendak, J.W., Knijn, T., und Kremer, M. (Hg.): *Policy, People, and the New Professional*, Amsterdam: Amsterdam University Press.

Noordegraaf, M., Meurs, P., und Montijn-Stoopendaal, A. (2005): »Pushed Organizational Pulls Changing Responsibilities, Roles and Relations of Dutch Health Care Executives«, *Public Management Review* 7, Nr. 1, S. 25–43.

Noordegraaf, M., und Stewart, R. (2000): »Managerial Behaviour Research in Private and Public Sectors. Distinctiveness, Disputes and Directions«, *Journal of Management Studies* 37, Nr. 3, S. 427–443.

Ohlott, P.J. (1998): »Job Assignments«, in: McCauley, C.D., Moxley, R.S., und Van Velsor, E. (Hg.): *The Center for Creative Leadership Handbook of Leadership Development* (S. 127–159), San Francisco: Jossey-Bass.

Panko, R.R. (1992): »Managerial Communication Patterns«, *Journal of Organizational Computing* 2, Nr. 1, S. 95–122.

Paolillo, J.G.P. (1981): »Role Profiles for Managers at Different Hierarchical Levels«, *Proceedings of the Academy of Management*, S. 91–94.

Paolillo, J.G.P. (1984): »The Manager's Self Assessments of Managerial Roles. Small vs. Large Firms«, *American Journal of Small Business* 8, Nr. 3, S. 58–64.

Papandreou, A. (1952): »Some Basic Problems in the Theory of the Firm«, in: Haley, B. (Hg.): *A Survey of Contemporary Economics* (S. 183–222), Homewood (IL): Irwin.

Parker Follett, M. (1920): *The New State. Group Organization, the Solution of Popular Governments*, New York: Longmans Green.

Parker Follett, M. (1949): *Freedom and Co-ordination. Lectures in Business Organization*, London: Management Publications Trust.

Parker Follett, M. (1995): »The Essentials of Leadership«, in: Graham, P. (Hg.): *Mary Parker Follett – Prophet of Management. A Celebration of Writings from the 1920s* (S. 163–181), Boston: Harvard Business School Press.

Parks Canada (1993): *Defining Our Destiny. Leadership through Excellence,* unveröffentl. Manuskript, Parks Canada, Western Region.

Pascale, R.T. (1990): *Managing on the Edge. How Successful Companies Use Conflict to Stay Ahead,* London: Viking.

Pascale, R.T., und Athos, A.G. (1978): »Zen and the Art of Management«, *Harvard Business Review* 56, Nr. 2, S. 153–162.

Pascale, R.T., und Athos, A.G. (1981): *The Art of Japanese Management. Applications for American Executives,* New York: Simon & Schuster (dt.: *Geheimnis und Kunst des japanischen Managements,* München: Heyne, 1982).

Pearce, C.L., und Conger, J.A. (2003): *Shared Leadership. Reframing the Hows and Whys of Leadership,* San Francisco: Sage.

Pearson, C.A.L., und Chatterjee, S.R. (2003): »Managerial Work Roles in Asia. An Empirical Study of Mintzberg's Role Formulation in Four Asian Countries«, *Journal of Management Development* 22, Nr. 8, S. 694–707.

Peter, L.J., und Hull, R. (1969): *The Peter Principle,* New York: Morrow (dt.: *Das Peter-Prinzip oder Die Hierarchie der Unfähigen,* Reinbek: Rowohlt, 1970).

Peters, T.J. (1979): »Leadership. Sad Facts and Silver Linings«, *Harvard Business Review,* November/Dezember, S. 164–172.

Peters, T.J. (1980): »A Style for All Seasons«, *Executive* 6, Nr. 3, S. 12–16.

Peters, T.J. (1990): *The Case for Experimentation. Or, You Can't Plan Your Way to Unplanning a Formerly Planned Economy,* Boston: TPG Communications.

Peters, T.J. (1994): *The Pursuit of Wow! Every Person's Guide to Topsy-turvy Times,* New York: Vintage Books.

Peters, T.J. (2003): *Re-imagine! Business Excellence in a Disruptive Age,* London: Dorling Kindersley (dt.: *Re-imagine! Spitzenleistungen in chaotischen Zeiten,* Starnberg: Dorling Kindersley, 2004; Nachdr. Offenbach: GABAL, 2007).

Peters, T.J., und Waterman, R.H. (1982): *In Search of Excellence. Lessons from America's Best-Run Companies,* New York: Harper & Row (dt.: Auf der Suche nach Spitzenleistungen, 9. Aufl., Frankfurt a.M.: Redline, 2003).

Pettersen, I.J., Rotefoss, B., Jönsson, S., und Korneliussen, T. (2002): *Nordic Management & Business Administration Research – Quo Vadis?* (Bd. 5), Göteborg: Gothenburg Research Institute.

Pfeffer, J., und Salancik, G.R. (1978): *The External Control of Organizations. A Resource Dependence Perspective,* New York: Harper & Row.

Pfeffer, J., und Salancik, G.R. (2003): *The External Control of Organizations. A Resource Dependence Perspective*, Stanford (CA): Stanford University Press.

Pinsonneault, A., und Kraemer, K.L. (1997): »Middle Management Downsizing. An Empirical Investigation of the Impact of Information Technology«, *Management Science* 43, Nr. 5, S. 659–579.

Pinsonneault, A., und Rivard, S. (1998): »Information Technology and the Nature of Managerial Work. From the Productivity Paradox to the Icarus Paradox?«, *MIS Quarterly*, September, S. 287–311.

Pitcher, P.C. (1995): *Artists, Craftsmen and Technocrats. The Dreams, Realities and Illusions of Leadership*, Toronto: Stoddart.

Pitcher, P.C. (1997): *The Drama of Leadership*, New York: Wiley (dt.: *Das Führungsdrama. Künstler, Handwerker und Technokraten im Management*, Stuttgart: Klett-Cotta, 1997).

Pitner, N.J. (1982): *The Mintzberg Method. What Have We Really Learned?*, Beitrag zum Annual Meeting of the American Educational Research Association, New York.

Pitner, N.J., und Ogawa, R.T. (1981): »Organizational Leadership. The Case of the School Superintendent«, *Educational Administration Quarterly* 17, Nr. 2, S. 45–65.

Porter, M.E. (1987): »Corporate Strategy. The State of Strategic Thinking«, *The Economist*, 22. Mai, S. 17–22.

Quinn, J.B. (1980): *Strategies for Change. Logical Incrementalism*, Homewood (IL): Irwin.

Quinn, R.E. (1988): *Beyond Rational Management. Mastering the Paradoxes and Competing Demands of High Performance*, San Francisco: Jossey-Bass.

Quinn, R.E., Faernan, S.R., Thompson, M.P., und McGrath, M. (1990): *Becoming a Master Manager. A Competency Framework*, New York: Wiley.

Raelin, J.A. (2000): *Work Based Learning. The New Frontier of Management Development*, Upper Saddle River (NJ): Prentice Hall.

Raelin, J.A. (2003): *Creating Leaderful Organizations. How to Bring Out Leadership in Everyone*, San Francisco: Berrett-Koehler.

Raphael, R. (1976): *Edges. Backcountry Lives in America Today on the Borderlands between Old Ways and the New*, New York: Knopf.

Robinson, W. (1925): »Functionalizing a Business Organization«, *Harvard Business Review*, S. 321–338.

Roethlisberger, F., und Dickson, W. (1939): *Management and the Worker. An Account of a Research Program Conducted by the Western Electric Company, Chicago*, Cambridge (MA): Harvard University Press.

Rotman School of Management (circa 2005): *The Origin of Leaders*, Pamphlet, University of Toronto.

Rubin, S.E. (1974): »What Is a Maestro?«, *New York Times Magazine*, 29. September, S. 32 ff.

Sayles, L.R. (1964): *Managerial Behavior. Administration in Complex Organizations*, New York: McGraw-Hill.

Sayles, L.R. (1979): *Leadership. What Effective Manager Really Do ... and How They Do It*, New York: McGraw-Hill.

Sayles, L.R. (1980): »Managing on the Run«, *Executive* 6, Nr. 3, S. 25 f.

Scase, R., und Goffee, R. (1989): *Reluctant Managers*, London: Unwin Hyman.

Selznick, P. (1957): *Leadership in Administration. A Sociological Interpretation*, Evanston (IL): Peterson.

Senge, P.M. (1990a): *The Fifth Discipline*, New York: Doubleday (dt.: *Die fünfte Disziplin: Kunst und Praxis der lernenden Organisation*, Stuttgart: Klett-Cotta, 1996).

Senge, P.M. (1990b): »The Leader's New Work. Building Learning Organizations«, *Sloan Management Review*, Herbst, S. 7–23.

Senger, J. (1971): »The Co-Manager Concept«, *California Management Review* 13, S. 71–83.

Service, E.R. (1962): *Primitive Social Organization. An Evolutionary Perspective*, New York, Random House.

Shartle, C.L. (1956): *Executive Performance and Leadership*, Englewood Cliffs (NJ): Prentice Hall.

Shimizu, R. (1980): »The Growth of Firms in Japan«, in: *Empirical Study of Chief Executives* (S. 173–194), Tokio: Keio Tshushin Shuppan Sha.

Simon, H.A. (1969): *The Sciences of the Artificial*, Cambridge (MA): MIT Press.

Simons, R. (1995): *Levers of Control. How Managers Use Innovative Control Systems to Drive Strategic Renewal*, Boston: Harvard Business School Press.

Singer, E., und Wooton, L.M. (1976): »The Triumph and Failure of Albert Speer's Administrative Genius«, *Journal of Applied Behavioral Science* 12, Nr. 1, S. 79–103.

Skinner, W., und Sasser, W.E. (1977): »Managers with Impact. Versatile and Inconsistent«, *Harvard Business Review* 55, Nr. 6, S. 140–148.

Skolnick, A.S., und Skolnick, J.H. (1986): *Family in Transition. Rethinking Marriage, Sexuality, Child Rearing, and Family Organization* (5. Aufl.), Boston: Little, Brown.

Snyder, N., und Glueck, W.F. (1980): »How Managers Plan. The Analyses of Managers' Activities«, *Long Range Planning* 13, Nr. 1, S. 70–76.

Sproull, L., und Kiesler, S. (1986): »Reducing Social Context Cues. Electronic Mail in Organizational Communications«, *Management Science* 32, Nr. 11, S. 1492–1512.

Stewart, R. (1967): *Managers and Their Jobs*, London: Macmillan.

Stewart, R. (1976): *Contrast in Management. A Study of Different Types of Managers' Jobs, Their Demands and Choices*, London: McGraw-Hill.

Stewart, R. (1979a): »Managerial Agendas. Reactive or Proactive?«, *Organizational Dynamics* 8, Nr. 2, S. 34–47.

Stewart, R. (1979b): *The Reality of Management*, London: Pan Books.

Stewart, R. (1982a): *Choices for the Manager*, Englewood Cliffs (NJ): Prentice Hall.

Stewart, R. (1982b): »A Model for Understanding Managerial Jobs and Behavior«, *Academy of Management Review* 7, Nr. 1, S. 7–13.

Stewart, R. (1982c): »The Relevance of Some Studies of Managerial Work and Behavior to Leadership Research«, in: Hunt, J. G., Sakaran, U., und Schriesheim, C. A. (Hg.): *Leadership. Beyond Establishment Views* (S. 11–30), Carbondale: Southern Illinois University Press.

Stewart, R. (1987): »Middle Managers. Their Jobs and Behavior«, in: Lorsch, J.W. (Hg.): *Handbook of Organizational Behavior* (S. 385–403), Englewood Cliffs (NJ): Prentice Hall.

Stewart, R., Barsoux, J.-L., Kieser, A., Ganter, H.-D., und Walgenbach, P. (1994): *Managing in Britain and Germany*, New York: St. Martin's Press.

Stieglitz, H. (1970): »The Chief Executive's Job – and the Size of the Company«, *Conference Board Record* 7 (September), S. 38–40.

Surowiecki, J. (2004): *The Wisdom of Crowds*, New York: Random House/Anchor Books (dt.: *Die Weisheit der Vielen. Warum Gruppen klüger sind als Einzelne und wie wir das kollektive Wissen für unser wirtschaftliches, soziales und politisches Handeln nutzen können*, München: Bertelsmann, 2005).

Sussman, S.W., und Sproull, L. (1999): »Straight Talk. Delivering Bad News through Electronic Communication«, *Information Systems Research* 10, Nr. 2, S. 150–166.

Taylor, F.W. (1911): *The Principles of Scientific Management*, London: Harper (dt.: *Die Grundsätze wissenschaftlicher Betriebsführung*, München/Berlin: Oldenbourg, 1913).

Teal, T. (1996): »The Human Side of Management«, *Harvard Business Review* 74, Nr. 6, S. 35–44.

Tengblad, S. (2000): *Continuity and Change in Managerial Work*, GUPEA, GRI Report (S. 3), Göteborg University, School of Business, Economics, and Law.

Tengblad, S. (2002): »Time and Space in Managerial Work«, *Scandinavian Journal of Management* 18, Nr. 4, S. 543–565.

Tengblad, S. (2003): »Classic, but Not Seminal. Revisiting the Pioneering Study of Managerial Work«, *Scandinavian Journal of Management* 19, Nr. 1, S. 85–101.

Tengblad, S. (2004): »Expectations of Alignment. Examining the Link between Financial Markets and Managerial Work«, *Organization Studies* 25, Nr. 4, S. 583–606.

Tengblad, S. (2006): »Is There a New Managerial Work? A Comparison with Henry Minthberg's Classic Study 30 Years Later«, *Journal of Management Studies* 43, Nr. 7, S. 1437–1461.

Terkel, S. (1974): *Working. People Talk about What They Do All Day and How they Feel about What They Do*, New York: Pantheon.

Thompson, J.D. (1967): *Organizations in Action. Social Science Bases of Administrative Theory*, New York: McGraw-Hill.

Trice, H.M., und Beyer, J.M. (1991): »Cultural Leadership in Organizations«, *Organization Science* 2, S. 149–169.

Tsoukas, H. (2000): »What Is Management? An Outline of a Metatheory«, in: Ackroyd, S., und Fleetwood, S. (Hg.): *Realist Perspectives on Management and Organization*, London: Routledge.

Tsui, A.S. (1984): »A Role Set Analysis of Managerial Reputation«, *Organizational Behavior and Human Performance* 34, S. 64–96.

Vaill, P.B. (1989): *Managing as a Performing Art. New Ideas for a World of Chaotic Change*, San Francisco: Jossey-Bass.

Walgenbach, P., Ganter, H.-D., und Kieser, A. (1993): *Communication Problems of Co-operation across Different Business Systems. Lessons from a Cross-Cultural Study on Managerial Jobs and Behavior*, Beitrag zu den European Business System Groups.

Wall, J.A. (1986): *Bosses*, Lexington: Lexington Books.

Watson, T.J. (1994): *In Search of Management. Culture, Chaos, and Control in Managerial Work*, London: Routledge.

Watson, T.J. (1996): »How Do Managers Think?«, *Management Learning* 27, Nr. 3, S. 323–341.

Weick, K.E. (1974a): »Amendments to Organizational Theorizing«, *Academy of Management Journal* 17, Nr. 3, S. 487–502.

Weick, K.E. (1974b): »The Nature of Managerial Work«, Buchbesprechung, *Administrative Science Quarterly* 19, Nr. 1, S. 111–118.

Weick, K.E. (1979): *The Social Psychology of Organizing* (2. Aufl.), Reading (MA): Addison-Wesley (dt.: *Der Prozeß des Organisierens*, Frankfurt a.M.: Suhrkamp, 1985).

Weick, K.E. (1980): »The Management of Eloquence«, *Executive* 6, Nr. 3, S. 18–21.

Weick, K.E. (1983): »The Presumption of Logic in Executive Thought and Action«, in: Srivastva, S. (Hg.): *The Executive Mind*, San Francisco: Jossey-Bass.

Weick, K.E. (1997): »The Challenger Launch Decision. Risky Technology,

Culture, and Deviance at NASA«, Buchbesprechung, *Administrative Science Quarterly* 42, Nr. 2, S. 395–401.

Westley, F. R. (1990): »Middle Managers and Strategy. Microdynamics of Inclusion«, *Strategic Management Journal* 11, Nr. 5, S. 337–351.

Whitley, R. (1988): »The Management Sciences and Managerial Skills«, *Organization Studies* 9, Nr. 1, S. 47–68.

Whitley, R. (1989): »On the Nature of Managerial Tasks«, *Journal of Management Studies* 26, Nr. 3, S. 209–225.

Whitley, R. (1995): »Academic Knowledge and Work Jurisdiction in Management«, *Organization Science* 16, Nr. 1, S. 81–105.

Whyte, W. F. (1955): *Street Corner Society*, Chicago: University of Chicago Press (dt.: *Die Street Corner Society. Die Sozialstruktur eines Italienerviertels* [3. Aufl.], Berlin / New York: de Gruyter, 1996).

Wildavsky, Aaron (1973): »If Planning Is Everything, Maybe It's Nothing«, *Policy Sciences* 4, Nr. 2, S. 127–153.

Willmott, H. (1984): »Images and Ideals of Managerial Work. A Critical Examination of Conceptual and Empirical Accounts«, *Journal of Management Studies* 21, Nr. 3, S. 349–368.

Wilson, E. O. (1971): *The Insect Societies*, Cambridge (MA): Belknap.

Winnicott, D. W. (1953): »Transitional Objects and Transitional Phenomena«, *International Journal of Psychoanalysis* 34, S. 89–97.

Winnicott, D. W. (1955–1956): »Clinical Varieties of Transference«, *International Journal of Psychoanalysis* 37, S. 386.

Winnicott, D. W. (1967): »Mirror-Role of the Mother and Family in Child Development«, in: Lomas, P. (Hg.): *The Predicament of the Family. A Psycho-Analytical Symposium* (S. 26–33), London: Hogarth.

Wolf, F. M. (1981): »The Nature of Managerial Work«, *Accounting Review* 56, Nr. 4, S. 861–881.

Wrapp, H. E. (1967): »Good Managers Don't Make Police Decisions«, *Harvard Business Review* 45, Nr. 5, S. 91–99.

Yu, K., Lu, Z., und Sun, Z. (1999): *A Comparative Study on Executives' Work Activities and Managerial Roles between China's Executives of State-Owned Enterprises and Their US Counterparts*, Beitrag zur Asian Academy of Management Conference, Kuala Terengganu, Malaysia, 16.–17. Juli.

Yukl, G. A. (1989): *Leadership in Organizations* (2. Aufl.), Englewood Cliffs (NJ): Prentice Hall.

Zaleznik, A. (1977): »Managers and Leaders. Are They Different?«, *Harvard Business Review*, Mai / Juni, S. 67–78. Nachdruck 2004 in: *Harvard Business Review* 82, Nr. 1, S. 74–81.

Zaleznik, A. (1989): *The Managerial Mystique. Restoring Leadership in Business*, New York: Harper & Row.

Register

Acheson, Dean 42

Adams, Brian 19, 49, 73, 103, 107, 112, 114, 118, 124, 142, 148, 151–154, 180f., 339–344

Adhokratie 141f., 181, 203

Adizes, Ichak 259

Administrative Lücke 222f.

Advanced Leadership Program 297

Akquise 117f.

Aktionsdilemmata 207, 242–247

Aktionsebene 72, 110, 118, 121

Aktualität 27

Alinsky, Saul 209, 270

Analyse 211, 213, 270, 272

Anstoßen 123f.

Apple 284

Aram, John 206

Arbeitstempo 35f.

Ärzte als Manager 158, 219

Athos, Anthony G. 244

Aufrechterhaltung des Workflows 177f.

Ausbildung von Managern 157, 292–298

Außenbeziehungen 100, 102, 104–108, 179f.

Auswählen 85f.

Auswahl von Managern 282–285

Autorität 89, 91

Balance 249, 259f., 270

Banff-Nationalpark 345–349

Barnard, Chester 67, 76, 116, 202, 205, 246

Beavers, W. Robert 265

Bellion, Uta 327f., 331

Bennis, Warren 64

Benz, Jacques 17, 19, 72, 112, 123, 142, 185

Beobachter 76f.

Beruf 25–27

Berufserfahrung 159

Berufung 27

Bescheidenheit 241

Bewertung von Managern 285–289

Biggart, Nicole W. 174

BlackBerry 55, 59

Boase, Jeffrey 58

Bode, Thilo 331

Bolman, Lee 97

Bombardier Aerospace 339–343

Boni 289

Boyatzis, Richard E. 277, 300

Branche als Faktor 139f.

Brauman, Rony 19, 106, 162f., 170, 179

Braybrooke, David 116, 173

Brook, Peter 268

BT 331–339

Burchill, Allen 19, 76, 78, 151,
    184, 186
Burns, Tom 47, 125
Bush, George W. 254
Business Roundtable 290

Carlson, Sune 38 f., 43, 50, 67 f.,
    74, 125, 209
Chaos 33, 62 f.
Charakteristika der Managertätig-
    keit 30–35, 55, 62 f., 210
Choran, R. 258
Chunking 74, 214 f.
Churchill, Sir Winston 251
Cleghorn, John 19, 22, 73, 76 f.,
    95, 102, 137, 150 f., 159, 185,
    222, 232, 306, 319–323
Coaching Ourselves 297
Coe, Peter 19, 152, 155, 161, 170,
    180, 187, 216 f.
Colvin, G. 258
Communityship 23, 91
Compliance 89
Cyert, Richard M. 247

Dalton, Melville 156
Daten 229–231
Davis, Sandy 19, 101, 151, 171,
    186, 213, 215, 347, 349
Deal, Terrence 97
Dekompositionslabyrinth
    213–215
Delegieren 39, 85
Delegierungsdilemma 47,
    225–228
Denkdilemmata 206–210, 213 f.
Devons, Ely 231
Dezentrales Managen 199–201
Dezentralisierung 196 f.
Dilemmata 206 f., 248–250, 270
Dirigent 100

Dirigentenmetapher 17, 50–53,
    98 f., 309
Diskontinuität 35
Distanzierungsdilemma 218–224,
    262
Downsizing 147, 186, 223
Drucker, Peter 13, 50, 68, 82, 95,
    253, 301
Dulles, John Foster 42
Dynamik 33
Dynamische Balance 128

Einseitigkeit 120
Eisenhower, Dwight D. 156
E-Mails 35, 55–61
Empowerment 90, 196 f.
Energie 267
Engagierter Managementstil 275
Entscheidungsdilemma
    242–245
Entscheidungsfindung 82–86
Entschlossenheit 242–244
Entwerfen 83
Erfolgsbedingtes Scheitern 263 f.
Erfolgswahrscheinlichkeit
    285–287

Fachkraft 77
Faktoren 130–135
Farson, Richard 75, 114, 249
Fayol, Henri 16, 64, 80, 196
Fehlbesetzungen 261–263
Fernsteuerung 182 f.
Fitzgerald, F. Scott 250
Flexibilität 247
Floyd, Steven W. 147
Fondas, Nanette 150
Fragmentierung 35–39
Führung 21 f., 91–93, 98, 120,
    172, 199, 201, 301 f.
Führungsromantik 253

Fujitsu 224
Funktion am Arbeitsplatz 149

Galionsfigur 105, 118
Gehaltsforderung 282
Gemeinschaft 58
Gemeinschaftssinn 184
Generalist 77
Geschlechtsspezifische Unter-
schiede 162–164
Geteiltes Managen 198 f.
Gilding, Paul 17, 19, 88, 112, 118,
145, 170, 183, 190, 324–331
Globalisierung 273
Glouberman, Sholom 158
Goleman, Daniel 172
Gosling, Jonathan 246
Gossett, John T. 265
Gouldner, Alvin W. 104
Gowin, Enoch Burton 255
Granovetter, Mark 61
Greenleaf, Robert 202
Greenpeace 88, 324–331
Gretzky, Wayne 209, 279
Größe der Einheit 150
Grove, Andy 86, 94, 123, 224,
234, 286
Gulick, Luther 80
Gullet, Abbas 19, 81, 94–97,
103 f., 111, 114 f., 137, 142,
151 f., 159, 161, 178, 196,
350–357

Hales, Colin 82, 94, 137, 148, 197
Haltung 176–189, 193
Hambrick, Donald C. 208
Hamel, Gary 200
Handlungsorientierung 35, 41 f.,
60
Handwerk 24 f., 166–169, 193
Handy, Charles 226, 248

Haslam, Carol 19, 72, 104, 107,
110, 118, 142, 168, 170 f., 179
Hawthorne-Experimente 90
Hektik 36
Helgesen, Sally 162, 164
Hierarchien 47, 162, 223, 239
Hierarchieebene als Faktor
144–147
Hill, Linda 26, 73, 82, 89, 91, 94,
110, 137, 190 f., 221, 227, 293
Hintergrund, persönlicher 156 f.
Hirsch, Paul 218, 248
Hohnen, Paul 19, 118, 142, 181,
325, 330
Humble, Ralph 19, 106, 149,
184
Huy, Quy N. 147

Iacocca, Lee 37
IBM 200
Ikarusparadox 263 f.
IKEA 214 f., 254
Informationen 41–47
Informationsdilemmata 207,
218–232
Informationsebene 72, 75–80, 87,
89, 121
Informationstechnologien (IT) 35
Inhalte der Managertätigkeit 64
Inkster, Norman 17, 19, 76, 98,
142, 159, 171, 184
Insider von außen 284
Integration 278–281
International Masters for Health
Leadership 297
International Masters Program in
Practicing Management 46,
209, 224, 269, 292, 296
Internet 55–63
Irwin, Gordon 17, 19, 101, 149,
159, 190, 219

Isenberg, Daniel J. 212
Itami, Hiro 275

Japan 96
Jobs, Steve 284
Johnson & Johnson 111, 115
Joint-Dieterle, Catherine 19, 86,
  110, 148, 162–164, 180

Kamprad, Ingvar 254
Kao 224
Kaplan, Robert E. 100, 135, 171,
  210, 279
Khandwalla, Pradip N. 166
Kiesler, Sara 57f.
Komanagement 198
Kommunikation 35, 43–47, 52,
  55–62, 75–80
Kompetenzen 122
Konformität 273f.
Kontakte 48f., 52, 104
Kontaktpflege 104
Kontingenztheorie 130
Kontinuität 246–248
Kontrolle 51, 53, 61, 81
Kontrollparadox 237, 239
Konzeptioneller Rahmen 73f., 152
Konzipieren 73
Kooperation 274–276
Kotter, John 36, 67, 104, 146
Kraemer, Kenneth L. 62
Krisen 114f., 153
Kultur 184
Kultur als Faktor 136–138
Kunst 24f., 166–169, 193

Lampel, Joseph 293
Laterale Beziehungen 48, 61
Lavoie, Fabienne 17, 19, 95, 102,
  128, 145, 149, 157, 167, 171,
  178, 315–319

Leader 21–23, 92
Leistung fordern 87, 89
Lenhardt, Silke 269
Lenkung und Kontrolle 35, 62,
  75, 80–84, 87, 89
Leroux, Monique 321–323
Lewis, Jerry M. 265–268,
  272–275, 278
Lewis, Roy 13
Liedtka, Jeanne 44
Lindblom, Charles E. 245
Linux 203
Livingston, J. Sterling 218.
Lombardo, Michael 92, 263
Losada, Carlos 148
Lufthansa 269

Maccoby, Michael 166, 285
Macher 110–116
Makridakis, Spiros 264
Makroleading 22, 225, 259
Management by Exception 154,
  350
Management by Objectives 87
Management by Walking Around
  221
Managementinformationssystem
  (MIS) 43
Managementmodell 72f.
Managementmoden 154
Management ohne Manager 194,
  200
Managementstile 166, 168–174
Manager (Definition) 27, 65
Managerial Correctness 154
Manager wider Willen 191f.
Marc 19, 53, 103, 109, 157, 172,
  179, 190, 261
March, James G. 247
Marionettenmetapher 50–54
Marples, D.L. 113

Martin, Shan 196, 203
Maschinenorganisationen 141 f.,
196
Matsushita, Konosuke 22
Maximales Managen 196
MBA 292, 296
McCall, Morgan 92, 135, 149,
156, 171, 205, 222, 263, 293
McKibbon, Debbie 319, 321
McKinsey & Company 284
McLuhan, Marshall 58
Messen 228–232, 289–291
Mikromanagement 22, 80, 112,
118
Miles, Raymond E. 161
Miller, Danny 263
Miller, George 214
Minimales Managen 203
Mintzberg, Max 19, 39, 137, 142,
146, 175, 178, 180 f., 196
Mishina, Kaz 275
Missionarische Organisation
141 f.
Mitarbeiter 89–93
– Entwicklung 93
– Motivation 92
Mittlere Manager 145–147, 181,
186 f., 222
Monitoring 76
Morris, V. C. 36, 77, 85, 102, 240
Mustapha, Nurolaain 82, 94, 137,
148
Myers-Briggs-Typindikator 166
Mysterien des Messens 228–233
Mythen 21, 33–35, 47, 50, 68

National Film Board of Canada
201
National Health Service (NHS)
216 f.
Natürlich managen 298–302

Nervenzentrum 76 f., 85
Netzwerke 58, 61, 102, 164, 180
Neue Manager 189–191, 221 f.,
248
Neustadt, Richard 45, 52, 230
Nichol, Duncan 19, 150, 162, 179
Noël, Alain 73, 113
Noordegraaf, Mirko 160

Oberflächlichkeit 40
Oberflächlichkeitssyndrom 208 f.,
228, 259
Objektivität 218
Omollo, Stephen 19, 76, 79, 81,
103, 106, 111, 137, 173, 177 f.,
221
Open-Source-Systeme 203
Opportunitätskosten 40
Ordnungsrätsel 233–239, 270
Organigraph 330
Organisation der Professionals
141 f.
Organisationsalter als Faktor 143
Organisationsform als Faktor 140,
142
Organisationsformen 141
Organisationsgröße als Faktor
143, 146

Papandreou, Andreas 107
Parker Follett, Mary 27, 97, 107,
276, 278 f.
Partizipatives Managen 196 f.
Pascale, Richard T. 244
Patwell, Beverley 168
Personalentwicklung 292–298
Persönliches Versagen 258–260
Peter-Prinzip 219, 262
Peters, Tom 64, 74, 109, 119, 214,
221, 234, 263
Phillips, Virginia Austin 265

Piersanti, Steve 59
Pinsonneault, Alain 62
Pitcher, Pat 199
Planen 41f.
Planungsdilemma 209–212
Politische Organisation 141
Porter, Michael 64, 119, 211
POSDCoRB 80, 90
Proaktivität 161, 277f.
Procter & Gamble 111
Projektorganisation 141f., 181
Puffer 109
Pufferfunktion 107

Quinn, Robert 67

Raelin, Joe 201
Ratgeber 189
Reflexion 209, 268–270, 277, 280
Reichweite / Scope 150–152
Rekrutierung von Managern
  282–285
Respekt 273f.
Ressourcenzuteilung 86f.
Rivard, Glen 19, 137, 142, 149,
  181
Rollen 30, 64f., 72f., 120–128
– Grenzen 123–126
– Präferenzen 127f.
Roosevelt, Franklin D. 45, 78, 104
Rotes Kreuz 350–356
Royal Bank of Canada 319–323

Sasser, W. Earl 173, 258, 260, 272
Sayles, Leonard 40, 42, 51, 67, 76,
  90, 95, 109, 177, 234, 239, 243
Scale and Scope 150
Scheitern 258–264
Schnittstellenmanagement 101,
  109
Schulungen 292–298

Schwächen 253, 257, 263, 282
Schweiz 199
Schwerpunkte 176–189, 193
Scorecard 332
Segrist, Cheryl A. 149
Sektor als Faktor 138f.
Selbstsicherheit 240f.
Selbsttest 271
Selznick, Philip 96
Senge, Peter 84
Senger, John 198
Shartle, Carroll L. 144
Sheen, Ann 19, 157, 178, 215
Sicherheit 247
Silos 221
Simon, Herbert 65, 83
Simons, Robert 84
Singer, Isaac Bashevis 277
Skinner, Wickham 173, 258, 260,
  272
Skunkworks 200
Snow, Charles C. 161
Solschenizyn, Alexander 288
Souveränitätsfalle 240f.
Speer, Albert 288
Spezialist 77
Spielmacher 188
Sprecher 79
Stabilität 161
Statistiken 229–232
Stetigkeit 175
Stewart, Rosemary 13, 67, 149
Stil, persönlicher 155f., 160f.,
  166f., 170–174
Störungen 114–116
Strategieentwicklung 211–214
Strategien 84, 87f., 113
Strategische Planung 210–213
Strukturen 84
Synthese 211, 213, 279–281
Systeme 84

Tapper, Max 310, 312
Tate, John 19, 118, 157–159, 167, 189, 192, 261
Tatkraft 267
Taylor, Frederick 26
Teambildung 94f.
Teamgeist 23
Teammanagement 198
Tempo 59
Temporärer Druck 153f.
Tengblad, Stefan 29, 46, 60f., 76, 83, 238
Terkel, Studs 14
Terminplanung 74
Thatcher, Margaret 56
Thick, Michael 19, 150, 157, 183
Thompson, James D. 247
Tolstoi, Leo 254
Topmanager 145f., 179
Tovey, Bramwell 17, 19, 81, 98f., 105, 134, 148, 150, 171, 177, 183, 309–314
Truman, Harry S. 156

Übergreifende Dilemmata 207, 248–250
Überzeugen 165
Ultimatives Dilemma 248–250
Unbestimmtheit 36
Unmögliche Jobs 261
Unterbrechungen 37–40, 59
Untere Manager 145f., 221
Unternehmenskultur 95–99
Unternehmerische Organisation 141
Unterstützendes Managen 201–203
Unterstützung mobilisieren 117
Unvollkommenheit 253, 256
Urwick, Lyndall 80

Vaill, Peter B. 174
Veränderungen 28f., 161
Veränderungsdilemma 245–248
Verantwortung 288, 290
Verbreiter 78
Verhandeln 117–119, 165
Vernetzung 100–107, 120, 165
Verwaltung 81f.
Vielseitigkeit 120, 128

Ward, Doug 19, 109, 117, 147, 151, 159, 167, 181
Waterman, Robert 74, 214, 221, 263
Watson, Bob 320
Webb, Stewart 19, 86, 157, 170, 183, 191
Weick, Karl 126, 225, 227f., 281
Wellman, Barry 58
Weltlichkeit 273f., 296
Westley, Frances 324
Whelan, Alan 16, 19, 114, 150, 161, 167, 174, 187, 331–339
Whitley, R. 68, 74
Whyte, William F. 95
Wikipedia 203
Wildavsky, Aaron 88
Wissen 26f., 34, 272
Wissenschaft 23–25, 166–169, 193
Wooldridge, Bill 147
Workflow 177–180
World Wide Web 203
Wrapp, H. Edward 161, 270, 272

Yin und Yang 162–164

Zeitplanung 41, 52, 60, 74
Ziele des Managens 193

Zielvorgaben 87, 89, 237
Zinkan, Charlie 19, 50, 79, 90,
    101, 186, 345–349
Zwänge 53, 59

Zwischenmenschliche Dilemmata
    207, 233–242
Zwischenmenschliche Ebene 72,
    89, 91, 100, 121

Über den Autor

Nach einem Maschinenbaustudium an der McGill University in Montreal arbeitete Henry Mintzberg in der Operations-Research-Abteilung der Canadian National Railways, bevor er an der Sloan School of Management am MIT seinen Master of Science und seinen Doctor of Philosophy erwarb. Seither war er ununterbrochen Mitglied der Management-Fakultät der McGill University – seit einigen Jahren als Cleghorn Professor of Management Studies – mit Gastprofessuren an der Carnegie Mellon University, der Université d'Aix-Marseille, der École des Hautes Études commerciales in Montreal, der London Business School und dem INSEAD. Von Universitäten weltweit wurden ihm insgesamt fünfzehn Ehrentitel verliehen.

In diesem Buch, seinem fünfzehnten, greift er das Thema seines ersten Buches *The Nature of Managerial Work* (1973) wieder auf. Unter den übrigen Büchern sind Titel wie *Structure in Fives* (1983, dt.: *Die Mintzberg-Struktur*, 1992), *Mintzberg on Management* (1989, dt.: *Mintzberg über Management*, 1991), *The Rise and Fall of Strategic Planning* (1994, dt.: *Die strategische Planung*, 1995), *Managers Not MBAs* (2004; dt. *Manager statt MBAs*, 2005) und *Strategy Safari* (mit Joe Lampel und Bruce Ahlstrand, 2. Aufl. 2009; dt.: *Strategy Safari. Eine Reise durch die Wildnis des strategischen Managements*, 2007). Darüber hinaus veröffentlichte er rund 150 Artikel, von denen zwei mit dem *Harvard Business Review* McKinsey Award ausgezeichnet wurden.

Henry Mintzberg erhielt Preise und Auszeichnungen von prominenten wissenschaftlichen und praxisorientierten Verbänden und Vereinigungen, beispielsweise von der Academy of Management, der Strategic Management Society und der Association of Management Consulting Firms. Er wurde als erster Vertreter einer Management-fakultät in die Royal Society of Canada aufgenommen, ist Officer of the Order of Canada und Officier de l'ordre national du Quebec.

In den letzten Jahren widmete er einen Großteil seiner Zeit der Entwicklung diverser Programme, in denen Manager in kleinen Gruppen über ihre eigenen Erfahrungen reflektieren. Dazu gehören das International Masters Program in Practicing Management (www.impm.org), International Masters for Health Leadership (www.imhl.info) und das Advanced Leadership Program (www.alp-impm.com). Die Programme mündeten in der Gründung von www.coachingourselves.com, wo Gruppen von Managern in dieser Weise lernen und Veränderungen an ihrem eigenen Arbeitsplatz bewirken können.

Henry Mintzberg schreibt gegenwärtig an einer Monografie mit dem Titel *Managing the Myths of Health Care* und wird sich anschließend einer elektronischen Streitschrift zum Thema »Getting Past Smith and Marx ... toward a Balanced Society« widmen, für die er seit zehn Jahren Material sammelt. Zu diesem Thema hat er bereits weltweit Workshops angeboten.

Management – fundiert und innovativ

K. Friedrich, F. Malik, L. J. Seiwert
Das große 1x1 der Erfolgsstrategie
ISBN 978-3-86936-001-0
€ 24,90 (D) / € 25,60 (A) / sFr 42,90

Barbara Schneider
Fleißige Frauen arbeiten, schlaue steigen auf
ISBN 978-3-89749-912-6
€ 19,90 (D) / € 20,50 (A) / sFr 33,90

Hermann Scherer
Jenseits vom Mittelmaß
ISBN 978-3-89749-910-2
€ 49,00 (D) / € 50,40 (A) / sFr 78,90

Ralph Goldschmidt
Shake your Life
ISBN 978-3-86936-107-9
€ 29,90 (D) / € 30,80 (A) / sFr 48,90

Peter Klaus Brandl
Crash Kommunikation
ISBN 978-3-86936-055-3
€ 24,90 (D) / € 25,60 (A) / sFr 42,90

Frauke Ion, Markus Brand
Motivorientiertes Führen
ISBN 978-3-86936-005-8
€ 29,90 (D) / € 30,80 (A) / sFr 48,90

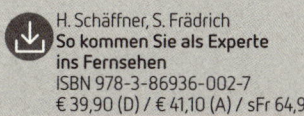

H. Schäffner, S. Frädrich
So kommen Sie als Experte ins Fernsehen
ISBN 978-3-86936-002-7
€ 39,90 (D) / € 41,10 (A) / sFr 64,90

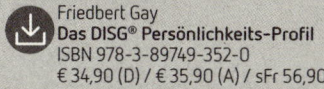

Friedbert Gay
Das DISG® Persönlichkeits-Profil
ISBN 978-3-89749-352-0
€ 34,90 (D) / € 35,90 (A) / sFr 56,90

Oliver Geisselhart
Kopf oder Zettel?
ISBN 978-3-89749-561-6
€ 29,90 (D) / € 30,80 (A) / sFr 48,90

Weitere Informationen finden Sie unter www.gabal-verlag.de

Die Covey-Bibliothek

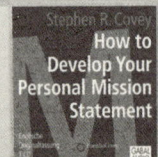